普通高等教育土木工程特色专业系列教材

建筑钢结构设计

唐 敢　王法武　编著

国防工业出版社

·北京·

内 容 简 介

本书是土木工程专业的专业课教材,主要讲述常用的建筑钢结构的设计方法,内容包括:门式刚架结构;单层框(排)架结构;钢桁架结构;钢框架结构;空间网格结构。本书以最新《门式刚架轻型房屋钢结构技术规程》CECS 102:2002(2012 年版)、《钢结构设计规范》GB 50017—2003、《冷弯薄壁型钢结构技术规范》GB 50018—2002、《建筑抗震设计规范》GB 50011—2010、《空间网格结构技术规程》JGJ 7—2010、《高层民用建筑钢结构技术规程》JGJ 99—98 及其他相关规范、规程为依据,理论联系工程实际,便于初学者学习、掌握和使用。

本书可作为高等院校土木工程专业的教材,也可供有关工程技术人员参考使用。

图书在版编目(CIP)数据

建筑钢结构设计/唐敢,王法武编著. —北京:国防工业出版社,2015.3

普通高等教育土木工程特色专业系列教材

ISBN 978-7-118-09705-4

Ⅰ.①建… Ⅱ.①唐… ②王… Ⅲ.①建筑结构-钢结构-结构设计-高等学校-教材 Ⅳ.①TU391.04

中国版本图书馆 CIP 数据核字(2015)第 042657 号

※

国防工業出版社出版发行

(北京市海淀区紫竹院南路 23 号 邮政编码 100048)

北京奥鑫印刷厂印刷

新华书店经售

*

开本 787×1092 1/16 印张 20¼ 字数 464 千字

2015 年 3 月第 1 版第 1 次印刷 印数 1—3000 册 定价 39.50 元

(本书如有印装错误,我社负责调换)

国防书店:(010)88540777 发行邮购:(010)88540776
发行传真:(010)88540755 发行业务:(010)88540717

前　言

近年来,建筑钢结构发展迅速,得到了大量应用。为使土木工程专业教学适应现代化建设和人才培养的需要,根据高等学校土木工程专业课程教学大纲编写了本书。本教材编写的目的是在学生学完"钢结构设计原理"或"工程结构设计原理"的基础上,将学生引向实际应用阶段,掌握几种典型建筑钢结构的设计方法,建立起整体结构的概念,并从中领会建筑结构设计的过程和思路,提高建筑钢结构设计水平。

本教材是南京航空航天大学"2012 年本科教学建设项目—土木工程专业建设"和"十二五第一批规划教材建设项目"的研究成果。全书共分 5 章,较为系统地介绍了门式刚架结构、单层框(排)架结构、钢桁架结构、钢框架结构和空间网格结构。每章内容均以这些建筑钢结构体系为中心,以结构体系概述→荷载及荷载组合→结构计算→构件设计→节点设计→辅助构件设计为主线。编写过程中,以最新《门式刚架轻型房屋钢结构技术规程》CECS 102:2002(2012 年版)、《钢结构设计规范》GB 50017—2003、《冷弯薄壁型钢结构技术规范》GB 50018—2002、《建筑抗震设计规范》GB 50011—2010、《空间网格结构技术规程》JGJ 7—2010、《高层民用建筑钢结构技术规程》JGJ 99—98 及其他相关规范、规程为依据,结合有关工程实例,对相关内容尽量阐述详细,便于初学者学习、掌握和使用。

本教材第 1、2、3、5 章由唐敢编写,第 4 章和附录由王法武编写,全书最后由唐敢修改定稿。在编写过程中,南京航空航天大学研究生庄红、董乐、李华明、董友伟、李勇、潘朝晖、张春伟、赵艳琪等同学参与了部分算例计算、文字输入的工作。

本书编写过程中参考了国内同行的有关专著、论文、教材,一并致谢。限于编著者水平,书中难免存在不妥之处,恳请同行专家及广大读者给予批评和指正。

编著者
2014 年 5 月

目　录

第1章　门式刚架结构 ·· 1

1.1　概述 ·· 1

   1.1.1　门式刚架结构特点 ·· 1

   1.1.2　门式刚架轻型房屋钢结构的发展 ·· 2

1.2　门式刚架组成 ··· 3

1.3　门式刚架结构形式及布置 ··· 5

   1.3.1　结构形式 ·· 5

   1.3.2　建筑尺寸 ·· 6

   1.3.3　温度伸缩缝布置 ··· 7

   1.3.4　檩条和墙梁布置 ··· 7

   1.3.5　支撑布置 ·· 7

1.4　门式刚架设计 ··· 9

   1.4.1　荷载及荷载组合 ··· 9

   1.4.2　刚架内力计算 ··· 12

   1.4.3　刚架侧移计算 ··· 13

   1.4.4　门式刚架构件设计 ··· 19

   1.4.5　刚架节点设计 ··· 35

1.5　压型钢板设计 ··· 49

   1.5.1　概述 ·· 49

   1.5.2　压型钢板截面形式 ··· 50

   1.5.3　压型钢板几何特征 ··· 50

   1.5.4　压型钢板有效宽度 ··· 51

   1.5.5　压型钢板的荷载和荷载组合 ·· 52

   1.5.6　压型钢板强度与挠度计算 ··· 53

   1.5.7　压型钢板的构造要求 ·· 55

1.6　檩条设计 ·· 57

   1.6.1　檩条的截面形式 ··· 57

   1.6.2　檩条的荷载和荷载组合 ·· 58

   1.6.3　檩条内力分析 ··· 58

   1.6.4　截面选择 ·· 60

   1.6.5　构造要求 ·· 61

1.7　墙梁设计 ·· 65

V

　　　1.7.1　墙梁的截面形式 ··· 65

　　　1.7.2　墙架结构布置 ··· 66

　　　1.7.3　墙梁计算 ··· 68

　1.8　隅撑和支撑的设计 ·· 69

　　　1.8.1　隅撑设计 ··· 69

　　　1.8.2　支撑设计 ··· 70

　习题 ··· 70

第2章　单层框(排)架结构 ··· 72

　2.1　单层框(排)架结构的形式及布置 ···································· 72

　　　2.1.1　单层框(排)架结构的组成和应用 ···························· 72

　　　2.1.2　结构布置 ··· 73

　2.2　单层横向框(排)架内力计算 ······································· 76

　　　2.2.1　横向框(排)架的主要尺寸 ·································· 76

　　　2.2.2　横向框(排)架的计算简图 ·································· 77

　　　2.2.3　内力计算和侧移验算 ·· 78

　2.3　单层框(排)架柱及柱间支撑设计 ··································· 80

　　　2.3.1　框(排)架柱的类型 ··· 80

　　　2.3.2　柱的计算长度 ··· 81

　　　2.3.3　柱的截面验算 ··· 82

　　　2.3.4　肩梁的构造和计算 ·· 83

　　　2.3.5　柱间支撑设计 ··· 84

　2.4　单层框(排)架结构抗震设计 ······································· 84

　　　2.4.1　结构布置和结构体系要求 ···································· 84

　　　2.4.2　抗震计算要点 ··· 85

　　　2.4.3　抗震构造措施 ··· 86

　2.5　吊车梁设计 ·· 88

　　　2.5.1　吊车梁系统组成和类型 ······································ 88

　　　2.5.2　吊车梁承受的荷载 ·· 90

　　　2.5.3　吊车梁内力计算 ··· 92

　　　2.5.4　吊车梁截面设计 ··· 95

　　　2.5.5　吊车梁的连接与构造 ·· 104

　　　2.5.6　吊车梁计算实例 ··· 107

　习题 ··· 114

第3章　钢桁架结构 ··· 116

　3.1　概述 ··· 116

　3.2　桁架外形及腹杆形式 ·· 117

　　　3.2.1　确定桁架形式的原则 ·· 117

　　　3.2.2　桁架主要尺寸的确定 ·· 119

　3.3　屋盖支撑布置与设计 ·· 120

3.3.1 屋盖支撑的种类 ··· 120

3.3.2 屋盖支撑的作用 ··· 120

3.3.3 屋盖支撑的布置 ··· 121

3.3.4 屋盖支撑杆件设计 ··· 124

3.3.5 屋盖支撑连接节点 ··· 124

3.4 桁架荷载与内力计算 ··· 126

3.4.1 荷载 ··· 126

3.4.2 桁架内力 ··· 128

3.5 桁架杆件设计 ··· 131

3.5.1 桁架杆件的截面形式 ··· 131

3.5.2 桁架杆件的计算长度与容许长细比 ································· 132

3.5.3 桁架杆件截面设计 ··· 135

3.6 桁架节点设计 ··· 140

3.6.1 双角钢截面杆件的节点 ··· 141

3.6.2 管桁架相贯焊节点 ··· 150

习题 ··· 160

第4章 钢框架结构 ··· 161

4.1 概述 ··· 161

4.1.1 钢框架结构体系的分类 ··· 161

4.1.2 钢框架结构布置的一般要求 ······································· 165

4.2 钢框架结构的受力分析 ··· 168

4.2.1 荷载作用 ··· 168

4.2.2 荷载效应组合 ··· 170

4.2.3 钢框架结构的计算模型 ··· 170

4.2.4 计算长度系数 ··· 172

4.2.5 二阶分析 ··· 175

4.2.6 平面钢框架的近似计算 ··· 176

4.2.7 钢框架抗震计算要点 ··· 180

4.3 钢框架构件设计 ··· 181

4.3.1 框架梁的设计 ··· 181

4.3.2 框架柱的设计 ··· 183

4.3.3 中心支撑的设计 ··· 185

4.3.4 偏心支撑的设计 ··· 187

4.4 钢框架连接和节点设计 ··· 189

4.4.1 节点连接的极限承载力 ··· 189

4.4.2 梁-柱连接节点 ··· 190

4.4.3 柱-柱连接节点 ··· 199

4.4.4 梁-梁连接节点 ··· 201

4.4.5 钢柱脚节点 ··· 203

     4.4.6　中心支撑与钢框架的连接节点 ·········· 209
     4.4.7　偏心支撑与钢框架的连接节点 ·········· 210
  习题 ·· 212
第5章　空间网格结构 ······························ 213
  5.1　空间结构简介 ································· 213
  5.2　网架结构概述 ································· 221
     5.2.1　基本单元 ······························· 221
     5.2.2　几何不变性 ··························· 221
     5.2.3　网架结构特点 ······················· 222
     5.2.4　网架结构分类及形式 ·············· 223
  5.3　网架结构选型设计 ························ 232
     5.3.1　网架结构形式的确定 ·············· 232
     5.3.2　网架结构的几何尺寸 ·············· 233
     5.3.3　网架起拱和屋面排水 ·············· 234
     5.3.4　网架结构的容许挠度 ·············· 235
  5.4　网架结构荷载及效应组合 ·············· 236
     5.4.1　网架结构荷载和作用 ·············· 236
     5.4.2　网架结构的荷载组合 ·············· 237
  5.5　网架结构内力分析方法 ·················· 237
     5.5.1　网架结构计算模型和分析方法 ·· 237
     5.5.2　空间杆系有限元法 ·················· 239
     5.5.3　网架结构在地震作用下的内力计算 ·········· 247
  5.6　网架结构杆件设计 ························ 251
  5.7　网架结构节点设计 ························ 253
     5.7.1　网架结构节点设计概述 ············ 253
     5.7.2　网架结构焊接空心球节点 ········ 254
     5.7.3　网架结构螺栓球节点 ·············· 258
     5.7.4　网架结构支座节点 ·················· 265
  5.8　网壳结构设计 ································· 275
     5.8.1　网壳结构的分类和形式 ············ 275
     5.8.2　网壳结构设计的基本规定 ········ 278
     5.8.3　网壳结构的计算要点 ·············· 278
     5.8.4　网壳结构杆件及节点设计 ········ 280
  习题 ·· 283
附录 ··· 284
  附录1　设计指标 ································· 284
  附录2　构件的稳定系数 ······················ 288
  附录3　截面塑性发展系数、截面回转半径近似值及
      疲劳计算的构件和连接分类 ············ 298

附录4 基本构件计算 ·· 302

附录5 规则框架反弯点的高度比 ·························· 306

附录6 螺栓及锚栓规格 ·· 312

参考文献 ·· 313

第1章 门式刚架结构

1.1 概述

门式刚架轻型房屋钢结构体系(图1-1)的屋盖多采用压型钢板屋面板和冷弯薄壁型钢檩条,主刚架多采用变截面实腹刚架,外墙宜采用压型钢板墙板和冷弯薄壁型钢墙梁,也可以采用砌体外墙或底部为砌体、上部为轻质材料的外墙。轻型门式刚架的结构体系包括以下组成部分:

(1)主结构:横向刚架(包括中部和端部刚架)、楼面梁、托梁、支撑体系等。

(2)次结构:屋面檩条和墙面墙梁等。

(3)围护结构:屋面板和墙板。

(4)辅助结构:楼梯、平台、扶栏等。

(5)基础。

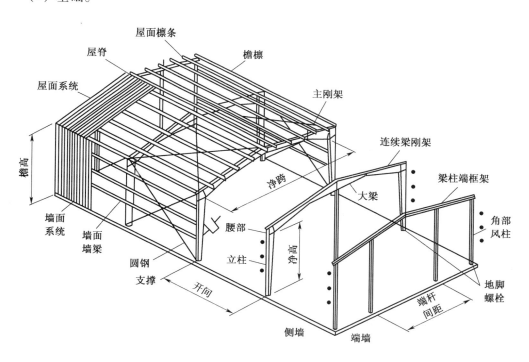

图1-1 门式刚架轻型房屋钢结构体系

1.1.1 门式刚架结构特点

单层门式刚架结构和钢筋混凝土结构相比主要具有以下特点:

1

（1）柱网布置灵活。传统结构形式由于受屋面板、墙板尺度的限制，柱距多为6m，而门式刚架结构的围护体系采用压型金属板，柱网布置可不受模数限制，柱距主要根据使用要求和用钢量来确定。

（2）自重轻。围护结构由于采用压型金属板及冷弯薄壁型钢等材料组成，屋面、墙面的质量都很轻，即作用在刚架上的永久荷载很小，因此刚架可以设计得较轻。根据国内工程实例统计，单层门式刚架厂房的用钢量一般为 $20\sim40kg/m^2$；在相同的跨度和荷载条件情况下自重仅为钢筋混凝土结构的 $1/30\sim1/20$。

由于结构自重很轻，地基的处理费用相对较低，基础也可以做得较小。同时在相同地震烈度下，门式刚架结构的地震反应较小。一般情况下，地震作用参与的内力组合对刚架梁、柱构件的设计不起控制作用。

（3）工业化程度高，综合经济效益高。门式刚架的主要构件和配件均可以在工厂加工，质量易于保证。构件制作的工业化程度高，现场安装方便，施工周期短。除基础施工外，基本为干作业。原材料的种类较少，易于筹措，便于运输。

（4）门式刚架的杆件较薄，对制作、涂装、运输、安装的要求较高。在门式刚架结构中，焊接构件中板的厚度应不小于 3.0mm；冷弯薄壁型钢构件中板的厚度应不小于 1.5mm；压型钢板的厚度应不小于 0.4mm。由于板件的宽厚比较大，构件在外力的撞击下容易发生局部变形。同时，锈蚀对构件截面削弱带来的后果也较为严重。

除以上几点外，门式刚架还具有如下一些结构特点：

（1）梁、柱多采用变截面，截面高度与弯矩成正比；构件的腹板较薄，腹板高厚比较大，在设计时可利用其屈曲后强度，以节省材料。另外，由于变截面门式刚架达到极限承载力时，可能会在多个截面处形成塑性铰而使刚架瞬间形成机构，此时塑性设计不再适用。

（2）构件的抗弯刚度、抗扭刚度比较小，结构的整体刚度也较小。因此，在运输和安装过程中要采取必要的措施，防止构件发生弯曲和扭转变形。

（3）门式刚架结构体系的整体稳定性可以通过檩条、墙梁及隅撑等保证，从而减少屋盖支撑及系杆的数量，同时支撑可以采用张紧的圆钢做成，直接或用水平节点板连接在门式刚架梁、柱腹板上，很轻便。

（4）竖向荷载通常是设计的控制荷载，但当风荷载较大或房屋较高时，风荷载的作用不应忽视。在风吸力下，可能会改变屋面金属压型钢板、檩条的受力方向。地震作用一般不起控制作用。

1.1.2　门式刚架轻型房屋钢结构的发展

1. 门式刚架轻型房屋钢结构的发展历史

门式刚架轻型房屋钢结构源于美国，在欧洲、日本和澳大利亚等国也得到了广泛的应用，尤以美国的门式刚架轻型房屋钢结构体系发展最快、应用最广泛。门式刚架轻型房屋钢结构的特有结构形式和构造优点，使其经济效益十分显著。因此，此类结构一经推出就备受建筑业青睐。

单层门式刚架结构国外发展较早，最初用于建造私人汽车库等简易房屋，第二次世界大战时期，由于战争需要，拆装方便的门式刚架结构建筑用于营房和库房。20世纪中期，国外建筑钢材的产量和加工水平有了很大突破,随着色彩丰富、耐久性强的彩色压型钢板的出现,加之 H 型钢和冷弯型钢的问世,极大地推动了门式刚架轻型房屋钢结构的发展。门式刚架轻型房屋钢结构体系逐渐应用于大型工业厂房、商业建筑、交通设施等建筑中,实现了结构分析、设计、出图的程序化,构件加工工厂化,安装施工和经营管理一体化的流程。

2. 门式刚架轻型房屋钢结构在我国应用情况

我国在 20 世纪 60 年代初曾对轻钢门式刚架进行了试验,并在试点工程中采用。但由于钢材供应紧张,没能推广应用。改革开放后,国外轻钢结构公司进入中国市场。20世纪 80 年代,深圳蛇口工业区首先从国外引进轻钢门式刚架房屋,而后发展到其他沿海城市、内陆城市及经济开发区。1998 年我国颁布实施的《门式刚架轻型房屋钢结构技术规程》(CECS 102:98)有力地推动了轻型门式刚架结构在我国的应用。2002 年和 2012 年我国对《门式刚架轻型房屋钢结构技术规程》进行了两次修订,本章所指《规程》均为CECS 102:2002(2012 年版)。《规程》明确了门式刚架主要适用于无桥式吊车或有起重量不大于 20t 的 A1~A5 工作级别桥式吊车或 3t 悬挂式起重机的单层房屋钢结构。

目前,我国门式刚架结构的设计、制作、安装技术已趋成熟,应用范围包括各类轻型工业厂房、体育场馆、娱乐场所等公共建筑,仓库及储运设施,超市、零售和商业服务等。

1.2　门式刚架组成

轻型门式刚架结构主要由梁、柱、檩条、墙梁、支撑、屋面及墙面板等构件组成,如图 1－1所示。对需要设起重设备的厂房还需设有吊车梁。

1. 横向承重结构

横向承重结构由屋面钢梁、钢柱和基础组成,如图 1－2 所示。由于其外形类似门,一般简称为门式刚架结构。它是轻型单层工业厂房的基本承重结构,厂房所承受的竖向荷载、横向水平荷载以及横向水平地震作用均通过门式刚架承受并传至基础。

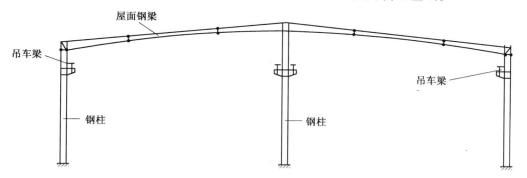

图 1－2　横向门式刚架结构

2. 纵向框架结构

纵向框架结构由纵向柱列、吊车梁、柱间支撑、刚性系杆和基础等组成,如图 1－3 所示,主要作用是保证厂房的纵向刚度和稳定性,传递和承受作用于厂房端部山墙以及通过屋盖传来的纵向风荷载、吊车纵向水平荷载、温度应力以及地震荷载等。

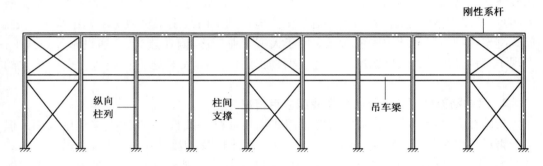

图 1-3 纵向框架结构

3. 屋盖结构

屋盖一般采用有檩体系,即屋面板支承在檩条上,檩条支承在屋面梁上。在屋盖结构中,屋面板起围护作用并承受作用在屋面板上的竖向荷载以及风荷载。屋面刚架横梁是屋面的主要承重构件,主要承受屋盖结构自重以及由屋面板传递的活荷载。

4. 墙面结构

墙面结构包括纵墙和山墙,主要由墙面板(一般为压型钢板)、墙梁、系杆、抗风柱以及基础梁组成。墙面结构主要承受墙体、构件的自重以及作用于墙面上的风荷载。

5. 吊车梁

轻型单层工业厂房的吊车梁简支于钢柱的钢牛腿上,主要承受吊车竖向荷载、横向水平和纵向水平荷载,并将这些荷载传递至横向门式刚架或纵向框架结构上。

6. 支撑

轻型单层工业厂房的支撑包括屋面水平支撑和柱间支撑,如图 1-4 所示,其主要作用是加强厂房结构的空间刚度,保证结构在安装和使用阶段的稳定性,并将风荷载、吊车制动荷载以及地震荷载等传至承重构件上。

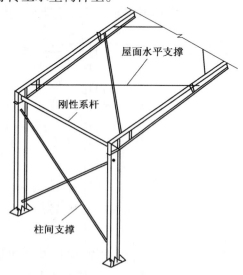

图 1-4 屋面水平支撑和柱间支撑

4

1.3 门式刚架结构形式及布置

1.3.1 结构形式

如图1-5所示,轻型门式刚架可分为单跨(图1-5(a)、(b))、双跨(图1-5(c)、(d)、(e)、(g)、(h))、多跨刚架(图1-5(i)、(j)、(k))、带挑檐的刚架(图1-5(f))和带毗屋的(图1-5(1))刚架等形式。按屋面坡脊数可分为单坡单脊(图1-5(a)、(c)、(1))、双坡单脊(图1-5(b)、(d)、(e)、(i)、(f)、(j)、(k))和多坡多脊(图1-5(g)、(h))。

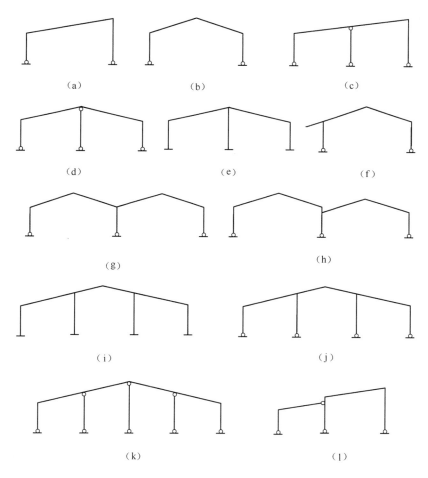

图1-5 门式刚架结构形式

门式刚架的跨数是由其跨度和房屋宽度决定,一般柱高较大时,采用大跨度。对多跨刚架,宜采用单坡单脊或双坡单脊屋面,可避免多坡多脊刚架内天沟易产生渗漏及堆雪的弊端。

多跨刚架中间柱与刚架斜梁的连接可采用铰接,从而使中间柱与刚架斜梁的连接构造简单,制作、安装方便。两端铰接的中间柱称为摇摆柱。摇摆柱不参与抵抗侧向力,截面也比较小,厂房全部侧向力由边柱和梁形成的刚架承担。当房屋无桥式吊车,且房屋不是很高、风荷载也不是很大时,中间柱宜采用摇摆柱。但在设有桥式吊车的房屋中,中间柱两端宜采用刚接,以增加刚架的侧向刚度。

门式刚架柱脚可采用刚接或铰接形式,前者可节约钢材,但基础费用有所提高,加工、安装也较为复杂。当设有桥式吊车时,为提高厂房的抗侧移刚度,或当柱高度较大时,为控制风荷载作用下的柱顶位移值,宜采用刚接柱脚。

根据跨度、高度及荷载不同,门式刚架的梁、柱可采用变截面或等截面的实腹焊接工字形截面或轧制 H 形截面。变截面形式通常改变腹板的高度,做成楔形。结构构件在运输单元内一般不改变翼缘截面,必要时可改变翼缘厚度。邻接的运输单元可采用不同的翼缘截面,两单元相邻截面高度宜相等。为节约用材,铰接柱脚的刚架柱宜采用渐变截面的楔形柱。刚接柱脚的刚架或设有桥式吊车时宜采用等截面柱或阶形柱。

门式刚架轻型房屋屋面坡度宜取 1/8~1/20,在雨水较多的地区宜取其中的较大值。维护结构宜采用压型钢板和冷弯薄壁型钢组成,可采用隔热卷材做屋盖隔热和保温层,也可以采用带隔热层的板材做屋面。外墙除可以采用轻型钢板墙外,在抗震设防烈度不高于 6 度时,还可采用砌体;当抗震设防烈度为 7、8 度时,可采用非嵌砌砌体;抗震设防烈度为 9 度时可采用与柱柔性连接的轻质墙板。

1.3.2 建筑尺寸

门式刚架柱的轴线可取通过柱下端较小端中心的竖向轴线(图 1-6);工业建筑的边柱的定位轴线宜取柱外皮;斜梁的轴线可取通过变截面梁段最小端中心与斜梁上表面平行的轴线。

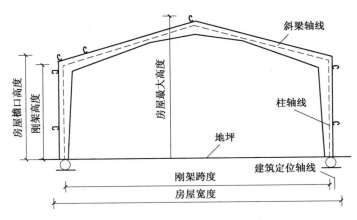

图 1-6 门式刚架的轴线和尺寸

门式刚架的跨度,应取横向刚架柱轴线间的距离,宜为 9~36m。研究表明,对无吊车或吊车吨位较小时,经济跨度为 18~21m;而吊车吨位较大时,经济跨度为 24~30m。

门式刚架的高度,应取地坪至柱轴线与斜梁轴线交点的高度。高度应根据使用要求的室内净高确定,有吊车的厂房应根据轨顶标高和吊车净空要求确定。门式刚架的高度宜为 4.5~9.0m,必要时可适当加大;当有桥式吊车时不宜大于 12m。

门式刚架房屋的檐口高度,应取地坪至房屋外侧檩条上缘的高度,最大高度取地坪至屋盖顶部檩条上缘的高度,宽度取房屋侧墙墙梁外皮之间的距离,长度取两端山墙墙梁外皮之间的距离。

门式刚架的间距(柱距),即柱网轴线在纵向的距离,应综合考虑刚架跨度、荷载条件及使用要求等因素,一般宜采用6~9m。无吊车或吊车吨位较小时,柱距取大些,用钢量较省;而吊车吨位较大时,柱距宜取较小值,以减小吊车梁用钢量。

挑檐的长度可根据使用要求确定,宜为0.5~1.2m,其上翼缘坡度宜与横梁坡度相同。

1.3.3　温度伸缩缝布置

门式刚架轻型房屋的构件和围护结构通常刚度不大,温度应力相对较小。因而其温度区段长度(伸缩缝间距)与传统结构形式相比可以适当放宽,但应符合下列规定:纵向温度区段不大于300m;横向温度区段不大于150m;当有计算依据时,温度区段长度可适当加大。

当房屋的平面尺寸超过上述规定时,需要设置伸缩缝,伸缩缝可采用两种做法:①设置双柱;②在搭接檩条的螺栓连接处采用长圆孔,并使该处屋面板在构造上允许胀缩。

1.3.4　檩条和墙梁布置

屋面檩条一般应等间距布置。但在屋脊处,应沿屋脊两侧各布置一道檩条,使得屋面板的外伸宽度不要太长(一般不大于200mm);在天沟附近应布置一道檩条,以便与天沟固定。确定檩条间距时,应综合考虑天窗、通风屋脊、采光带、屋面材料、檩条规格等因素,通过计算确定。

门式刚架轻型房屋钢结构的侧墙墙梁的布置,应考虑设置门窗、挑檐、遮雨篷等构件和围护材料的要求。在侧墙采用压型钢板做围护面时,墙梁宜布置在刚架柱的外侧,其间距由墙板板型及规格确定,且不应大于计算要求的值。

1.3.5　支撑布置

门式刚架轻型房屋钢结构支撑设置的总体要求是:①在每个温度区段或分期建设的区段中,应分别设置能独立构成空间稳定结构的支撑体系;②在设置柱间支撑的开间,宜同时设置屋盖横向支撑,以组成几何不变体系。

支撑和刚性系杆的布置宜符合下列规定:

(1)屋盖横向支撑宜设在温度区间端部的第一个或第二个开间。当端部支撑设在第二个开间时,在第一个开间的相应位置应设置刚性系杆。

(2)柱间支撑的间距应根据房屋纵向柱距、受力情况和安装条件确定。当无吊车时宜取30~45m;当有吊车时宜设在温度区段中部,或当温度区段较长时宜设在三分点处,且间距不宜大于60m。

(3)当建筑物宽度大于60m时,在内柱列宜适当增加柱间支撑。

(4)当房屋高度相对于柱间距较大时,柱间支撑宜分层设置。

(5)在刚架转折处(边柱柱顶、屋脊及多跨刚架中间柱柱顶和屋脊)应沿房屋全长设置刚性系杆。

（6）由支撑斜杆等组成的水平桁架，其直腹杆宜按刚性系杆考虑。

（7）在设有带驾驶室且起重量大于 15t 桥式吊车的跨间，应在屋盖边缘设置纵向支撑。当桥式吊车起重量较大时，尚应采取措施增加吊车梁的侧向刚度。

刚性系杆可由檩条兼任，此时檩条应满足压弯构件的承载力和刚度要求；当不满足时可在刚架斜梁间设置钢管、H 型钢或其他截面形式的杆件。

门式刚架轻型房屋钢结构的支撑宜用十字交叉圆钢支撑，圆钢与相连构件的夹角宜接近 45°，不超出 30°~60°。圆钢应采用特制的连接件与梁、柱腹板连接，校正定位后张紧固定。张紧手段最好采用花篮螺丝。

当房屋内设有起重量不小于 5t 的吊车时，柱间支撑宜用型钢杆件。在温度区段端部吊车梁以下不宜设置柱间刚性支撑。

当不允许设置交叉柱间支撑时，可设置其他形式的支撑；当不允许设置任何支撑时，可设置纵向刚架。

支撑虽然不是主要承重构件，但在房屋结构中却是不可或缺的，柱间支撑和屋盖支撑的设计分别详见 2.3.5 节和 3.3 节。

［例 1-1］ 南京某公司拟建一长度 72m、跨度 18m 的厂房，采用门式刚架结构，柱距 6m，刚架高度 5.7m，屋面坡度 1：10，屋面及墙面采用夹心彩钢板，檩条间距 1.5m。试布置厂房结构的屋盖横向支撑和柱间支撑。

解： 在厂房两端开间内设置屋盖横向支撑，另在厂房中部开间设置横向支撑以满足横向支撑间距要求，横向支撑的节间距离要与檩条间距配合，使檩条位于支撑节点处，这样，在无支撑开间，檩条可兼做柔性系杆，作为门式刚架横梁的侧向支撑，因此横向支撑的间距长度取为 4.5m，屋盖横向支撑布置见图 1-7（a）。本厂房无吊车，可在屋盖支撑开间设置柱间支撑，这样柱间支撑的间距满足要求，刚架高度不大，柱间支撑采用单层，厂房柱间支撑布置见图 1-7（b）。

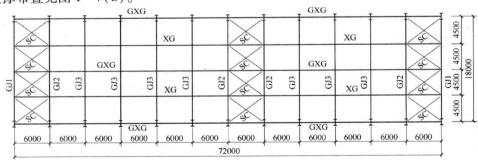

（a）屋盖横向支撑布置

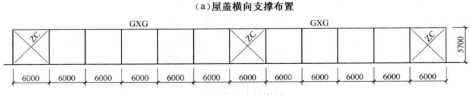

（b）柱间支撑布置

图 1-7 厂房支撑的布置

1.4 门式刚架设计

1.4.1 荷载及荷载组合

一、荷载标准值取值

门式刚架结构所受的荷载可分为两类：一是竖向荷载，包括结构和构件自重、屋面活荷载、屋面雪荷载、积灰荷载、吊车荷载等，其中结构和构件自重为永久荷载；二是水平荷载，主要是风荷载和地震作用。

1. 永久荷载

永久荷载是指所有永久性的建筑材料重量。屋面永久荷载包括屋面板、隔热层、檩条、屋盖支撑系统等构件的自重。附加或附带悬挂荷载是一种特殊性质的永久荷载，指除永久性建筑之外的其他任何材料的自重，如机械通道、管道、喷淋设施、电气管线等。附加荷载通常取 $0.1 \sim 0.2 kN/m^2$。另一种永久荷载是设备荷载，主要是指由屋面承重的设备，如通风、采光装置等。

门式刚架轻型房屋钢结构多采用压型钢板屋面，屋面板的重量可按材料的实际重量计算。轻型屋面多采用冷弯薄壁型钢檩条，计算刚架时檩条自重可折算成均布荷载，通常可取 $0.1 kN/m^2$，但当屋面重量较大或檩条悬挂荷载较大时，可按实际情况进行折算。在按平面模型计算时还应计入屋面支撑系统自重，通常取 $0.05 \sim 0.1 kN/m^2$。

2. 屋面可变荷载

屋面可变荷载主要包括屋面活荷载、雪荷载及积灰荷载。

门式刚架轻型房屋钢结构的屋面一般采用压型钢板，自重很小，因此《规程》将活荷载标准值相对加大，取屋面竖向均布活荷载标准值为 $0.5 kN/m^2$，以确保结构安全。但对于受荷水平投影面积较大的刚架构件，活荷载可相对降低，如受荷水平投影面积大于 $60m^2$ 的刚架构件，均布活荷载标准值可取不小于 $0.3 kN/m^2$。活荷载的受荷面积均按屋面投影面积计算。

雪荷载是指屋面可能出现积雪的最大重量，屋面水平投影面上的雪荷载标准值 S_k 可按下式计算：

$$S_k = \mu_r S_0 \tag{1-1}$$

式中　μ_r——屋面积雪分布系数；

　　　S_0——基本雪压。

在雪荷载计算中，必须注意 μ_r 的取值，尤其是双坡双跨或多跨屋面在天沟处需考虑自屋脊处滑落雪和飘落雪的附加荷载的影响，应根据屋面构造、坡度和排水情况认真考虑。

基本雪压应采用按《建筑结构荷载规范》GB 50009 规定的方法确定的 50 年重现期的雪压；对雪荷载敏感的结构，应采用 100 年重现期的雪压。对雪荷载敏感的结构主要是指大跨、轻质屋盖结构，此类结构的雪荷载经常是控制荷载，极端雪荷载作用下容易造成结构整体破坏，后果特别严重。

屋面积灰荷载可按《建筑结构荷载规范》GB 50009 的规定取值，受荷面积按屋面水平投影面积计算。

3. 风荷载

风荷载垂直作用于建筑物的所有表面,所产生的内部风压与外部风压应同时考虑为作用于墙面及屋面的压力和吸力。《规程》的风荷载计算是以我国现行国家标准《建筑结构荷载规范》GB 50009 为基础确定的。《规程》中计算结构风荷载标准值时所需的风荷载体型系数采用的是美国金属房屋制造商协会 MBMA《低层房屋体系手册》(1996)中有关小坡度房屋的规定。研究表明,低层建筑在风荷载作用下的高压分布区域位于建筑的转角与檐口处,《规程》中明确给出了高压分布区域的范围的计算方法和体型系数的取值。

对于双坡和单坡门式刚架轻型钢结构房屋,有

$$\omega_k = \mu_s \mu_z \omega_0 \tag{1-2}$$

式中　ω_0 —— 基本风压,按现行国家标准《建筑结构荷载规范》GB 50009 的规定值乘以系数 1.05 采用;

　　　μ_z ——风荷载高度变化系数,按《建筑结构荷载规范》GB 50009 的规定采用;当高度小于 10m 时,应按 10m 处的数值采用;

　　　μ_s ——风荷载体型系数。

《规程》中计算刚架风荷载的体型系数如表 1-1 所列,表中各区域的划分如图 1-8 所示。表 1-1 中,正号(压力)表示风力由外朝向表面;负号(吸力)表示风力自表面向外离开;端部柱距不小于端区宽度时,端区风荷载超过中间的部分,宜直接由端刚架承受。图 1-8 中,B 为建筑宽度,H 为屋顶至地面的平均高度,可近似取檐口高度;Z 为计算围护结构构件时的房屋边缘带宽度,取建筑最小水平尺寸的 10% 或 $0.4H$ 之间较小值,但不得小于建筑最小尺寸的 4% 或 1.0m,计算刚架时的房屋端区宽度取 Z(横向)和 $2Z$(纵向)。

关于风荷载:①《规程》中给出了不同构件计算风荷载标准值时的体型系数,其适用条件为:屋面坡度 $\alpha \leqslant 10°$,屋面平均高度 $H \leqslant 18m$,房屋高宽比 $H/B \leqslant 1.0$,且檐口高度不大于房屋的最小水平尺寸;②由于 MBMA 手册中规定的风荷载体型系数已包含了阵风效应,且是内外压力的峰值组合,因此式(1-2)中不再考虑阵风系数。

表 1-1　刚架风荷载体型系数

建筑类型	分　区											
	端　区						中　间　区					
	1E	2E	3E	4E	5E	6E	1	2	3	4	5	6
封闭式	+0.50	-1.40	-0.80	-0.70	+0.90	-0.30	+0.25	-1.00	-0.65	-0.55	+0.65	-0.15
部分封闭式	+0.10	-1.80	-1.20	-1.10	+1.00	-0.20	-0.15	-1.40	-1.05	-0.95	+0.75	-0.05

4. 地震作用

门式刚架轻型房屋钢结构的地震作用效应可采用底部剪力法分析确定。抗震验算时,结构的阻尼比可取 0.05。

对无吊车且高度不大的刚架,可采用单质点计算简图(图 1-9(a)),假定柱上半部分及以上的各种竖向荷载质量均集中于质点 m_1;当有吊车荷载时,可采用双质点计算简图(图 1-9(b)),此时,m_1 质点集中屋盖质量及上阶柱上半区段内的竖向荷载,m_2 质点集中吊车桥架、吊车梁及上阶柱下区段与下阶柱上区段(包括墙体)的相应竖向荷载。

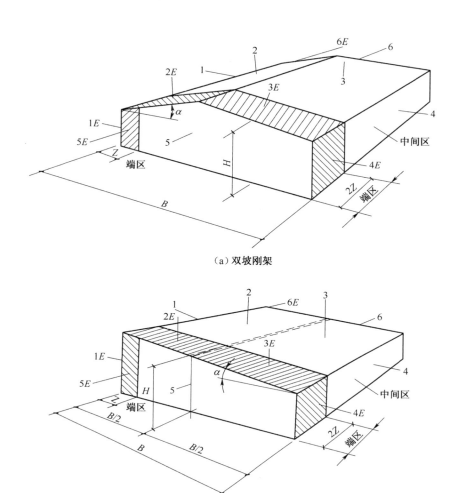

（a）双坡刚架

（b）单坡刚架

图 1-8　刚架风荷载体型系数分区

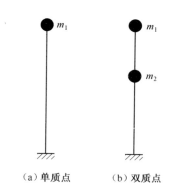

（a）单质点　　　（b）双质点

图 1-9　刚架抗震计算简图

二、荷载组合

门式刚架轻型房屋钢结构设计应采用以概率理论为基础的极限状态设计方法,依据各种荷载出现及共同作用概率不同,考虑荷载的组合。

荷载效应的组合一般应遵从《建筑结构荷载规范》GB 50009 和《建筑抗震设计规范》GB 50011 的规定。针对门式刚架的特点,《规程》给出下列组合原则:

(1) 屋面均布活荷载不与雪荷载同时考虑,应取两者中的较大值。

(2) 积灰荷载与雪荷载或屋面均布活荷载中的较大值同时考虑。

(3) 施工或检修集中荷载不与屋面材料或檩条自重以外的其他荷载同时考虑。

(4) 多台吊车的组合应符合《建筑结构荷载规范》GB 50009 的规定。

(5) 风荷载不与地震作用同时考虑。

对于门式刚架结构,计算承载能力极限状态时,通常应考虑以下几种荷载的组合:

(1) 1.2×永久荷载标准值+1.4×竖向可变荷载标准值。

(2) 1.35×永久荷载标准值+1.4×0.7×竖向可变荷载标准值。

(3) 1.0×永久荷载标准值+1.4×风荷载标准值。

(4) 1.2×永久荷载标准值+0.9×(1.4×竖向可变荷载标准值+1.4×风荷载标准值)。

(5) 1.2×永久荷载标准值+0.9×(1.4×竖向可变荷载标准值+1.4×风荷载标准值+1.4×吊车竖向可变荷载标准值+1.4×吊车水平可变荷载标准值)。

(6) 1.0×永久荷载标准值+0.9×(1.4×风荷载标准值+1.4×邻跨吊车水平可变荷载标准值),本组合仅用于多跨有吊车刚架。

(7) 1.2×(永久荷载标准值+0.5×竖向可变荷载标准值+吊车竖向轮压)+1.3×地震作用。

计算门式刚架结构正常使用承载状态时,将上述承载能力极限状态时的荷载组合去掉分项系数即可。

由于门式刚架结构的自重较轻,地震作用产生的荷载效应一般较小。设计经验表明:当抗震设防烈度为 7 度而风荷载标准值大于 0.35kN/m² ,或抗震设防烈度为 8 度(Ⅰ类、Ⅱ类场地上)而风荷载标准值大于 0.45kN/m² 时,地震作用的组合一般不起控制作用。

1.4.2 刚架内力计算

对于变截面门式刚架,应采用弹性分析方法确定各种内力,只有当刚架的梁柱全部为等截面时才允许采用塑性分析方法,但后一种情况在实际工程中已很少采用。

进行内力分析时,通常把刚架当做平面结构对待,一般不考虑蒙皮效应,只是把它当做安全储备。当有必要且有条件时,可考虑屋面板的应力蒙皮效应。蒙皮效应是将屋面板视为沿屋面全长伸展的深梁,可用来承受平面内的荷载。考虑应力蒙皮效应可以提高刚架结构的整体刚度和承载力,但对压型钢板的连接有较高的要求。

变截面门式刚架的内力通常采用杆系单元的有限元法编制程序上机计算。计算时可将变截面的梁、柱构件分为若干段,每段的几何特性当做常量,也可采用楔形单元。

根据不同荷载组合下的内力分析结果,找出控制截面的内力组合,控制截面的位置一般在柱底、柱顶、柱牛腿连接处及梁端、梁跨中等截面。控制截面的内力组合主要有:

（1）最大轴压力 $N_{\max}$ 和同时出现的 M 和 V 的较大值。

（2）最大弯矩 $M_{\max}$ 和同时出现的 V 和 N 的较大值。

这两种情况有可能是重合的。以上是针对截面双轴对称的构件而言的，如果是单轴对称截面，则需要区分正、负弯矩。

（3）最小轴压力 $N_{\min}$ 和相应的 M 及 V。

第 3 种组合往往出现在永久荷载和风荷载共同作用下，主要用于锚栓抗拉计算，这是由于轻型门式刚架自重很轻，锚栓在强风作用下很有可能受到拔力。

1.4.3 刚架侧移计算

对所有构件均为等截面的门式刚架，侧移计算可以通过结构力学的方法进行计算。下面介绍变截面门式刚架侧移计算。

一、单跨变截面门式刚架

如图 1-10 所示，当单跨变截面门式刚架斜梁的翼缘坡度不大于 1:5 时，在柱顶水平力 H 作用下的柱顶侧移 μ 可按下式估算：

柱脚铰接
$$\mu = \frac{Hh^3}{12EI_c}(2 + \xi_t) \tag{1-3a}$$

柱脚刚接
$$\mu = \frac{Hh^3}{12EI_c} \cdot \frac{3 + 2\xi_t}{6 + 2\xi_t} \tag{1-3b}$$

$$\xi_t = (I_c/h)/(I_b/L) \tag{1-3c}$$

式中 ξ_t——刚架柱与横梁的线刚度比值；

h、L——刚架柱的高度和刚架横梁的跨度；当坡度大于 1/10 时，L 应取横梁沿坡折线的总长度，即 $L = 2s$，如图 1-11 所示；

I_c、I_b——刚架柱和横梁的平均惯性矩，可按式（1-4）和式（1-5）计算；

H——刚架柱顶的等效水平力，可按式（1-6）和式（1-7）计算。

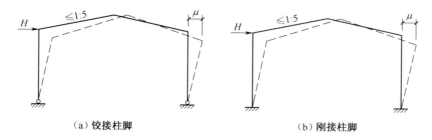

（a）铰接柱脚　　　　　　　　　　　　　（b）刚接柱脚

图 1-10 变截面刚架柱顶侧移图

变截面柱和横梁的平均惯性矩 I_c，I_b 可按下式近似计算：

楔形柱
$$I_c = \frac{I_{c0} + I_{c1}}{2} \tag{1-4}$$

双楔形横梁
$$I_b = \frac{I_{b0} + \beta I_{b1} + (1 - \beta)I_{b2}}{2} \tag{1-5}$$

式中 I_{c0}、I_{c1}——刚架柱柱底（小头）和柱顶（大头）的惯性矩；

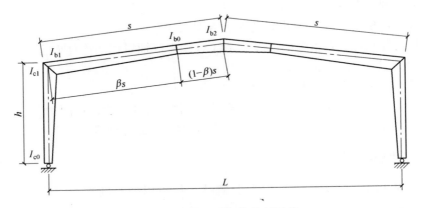

图 1-11　变截面刚架的几何尺度

I_{b0}、I_{b1}、I_{b2}——楔形横梁最小截面,檐口和跨中截面的惯性矩;

β——楔形横梁长度的比值。

如图 1-12 所示,水平均布荷载作用时,当计算刚度沿柱高度均匀分布的水平风荷载作用下的侧移时,柱顶等效水平力 H 可取:

柱脚铰接 $\qquad\qquad\qquad\qquad H = 0.67W \qquad\qquad\qquad$ (1-6a)

柱脚刚接 $\qquad\qquad\qquad\qquad H = 0.45W \qquad\qquad\qquad$ (1-6b)

$$W = (\omega_1 + \omega_4)h \qquad\qquad\qquad (1-6c)$$

式中　　W——均布风荷载的合力;

ω_1,ω_4——刚架两侧承受的沿柱高均布的水平荷载。

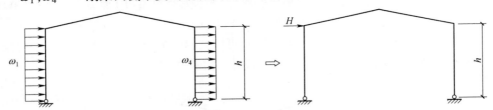

图 1-12　刚架在均布风荷载作用下柱顶的等效水平力

如图 1-13 所示,吊车水平荷载 P_c 作用时,当计算钢架在吊车水平荷载 P_c 作用下的侧移时柱顶水平力 H 可取:

柱脚铰接 $\qquad\qquad\qquad\qquad H = 1.15\eta P_c \qquad\qquad\qquad$ (1-7a)

柱脚刚接 $\qquad\qquad\qquad\qquad H = \eta P_c \qquad\qquad\qquad$ (1-7b)

式中　　η——吊车水平荷载 P_c 作用位置的高度与柱总高度的比值。

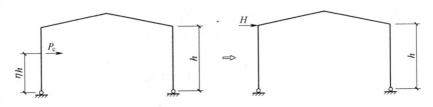

图 1-13　刚架在吊车水平荷载作用下柱顶的等效水平力

二、有摇摆柱的门式刚架

对中间柱为摇摆柱的两跨或多跨变截面门式刚架,柱顶侧移可采用式(1-3)计算,但在计算刚架柱和横梁的线刚度比值时,横梁长度 L 应取斜梁全长。如图 1-14 所示的有摇摆柱的两跨刚架,$L=2s$,s 为单坡斜梁长度。

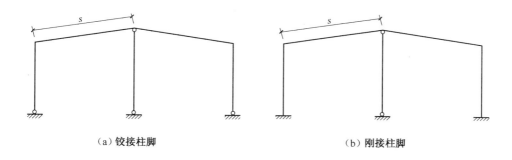

（a）铰接柱脚　　　　　　　　　　　（b）刚接柱脚

图 1-14　有摇摆柱的两跨刚架

三、中柱与横梁刚接的门式刚架

当中间柱与横梁刚性连接时(图 1-15),可将多跨刚架视为多个单跨刚架的组合体,每个中间柱可一分为二,惯性矩两边各取一半,如图 1-16 所示,整个刚架在柱顶水平荷载 H 作用下的侧移 μ 可按照下式进行计算:

$$\mu = \frac{H}{\Sigma K_i} \tag{1-8a}$$

$$K_i = \frac{12EI_{ei}}{h_i^3(2 + \xi_{ti})} \tag{1-8b}$$

$$\xi_{ti} = \frac{I_{ei}l_i}{h_iI_{bi}} \tag{1-8c}$$

$$I_{ei} = \frac{I_1 + I_r}{4} + \frac{I_1I_r}{I_1 + I_r} \tag{1-8d}$$

式中　ΣK_i——柱脚铰接时各单跨刚架的侧向刚度之和;

　　　ξ_{ti}——计算柱与相连接的单跨刚架梁的线刚度比值;

　　　h_i——计算跨内两柱的平均高度;

　　　l_i——与计算柱相连接的单跨刚架梁的长度;

　　　I_{ei}——两柱惯性矩不相等时的等效惯性矩;

　　　I_1,I_r——左、右两柱的惯性矩;

　　　I_{bi}——与计算柱相连接的单跨刚架梁的惯性矩。

四、变形规定

单层门式刚架在相应荷载(标准值)作用下的柱顶侧移限值不应大于表 1-2 规定的限值。如果验算时刚架的侧移不满足要求,可以采用以下措施之一进行调整,增加刚架的侧向整体刚度:①放大柱或梁的截面尺寸;②将铰接柱脚变为刚接柱脚;③将多跨框架中的摇摆柱改为柱上端与刚架横梁刚性铰接。

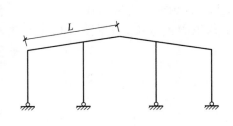

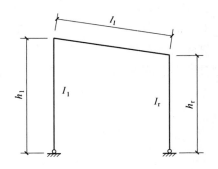

图 1-15 中柱与横梁刚接的多跨变截面刚架　　　　图 1-16 左右两柱的惯性矩

受弯构件的挠度与其跨度的比值,不应大于表 1-3 规定的限值。另外,由于柱顶位移和构件挠度产生的屋面坡度改变值,不应大于坡度设计值的 1/3。

表 1-2　门式刚架柱顶侧移限值

吊车情况	其他情况	柱顶位移限值
无吊车	当采用轻型钢墙板时	$h/60$
	当采用砌体墙时	$h/100$
有桥式吊车	当吊车有架驶室时	$h/400$
	当吊车由地面操作时	$h/180$
注:表中 h 为刚架柱高度		

表 1-3　受弯构件的挠度与跨度比限值

	构件类别	构件挠度限值
竖向挠度	门式刚架斜梁	
	仅支承压型钢板屋面和冷弯型钢檩条	$L/180$
	尚有吊顶	$L/240$
	有悬挂起重机	$L/400$
	檩条	
	仅支承压型钢板屋面	$L/150$
	尚有吊顶	$L/240$
	压型钢板屋面	$L/150$
水平挠度	墙体	$L/100$
	墙梁	
	仅支承压型钢板墙	$L/100$
	支承砌体墙	$L/180$ 且 $L \leqslant$ mm
注:(1)表中 L 为构件跨度;		
(2)对悬臂梁,按悬伸长度的 2 倍计算受弯构件的跨度		

[例 1-2]　试进行中间门式刚架的荷载、内力计算和位移验算,地面粗糙度 B 类。其他条件同例 1-1。

解:门式刚架是超静定结构,刚架的内力随构件截面而变化,因此,在进行刚架的内力分析前,必须先假定构件截面,本刚架采用铰接柱脚,柱为变截面焊接 H 型钢,假定小头

16

截面为 H220×200×6×10,大头截面为 H500×200×6×10;梁为等截面焊接 H 型钢,采用 H500×180×6×10,截面特性如图 1-17 和表 1-4 所列。

1. 荷载取值

根据《规程》,由于门式刚架受荷投影面积 6×18＝108m²＞60 m²,屋面竖向均布活荷载标准值取 0.3kN/m²,门式刚架的风荷载体型系数按表 1-1 封闭式中间区取值,见图 1-18。根据《建筑结构荷载规范》GB 50009—2012,该地区 50 年基本风压 w_0＝0.40kN/m²,100 年基本雪压 S_0＝0.75kN/m²(本结构属于对雪荷载敏感的结构);夹心彩钢板 0.15kN/m²,檩条或墙梁及支撑取 0.1kN/m²。刚架梁、柱自重取为 0.5kN/m(刚架梁、柱自重也可以由计算机自动计算后计入恒载)。

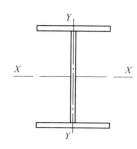

图 1-17 梁柱截面

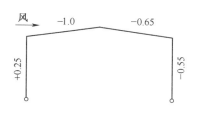

图 1-18 风荷载体型系数

表 1-4 构件截面特性

截　　面	面积/mm²	l_y/cm⁴	I_x/cm⁴
H220×200×6×10	5200	1333	4810
H500×200×6×10	6880	1333	29540
H500×180×6×10	6480	972	27139

2. 荷载计算

1）横梁上作用荷载

恒载标准值:g＝(0.15+0.1)×6+0.5＝2.0kN/m

活载标准值:g＝0.75×6＝4.5kN/m(基本雪压大于均布活荷载)

2）柱上作用荷载(考虑墙梁和墙板)

恒载标准值:g＝(0.15+0.1)×6+0.5＝2.0kN/m

3）风荷载(垂直于构件表面)

风压高度变化系数:μ_z＝1.0

迎风面

柱上:q_w＝1.0×0.25×0.40×6＝0.6kN/m

横梁上:q_w＝l.0×1.0×0.40×6＝2.4kN/m

背风面

柱上:q_w＝1.0×0.55×0.40×6＝1.32kN/m

横梁上:q_w＝1.0×0.65×0.40×6＝1.56kN/m

3. 内力计算

刚架内力一般采用有限元程序计算,计算结果见图 1−19~图 1−21。

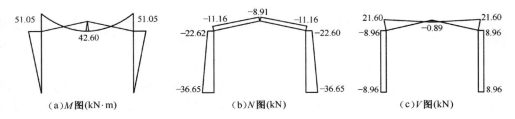

(a)M图(kN·m)   (b)N图(kN)   (c)V图(kN)

图 1−19   恒载作用时的弯矩 M、轴力 N、剪力 V 图

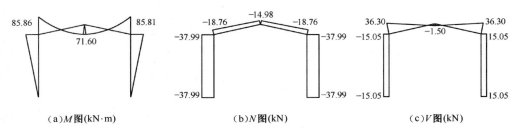

(a)M图(kN·m)   (b)N图(kN)   (c)V图(kN)

图 1−20   活载作用时的弯矩 M、轴力 N、剪力 V 图

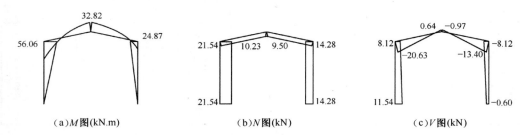

(a)M图(kN.m)   (b)N图(kN)   (c)V图(kN)

图 1−21   左风载作用时的弯矩 M、轴力 N、剪力 V 图

组合结果见表 1−5。这里未进行地震荷载计算及其组合。

表 1−5   门式刚架内力组合

截面	恒载			活载			1.2 恒载+1.4 活载			1.35 恒载+1.4×0.7 活载		
	M	N	V	M	N	V	M	N	V	M	N	V
柱顶	51.05	22.62	8.96	85.81	37.99	15.05	181.39	80.33	31.82	153.01	67.77	26.85
柱底	0.00	36.65	8.96	0.00	37.99	15.05	0.00	97.17	31.82	0.00	86.71	26.85
梁端	51.05	11.16	21.30	85.81	18.76	36.30	181.39	39.66	76.38	153.01	33.45	64.33
跨中	42.60	8.91	0.89	71.60	14.98	1.50	151.36	31.66	3.17	127.68	26.71	2.67

4. 柱顶位移验算

$$H = 0.67W = 0.67(q_{w1} + q_{w2})h = 0.67 \times (0.6 + 1.32) \times 5.7 = 7.33\text{kN}$$

$$I_c = (I_{c0} + I_{c1})/2 = (4810 + 29540)/2 = 17175\text{cm}^4$$

$$\xi_t = I_c L/hI_b = 17175 \times 18000/(5700 \times 27139) = 2.0$$

$$u = \frac{Hh^3}{12EI_c}(2 + \xi_t) = \frac{7.33 \times 10^3 \times 5700^3}{12 \times 2.06 \times 10^5 \times 17175 \times 10^4}(2 + 2) = 12.8\text{mm} < h/60 = 95\text{mm}$$

有限元程序一阶分析得到的水平风荷载下柱顶位移为 10.93mm,小于 $h/60 = 95$mm;钢梁在恒载与活载组合作用下的挠度为 58.37mm,小于 $L/180 = 100$mm。

1.4.4 门式刚架构件设计

一、梁、柱板件的宽厚比限值

工字形截面尺寸如图 1-22 所示。

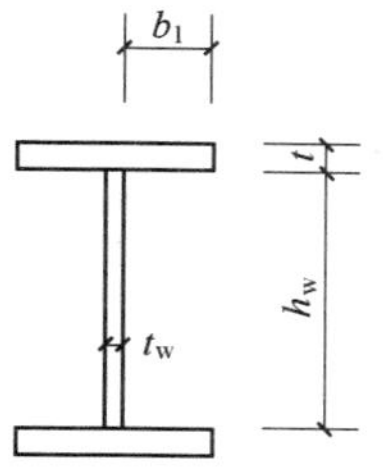

工字形截面构件受压翼缘板的宽厚比限值为

$$\frac{b_1}{t} \leqslant 15\sqrt{\frac{235}{f_y}} \qquad (1-9)$$

工字形截面梁、柱构件腹板的宽厚比限值为

$$\frac{h_w}{t_w} \leqslant 250\sqrt{\frac{235}{f_y}} \qquad (1-10)$$

图 1-22 截面尺寸

式中 b_1、t——受压翼缘的外伸宽度与厚度;

h_w、t_w——腹板的高度与厚度。

二、腹板屈曲后强度利用

1. 腹板屈曲后抗剪承载力

在进行刚架、柱构件的截面设计时,为了节省钢材,允许腹板发生局部屈曲,利用屈曲后强度,受压板屈曲后可继续承载。工字形截面构件腹板的受剪板幅,当腹板的高度变化不超过 60mm/m 时,其抗剪承载力设计值可按下列公式计算:

$$V_d = h_w t_w f_v' \qquad (1-11)$$

当 $\lambda_w \leqslant 0.8$ 时,有

$$f_v' = f_v \qquad (1-12a)$$

当 $0.8 < \lambda_w < 1.4$ 时,有

$$f_v' = [1 - 0.64(\lambda_w - 0.8)]f_v \qquad (1-12b)$$

当 $\lambda_w \geqslant 1.4$ 时,有

$$f_v' = (1 - 0.275\lambda_w)f_v \qquad (1-12c)$$

式中 f_v——钢材的抗剪强度设计值;

f_v'——腹板屈曲后抗剪强度设计值;

h_w——腹板板幅的平均高度;

λ_w——参数,按式(1-13)进行计算。

$$\lambda_w = \frac{h_w/t_w}{37\sqrt{k_\tau}\sqrt{235/f_y}} \qquad (1-13)$$

当 $a/h_w < 1$ 时,有

$$k_\tau = 4 + 5.34/(a/h_w)^2 \qquad (1-14a)$$

当 $a/h_w \geqslant 1$ 时,有

$$k_\tau = 5.34 + 4/(a/h_w)^2 \tag{1-14b}$$

式中 a——腹板横向加劲肋的间距;

    k_τ——腹板在纯剪切荷载作用下的屈曲系数,当不设中间加劲肋时,$k_\tau = 5.34$。

式(1-12)是参照欧洲规范的内容并略加修改后给出的,是一种较为简便的计算方法,计算结果属于下限。当腹板高度变化超过 60mm/m 时,式(1-12)不再适用。另外,当利用腹板屈曲后抗剪强度时,工字形截面构件横向加劲肋间距 $a = h_w \sim 2h_w$。

2. 腹板的有效宽度

当工字形截面梁、柱构件的腹板受弯及受压板幅利用屈曲后强度时,应按有效宽度计算其截面几何特征。

当腹板全部受压时,有效宽度取为

$$h_e = \rho h_w \tag{1-15a}$$

当腹板部分受拉时,受拉区全部有效,受压区有效宽度为

$$h_e = \rho h_c \tag{1-15b}$$

式中 h_e——腹板受压区有效宽度;

    h_c——腹板受压区宽度;

    ρ——有效宽度系数,按下列公式进行计算:

当 $\lambda_\rho \leqslant 0.8$ 时,有

$$\rho = 1 \tag{1-16a}$$

当 $0.8 < \lambda_\rho \leqslant 1.2$ 时,有

$$\rho = 1 - 0.9(\lambda_\rho - 0.8) \tag{1-16b}$$

当 $\lambda_\rho > 1.2$ 时,有

$$\rho = 0.64 - 0.24(\lambda_\rho - 1.2) \tag{1-16c}$$

式中 λ_ρ——与板件受弯、受压有关的参数,且

$$\lambda_\rho = \frac{h_w/t_w}{28.1\sqrt{k_\sigma}\sqrt{235/f_y}} \tag{1-17}$$

式中 k_σ——板件在正应力作用下的屈曲系数,且

$$k_\sigma = \frac{16}{\sqrt{(1+\beta)^2 + 0.112(1-\beta)^2} + (1+\beta)} \tag{1-18}$$

$\beta = \sigma_2/\sigma_1$ 为腹板边缘正应力比值,以压为正、拉为负,$1 \geqslant \beta \geqslant -1$。

当腹板边缘最大应力 $\sigma_1 < f$ 时,计算 λ_ρ 时可用 $\gamma_R \sigma_1$ 代替式(1-17)中的 f_y,γ_R 为抗力分项系数。为简便起见,《规程》规定,对 Q235 钢和 Q345 钢,$\gamma_R = 1.1$。

3. 腹板有效宽度的分布

根据式(1-15)和式(1-16)算得的腹板有效宽度 h_e,沿腹板高度按下列规则分布(图1-23):

当腹板全截面受压,即 $\beta > 0$ 时,有

$$h_{e1} = 2h_e/(5-\beta), \quad h_{e2} = h_e - h_{e1} \tag{1-19}$$

当腹板部分截面受拉,即 $\beta < 0$ 时,有

$$h_{e1} = 0.4h_e \tag{1-20}$$

$$h_{e2} = 0.6h_e \tag{1-21}$$

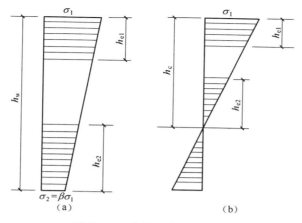

图 1-23　有效宽度的分布

三、刚架构件的强度计算

（1）工字形截面受弯构件在剪力 V 和弯矩 M 共同作用下的强度,应符合下列要求:

当 $V \leqslant 0.5V_d$ 时,有

$$M \leqslant M_e \tag{1-22}$$

当 $0.5V_d < V \leqslant V_d$ 时,有

$$M \leqslant M_f + (M_e - M_f)\left[1 - \left(\frac{V}{0.5V_d} - 1\right)^2\right] \tag{1-23}$$

当截面为双轴对称时,有

$$M_f = A_f(h_w + t)f \tag{1-24}$$

式中　M_f——两翼缘所承担的弯矩;

$\quad\quad M_e$——构件有效截面所承担的弯矩, $M_e = W_e f$;

$\quad\quad W_e$——构件有效截面最大受压纤维的截面模量;

$\quad\quad A_f$——构件翼缘的截面面积;

$\quad\quad V_d$——腹板抗剪承载力设计值,按式(1-11)计算。

（2）工字形截面压弯构件在剪力 V、弯矩 M 和轴力 N 共同作用下的强度,应符合下列要求:

当 $V \leqslant 0.5V_d$ 时,有

$$M \leqslant M_e^N \tag{1-25}$$

$$M_e^N = M_e - NW_e/A_e \tag{1-26}$$

当 $0.5V_d < V \leqslant V_d$ 时,有

$$M \leqslant M_f^N + (M_e^N - M_f^N)\left[1 - \left(\frac{V}{0.5V_d} - 1\right)^2\right] \tag{1-27}$$

当截面为双轴对称时,有

$$M_f^N = A_f(h_w + t)(f - N/A) \tag{1-28}$$

式中　A_e——有效截面面积;

$\quad\quad M_f^N$——兼承压力时两翼缘所能承受的弯矩。

四、刚架梁设计

实腹式门式刚架横梁截面高度一般可按跨度的 1/30~1/40 确定,当刚架跨度较小时,刚架横梁可采用等截面。截面高宽比一般为 3~5。

1. 刚架梁计算要求

(1)实腹式刚架斜梁在平面内可按压弯构件计算强度,在平面外应按压弯构件计算稳定性。

(2)实腹式刚架斜梁的平面外计算长度,应取侧向支承点间的距离;当斜梁两翼缘侧向支承点间的距离不等时,应取最大受压翼缘侧向支承点间的距离。

(3)斜梁不需计算整体稳定性的侧向支承点间的最大距离,可取斜梁受压翼缘宽度的 $16\sqrt{235/f_y}$ 倍。

(4)当实腹式门式刚架斜梁的下翼缘受压时,应在受压翼缘侧面布置隅撑(山墙处刚架仅布置在一侧)作为斜梁的侧向支撑,隅撑的另一端连接在檩条上。隅撑的宽度不应大于相应受压翼缘宽度的 $16\sqrt{235/f_y}$ 倍,以保证刚架斜梁的整体稳定。

如斜梁下翼缘受压区因故不设置隅撑,则必须采用保证刚架稳定的可靠措施。

在檐口位置、刚架斜梁与柱内翼缘交接点附近的墙梁和檩条处,应各设置一道隅撑。

(5)当斜梁上翼缘承受集中荷载处不设横向加劲肋时,除应按《钢结构设计规范》GB 50017 的规定验算腹板上边缘正应力、剪应力和局部压应力共同作用的折算应力外,还应满足下列要求:

$$F \leqslant 15\alpha_m t_w^2 f \sqrt{\frac{t_f}{t_w}\frac{235}{f_y}} \tag{1-29}$$

$$\alpha_m = 1.5 - \frac{M}{(W_e f)} \tag{1-30}$$

式中 t_f、t_w——斜梁翼缘和腹板的厚度;

F——上翼缘所受集中荷载;

α_m——参数,$\alpha_m \leqslant 1.0$,在斜梁负弯矩区取零;

M——集中荷载处的弯矩;

W_e——有效截面最大受压纤维的截面模量。

2. 梁腹板加劲肋的设置

梁腹板应在中柱连接处、较大集中荷载作用处和翼缘转折处设置横向加劲肋。其他位置是否设置加劲肋,根据计算需要确定。

梁腹板利用屈曲后强度时,当梁腹板在剪应力作用下发生屈曲后,将以拉力带的方式承受继续增加的剪力,亦即起类似桁架斜腹杆的作用,而横向加劲肋则相当于受压的桁架竖杆。因此,中间横向加劲肋除承受集中荷载和翼缘转折产生的压力外,还应承受拉力场产生的压力,该压力按下式计算:

$$N_s = V - 0.9 h_w t_w \tau_{cr} \tag{1-31}$$

当 $0.8 < \lambda_w \leqslant 1.25$ 时,有

$$\tau_{cr} = [1 - 0.8(\lambda_w - 0.8)] f_v \tag{1-32a}$$

当 $\lambda_w > 1.25$ 时,有

$$\tau_{cr} = f_v / \lambda_w^2 \qquad (1-32b)$$

式中　N_s——拉力场产生的压力；

　　　τ_{cr}——利用拉力场时腹板的屈曲剪应力；

　　　λ_w——参数，按式（1-13）计算。

当验算加劲肋稳定性时，其截面应取加劲肋全部和其两侧各 $15t_w\sqrt{235/f_y}$ 宽度范围内的腹板面积，计算长度取腹板高度 h_w，按两端铰接轴心受压构件进行计算。

五、刚架柱设计

1. 变截面柱在刚架平面内的整体稳定性

变截面柱在刚架平面内的整体稳定按下列公式计算：

$$\frac{N_0}{\varphi_{x\gamma} A_{e0}} + \frac{\beta_{mx} M_1}{\left[1 - (N_0 / N'_{Ex0}) \varphi_{x\gamma}\right] W_{e1}} \leqslant f \qquad (1-33)$$

$$N'_{Ex0} = \pi^2 E A_{e0} / (1.1 \lambda^2) \qquad (1-34)$$

式中　N_0——小头的轴线压力设计值；

　　　M_1——大头的弯矩设计值；

　　　A_{e0}——小头的有效截面面积；

　　　W_{e1}——大头有效截面最大受压纤维的截面模量；

　　　$\varphi_{x\gamma}$——杆件轴心受压稳定系数，按楔形柱确定其计算长度，取小头截面的回转半径，由 GB 50017 规范查得；

　　　β_{mx}——等效弯矩系数。由于轻型门式刚架都属于有侧移失稳，故 $\beta_{mx} = 1.0$；

　　　N'_{Ex0}——参数，计算 λ 时回转半径 i_0 以小头截面为准。

当柱的最大弯矩不出现在大头时，M_1 和 W_{e1} 分别取最大弯矩和该弯矩所在截面的有效截面模量。

式（1-33）是在《冷弯薄壁型钢结构设计规范》GB 50018 中双轴对称截面压弯构件平面内整体稳定性计算公式的基础上，考虑变截面压弯构件的受力特点，经过适当修正后得到的。它不同于《钢结构设计规范》GB 50017 的特点是没有塑性发展系数 γ_x，弯矩项的放大系数也略有不同。此外由于刚架柱腹板允许发生局部屈曲并利用其屈曲后强度，故柱的截面几何特征应采用有效截面的几何特征。

对于变截面柱，变化截面高度的目的是为了适应弯矩的变化，合理的截面变化方式应该是两端截面的最大应力纤维同时达到限值。但是，工程实际中往往是大头截面用足，其应力大于小头，因此，式（1-33）左边第二项的弯矩 M_1 和有效截面模量 W_{e1} 应以大头为准。式（1-33）的第一项源自等截面柱的稳定计算，根据分析，小头的 $(\varphi A)_0$ 小于大头的 $(\varphi A)_1$，且刚架柱的最大轴力就作用在小头截面上，故第一项按小头计算比按大头计算安全。

在同一个计算公式中，轴力和弯矩设计值分别取自不同的截面，似乎有些不好理解，但实际上稳定计算是考虑构件整体性能而非个别截面的承载能力，因此并无不妥之处。

2. 变截面柱在刚架平面内的计算长度

截面高度呈线性变化的柱，在刚架平面内的计算长度应取为 $h_0 = \mu_\gamma h$，式中 h 为柱的几何高度，μ_γ 为计算长度系数。μ_γ 可由下列三种方法之一确定：

23

1）查表法

查表法用于柱脚铰接且屋面坡度不大于 1：5 的刚架。

（1）柱脚铰接单跨刚架楔形柱的 μ_γ，可由表 1-6 查得。

表 1-6　柱脚铰接楔形柱的计算长度系数 μ_γ

K_2/K_1		0.1	0.2	0.3	0.5	0.75	1.0	2.0	≥10.0
$\dfrac{I_{c0}}{I_{c1}}$	0.01	0.428	0.368	0.349	0.331	0.320	0.318	0.315	0.310
	0.02	0.600	0.502	0.470	0.440	0.428	0.420	0.411	0.404
	0.03	0.729	0.599	0.558	0.520	0.501	0.492	0.483	0.473
	0.05	0.931	0.756	0.694	0.644	0.618	0.606	0.589	0.580
	0.07	1.075	0.873	0.801	0.742	0.711	0.697	0.672	0.650
	0.10	1.252	1.027	0.935	0.857	0.817	0.801	0.790	0.739
	0.15	1.518	1.235	1.109	1.021	0.965	0.938	0.895	0.872
	0.20	1.745	1.395	1.254	1.140	1.080	1.045	1.000	0.969

柱的线刚度 K_1 和梁的线刚度 K_2 分别按下列公式计算：

$$K_1 = I_{c1}/h \tag{1-35}$$

$$K_2 = I_{b0}/(2\psi s) \tag{1-36}$$

表中和式中　I_{c0}、I_{c1}——柱小头和柱大头的截面惯性矩；

$\qquad\qquad I_{b0}$——梁最小截面的惯性矩；

$\qquad\qquad s$——半跨斜梁长度；

$\qquad\qquad \psi$——斜梁换算长度系数，如图 1-24 所示，当梁为等截面时，$\psi=1$。

图 1-24 中，β 为相连楔形段的长度比；γ_1 和 γ_2 分别为第一、二楔形段的楔率，$\gamma_1 = \dfrac{d_1}{d_0} - 1$，$\gamma_2 = \dfrac{d_2}{d_0} - 1$，$d_1$ 和 d_2 为两段式斜梁左、右端截面大头的高度，d_0 为斜梁中部截面小头的高度，具体的符号含义见图 1-25。当考虑有侧移失稳时，刚架脊点可视为斜梁铰接支点。

（2）多跨刚架的中间柱为摇摆柱时，边柱的计算长度应取为

$$h_0 = \eta\mu_\gamma h \tag{1-37}$$

$$\eta = \sqrt{1 + \frac{\Sigma(P_{li}/h_{li})}{\Sigma(P_{fi}/h_{fi})}} \tag{1-38}$$

式中　μ_γ——计算长度系数，由表 1-6 查得，但式（1-36）中的 s 取与边柱相连的一跨横梁的坡度长度 l_b，如图 1-26 所示；

$\qquad\quad \eta$——放大系数；

$\qquad\quad P_{li}$——摇摆柱承受的荷载；

$\qquad\quad P_{fi}$——边柱承受的荷载；

$\qquad\quad h_{li}$——摇摆柱高度；

$\qquad\quad h_{fi}$——刚架边柱高度。

引进放大系数的原因是：当框架趋于侧移或有初始侧倾时，不仅框架柱上的荷载对框

24

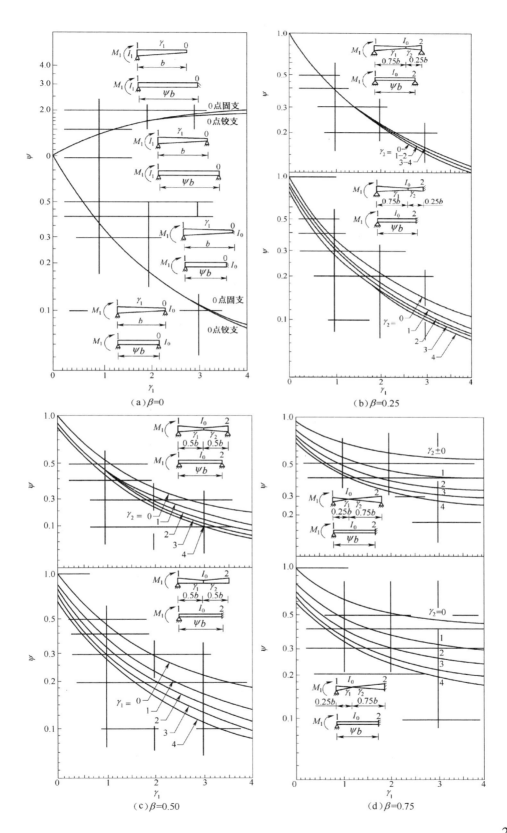

（a）β=0

（b）β=0.25

（c）β=0.50

（d）β=0.75

25

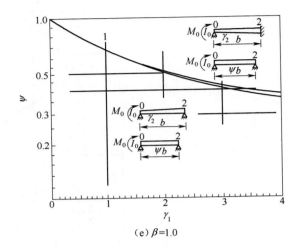

（e）$\beta=1.0$

图 1-24　楔形梁在刚架平面内的换算长度系数

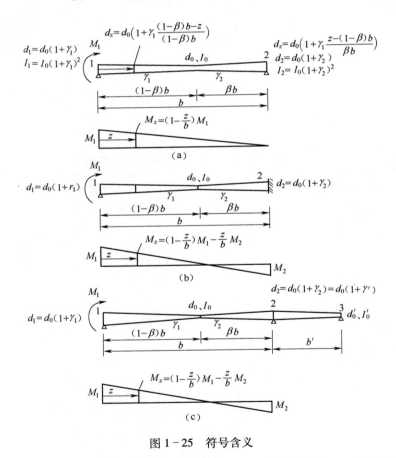

图 1-25　符号含义

架起倾覆作用，摇摆柱上的荷载也同样起倾覆作用。也就是说，图 1-26 中框架边柱除承受自身荷载的不稳定效应外，还要加上中间摇摆柱上荷载效应。因此，需要根据比值 $\Sigma(P_{li}/h_{li})/\Sigma(P_{fi}/h_{fi})$ 对边柱计算长度做出调整。

摇摆柱的计算长度系数应取 1.0。

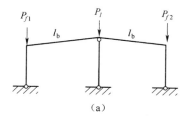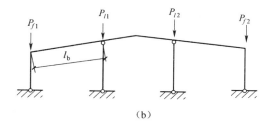

图 1-26 计算边柱时的斜梁长度

对于屋面坡度大于 1:5 的情况,在确定刚架柱的计算长度时应考虑横梁轴向力对柱刚度的不利影响。此时应按刚架的整体弹性稳定分析通过计算来确定变截面刚架柱的计算长度。

2)一阶分析法

一阶分析法普遍适用于各种情况,并且适合上机计算。框架有侧移失稳的临界状态和它的侧移刚度有直接关系。框架上荷载使此刚度逐渐退化,荷载加到刚度完全消失,框架随即不能保持稳定。因此框架柱的临界荷载或计算长度可以由侧移刚度得出。此法包括了各柱互相支持的效应,体现了框架的整体性。

当刚架利用一阶分析计算程序得出柱顶水平荷载作用下的侧移刚度 $K = H/u$ 时,柱计算长度系数由下式计算:

(1)对柱脚为铰接和刚接的单跨对称刚架(图 1-27(a))。

$$\text{柱脚铰接} \qquad \mu_\gamma = 4.14\sqrt{EI_{c0}/Kh^3} \qquad (1-39a)$$

$$\text{柱脚刚接} \qquad \mu_\gamma = 5.85\sqrt{EI_{c0}/Kh^3} \qquad (1-39b)$$

式中 h——刚架柱的高度。

式(1-39a)和式(1-39b)也可用于图 1-26 所示屋面坡度不大于 1:5 的、有摇摆柱的多跨对称刚架的边柱,但算得的系数还应乘以放大系数 $\eta' = \sqrt{\dfrac{\Sigma(P_{li}/h_{li})}{1.2\Sigma(P_{fi}/h_{fi})} + 1}$。摇摆柱的计算长度系数仍取 1.0。$\eta'$ 不同于式(1-38)的原因,是在推导式(1-37)时引进了考虑荷载-挠度效应的系数 1.2,而摇摆柱没有这一效应。

(2)中间为非摇摆柱的多跨刚架(图 1-27(b))。

$$\text{柱脚铰接} \qquad \mu_\gamma = 0.85\sqrt{\frac{1.2}{K}\frac{P_{EDi}}{P_i}\Sigma\frac{P_i}{h_i}} \qquad (1-40a)$$

$$\text{柱脚刚接} \qquad \mu_\gamma = 1.20\sqrt{\frac{1.2}{K}\frac{P_{EDi}}{P_i}\Sigma\frac{P_i}{h_i}} \qquad (1-40b)$$

$$P_{E0i} = \frac{\pi^2 EI_{0i}}{h_i^2} \qquad (1-41)$$

式中 h_i、P_i、P_{EDi}——第 i 根柱的高度、竖向荷载和以小头为准的欧拉临界荷载。

式(1-40a)中的 0.85 是考虑铰接柱脚实际上有一定的转动刚度,式(1-40b)的 1.2

则是考虑刚接柱脚实际上达不到丝毫不动的要求。式（1－40a）和式（1－40b）也可用于单跨非对称刚架。

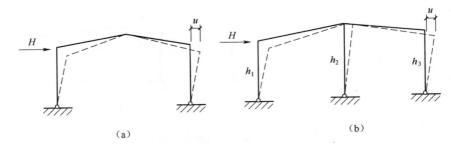

图 1－27　一阶分析时的柱顶位移

（3）二阶分析法。当采用计入竖向荷载-侧移效应（即 P-u 效应，亦称 P-Δ 效应）的二阶分析程序计算内力时，如果是等截面柱，取 $u=1$，即计算长度等于几何长度；对楔形柱，其计算长度 μ_γ 可由下列公式计算：

$$\mu_\gamma = 1 - 0.375\gamma + 0.08\gamma^2(1 - 0.0775\gamma) \tag{1－42}$$

$$\gamma = (d_1/d_0) - 1 \tag{1－43}$$

式中　γ——构件的楔率，不大于 $0.268h/d_0$ 及 6.0；

d_0、d_1——柱小头和大头的截面高度（图 1－28）。

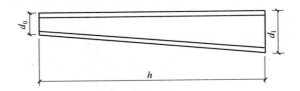

图 1－28　变截面构件的楔率

3. 变截面柱在刚架平面外的整体稳定性

变截面柱的平面外整体稳定应分段按式（1－44）计算；

$$\frac{N_0}{\varphi_y A_{e0}} + \frac{\beta_t M_1}{\varphi_{b\gamma} W_{e1}} \leqslant f \tag{1－44}$$

式中　φ_y——轴心受压构件弯矩作用平面外稳定系数，以小头为准，计算长度取侧向支撑点的距离。若各段线刚度差别较大，确定计算长度时可考虑各段的相互约束；

N_0——所计算构件段小头截面的轴向压力；

M_1——所计算构件段大头截面的弯矩；

β_t——等效弯矩系数。

对一端弯矩为零的区段，有

$$\beta_t = 1 - N/N'_{Ex0} + 0.75(N/N'_{Ex0})^2 \tag{1－45}$$

对两端弯矩应力基本相等的区段，有

$$\beta_t = 1.0 \tag{1－46}$$

28

式中　N'_{Ex0}——在刚架平面内以小头为准的柱参数；

　　　$\varphi_{b\gamma}$——均匀弯矩楔形受弯构件的整体稳定系数。

对双轴对称的工字形截面杆件，有

$$\varphi_{b\gamma} = \frac{4320}{\lambda_{y0}^2} \frac{A_0 h_0}{W_{x0}} \sqrt{\left(\frac{\mu_s}{\mu_w}\right)^4 + \left(\frac{\lambda_{y0} l_0}{4.4 h_0}\right)^2} \left(\frac{235}{f_y}\right) \tag{1-47}$$

$$\lambda_{y0} = \mu_s l / i'_{y0} \tag{1-48}$$

$$\mu_s = 1 + 0.023 \gamma \sqrt{l h_0 / A_f} \tag{1-49}$$

$$\mu_w = 1 + 0.00385 \sqrt{l / i'_{y0}} \tag{1-50}$$

式中　A_0、h_0、W_{x0}、l_0——构件小头的截面面积、截面高度、截面模量和受压翼缘截面厚度；

　　　A_f——受压翼缘截面面积；

　　　i'_{y0}——受压翼缘与受压区腹板 1/3 高度组成的截面绕 y 轴的回转半径；

　　　l——楔形构件计算区段的平面外计算长度，取支撑点间的距离。

式（1-44）不同于《钢结构设计规范》GB 50017 中压弯构件在弯矩作用平面外稳定计算公式之外有两点：

（1）截面几何特征按有效截面计算。

（2）考虑楔形柱的受力特点，轴力取小头截面，弯矩取大头截面。

[例 1-3]　钢材采用 Q345B，截面翼缘为焰切边，其他条件同例 1-1 和例 1-2，试验算门式刚架梁、柱是否满足设计要求。

解：1. 刚架梁柱板件宽厚比验算

翼缘板自由外伸宽厚比：$(200 - 6)/(2 \times 10) = 9.7 < 15 \times \sqrt{235/345} = 12.4$（满足要求）

腹板宽厚比：$(500 - 2 \times 10)/6 = 80 < 250 \times \sqrt{235/345} = 206.3$（满足要求）

2. 刚架梁验算

根据内力组合，刚架梁的控制内力如下。

梁端截面：$M_1 = 181.39 \text{kN} \cdot \text{m}$，$N_1 = -39.66 \text{kN}$，$V_1 = 76.38 \text{kN}$

跨中截面：$M_2 = 151.36 \text{kN} \cdot \text{m}$，$N_2 = -31.66 \text{kN}$，$V_2 = 3.17 \text{kN}$

1）梁端截面强度验算

（1）梁端腹板有效截面计算。

腹板边缘的最大正应力为

$$\sigma_1 = -\frac{M_1}{W_x} + \frac{N_1}{A} = -\frac{181.39 \times 10^6 \times 240}{27139 \times 10^4} + \frac{-39.66 \times 10^3}{6480}$$

$$= -160.41 - 6.1 = -166.51 \text{N/mm}^2$$

$$\sigma_2 = 160.41 - 6.1 = 154.31 \text{N/mm}^2$$

腹板边缘的正应力比值为

$$\beta = \frac{\sigma_2}{\sigma_1} = \frac{154.31}{-166.51} = -0.927 < 0$$

腹板部分受压，腹板有效截面计算参数为

29

$$k_\sigma = \frac{16}{\sqrt{(1+\beta)^2 + 0.112(1-\beta)^2} + (1+\beta)}$$

$$= \frac{16}{\sqrt{(1-0.927)^2 + 0.112(1+0.927)^2} + (1-0.927)}$$

$$= 22.16$$

$$\lambda_\rho = \frac{\dfrac{h_w}{t_w}}{28.1\sqrt{k_\sigma} \cdot \sqrt{\dfrac{235}{(\gamma_R \sigma_1)}}} = \frac{480/6}{28.1\sqrt{\dfrac{22.16 \times 235}{1.1 \times 166.51}}} = 0.534 < 0.8$$

故 $\rho = 1$，钢架梁端全截面有效。

（2）抗剪承载力验算。

梁端截面最大剪力 $\qquad V_{max} = 76.38\text{kN}$

考虑梁腹板上加劲肋间距 $a = 3h_w$

屈曲系数 $\qquad k_\tau = 5.34 + 4/3^2 = 5.78$

$$\lambda_w = \frac{\dfrac{h_w}{t_w}}{37\sqrt{k_\tau} \cdot \sqrt{\dfrac{235}{f_y}}} = \frac{480/6}{37 \times \sqrt{5.78 \times 235/345}} = 1.09(0.8 < \lambda_w < 1.4)$$

$$f_v' = [1 - 0.64(\lambda_w - 0.8)]f_v = [1 - 0.64(1.09 - 0.8)] \times 180 = 146.59\text{kN}$$

所以 $\qquad V_d = h_w t_w f_v' = 480 \times 6 \times 146.59 \times 10^{-3} = 422.18\text{kN}$

$V_{max} < V_d$，满足抗剪要求。

（3）抗弯承载力（弯剪压共同作用）。

因为 $V = 67.9\text{kN} < 0.5V_d = 211.09\text{kN}$，所以

$$M_e^N = M_e - \frac{NW_e}{A_e} = W_e\left(f_y - \frac{N}{A_e}\right)$$

$$= \frac{27139 \times 10^4}{250} \times \left(310 - \frac{35.1 \times 10^3}{6480}\right) \times 10^{-6}$$

$$= 330.64\text{kN} \cdot \text{m}$$

$$M_{max} = 181.39\text{kN} \cdot \text{m} < M_e^N = 330.64\text{kN} \cdot \text{m}$$

满足抗弯要求。

2）梁跨中截面强度验算

刚架梁截面的弯矩、剪力、轴力均小于梁端，而截面尺寸同梁端，故梁跨中截面强度不必验算。

3）刚架梁平面外稳定性验算

钢架梁在负弯矩区的整体稳定依靠隅撑来保证，梁平面外侧向支撑点间距为 4500mm，故平面外计算长度 $l_{oy} = 4500$mm。

$$i_y = \sqrt{\frac{I_y}{A}} = \sqrt{\frac{972}{64.8}} = 3.87\text{cm}$$

$$\lambda_y = \frac{l_{oy}}{i_y} = \frac{4500}{38.7} = 116.3$$

查表,得

$$\varphi_y = 0.456$$

由于梁端弯矩和横向荷载 $\beta_{tx} = 1.0$,则

$$\varphi_{by} = 1.07 - \frac{\lambda_y^2}{44000} \cdot \frac{f_y}{235} = 1.07 - \frac{116.3^2}{44000} \times 345/235 = 0.619$$

按跨中内力验算构件平面外的稳定性

$$\frac{N_2}{\varphi_y A} + \frac{\beta_{tx} M_2}{\varphi_{by} W_{1x}} = \frac{31.66 \times 10^3}{0.456 \times 6480} + \frac{1.0 \times 151.36 \times 10^6}{0.619 \times 27139 \times 10^4/250}$$

$$= 10.71 + 225.25 = 235.96 \text{kN} \cdot \text{m} < f = 310 \text{N/mm}^2$$

所以满足要求。

3. 刚架柱验算

根据内力组合,刚架柱的控制内力为

$$M_0 = 0, N_0 = -97.17 \text{kN}, V_0 = 31.82 \text{kN}, M_1 = 181.39 \text{kN} \cdot \text{m}, N_1 = 80.33 \text{kN}, V_1 = 31.82 \text{kN}$$

腹板高度变化率为

$$(500 - 220)/5.7 = 49.1 \text{mm/m} < 60 \text{mm/m}$$

故腹板抗剪可以考虑屈曲后强度。

1)腹板有效截面计算

(1)大头腹板有效截面计算。

大头腹板边缘的最大正应力为

$$\sigma_1 = -\frac{M_1}{W_{x1}} + \frac{N_1}{A_1} = -\frac{181.39 \times 10^6 \times 240}{29540 \times 10^4} + \frac{-80.33 \times 10^3}{6880}$$

$$= -147.37 - 11.68 = -159.05 \text{N/mm}^2$$

$$\sigma_2 = 147.37 - 11.68 = 135.69 \text{N/mm}^2$$

腹板边缘的正应力比值为

$$\beta = \frac{\sigma_2}{\sigma_1} = \frac{135.69}{-159.05} = -0.854 < 0$$

腹板部分受压,腹板有效截面计算参数为

$$k_\sigma = \frac{16}{\sqrt{(1+\beta)^2 + 0.112(1-\beta)^2} + (1+\beta)}$$

$$= \frac{16}{\sqrt{(1-0.854)^2 + 0.112(1+0.854)^2} + (1-0.854)} = 20.42$$

$$\lambda_\rho = \frac{\dfrac{h_w}{t_w}}{28.1\sqrt{k_\sigma} \cdot \sqrt{\dfrac{235}{(\gamma_R \sigma_1)}}}$$

$$= \frac{480/6}{28.1\sqrt{\dfrac{20.42 \times 235}{1.1 \times 159.05}}} = 0.54 < 0.8$$

故 $\rho = 1$，楔形刚架柱大头全截面有效。

（2）小头腹板有效截面计算。

计算小头腹板边缘压应力时，因柱小头无弯矩作用，故

$$\sigma_0 = \frac{97.17 \times 10^3}{5200} = 18.68, \beta = 1, k_\sigma = \frac{16}{\sqrt{2^2 + 2}} = 4$$

$$\lambda_\rho = \frac{\dfrac{h_w}{t_w}}{28.1\sqrt{k_\sigma} \cdot \sqrt{\dfrac{235}{(\gamma_R \sigma_1)}}}$$

$$= \frac{480/6}{28.1\sqrt{\dfrac{4 \times 235}{1.1 \times 18.69}}} = 0.42 < 0.8$$

故 $\rho = 1$，楔形刚架柱小头全截面有效。

2）楔形柱的计算长度

（1）楔形柱在刚架平面内的计算长度。

柱的线刚度为

$$K_1 = I_{c1}/h = 29540 \times 10^4/5700 = 51824.6$$

梁的线刚度（梁为等截面时，$\psi = 1.0$）为

$$K_2 = I_{b0}/2\psi s = 27139 \times 10^4/(2 \times 1.0 \times 9044.9) = 15002.4$$

梁柱刚度比为

$$K_2/K_1 = 15002.4/51824.6 = 0.29$$
$$I_{c0}/I_{c1} = 4810/29540 = 0.163$$

查表，得刚架平面内柱的计算长度系数

$$\mu_r = 1.15$$

刚架平面内柱的计算长度为

$$l_{ox} = \mu_r h = 1.15 \times 5700 = 6555\text{mm}$$

（2）楔形柱在刚架平面外的计算长度。

由设置的单层柱间支撑知 $l_{oy} = 5700\text{mm}$。

3）抗剪承载力验算

因柱腹板上不设加劲肋，故屈曲系数取 $k_\tau = 5.34$。

（1）大头截面。

$$\lambda_{w1} = \frac{\dfrac{h_w}{t_w}}{37\sqrt{k_\tau} \cdot \sqrt{\dfrac{235}{f_y}}} = \frac{480/6}{37 \times \sqrt{5.34 \times 235/345}} = 1.13\ (0.8 < \lambda_w < 1.4)$$

$$f'_{v1} = [1 - 0.64(\lambda_w - 0.8)]f_v = [1 - 0.64(1.13 - 0.8)] \times 180 = 141.98\text{kN}$$
$$V_{d1} = h_w t_w f'_{v1} = 480 \times 6 \times 141.98 \times 10^{-3} = 408.90\text{kN}$$

（2）小头截面。

$$\lambda_{w0} = \frac{\dfrac{h_w}{t_w}}{37\sqrt{k_\tau} \cdot \sqrt{\dfrac{235}{f_y}}} = \frac{200/6}{37 \times \sqrt{5.34 \times 235/345}} = 0.47 < 0.8$$

$$f'_v = f_v = 180\text{kN}$$

$$V_d = h_w t_w f'_v = 200 \times 6 \times 180 \times 10^{-3} = 216.0\text{kN}$$

楔形住截面最大剪力为 $V_{max} = 31.82\text{kN} < V_d$，满足抗剪要求。

4）抗弯承载力（弯剪压共同作用）

因为 $V = 28.2\text{kN} < 0.5V_{d1} = 204.45\text{kN}$，所以

$$\begin{aligned}
M_e^N &= M_e - \frac{NW_e}{A_e} = W_e\left(f_y - \frac{N}{A_e}\right) \\
&= 29540 \times 10^4/250 \times \left(310 - \frac{80.33 \times 10^3}{6880}\right) \times 10^{-6} \\
&= 352.50\text{kN} \cdot \text{m} \\
M_{max} &= 181.39\text{kN} \cdot \text{m} < 352.50\text{kN} \cdot \text{m}
\end{aligned}$$

满足抗弯要求。

5）刚架平面内整体稳定验算

$$i_{x0} = \sqrt{I_{x0}/A_{e0}} = \sqrt{4810/52} = 9.62\text{cm}$$

$$\lambda_x = \frac{l_{0x}}{i_{x0}} = \frac{6555}{96.2} = 68.14$$

由 b 类截面查《钢结构设计规范》GB 50017，得

$$\varphi_x = 0.762$$

$$N'_{Ex0} = \frac{\pi^2 E A_{e0}}{1.1\lambda_x^2} = \frac{\pi^2 \times 206 \times 10^3 \times 5200}{1.1 \times 67.5^2} \times 10^{-3} = 2109.5\text{kN}$$

侧移刚度 $\beta_{mx} = 1.0$，故

$$\frac{N_0}{\varphi_x \cdot A_{e0}} + \frac{\beta_{mx} \cdot M_1}{W_{e1}\left(1 - \varphi_x \dfrac{N_0}{N'_{Ex0}}\right)}$$

$$= \frac{97.17 \times 10^3}{0.762 \times 5200} + \frac{1 \times 181.39 \times 10^6}{\dfrac{29540 \times 10^4}{250} \times \left(1 - 0.762 \times \dfrac{97.17}{2109.5}\right)} = 24.5 + 148.12 = 172.62\text{N/mm}^2 \leqslant f$$

满足抗弯要求。

6）刚架平面外的整体稳定性验算

$$i_{y0} = \sqrt{I_{y0}/A_{e0}} = \sqrt{1333/52} = 5.06\text{cm}$$

$$\lambda_y = \frac{l_{0y}}{i_{y0}} = \frac{5700}{50.6} = 112.6$$

由 b 类截面查得

$$\varphi_y = 0.479$$

柱的楔形 $\gamma = (d_1/d_0) - 1 = \left(\frac{500}{220}\right) - 1 = 1.27$，不大于 $0.268h/d_0$ 及 6.0。

$$\mu_s = 1 + 0.023\gamma\sqrt{lh_0/A_f}$$
$$= 1 + 0.023 \times 1.27\sqrt{(5700 \times 220)/(200 \times 10)}$$
$$= 1.73$$

由于柱小头全截面均匀受压，故计算 i'_{y0} 时的 T 形截面如图 1-29 所示。

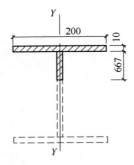

图 1-29 T 形截面

$$A'_{y0} = 24.0\text{cm}^2, I'_{y0} = 666.7\text{cm}^4, i'_{y0} = 5.27\text{cm}$$

$$\mu_w = 1 + 0.00385\gamma\sqrt{l/i'_{y0}}$$
$$= 1 + 0.00385 \times 1.27\sqrt{5700/52.7} = 1.05$$

$$\lambda_{y0} = \mu_s l/i'_{y0} = (1.73 \times 5700)/52.7 = 187.1$$

$$\varphi_{br} = \frac{4320}{\lambda_{y0}^2} \cdot \frac{A_0 h_0}{W_{x0}} \sqrt{\left(\frac{\mu_s}{\mu_w}\right)^4 + \left(\frac{\lambda_{y0}t_0}{4.4h_0}\right)^2} \cdot \left(\frac{235}{f_y}\right)$$
$$= \frac{4320}{187.1^2} \cdot \frac{5200 \times 220}{4810 \times 10^4/110}\sqrt{\left(\frac{1.73}{1.05}\right)^4 + \left(\frac{187.1 \times 10}{4.4 \times 220}\right)^2} \cdot \frac{235}{345} = 0.733 > 0.6$$

$$\varphi'_b = 1.07 - \frac{0.282}{\varphi_b} = 0.685$$

等弯矩系数

$$\beta_{tx} = 1 - \frac{N_0}{N'_{Ex0}} + 0.75\left(\frac{N_0}{N'_{Ex0}}\right)^2$$
$$= 1 - \frac{84.8}{2109.5} + 0.75\left(\frac{84.8}{2109.5}\right)^2 = 0.961$$

$$\frac{N_0}{\varphi_y \cdot A_{e0}} + \frac{\beta_{tx} \cdot M_1}{\varphi_b \cdot W_{e1}} = \frac{97.17 \times 10^3}{0.479 \times 5200} + \frac{0.956 \times 181.39 \times 10^6}{0.685 \times 29540 \times 10^4/250}$$
$$= 39.01 + 214.24 = 253.25\text{N/mm}^2 < f$$

34

满足抗弯要求。

1.4.5 刚架节点设计

刚架节点设计内容主要包括刚架斜梁与柱连接、斜梁拼接及柱脚等。节点设计要求构件受力明确、传力路径清晰、计算模型与其实际受力状态相一致。

一、斜梁与柱的连接节点

门式刚架斜梁与柱的节点为刚接是该类结构的显著特征之一,刚接节点具有弯矩传递的特征,应具有足够的节点刚度。同时,刚接节点还承受剪力与轴力的作用。

1. 节点形式

门式刚架斜梁与柱的连接有端板竖放、端板斜放和端板横放三种节点形式,如图1-30所示,它们也称为端板连接节点。为保证连接刚度,减小局部变形,柱与梁上、下翼缘处应设置加劲肋;梁上端板可在伸出部分和中部设加劲肋。为了满足强度需要,宜采用高强度螺栓,并应对螺栓施加预拉力,预拉力可以增强节点转动刚度。

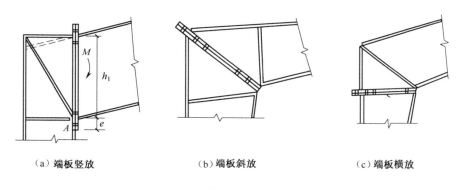

（a）端板竖放　　　　　　　（b）端板斜放　　　　　　　（c）端板横放

图1-30　刚架斜梁与柱连接节点

2. 节点承载力验算

门式刚架斜梁与柱端节点承载力验算包括螺栓验算、节点域抗剪验算、构件腹板强度验算和端板厚度校核等内容。

端板连接应按所受最大内力设计,当内力较小时,端板连接应按能承受不小于被连接截面承载力的1/2设计。

1）螺栓验算

端板螺栓应成对地对称布置。在受拉翼缘和受压翼缘的内外两侧各设一排,并宜使每个翼缘的4个螺栓的中心与翼缘的中心重合。为此,将端板伸出截面高度范围以外形成外伸式连接(图1-30(a)),以免螺栓群的力臂不够大。若把端板斜放,因斜截面高度大,受压一侧端板可不外伸(图1-30(b))。

分析研究表明,图1-30(a)的外伸式连接转动刚度可以满足刚性节点的要求。外伸式连接在节点负弯矩作用下,可假定转动中心位于下翼缘中心线上。如图1-30(a)所示上翼缘两侧对称设置4个螺栓时,每个螺栓承受下式表达的拉力,并依此确定螺栓直径为

$$N_t = \frac{M}{4h_1}$$

35

式中 h_1——梁上、下翼缘中至中距离。

力偶 M/h_1 的压力由端板与柱翼缘间承压面传递,端板从下翼缘中心伸出的宽度应不小于 $e = \dfrac{M}{h_1} \cdot \dfrac{1}{2bf}$，$b$ 为端板宽度。

当受拉翼缘两侧各设一排螺栓不能满足承载力要求时,可以在翼缘内侧增设螺栓,如图 1-31(a)所示。按照绕下翼缘中心处 A 的转动保持在弹性范围内的原则,此第三排螺栓的拉力可以按 $N_t \dfrac{h_3}{h_1}$ 计算,h_3 为 A 点至第三排螺栓的距离,两个螺栓可承弯矩 $M = 2N_t h_3^2 / h_1$。

节点上剪力可以认为由上边两排抗拉螺栓以外的螺栓承受,第三排螺栓拉力未用足,可以和下面两排(或两排以上)螺栓共同抗剪。

2) 端板厚度的验算

端板厚度对保证节点的承载力具有重要意义,由于端板的承载力与其周边约束条件密切相关,因此应根据其在各区域的支撑条件分别验算,取其中厚度大者作为截面控制值,如图 1-31 所示。

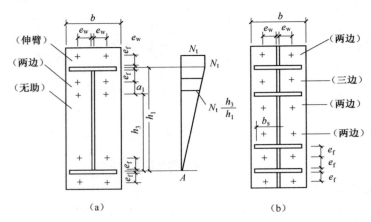

图 1-31 端板的支撑条件

伸臂类端板：
$$t \geqslant \sqrt{\frac{6e_f N_t}{bf}} \tag{1-51a}$$

无加劲肋类端板：
$$t \geqslant \sqrt{\frac{3e_w N_t}{(0.5a + e_w)f}} \tag{1-51b}$$

两边支承类端板：

当端板外伸时
$$t \geqslant \sqrt{\frac{6e_f e_w N_t}{[e_w b + 2e_f(e_f + e_w)]f}} \tag{1-51c}$$

当端板平齐时
$$t \geqslant \sqrt{\frac{12e_f e_w N_t}{[e_w b + 4e_f(e_f + e_w)]f}} \tag{1-51d}$$

三边支承类端板：
$$t \geqslant \sqrt{\frac{6e_f e_w N_t}{[e_w(b + 2b_s) + 4e_f^2]f}} \tag{1-51e}$$

36

式中和图中　N_t——一个高强度螺栓受拉承载力设计值；

　　e_w、e_f——螺栓中心至腹板和翼缘板表面的距离；

　　b、b_s——端板和加劲肋板的宽度；

　　a——螺栓的间距；

　　f——端板钢材的抗拉强度设计值。

3）节点域的抗剪验算

在门式刚架斜梁和柱相交的节点域，应按下式验算剪应力：

$$\tau \leqslant f_v \tag{1-52}$$

$$\tau = \frac{M}{d_b d_c t_c} \tag{1-53}$$

式中　d_c、t_c——节点域柱腹板的宽度和厚度；

　　d_b——斜梁端部高度或节点域高度；

　　M——节点承受的弯矩，对多跨刚架中间柱处，应取两侧斜梁端弯矩的代数和或柱端弯矩；

　　f_v——节点域柱腹板的抗剪强度设计值。

4）构件腹板强度验算

在端板设置螺栓处，应保证在螺栓拉力作用下与端板连接腹板的强度具有足够的承载力，其验算公式如下：

当 $N_{t2} \leqslant 0.4P$ 时，有

$$\frac{0.4P}{e_w t_w} \leqslant f \tag{1-54a}$$

当 $N_{t2} > 0.4P$ 时，有

$$\frac{N_{t2}}{e_w t_w} \leqslant f \tag{1-54b}$$

式中　N_{t2}——翼缘内第二排一个螺栓的轴向拉力设计值；

　　P——高强度螺栓的预拉力；

　　e_w——螺栓中心至腹板表面的距离；

　　t_w——腹板厚度；

　　f——腹板钢材的抗拉强度设计值。

当不满足式（1-54）时，可设置腹板加劲肋或局部加厚腹板。

3. 节点刚度验算

门式钢架梁与柱的端板式连接节点，应按理想刚接进行设计，以确保刚架的整体刚度和承载力。单跨门式钢架梁与柱的连接节点，转动刚度 R 应符合式（1-55）要求。多跨框架的中柱为摇摆柱时，式中的系数应适当提高，可取 40 或 50。

$$R \geqslant 25EI_b/l_b \tag{1-55}$$

式中　R——钢架横梁与柱连接节点的转动刚度，应按式（1-56）和式（1-59）计算；

　　I_b——钢架横梁跨间的平均截面惯性矩；

　　l_b——钢架横梁的跨度；

　　E——钢材的弹性模量。

梁与柱连接节点的转动刚度是 $R = M/\theta$。梁与柱相对转角 θ 由节点域的剪切变形角和节点连接的弯曲变形角两大部分组成（其相应的转动刚度分别为 R_1 和 R_2），后者包括端板弯曲、螺栓拉伸和柱翼缘弯曲引起的变形。该连接点的整体转动刚度 R 应按式（1-56）计算：

$$R = \frac{1}{1/R_1 + 1/R_2} = \frac{R_1 R_2}{R_1 + R_2} \qquad (1-56)$$

式中 R_1——节点域剪切变形对应的刚度（若柱顶没有与梁翼缘对应的加劲肋，还要计及柱腹板受拉和受压形成的转角）。

　　　R_2——连接的弯曲刚度，包括端板弯曲、螺栓拉伸和柱翼缘弯曲所对应的刚度。

梁与柱连接节点提供的抗弯刚度可按下列公式计算：

$$R_1 = G h_1 h_{0c} t_p \qquad (1-57)$$

$$R_2 = \frac{6 E I_e h_1^2}{1.1 e_f^3} \qquad (1-58)$$

式中 h_1——梁端翼缘板中心间的距离；

　　　h_{0c}——柱节点域腹板宽度；

　　　t_p——柱节点域腹板厚度；

　　　I_e——端板惯性矩；

　　　e_f——端板外伸部分的螺栓中心到其加劲肋外边缘的距离。

设置斜加劲肋的梁柱连接节点（图1-32），其转动刚度可显著提高。该节点域的转动刚度可按式（1-59）计算：

$$R_1 = G h_1 h_{0c} t_p + E h_{0b} A_{st} \cos^2 \alpha \sin \alpha \qquad (1-59)$$

式中 A_{st}——两条斜加劲肋的总截面积；

　　　h_{0b}——梁端腹板高度；

　　　α——斜加劲肋倾角。

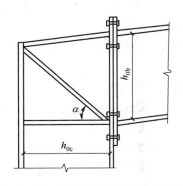

图1-32　设置斜加劲肋的节点域

4. 构造要求

斜梁与柱的连接节点构造要求可概括为

（1）刚架主构件的连接应采用高强度螺栓承压型或摩擦型连接，螺栓直径可根据需要选用，通常采用 M16-M24 螺栓。

（2）当为端板连接且只受轴向力和弯矩，或剪力小于其抗滑移承载力（按抗滑移系数为 0.3 计算)时,端板表面可不作专门处理意见。

（3）端板连接的螺栓应成对对称布置,在斜梁与刚架柱连接处的受拉区,宜采用端板外伸连接。当采用端板外伸式连接时,宜使翼缘内外的螺栓群中心与翼缘中心重合或接近。

（4）受压翼缘的螺栓不宜少于两排。当受拉翼缘两侧各设一排螺栓尚不能满足承载能力要求时,可在翼缘内侧增设螺栓,其间距可取 75mm,且不小于 3 倍螺栓孔径。

（5）螺栓中心至翼缘板表面的距离应满足拧紧螺栓时的施工要求,且不宜小于 35mm。螺栓端距不应小于 2 倍的螺栓孔径;

（6）与斜梁端板连接的柱翼缘部分应与端板厚度相等。当端板上两对螺栓间的最大距离大于 400mm 时,应在端板中增设一对螺栓。

（7）刚架构件的翼缘与端板的连接应采用全熔透对接焊缝,腹板与端板的连接应采用角对接组合焊缝或与腹板等强的角焊缝,坡口形式应符合现行国家标准《气焊、手工电弧焊及气体保护焊焊缝坡口的基本形式与尺寸》GB/T 985 的规定。

二、斜梁的拼接节点

斜梁拼接时也用高强度螺栓-端板连接,宜使端板与构件外边缘垂直,并应采用将端板两端伸出截面高度范围以外的外伸式连接,如图 1－33 所示。斜梁拼接节点承载力验算与构造要求与斜梁与柱的连接节点类似。

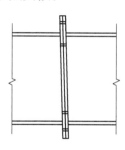

图 1－33 斜梁拼接

三、摇摆柱与斜梁的连接节点

摇摆柱与斜梁的连接比较简单,构造图如图 1－34 所示。

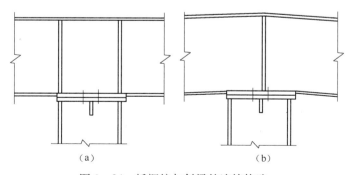

（a）   （b）

图 1－34 摇摆柱与斜梁的连接构造

四、柱脚节点

门式钢架轻型房屋钢结构柱脚分为铰接和刚接两种情况,采用铰接柱脚时,常设一对或者两对地脚螺栓,如图 1-35(a)、(b)所示;当厂房内设有 5t 以上桥式吊车时,应将柱设计成刚接,如图 1-35(c)、(d)所示。

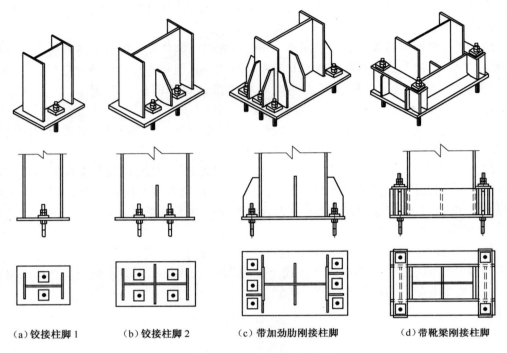

（a）铰接柱脚 1　　　（b）铰接柱脚 2　　　（c）带加劲肋刚接柱脚　　　（d）带靴梁刚接柱脚

图 1-35　门式刚架柱脚形式

1. 铰接柱脚的设计

1）铰接柱脚底板尺寸的确定

（1）铰接柱脚底板的长度和宽度应按下式确定,同时需要满足构造上的要求：

$$\sigma_c = \frac{N}{LB} \leqslant f_c \qquad (1-60)$$

式中　σ_c——折算应力;

　　　　N——钢柱的轴心压力;

　　　　L、B——钢柱柱脚底板的长度和宽度;

　　　　f_c——钢柱柱脚底板下的混凝土轴心抗压强度设计值。

（2）铰接柱脚底板的厚度 t 应按下式确定,且不宜小于 20mm：

$$t \geqslant \sqrt{\frac{6M_{max}}{f}} \qquad (1-61)$$

式中　M_{max}——根据柱脚底板下混凝土基础的反力和底板的支承条件确定的单位宽度上的最大弯矩值;

　　　　f——钢柱柱脚底板的钢材抗拉(压)强度设计值。

钢柱柱脚底板上的最大弯矩通常是根据底板下混凝土基础的反力和底板的支承条件确定的。通常条件下,对于无加劲肋的底板可近似地按悬臂板考虑,对于 H 形截面柱,常按三边支承板考虑。

悬臂板 $\qquad$ $M_1 = \dfrac{1}{2}\sigma_c a_1^2$ $\qquad$ (1-62a)

三边支承板或两相邻边支承板 $\quad M_2 = \alpha\sigma_c a_2^2$ $\qquad$ (1-62b)

四边支承板 $\qquad M_3 = \beta\sigma_c a_3^2$ $\qquad$ (1-62c)

式中　a_1——底板的悬臂长度;

$\qquad a_2$——计算区格内,板自由边的长度;

$\qquad a_3$——计算区格内,板短边的长度;

$\qquad \alpha$、β——系数,见表1-7;

$\qquad \sigma_c$——底板下混凝土的反力。

表1-7　系数 α、β 值

三边支承板	b_2/a_2	0.30	0.35	0.40	0.45	0.50	0.55	0.60	0.65	0.70	0.75	0.80	0.85
	α	0.027	0.036	0.044	0.052	0.060	0.068	0.075	0.081	0.087	0.092	0.097	0.101
两相邻边支承板	b_2/a_2	0.90	0.95	1.00	1.10	1.20	1.30	1.40	1.50	1.75	2.00	>2.00	
	α	0.105	0.109	0.112	0.117	0.121	0.124	0.126	0.128	0.130	0.132	0.133	
	b_3/a_3	1.00	1.05	1.10	1.15	1.20	1.25	1.30	1.35	1.40	1.45		
四边支承板	β	0.048	0.052	0.055	0.059	0.063	0.066	0.069	0.072	0.075	0.078		
	b_3/a_3	1.50	1.55	1.60	1.65	1.70	1.75	1.80	1.90	2.00	>2.00		
	β	0.081	0.084	0.086	0.089	0.091	0.093	0.095	0.099	0.102	0.125		

2) 钢柱与铰接柱脚底板的连接焊缝计算

当不考虑加劲肋等补强板件与底板连接焊缝的作用时,底板与柱下端的连接焊缝,可按以下情况确定:

(1) 当H形截面柱与底板采用周边角焊缝时(图1-36(a)),焊缝强度应按下式计算:

$$\sigma_{Nc} = \frac{N}{A_{ew}} \leqslant \beta_f f_f^w \qquad (1-63a)$$

$$\tau_v = \frac{V}{A_{eww}} \leqslant f_f^w \qquad (1-63b)$$

$$\sigma_{fs} = \sqrt{\left(\frac{\sigma_{Nc}}{\beta_f}\right)^2 + (\tau_v)^2} \leqslant f_f^w \qquad (1-63c)$$

式中　N——钢柱的轴心压力;

$\qquad A_{ew}$——沿钢柱截面四周角焊缝的总的有效截面面积;

$\qquad V$——钢柱的水平剪力;

$\qquad A_{eww}$——钢柱腹板处的角焊缝有效截面面积;

$\qquad \beta_f$——正截面角焊缝的强度设计值增大系数;

$\qquad f_f^w$——角焊缝的强度设计值;

σ_{fs}——角焊缝的折算应力。

（2）H 形截面柱翼缘采用完全焊透的对接焊缝，腹板采用角焊缝连接时（图 1-36 (b)），焊缝强度按下列公式计算：

$$\sigma_{Nc} = \frac{N}{2A_F + A_{eww}} \leqslant \beta_f f_f^w \qquad (1-64a)$$

$$\tau_v = \frac{V}{A_{eww}} \leqslant f_f^w \qquad (1-64b)$$

$$\sigma_{fs} = \sqrt{\left(\frac{\sigma_{Nc}}{\beta_f}\right)^2 + (\tau_v)^2} \leqslant f_f^w \qquad (1-64c)$$

式中　A_F——单侧翼缘的截面面积。

（3）当 H 形截面柱与底板采用完全焊透的坡口对接焊缝时（图 1-36(c)），可以认为焊缝与柱截面是等强的，不必进行焊缝强度的验算。

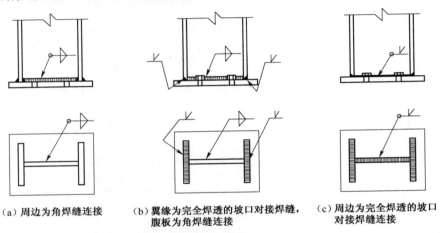

(a) 周边为角焊缝连接　　　(b) 翼缘为完全焊透的坡口对接焊缝，　(c) 周边为完全焊透的坡口
　　　　　　　　　　　　　　　　腹板为角焊缝连接　　　　　　　　　对接焊缝连接

图 1-36　底板与钢柱下端的连接焊缝示意图

3）铰接柱脚锚栓的设计

需要的铰接柱脚锚栓的总有效面积可按式（1-65）计算：

$$A_e \geqslant \frac{N_{max}}{f_t^a} \qquad (1-65)$$

式中　N_{max}——钢柱最大拉力设计值；

　　　f_t^a——锚栓抗拉强度设计值。

铰接柱脚的锚栓主要起安装过程的固定作用，通常选用 2 个或 4 个，同时应与钢柱的截面形式、界面大小以及安装要求相协调。锚栓直径通常根据其与钢柱板件厚度与柱底板厚度相协调的原则来确定，一般可在 24~42mm 的范围内选用，但不宜小于 24mm。柱脚锚栓应采用 Q235 钢和 Q345 钢制作，锚固长度不宜小于 25d（d 为锚栓直径），其端部应按规定设置端钩或锚板，其构造详见附表 6-2。埋设锚栓时，一般宜采用锚栓固定支架，以保证锚栓位置的准确。

计算有柱间支撑的柱脚锚栓在风荷载作用下的上拔力时，应计入柱间支撑产生的最大竖向分力，且不应考虑活荷载（或雪荷载）、积灰荷载和附加荷载的影响，恒荷载分项系数应取 1.0。计算柱脚锚栓的受拉承载力时,应采用螺纹处的有效截面面积。

柱脚板底上的锚栓孔径 d_0 宜取锚栓直径 d 的 $1 \sim 1.5$ 倍;垫板上锚栓孔径 d_1 应比锚栓直径 d 大 $1 \sim 2mm$,如图 1-37 所示。

柱脚锚栓应采用双螺母紧固,在钢柱安装校正完毕后,应将锚栓垫板与柱底板、螺母与锚栓垫板焊牢,焊脚尺寸不宜小于 10mm。当混凝土基础顶面平整度较差时,柱脚底板与基础混凝土之间应充比基础混凝土等级高一级的细石混凝土或膨胀水泥砂浆找平,厚度不宜小于 50mm。

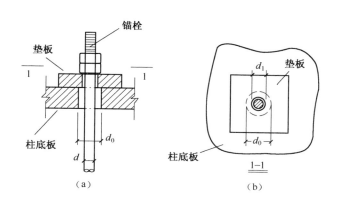

图 1-37 锚栓孔径示意图

4）铰接柱脚水平抗剪验算

铰接柱脚中,柱脚锚栓不宜采用于承受柱脚底部的水平剪力,此水平剪力可由柱脚底板与混凝土基础间的摩擦力来抵抗。此时摩擦力 V_{fb} 应符合下式要求:

$$V_{fb} = 0.4N \geqslant V$$

当不满足上式的要求时,可按图 1-38 所示的形式设置抗剪键抵抗水平剪力,抗剪键可采用角钢、槽钢、工字钢等制作。

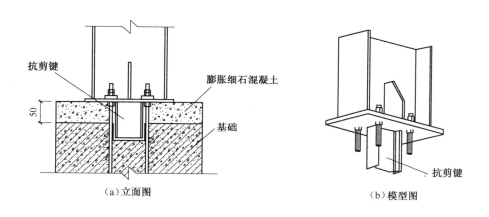

图 1-38 抗剪键示意图

2. 刚接柱脚的设计

1) 刚接柱脚底板尺寸的确定

（1）柱脚底板的长度 L 和宽度 B，应根据设置的加劲肋和锚栓间距的构造要求来确定，如图 1-39 所示。

$$L = h + 2l_1 + 2l_2 \tag{1-66a}$$

$$B = b + 2b_1 + 2b_2 \tag{1-66b}$$

式中　b、h——钢柱底部的截面宽度和高度；

　　　b_1、l_1——底板宽度和长度方向加劲肋或锚栓支承托座板件的尺寸，可参考表 1-8 的数值确定；

　　　b、l_2——底板宽度和长度方向的边距，一般取 10~30mm。

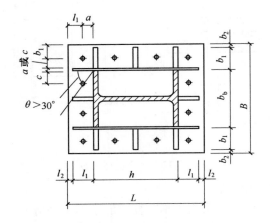

图 1-39　底板尺寸图

表 1-8　底板长度尺寸计算参考数值(mm)

螺栓直径	a	l_1 或 b_1	c	螺栓直径	a	l_1 或 b_1	c
20	60	40	50	56	105	110	140
22	65	45	55	60	110	120	150
24	70	50	60	64	120	130	160
27	70	55	70	68	130	135	170
30	75	60	75	72	140	145	180
33	75	65	85	76	150	150	190
36	80	70	90	80	160	160	200
39	85	80	100	85	170	170	210
42	85	85	105	90	180	180	230
45	90	90	110	95	190	190	240
48	90	95	120	100	200	200	250
52	100	105	130				

柱脚底板的宽度 B 和长度 L 还必须满足

44

$$\sigma_{\mathrm{c}} = \begin{cases} \dfrac{N(1 + 6e/L)}{LB} \leqslant \beta_{\mathrm{c}} f_{\mathrm{c}}, e \leqslant \dfrac{L}{6} \\[2mm] \dfrac{2N}{3B(0.5L - e)} \leqslant \beta_{\mathrm{c}} f_{\mathrm{c}}, \dfrac{L}{6} < e \leqslant \left(\dfrac{L}{6} + \dfrac{l_{\mathrm{t}}}{3}\right) \\[2mm] \dfrac{2N(0.5L + e - l_{\mathrm{t}})}{Bx_{\mathrm{n}}(L - l_{\mathrm{t}} - x_{\mathrm{n}}/3)} \leqslant \beta_{\mathrm{c}} f_{\mathrm{c}}, e > \left(\dfrac{L}{6} + \dfrac{l_{\mathrm{t}}}{3}\right) \end{cases} \quad (1-67)$$

式中 $e = M/N$——偏心距,如图 1-40 所示;

N, M——钢柱柱端轴心压力和弯矩;

l_{t}——受拉侧底板边缘至受拉螺栓中心的距离;

σ_{c}——钢柱柱脚底板下的混凝土所受轴心应力;

f_{c}——钢柱柱脚底板下的混凝土轴心抗压强度设计值;

β_{c}——底板下混凝土局部承压时的轴心抗压强度设计值提高系数,按现行《混凝土结构设计规范》(GB 50010—2002)中相关规定取值;

x_{n}——底板受压区的长度,可按式(1-68)计算。

$$x_{\mathrm{n}}^{3} + 3(e - 0.5L)x_{\mathrm{n}}^{2} - \frac{6\alpha_{\mathrm{c}} A_{e}^{\mathrm{t}}}{B}(e + 0.5L + l_{\mathrm{t}})(L - l_{\mathrm{t}} - x_{\mathrm{n}}) = 0 \quad (1-68)$$

式中 α_{c}——底板钢材的弹性模量与底板下混凝土的弹性模量比值;

A_{e}^{t}——受拉侧锚栓的总有效面积,可按式(1-69)计算。

$$A_{e}^{\mathrm{t}} = T_{\mathrm{a}} / f_{\mathrm{t}}^{\mathrm{b}} \quad (1-69)$$

$$T_{\mathrm{a}} = \begin{cases} 0 \qquad e \leqslant \left(\dfrac{L}{6} + \dfrac{l_{\mathrm{t}}}{3}\right) \\[2mm] \dfrac{N(e - 0.5L + x_{\mathrm{n}}/3)}{L - l_{\mathrm{t}} - x_{\mathrm{n}}/3}, e > \left(\dfrac{L}{6} + \dfrac{l_{\mathrm{t}}}{3}\right) \end{cases} \quad (1-70)$$

式中 T_{a}——受拉侧锚栓的总拉力;

$f_{\mathrm{t}}^{\mathrm{b}}$——锚栓的抗拉强度设计值。

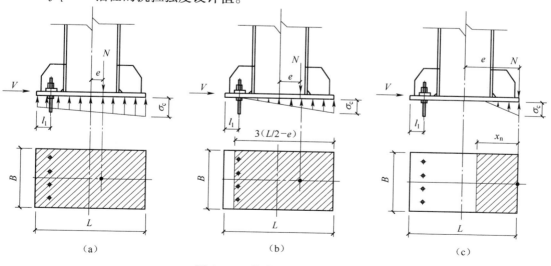

图 1-40 柱脚底板计算简图

（2）刚接柱脚底板的厚度 t 应按式(1-61)计算确定,且不应小于钢柱较厚板件的厚度,也不宜小于30mm。

2）钢柱与刚接柱脚底板的连接焊缝计算

通常情况下,柱脚底板与柱下端的连接焊缝,无论是否设有加劲肋,均可按无加劲肋情况进行计算。当加劲肋与柱和底板的连接焊缝质量有可靠保证时,也可采用底板与柱下端和加劲肋的连接焊缝的截面性能进行计算。当不考虑加劲肋与底板连接焊缝的作用时,底板与柱下端的连接焊缝,可按以下情况确定。

（1）当 H 形截面柱与底板采用周边角焊缝时,焊缝强度应按下式计算:

$$\sigma_{Nc} = \frac{N}{A_{ew}} \leqslant \beta_f f_f^w \qquad (1-71a)$$

$$\sigma_{Mc} = \frac{M}{W_{ew}} \leqslant \beta_f f_f^w \qquad (1-71b)$$

$$\tau_v = \frac{V}{A_{eww}} \leqslant f_f^w \qquad (1-71c)$$

$$\sigma_{fs} = \sqrt{\left(\frac{\sigma_{Nc} + \sigma_{Mc}}{\beta_f}\right)^2 + (\tau_v)^2} \leqslant f_f^w \qquad (1-71d)$$

式中　N、M、V——作用于柱脚处的轴心压力、弯矩和水平剪力;

A_{ew}——沿钢柱截面四周角焊缝的总的有效截面面积;

A_{eww}——钢柱腹板处的角焊缝有效截面面积;

W_{ew}——沿钢柱截面周边的角焊缝的总有效截面模量;

β_f——正截面角焊缝的强度设计值增大系数;

f_f^w——角焊缝的强度设计值;

σ_{fs}——角焊缝的折算应力。

（2）当 H 形截面柱翼缘采用完全焊透的对接焊缝,腹板采用角焊缝连接时,作用于钢柱柱脚处的轴力及弯矩通过翼缘与柱底的对接焊缝传递至基础,剪力通过腹板与柱底的角焊缝传递至基础,焊缝强度按下式计算:

$$\sigma_{Nc} = \frac{N}{2A_F + A_{eww}} \leqslant \beta_f f_f^w \qquad (1-72a)$$

$$\sigma_{Mc} = \frac{M}{W_F} \leqslant \beta_f f_f^w \qquad (1-72b)$$

$$\tau_v = \frac{V}{A_{eww}} \leqslant f_f^w \qquad (1-72c)$$

对翼缘:　　　　　$$\sigma_f = \sigma_{Nc} + \sigma_{Mc} \leqslant \beta_f f_f^w \qquad (1-72d)$$

对腹板:　　　　　$$\sigma_{fs} = \sqrt{\left(\frac{\sigma_{Nc}}{\beta_f}\right)^2 + (\tau_v)^2} \leqslant f_f^w \qquad (1-72e)$$

（3）当 H 形截面柱与底板采用完全融透的坡口对接焊缝时,可以认为焊缝与柱截面是等强的,不必进行焊缝强度的验算。

3）刚接柱脚锚栓的设计

需要的刚接柱脚锚栓的总有效面积可按式(1-69)计算。

46

刚接柱脚锚栓的构造要求主要包括:锚栓的数目在垂直于弯矩平面的每侧不应小于 2 个,同时应以与钢柱的截面形式、截面大小以及安装要求相协调的原则来确定。刚接柱脚锚栓直径一般在 30~76mm 的范围选用。柱脚锚栓应采用 Q235 钢和 Q345 钢制作,其锚固长度不宜小于 25d(d 为锚栓直径),其端部应按规定设置弯钩或锚板,其构造详见附表 6-2。

4)刚接柱脚水平抗剪验算

在刚接柱脚中,锚栓不宜用于承受柱脚底部的水平剪力,此水平剪力可由柱脚底板与其下部的混凝土或水泥砂浆之间的摩擦力来抵抗,按下式计算:

$$V_{fb} = \mu_{sc}(N + T_a) \geqslant V \tag{1-73}$$

式中　μ_{sc}——摩擦系数,一般取为 0.4;

　　　N、V——柱脚处的轴力和剪力;

　　　T_a——受拉侧锚栓的总拉力,按式(1-70)计算。

当不能满足公式的要求时,可设置抗剪键。

[例 1-4]　铰接柱脚节点设计:基础选用 C20 的混凝土,其他条件同例 1-1~例 1-3,试设计中间门式刚架的铰接柱脚节点。

解:首先根据例 1-2 的计算结果提取支座反力(设压力为正)设计值:

(1) 1.2 恒+1.4 活:

$$V = 31.82\text{kN}; N = 97.17\text{kN}; M = 0$$

(2) 1.35 恒+1.4 ×0.7 活:

$$V = 26.85\text{kN}; N = 86.71\text{kN}; M = 0$$

(3) 1.0 恒+1.4 左风:

$$V = -8.15\text{kN}; N = 16.66\text{kN}; M = 0$$

基础采用 C20 的混凝土:$f_{cc} = 9.6 \text{ N/mm}^2$;钢柱柱脚底板的钢材采用 Q345 钢。

1. 柱脚底板尺寸的确定

1)柱脚底板的长度 L 和宽度 B

$$设 A = L \times B = 300 \times 250 = 75000\text{mm}^2$$

$$\sigma_c = \frac{N}{A} = \frac{97.17 \times 10^3}{75000} = 1.2956 \text{ N/mm}^2 \leqslant f_c = 9.6 \text{ N/mm}^2 \quad (满足条件)$$

2)柱脚底板的厚度 t

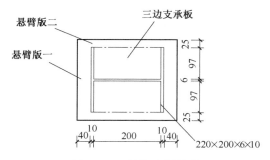

图 1-41　柱脚底板分格

如图 1-41 所示,悬臂板一:

$$M_1 = 0.5\sigma_c a_1^2 = 0.5 \times 1.2956 \times 40^2 = 1036.48\text{N} \cdot \text{mm}$$

悬臂板二:悬挑尺寸较小,不需要计算。

三边支承板：

$$\frac{b_2}{a_2} = 97/200 = 0.485 \qquad \alpha = 0.0576$$

$$M_2 = \alpha \sigma_c a_2^2 = 0.0576 \times 1.2956 \times 200^2 = 2985.06 \text{N} \cdot \text{mm}$$

$$t \geqslant \sqrt{\frac{6M_{max}}{f}} = \sqrt{\frac{6 \times 2985.06}{295}} = 7.79 \text{mm}$$

底板厚度不宜小于 20mm，取 $t = 20$mm。

2. 钢柱与柱脚底板的连接焊接计算

本工程钢柱脚与底板的焊缝形式采用翼缘完全熔透的对接焊缝，腹板采用角焊缝，焊缝尺寸 $h_f = 10$mm；焊条选用 E50 型；角焊缝强度设计值为 $f_f^w = 200 \text{ N/mm}^2$。

$$A_{eww} = 0.7 \times 10 \times (220 - 2 \times 10 - 2 \times 10) \times 2 = 2520 \text{ mm}^2$$

$$A_F = 200 \times 10 = 2000 \text{mm}^2$$

$$\sigma_{Nc} = \frac{N}{2A_F + A_{eww}} = \frac{97.17 \times 10^3}{2 \times 2000 + 2520} = 14.90 \text{N/mm}^2 \leqslant \beta_f f_f^w = 1.22 \times 200 = 244.0 \text{ N/mm}^2$$

$$\tau_v = \frac{V}{A_{eww}} = \frac{31.82 \times 10^3}{2520} = 12.63 \text{ N/mm}^2 \leqslant f_f^w = 200 \text{ N/mm}^2$$

对翼缘：

$$\sigma_f = \sigma_{Nc} = 14.90 \text{N/mm}^2 \leqslant \beta_f f_f^w = 1.22 \times 200 = 244.0 \text{ N/mm}^2 \text{（满足要求）}$$

对腹板：

$$\sigma_{fs} = \sqrt{\left(\frac{\sigma_{Nc}}{\beta_f}\right)^2 + (\tau_V)^2} = \sqrt{\left(\frac{14.90}{1.22}\right)^2 + (12.63)^2} = 17.57 \text{N/mm}^2 \leqslant f_f^w \text{（满足要求）}$$

3. 铰接柱脚锚栓的设计

柱不受拉力作用，故按构造要求，每侧布置一个 M24（$A_e = 2 \times 352.5 = 705 \text{ mm}^2$）的锚栓，锚栓采用 Q235 钢。

4. 柱脚水平抗剪验算

$$V_{fb} = 0.4N = 0.4 \times 97.17 = 38.87 \text{kN} \geqslant V$$

即：水平剪力可由柱脚底板与混凝土基础之间的摩擦力来抵抗，为安全计，设置一个由热轧等边角钢 50×50×4—GB 9787—88 制作的抗剪键。

综上，铰接柱脚节点设计大样如图 1-42 所示。

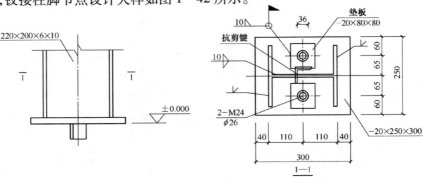

图 1-42　铰接柱脚节点设计大样

1.5 压型钢板设计

1.5.1 概述

压型钢板是目前轻型屋面有檩体系中应用最广泛的屋面材料,是由薄钢板辊压成型的各种波型板材,具有轻质、高强、色彩美观、施工方便、工业化生产等特点。

压型钢板的原板按表面处理方法可分为镀锌钢板、彩色镀锌钢板和彩色镀铝锌钢板三种。其中镀锌钢板仅适用于组合楼板,彩色镀锌钢板和彩色镀铝锌钢板则多用于屋面和墙面上。目前在工程实践中,彩色镀锌钢板采用得最多。彩色镀铝锌钢板则是新近推出的,它结合了锌的抗腐蚀性好和铝的延展性好的优点,但价格稍贵,目前尚处于推广应用阶段。

压型钢板基板的材料有 Q215 钢和 Q235 钢,工程中多用 Q235-A 钢。

用于屋面的压型钢板板厚一般为 0.4～0.8mm。单层压型钢板的自重为 0.10～0.15kN/m²。当屋面带有保温隔热要求时,应采用复合型压型钢板,它采用双层压型钢板中间夹轻质保温材料,如聚苯乙烯、岩棉、超细玻璃纤维等,各种类型如表 1－9 所列。波型式、普通式、承接式夹芯板的自重为 0.12～0.15kN/m²,填充式夹芯板的自重为 0.24～0.25kN/m²。

表 1－9 压型钢板的分类、特点、截面形式及适应范围

分类原则	类别	特 点	使用范围	截面形式
单层压型钢板	低波型	波高小于 30mm	墙面围护材料	
	中小型	波高在 30～70mm	组合楼板、一般屋面围护材料	
	高波型	波高大于 70mm	组合楼板、屋面荷载较大的屋面围护材料	
复合压型钢板	波型式	中间填塞聚氨酯或者聚苯乙烯保温隔热材料,整体刚度大	适用于屋面荷载较大有保温隔热要求的屋面围护材料	
	普通式	中间填塞聚苯乙烯	适用于有保温隔热要求的屋面围护材料	
	承接式	中间填塞聚氨酯或者聚苯乙烯保温隔热材料	适用于有保温隔热要求的墙面围护材料	
	填充式	中间填充岩棉或玻璃丝棉保温隔热材料	适用于有保温隔热要求及防火等级要求较高的屋面围护材料	

压型钢板通常不适用于有强烈侵蚀作用的部位或场合。对处于有较强侵蚀作用环境的压型钢板,应进行有针对性的特殊防腐处理,如在其表面加涂耐酸或耐碱的专用涂料等。

与压型钢板屋面、墙面配套使用的连接件有自攻螺钉、射钉、拉铆钉等。与压型钢板屋面、墙面配套使用的防水密封材料,如密封条、密封膏、密封胶、泡沫塑料堵头、防水垫圈等应具有良好的黏结性能、密封性能、抗老化性能和施工可操作性能等。

1.5.2　压型钢板截面形式

压型钢板的截面形式(板型)较多,根据压型钢板的截面波型和表面处理情况,压型钢板的分类、特点、截面形式及适应范围见表1-9。

压型钢板板型的表示方法为"YX波高-波距-有效覆盖宽度",如YX35-125-750表示为波高为35mm、波距为125mm、板的有效覆盖宽度为750mm的板型。压型钢板的厚度需另外注明。

压型钢板根据波高的不同,一般分为低波板(波高小于30mm)、中波板(波高为30～70mm)和高波板(波高大于70mm)。波高越高,截面的抗弯刚度就越大,承受的荷载也就越大。屋面板一般选用中波板和高波板,中波在实际采用的最多。但因高波板、中波板的装饰效果较差,一般不在墙板中采用,墙板常采用低波板。

1.5.3　压型钢板几何特征

压型钢板板较薄,如果截面各部分板厚度不变,它的截面特征可采用"线性元件算法"计算,即将平面薄板由其"中轴"代替,根据中轴线计算截面各项几何特性后,再计入板厚度 t 的影响。

线性元件算法与精确法计算相比,略去了各转折处圆弧过渡的影响,精确计算表明,其影响为0.4%～4.0%,可以略去不计。当板件的受压部分非全部有效时,应用有效宽度代替它的实际宽度。

压型钢板的截面特征可用单槽口作为计算单元,分析其截面几何特性,如图1-43所示。

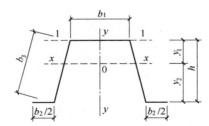

图1-43　压型钢板计算单元

计算单元总长度:

$$\Sigma b = b_1 + b_2 + 2b_3 \tag{1-74}$$

对1-1轴取距:

$$\Sigma by = 2b_3 \times \frac{h}{2} + b_2 \times h = h(b_2 + b_3) \tag{1-75}$$

截面形心:

$$y_1 = \frac{\Sigma by}{\Sigma b} = \frac{h(b_2 + b_3)}{b_1 + b_2 + 2b_3} \tag{1-76}$$

$$y_2 = h - y_1 = \frac{h(b_1 + b_3)}{b_1 + b_2 + 2b_3} \tag{1-77}$$

计算单元对形心轴 $x-x$ 轴的惯性矩:

$$\begin{aligned} I_x &= \left[b_1 y_1^2 + b_2 y_2^2 + 2 \times \frac{b_3 h^2}{12} + 2b_3 \left(\frac{h}{2} - y_1 \right)^2 \right] t \\ &= \frac{th^2}{\Sigma b} \left(b_1 b_2 + \frac{2}{3} b_3 \Sigma b - b_3^2 \right) \end{aligned} \tag{1-78}$$

上翼缘对形心轴 $x-x$ 轴的全截面抵抗距:

$$W_x^{\text{s}} = I_x / y_1 = \frac{th \left(b_1 b_2 + \dfrac{2}{3} b_3 \Sigma b - b_3^2 \right)}{b_2 + b_3} \tag{1-79}$$

下翼缘对形心轴 $x-x$ 轴的全截面抵抗距:

$$W_x^{x} = \frac{I_x}{y_2} = \frac{th \left(b_1 b_2 + \dfrac{2}{3} b_3 \Sigma b - b_3^2 \right)}{b_1 + b_3} \tag{1-80}$$

1.5.4 压型钢板有效宽度

压型钢板和用于檩条、墙梁的卷边 C 形钢、Z 形钢都属于冷弯薄壁型钢构件,这类构件允许板件受压屈曲并利用其屈曲后强度。因此,在其强度和稳定性计算公式中截面特性一般按有效截面进行计算。压型钢板受压翼缘有效截面如图 1-44 所示,计算压型钢板的有效截面时应扣除图中所示阴影部分面积。

对于翼缘宽比较大的压型钢板,则需要通过在上翼缘设置尺寸适当的加劲肋(图 1-45),以保证翼缘受压时截面全部有效。所谓尺寸适当包括两方面要求:

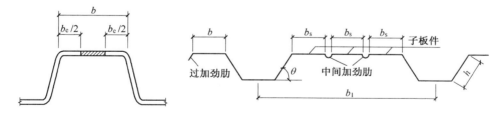

图 1-44　压型钢板有效截面示意图　　　图 1-45　带中间加劲肋的压型钢板

1. 加劲肋必须有足够的刚度

边加劲肋和中间加劲肋的截面惯性矩应分别符合式(1-81)和式(1-82)的设计要求:

$$I_{\text{es}} \geqslant 1.83 t^4 \sqrt{\left(\frac{b}{t} \right)^2 - \frac{27100}{f_{\text{y}}}}, I_{\text{es}} \geqslant 9t^4 \tag{1-81}$$

$$I_{is} \geq 3.66t^4 \sqrt{\left(\frac{b_s}{t}\right)^2 - \frac{27100}{f_y}}, I_{is} \geq 18t^4 \qquad (1-82)$$

式中　I_{es}——边加劲肋截面对平行于被加劲板件截面之重心轴的惯性矩；

　　　I_{is}——中间加劲肋截面对平行于被加劲板件截面之重心轴的惯性矩；

　　　b_s——子板件的宽度；

　　　b——边加劲板件的宽度；

　　　t——板件的厚度。

2. 加劲肋的间距不能过大

中间加劲肋的间距应满足

$$b_s/t \leq 36\sqrt{205/\sigma_1} \qquad (1-83)$$

式中　σ_1——受压翼缘的压应力（设计值）。

对于设置边加劲肋的受压翼缘来说，宽厚比应满足

$$b/t \leq 18\sqrt{205/\sigma_1} \qquad (1-84)$$

以上计算没有考虑相邻构件之间的约束作用，一般偏于安全。

1.5.5　压型钢板的荷载和荷载组合

1. 荷载

压型钢板用做屋面板的荷载主要有永久荷载和可变荷载。

（1）永久荷载：当屋面板为单层压型钢板时，永久荷载仅为压型钢板的自重，当采用表1-9所列的复合压型钢板时，作用在板底（下层压型钢板）上的永久荷载除其自重外，还需要考虑保温材料和龙骨的重量。

（2）可变荷载：在计算屋面压型钢板的可变荷载时，除需考虑屋面均布活荷载、雪荷载和积灰荷载外，还需考虑施工或检修集中荷载，一般取1.0kN（施工或检修荷载在设计刚架构件时不需考虑）。当检修集中荷载大于1.0kN时，应按实际情况取用。

当按单槽口截面受弯构件设计屋面板时，需要将作用在一个波距上的集中荷载折算成板宽度方向上的线荷载，如图1-46所示。

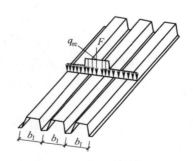

图1-46　板上集中荷载换算为均布线荷载

$$q_{re} = \eta \frac{F}{b_1} \qquad (1-85)$$

式中　q_{re}——折算荷载；

F——集中荷载；

b_1——压型钢板的一个波距；

η——折算系数，由试验确定，无试验数据时，可取 $\eta = 0.5$。

进行上述换算，主要是考虑到相邻槽口的共同作用提高了板承受集中荷载的能力。折算系数取 0.5，则相当于在单槽口的连续梁上，作用了一个 0.5F 的集中荷载。

屋面板和墙板的风荷载体型系数不同于刚架计算，应按《规程》表 A.0.2-3 取用。

2. 荷载组合

计算压型钢板的内力时，主要考虑两种荷载组合：

$$1.2 \times 永久荷载 + 1.4 \times \max\{屋面均布荷载，雪荷载\}$$

$$1.2 \times 永久荷载 + 1.4 \times 施工检修集中荷载换算值$$

当需考虑风吸力对屋面压型钢板的受力影响时，还应进行下式的荷载组合：

$$1.0 \times 永久荷载 + 1.4 \times 风吸力荷载$$

计算屋面板和紧固件时，风荷载体型系数对封闭式建筑为：中间区为 -1.3，边缘区为 -1.7，角部为 -2.9。

1.5.6 压型钢板强度与挠度计算

压型钢板的强度和挠度可取单槽口的有效截面，按受弯构件计算。内力分析时，把檩条视为压型钢板的支座，考虑不同荷载组合，按多跨连接梁进行。

（1）压型钢板正应力计算：

$$\sigma_{\max} = \frac{M_{\max}}{W_{efn}} \leqslant f \tag{1-86}$$

式中 $M_{\max}$——压型钢板计算跨内的最大弯矩；

W_{efn}——压型钢板有效净截面抵抗矩；

f——压型钢板的抗弯强度设计值。

（2）压型钢板腹板的剪应力应符合下列公式的要求：

当 $h/t < 100$ 时，有

$$\tau \leqslant \tau_{er} = \frac{8550}{(h/t)} \tag{1-87a}$$

$$\tau \leqslant f_v \tag{1-87b}$$

当 $h/t \geqslant 100$ 时，有

$$\tau \leqslant \tau_{cr} = \frac{855000}{(h/t)^2} \tag{1-87c}$$

$$\tau = \frac{V_{\max}}{\Sigma ht} \tag{1-87d}$$

式中 $V_{\max}$——压型钢板计算跨内的最大剪力；

Σht——腹板的面积之和；

τ——腹板的平均剪应力；

τ_{cr}——腹板的剪切屈曲临界剪应力；

h/t——腹板的高厚比；

f_v——钢材的抗剪强度设计值。

（3）压型钢板支座处腹板的局部受压承载力计算：

$$R \leqslant R_w \tag{1-88a}$$

$$R_w = \alpha t^2 \sqrt{fE}\,(0.5 + \sqrt{0.02l_c/t}\,)\,[\,2.4 + (\theta/90)^2\,] \tag{1-88b}$$

式中　R——支座反力；

　　　R_w——一块腹板的局部受压承载力设计值；

　　　α——系数，中间支座取 $\alpha=0.12$，端部支座取 $\alpha=0.06$；

　　　t——腹板厚度；

　　　l_c——支座处的支承长度，$10\text{mm}<l_c<20\text{mm}$，端部支座可取 $l_c=10\text{mm}$。

　　　θ——腹板倾角（$45°\leqslant\theta\leqslant90°$）。

（4）压型钢板同时承受弯矩 M 和支座反力 R 的截面，应满足

$$M/M_a \leqslant 1.0 \tag{1-89}$$

$$R/R_w \leqslant 1.0 \tag{1-90}$$

$$M/M_a + R/R_w \leqslant 1.25 \tag{1-91}$$

式中　M_a——截面的抗弯承载力设计值，$M_a = W_e f$。

（5）压型钢板同时承受弯矩 M 和剪力 V 的截面，应满足

$$\left(\frac{M}{M_u}\right)^2 + \left(\frac{V}{V_u}\right)^2 \leqslant 1.0 \tag{1-92}$$

式中　M_u——截面的抗弯承载力设计值，$M_u = W_e f$。

（6）压型钢板的挠度计算：均布荷载作用下压型钢板构件的挠度应满足下列公式：

$$w_{max} \leqslant [w] \tag{1-93}$$

式中　w_{max}——由荷载标准值及压型钢板有效截面计算的最大挠度值，如表 1-10 所列；

　　　$[w]$——压型钢板的挠度容许值，《规程》的规定见表 1-3。

根据《冷弯薄壁型钢结构技术规范》GB 50018 的规定，对屋面板，当屋面坡度小于1/20时，$[w]=1/250$；当屋面坡度大于 1/20 时，$[w]=1/200$；对墙面板，$[w]=1/150$；对楼面板，$[w]=1/200$。

表 1-10　不同支承情况下压型钢板的跨中最大挠度计算公式

类　型	图　示	计算公式
多跨连续板		$w_{max} = \dfrac{2.7q_k L^4}{384EI_{ef}}$
简支板		$w_{max} = \dfrac{5q_k L^4}{384EI_{ef}}$
悬臂板		$w_{max} = \dfrac{q_k L^4}{8EI_{ef}}$

注：q_k——作用于压型钢板上的均布荷载标准值；

　　L——压型钢板的计算跨度；

　　I_{ef}——压型钢板的有效截面惯性矩

54

以上压型钢板的强度和挠度计算,均考虑压型钢板在均布荷载作用下的受力状态。但压型钢板是由很薄的钢板辊压而成,如果让其承受局部集中荷载,压型钢板容易产生局部屈曲,所以在施工或使用阶段应尽量避免集中荷载直接作用在压型钢板上。特殊情况下,应把局部集中荷载分散作用在压型钢板的固定支架所在的位置上,并且荷载不应超过固定支架和螺栓各自的容许强度。

1.5.7 压型钢板的构造要求

1. 压型钢板的搭接

压型钢板之间的搭接主要考虑板搭接处的防风、防雨、防潮等构造合理,施工简便,外形美观。压型钢板宜采用长尺寸板材,以减少板长方向的搭接。压型钢板的搭接分为沿长度方向搭接(图1-47)和沿侧向搭接(图1-48)。

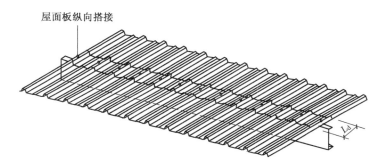

图 1-47 压型钢板沿长度方向搭接

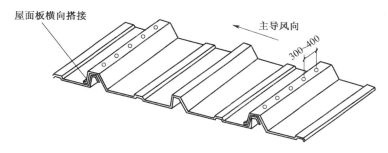

图 1-48 压型钢板沿侧向搭接

压型钢板沿长度方向的搭接端必须与支撑构件(檩条、墙梁等)有可靠的连接,搭接部位应设置密封防水胶带。搭接长度 L_d 应满足以下条件:

波高≥70mm 的高波屋面压型钢板:L_d≥350mm。

波高≤70mm 的低波屋面压型钢板:屋面坡度≤1/10 时,L_d≥250mm;屋面坡度>1/10 时,L_d≥200mm;对墙面压型钢板:L_d≥120mm。

屋面压型钢板侧向搭接应与建筑物的主导风向一致,可采用搭接式、扣合式或咬合式等连接方式,如图1-49所示。当侧向采用搭接式连接时,一般搭接一波,特殊要求时可搭接两波。搭接处用连接件紧固,连接件应设置在波峰上,连接件应采用带有防水密封胶垫的自攻螺钉。对于高波压型钢板,连接件间距一般为700~800mm;对于低波压型钢板,连接件间距一般为300~400mm。当侧向采用扣合式或咬合式连接时,应在檩条上设置与压型钢板波形相配套的专门固定支座,固定支座与擦条用自攻螺钉或射钉连接,压型钢板搁置在固定支座上。两片压型钢板的侧边应确保在风吸力等因素作用下的扣合或咬合连接可靠。

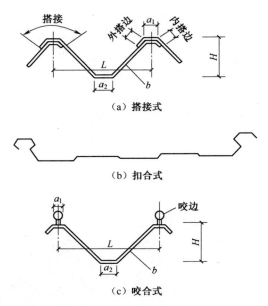

图 1-49 压型钢板的侧向连接方式

2. 压型钢板与檩条的连接

屋面、墙面压型钢板与檩条、墙梁之间的连接主要采用自攻螺钉进行连接,如图 1-50 所示,自攻螺钉的间距不宜大于 300mm,为增强抗风能力,屋面檐口处固定压型钢板的自攻螺钉应加密。

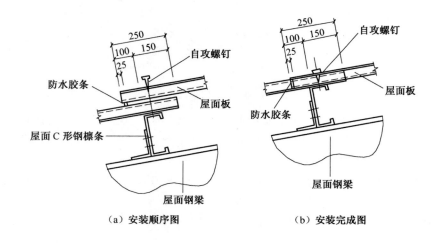

图 1-50 屋面板与檩条连接示意图

铺设高波压型钢板屋面时,应在檩条上设置固定支架。固定支架与檩条之间用自攻螺栓连接,每波设置一个。低波压型钢板可以不设固定支座,宜在波峰处采用带有防水封胶垫的自攻螺钉与檩条连接,连接间可以每波或隔波设置一个,但每块低波压型钢板不得少于 3 个自攻螺钉。

3. 其他构造

（1）压型钢板腹板与翼缘水平面之间的夹角 θ 不宜小于 45°;

（2）用做非组合楼面的压型钢板支承在钢梁上时,其支承长度不得小于 50mm;支承在混凝土、砖石砌体等其他材料上时,支承长度不得小于 75mm。在浇注混凝土前,应将压型钢板上的油脂、污垢等有害物质清除干净。

（3）铺设楼面压型钢板时,应避免过大的施工集中荷载,必要时可设置临时支撑。

1.6　檩条设计

檩条是有檩屋盖体系中的主要受力构件,因其覆盖面积大,其用钢量在房屋结构中所占的比例较大,轻钢结构中檩条约占结构总用钢量的 1/5~1/3,因此在设计中应合理选择其截面形式与布置。

1.6.1　檩条的截面形式

檩条的截面形式可分为实腹式和格构式两种。实腹式檩条通常采用轧制型钢或冷弯薄壁型钢直接制造而成,因而具有制作方便的特点。制造时,按长度下料并打完连接孔后即为成型檩条。

实腹式檩条的截面形式如图 1-51 所示。图 1-51(a)为普通热轧槽钢或轻型热轧槽钢截面,因板件较厚,用钢量较大,目前在工程中已采用较少。图 1-51(b)为高频焊接 H 型钢截面,具有抗弯性能好的特点,适用于檩条跨度较大的场合,但 H 型钢截面的檩条与刚架斜梁的连接构造比较复杂。图 1-51(c)~(e)是冷弯薄壁型钢截面,在工程中应用都很普遍。卷边槽钢(亦称 C 形檩)檩条适用于屋面坡度 $i \leqslant 1/3$ 的情况,直卷边和斜卷边 Z 形檩条适用于屋面坡度 $i > 1/3$ 的情况。斜卷边 Z 形钢存放时可叠层堆放,占地少。

格构式檩条的截面形式有下撑式(图 1-52(a))、平面桁架式(图 1-52(b))和空腹式(图 1-52(c))等。

当檩条跨度(柱距)不超过 9m 时,应优先选用实腹式檩条。跨度大于 9m 时宜采用格构式构件,并应验算受压翼缘的稳定性。

檩条一般设计成单跨简支构件,实腹式檩条也可设计成连续构件。连续檩条把搭接段放在弯矩较大的支座处,可比简支檩省料。

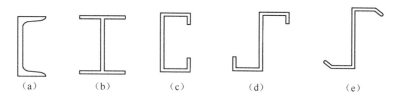

（a）　　　　（b）　　　　（c）　　　　（d）　　　　（e）

图 1-51　实腹式檩条截面

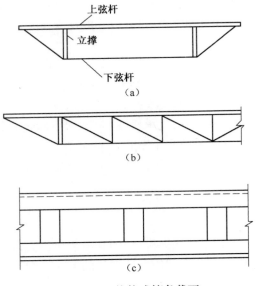

图 1-52　格构式檩条截面

1.6.2　檩条的荷载和荷载组合

实际工程中檩条所承受的荷载主要有永久荷载和可变荷载。

作用在檩条上的永久荷载主要有屋面维护材料(包括压型钢板、防水层、保温或隔热层等)、檩条、拉条和撑杆自重、附加荷载(悬挂于檩条上的附属物)自重等。

屋面可变荷载主要有屋面均布活荷载、雪荷载、积灰荷载和风荷载。屋面均布活荷载标准值按受荷水平投影面积取用,对于檩条一般为 $0.5kN/m^2$;雪荷载和积灰荷载按《建筑结构荷载规范》GB 50009 或当地资料取用,对檩条应考虑在屋面天沟、阴角、天窗挡风板以及高低跨相接处的荷载不均匀分布增大系数。对檩距小于1m的檩条,尚应验算 1.0kN 的施工或检修集中荷载标准值作用于跨中时的檩条强度。

关于荷载组合可参照门式刚架设计中的荷载组合。

1.6.3　檩条内力分析

设置在刚架斜梁上的檩条在垂直于地面的均布荷载作用下,沿截面两个形心主轴方向都有弯矩作用,属于双向受弯构件。在进行内力分析时,首先要把均布荷载 q 分解为沿截形心主轴方向的荷载分量 q_x、q_y(图 1-53):

$$q_x = q\sin\alpha_0 \tag{1-94a}$$
$$q_y = q\cos\alpha_0 \tag{1-94b}$$

式中　q——檩条竖向均布线荷载设计值;

α_0——q 与形心主轴 y 轴的夹角;对 C 形或 H 形截面 $\alpha_0 = \alpha$,α 为屋面坡度;对 Z 形截面,$\alpha_0 = |\theta - \alpha|$,$\theta$ 为 Z 形截面形心主轴 x 轴与平行于屋面轴 x_1 的夹角。

在选择截面形式时应考虑屋面坡度,当屋面坡度较小时宜选用卷边槽钢 C 形檩条,因为在屋面坡度较小的情况下,卷边槽钢的竖向荷载 q 与形心主轴 y 轴的夹角 α_0 很小,此时檩条受力接近于单向受力构件。当屋面坡度为 20° 左右时,应考虑选用 Z 形檩条,因为

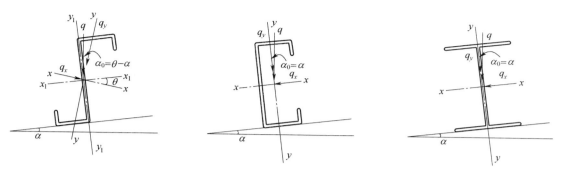

图 1-53 实腹式檩条截面的主轴和荷载

我国冷弯薄壁型钢 Z 形檩条的形心主轴 x 轴与 x_1 轴夹角都在 20° 左右,此时 Z 形檩条的竖向荷载 q 与形心主轴 y 轴的夹角 α_0 很接近,檩条近似于单向受弯构件,如图 1-53 所示。对设有拉条的简支檩条(和墙梁),由 q_x、q_y 分别引起的 M_x 和 M_y 按表 1-11 计算。

表 1-11 设有拉条的简支檩条(和墙梁)由 q_x、q_y 分别引起的 M_x 和 M_y 计算

拉条设置情况	由 q_y 产生的内力		由 q_x 产生的内力		计算简图
	M_{xmax}	V_{xmax}	M_{ymax}	V_{ymax}	
无拉条	$\dfrac{1}{8}q_y l^2$	$\dfrac{1}{2}q_y l$	$\dfrac{1}{8}q_x l^2$	$\dfrac{1}{2}q_x l$	
跨中有一道拉条	$\dfrac{1}{8}q_y l^2$	$\dfrac{1}{2}q_y l$	拉条处负弯矩 $\dfrac{1}{32}q_x l^2$ 拉条与支座间正弯矩 $\dfrac{1}{64}q_x l^2$	拉条处最大剪力 $\dfrac{5}{8}q_x l$	

59

拉条设置情况	由 q_y 产生的内力		由 q_x 产生的内力		计算简图
	$M_{x\max}$	$V_{x\max}$	$M_{y\max}$	$V_{y\max}$	
三分点处各有一道拉条	$\dfrac{1}{8}q_y l^2$	$\dfrac{1}{2}q_y l$	拉条处负弯矩 $\dfrac{1}{90}q_x l^2$ 跨中正弯矩 $\dfrac{1}{360}q_x l^2$	拉条处最大剪力 $\dfrac{11}{30}q_x l$	

注:在计算 M_y 时,将拉条作为侧向支承点,按双跨或三跨连接梁计算

对于多跨连接檩条,在计算 M_y 时,不考虑活荷载的不利组合,跨中和支座弯矩都接近似取 $0.1q_y l^2$。

1.6.4 截面选择 S

一、强度计算

当屋面板刚度较大并与檩条之间有可靠连接,能阻止檩条发生侧向失稳和扭转变形时,可不进行檩条的整体稳定性,仅按下列公式验算截面强度:

$$\frac{M_x}{W_{enx}} + \frac{M_y}{W_{eny}} \leqslant f \tag{1-95}$$

式中 M_x、M_y ——对截面工轴和 y 轴的弯矩;

W_{enx}、W_{eny} ——对主轴 x 和主轴 y 的有效净截面模量(对冷弯薄壁型钢)或净截面模量(对热轧型钢),冷弯薄壁型钢的有效净截面应按现行国家标准《冷弯薄壁型钢结构技术规范》GB 50018 的规定计算。

二、整体稳定计算

当屋面板刚度较弱不能阻止檩条发生侧向失稳和扭转变形时,应按下式檩条进行整体稳定性的验算:

$$\frac{M_x}{\varphi_{bx} W_{ex}} + \frac{M_y}{W_{ey}} \leqslant f \tag{1-96}$$

式中 W_{ex}、W_{ey} ——对主轴 x 和主轴 y 的有效截面模量(对冷弯薄壁型钢)或毛截面模量(对热轧型钢);

φ_{bx} ——梁的整体稳定系数,根据不同情况按现行国家标准《冷弯薄壁型钢结构技

术规范》GB 50018 或《钢结构设计规范》GB 50017 的规定计算。

三、变形计算

实腹式檩条应验算垂直与屋面方向的挠度,对两端简支檩条,应按下式进行验算:

C 形薄壁型钢檩条:

$$w = \frac{5q_{ky}l^4}{384EI_x} \leqslant [w] \qquad (1-97a)$$

Z 形薄壁型钢檩条:

$$w = \frac{5q_{ky_1}l^4}{384EI_{x_1}} \leqslant [w] \qquad (1-97b)$$

式中 q_{ky}、q_{ky_1}——两种薄壁型钢檩条垂直于屋面坡度方向上的线荷载分量标准值;

[w]——挠度容许值,《规程》的规定见表 1-3,根据《冷弯薄壁型钢结构设计规范》GB 50018,对于瓦楞铁屋面,[w]=1/150,对于压型钢板、钢丝网水泥瓦和其他水泥制品瓦材屋面,[w]=1/200。

1.6.5 构造要求

(1)当檩条跨度大于 4m 时,应在檩条间跨中位置设置拉条。当檩条跨度大于 6m 时,应在檩条跨度三分点处各设置一道拉条。

拉条的作用是防止檩条侧向变形和扭转,并且提供 x 轴方向的中间支点。此中间支点的力需要传到刚度较大的构件,为此,需要在屋脊或檐口处设置斜拉条和刚性撑杆,如图 1-54(a)、(b)所示。

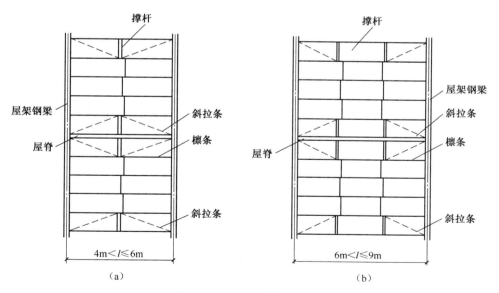

图 1-54 拉条和撑杆的布置

拉条通常用圆钢做成,圆钢直径不宜小于 10mm。圆钢拉条可设在距檩条上翼缘 1/3 腹板高度范围内。当檩条下翼缘在风吸力作用下受压时,屋面宜用自攻螺钉与檩条连接,拉条宜设在下翼缘附近。为了兼顾无风和有风两种情况,可在上、下翼缘附近交替布置,或在两处都设置。当采用扣合式屋面板时,拉条的设置根据檩条的稳定计算确定。刚性撑杆可采用钢管、方钢或角钢做成,通常按压杆的刚度要求$[\lambda] \leqslant 200$来选择截面。

拉条、撑杆与檩条的连接如图1-55所示。斜拉条可弯折,也可不弯折。前一种方法要求弯折的直线长度不超过15mm,后一种方法则需要通过斜垫板或角钢与檩条连接。

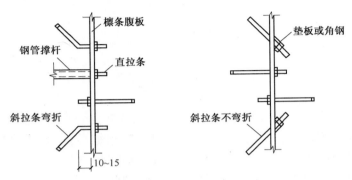

图1-55 拉条与檩条的链接

(2)实腹式檩条可通过檩托与刚架斜梁连接,檩托可用角钢和钢板做成,檩条与檩托的连接螺栓不应少于2个,并沿檩条高度方向布置,如图1-56所示。设置檩托的目的是为了阻止檩条端部截面的扭转,以增强其整体稳定性。

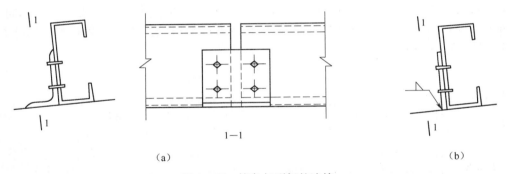

图1-56 檩条与刚架的连接

(3)位于屋盖坡面顶部的屋脊檩条,可用槽钢(图1-57)、角钢或圆钢相连。

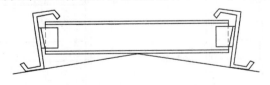

图1-57 脊檩间的槽钢连接

(4)槽形和Z形檩条上翼缘的肢尖(或卷边)应朝向屋脊方向,以减少荷载偏心引起的扭矩。

(5)计算檩条时,不能把隔撑作为檩条的支承点。

[例1-5] 某屋面采用简支檩条(图1-58),截面为冷弯薄壁C160×60×20×2.5,跨度6m,檩距为1.5m,中间设一道拉条,檩条及拉条钢材均为Q235—BF,屋面坡度为1/10,檩条与屋面板牢靠连接。檩条承受恒载0.2kN/m²,活载0.5kN/m²。验算该檩条。

解:（1）毛截面特性

查截面特性表，可得 C160×60×20×2.5 的截面特性如下：

$A = 748\text{mm}^2, I_x = 2881300\text{mm}^4, I_y = 359600\text{mm}^4, W_x = 36020\text{mm}^3, W_{y1} = 19470\text{mm}^3,$

$$W_{y2} = 8660\text{mm}^3, x_0 = 18.5\text{mm}$$

（2）内力计算

檩条设计荷载分析点 $q = 1.2 \times 0.2 \times 1.5 + 1.4 \times 0.5 \times 1.5 = 1.41\text{kN/m}$

屋面坡度为 1/10 时，即 $\alpha = 5.71°$，截面主轴 x、y 方向的线荷载分量为

$$q_x = q\sin\alpha = 1.41\sin5.71° = 0.14\text{kN/m}$$

$$q_y = q\cos\alpha = 1.40\text{kN/m}$$

檩条跨中截面弯矩为

$$M_x = q_y l^2/8 = 1.40 \times 6^2/8 = 6.3\text{kN·m}$$

$$M_y = q_x l^2/8 = 0.14 \times 6^2/32 = 0.16\text{kN·m}$$

（3）有效截面计算

先按照毛截面尺寸计算得到截面上的应力为

$$\sigma_1 = \frac{M_x}{W_x} + \frac{M_y}{W_{y1}} = \frac{6.3 \times 10^6}{36020} + \frac{0.16 \times 10^6}{19470}$$

$$= 174.9 + 8.2 = 183.1\text{N/mm}^2$$

$$\sigma_2 = \frac{M_x}{W_x} + \frac{M_y}{W_{y2}} = \frac{6.3 \times 10^6}{36020} - \frac{0.16 \times 10^6}{8660}$$

$$= 174.9 - 18.5 = 156.4\text{N/mm}^2$$

$$\sigma_3 = \frac{M_x}{W_x} + \frac{M_y}{W_{y1}} = -\frac{6.3 \times 10^6}{36020} + \frac{0.16 \times 10^6}{19470}$$

$$= -174.9 + 8.2 = -166.7\text{N/mm}^2$$

$$\sigma_4 = \frac{M_x}{W_x} + \frac{M_y}{W_{y2}} = -\frac{6.3 \times 10^6}{36020} - \frac{0.16 \times 10^6}{8660}$$

$$= -174.9 - 18.5 = -193.4\text{N/mm}^2$$

应力分布如图 1-59 所示。

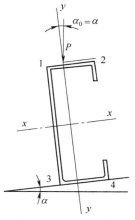

图 1-58　C 形截面

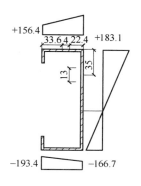

图 1-59　檩条有效截面分布

1）受压板件的稳定系数

上翼缘压应力分布不均匀系数为

$$\psi = \frac{\sigma_{min}}{\sigma_{max}} = \frac{156.4}{183.1} = 0.85 > 0$$

计算系数为

$$\alpha = 1.15 - 0.15\psi = 1.15 - 0.15 \times 0.85 = 1.02$$

上翼缘受压区宽度为

$$b_c = b = 60mm$$

上翼缘属部分加劲肋构件，最大压应力作用于支承边，稳定系数为

$$k = 5.89 - 11.59\psi + 6.68\psi^2$$
$$= 5.89 - 11.59 \times 0.85 + 6.68 \times 0.85^2$$
$$= 0.86$$

腹板压应力分布不均匀系数为

$$\psi = \frac{\sigma_{min}}{\sigma_{max}} = \frac{-166.7}{183.1} = -0.91 < 0$$

计算系数为

$$\alpha = 1.15$$

腹板受压区宽度为

$$b_c = \frac{b}{1-\psi} = \frac{160}{1+0.91} = 84mm$$

腹板属加劲肋构件，稳定系数为

$$k = 7.8 - 6.29\psi + 9.78\psi^2 = 7.8 + 6.29 \times 0.91 + 9.78 \times 0.91^2 = 21.62$$

2）翼缘有效宽度

上翼缘的相邻构件为腹板，翼缘宽 $b = 60mm$，腹板宽 $c = 160mm$。

$$\xi = \frac{c}{b}\sqrt{\frac{k}{k_c}} = \frac{160}{60}\sqrt{\frac{0.86}{21.62}} = 0.53 < 1.1$$

$$k_1 = \frac{1}{\sqrt{\xi}} = \frac{1}{\sqrt{0.53}} = 1.37 < 2.4$$

$$\rho = \sqrt{\frac{205k_1 k}{\sigma_1}} = \sqrt{\frac{205 \times 1.37 \times 0.86}{183.1}} = 1.15$$

$$18\alpha\rho = 18 \times 1.02 \times 1.15 = 21.11 < b/t = 60/2.5 = 24 < 38 \times 1.02 \times 1.15 = 44.57$$

上翼缘有效宽度为

$$b_e = \left(\sqrt{\frac{21.8\alpha\rho}{b/t}} - 0.1\right)b_c = \left(\sqrt{\frac{21.8 \times 1.02 \times 1.15}{24}} - 0.1\right) \times 60 = 56mm$$

3）腹板有效宽度

腹板的相邻构件为翼缘，腹板宽 $b = 160mm$，翼缘宽 $c = 60mm$。

$$\xi = \frac{c}{b}\sqrt{\frac{k}{k_c}} = \frac{160}{60}\sqrt{\frac{0.86}{21.62}} = 0.53 < 1.1$$

$$k_1 = \frac{1}{\sqrt{\xi}} = \frac{1}{\sqrt{0.53}} = 1.37 < 2.4$$

$$\rho = \sqrt{\frac{205 k_1 k}{\sigma_1}} = \sqrt{\frac{205 \times 1.37 \times 0.86}{183.1}} = 1.15$$

$18\alpha\rho = 18 \times 1.02 \times 1.15 = 21.11 < b/t = 60/2.5 = 24 < 38 \times 1.02 \times 1.15 = 44.57$

腹板有效宽度为

$$b_e = \left(\sqrt{\frac{21.8\alpha\rho}{b/t}} - 0.1 \right) b_e = \left(\sqrt{\frac{21.8 \times 1.15 \times 3.06}{64}} - 0.1 \right) \times 84 = 83.6\text{mm}$$

4）有效截面特征

有效截面特性计算采用截面特性减去无效的截面特征计算,上翼缘无效截面宽度为 $60-56=4\text{mm}$,腹板应扣除拉条连接孔 $\phi 13$(距上翼缘板边缘 35mm)腹板无效截面宽度小于此值,且位置基本相同。

$$A_{en} = 748 - 4 \times 2.5 - 13 \times 2.5 = 705.5\text{mm}^2$$

$$W_{enx} = 2881300 - 4 \times 2.5 \times 80^2 - 2.5 \times 13^3/12 - 13 \times 2.5 \times (80-35)^2 = 2751030\text{mm}^4$$

$$W_{eny} = 359600 - 2.5 \times 4^3/12 - 4 \times 2.5 \times (22.4 + 4/2 - 18.5)^2 -$$
$$13 \times 2.5 \times 18.5^2 = 348115\text{mm}^4$$

（4）截面验算

因檩条与屋面板牢靠连接,不需验算整体稳定型。

在图 1‑57 中,点 4 应力最大,验算该处强度为

$$\sigma_4 = \frac{M_x}{W_{enx}} + \frac{M_y}{W_{eny}} = \frac{6.3 \times 10^6 \times 80}{2751030} - \frac{0.16 \times 10^6 \times (60-18.5)}{348115}$$
$$= -183.2 - 19.1 = -202.3\text{N/mm}^2 < f = 205\text{N/mm}^2$$

（5）挠度验算

挠度计算（刚架最大平面的挠度）

$$q_k \cos\alpha = (0.2 + 0.5) \times 1.5 \times \cos 5.71° = 1.045\text{kN/m}$$

$$\frac{v}{l} = \frac{5 q_k \cos\alpha l^3}{384 E I_x} = \frac{5 \times 1.045 \times 6000^3}{384 \times 206 \times 10^3 \times 288.13 \times 10^4} = \frac{1}{202} < \frac{1}{200}\text{（刚度满足要求）}$$

1.7 墙梁设计

1.7.1 墙梁的截面形式

墙梁一般采用冷弯卷边槽钢,有时也可采用卷边 Z 形钢。

墙梁在其自重、墙体材料和水平风荷载作用下,也是双向受弯构件。墙板常做成落地式并与基础相连,墙板的重力直接传至基础,故墙梁的最大刚度平面在水平方向。当采用卷边槽形截面墙梁时,为便于墙梁与刚架柱的连接而把槽口向上放置,单窗框下沿的墙梁则需槽口向下放置。

墙梁应尽量等间距设置,在墙面的上沿、下沿及窗框的上沿、下沿处应设置一道墙梁。

为了减少竖向荷载产生的效应,减少墙梁的竖向挠度,可在墙梁上设置拉条,并在最上层墙梁处设斜拉条传至刚架柱,设置原则和檩条相同。

墙梁可根据柱距的大小做成跨越一个柱距的简支梁或两个柱距的连续梁,前者运输方便,节点构件相对简单,后者受力合理,节省材料。

1.7.2 墙架结构布置

根据墙体材料不同,单层厂房围护墙可分为轻型墙体、钢筋混凝土大型墙板、砌体自承重墙等几种。墙架结构的布置与墙体有关,一般由墙架柱(抗风柱)、墙梁、结构柱、抗风桁架和支撑等组成。

《规程》规定:当抗震设防烈度不高于6度时,门式刚架轻型房屋的外墙可采用轻型钢墙板或砌体;当抗震设防烈度为7度、8度时,可采用轻型钢墙板或非嵌砌砌体;当抗震设防烈度为9度时,宜采用轻型钢墙板或与柱柔性连接的轻质墙板。

钢筋混凝土大型墙板,其长度通常为6m,当框架柱间距大于墙板跨度时,应设墙架柱,墙板应与结构柱或墙架柱相连接,并每隔4~5块墙板在墙架柱及结构柱上设置承重支托,以传递墙板自重和水平风荷载。

砌体自承重墙一般仅用于高度不大的中、小型厂房。当纵向结构柱的间距不超过6m而且墙体满足强度和容许高厚比要求时,除在墙体中设置必要的圈梁外,不必设置墙架构件。山墙和结构柱间距大于6m的纵墙应设置墙架柱。当墙体高度较大时(如墙体高度大于15m),宜设承重墙梁,以便将上部墙体的自重传给结构柱和墙架柱。

轻型墙体是单层厂房中最常见、应用最多的一种,即将轻质墙板挂在墙梁上,墙梁与墙架柱和框架柱连接,传递墙板自重和风荷载。轻质墙板为压型钢板、夹心彩钢板或其他轻质材料板材。

当结构柱间间距较大、墙梁不能经济地承受墙板自重和水平风荷载时,宜在结构柱间设置墙架柱,墙架柱下端于基础刚接或铰接,上端与屋盖结构用板铰连接(图1-60),墙架柱立按压弯构件计算。

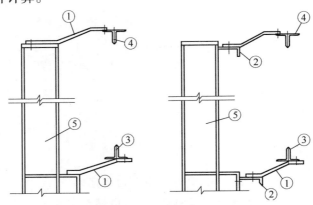

图1-60 墙架柱与屋面结构的板铰连接
①—板铰;②—分布梁;③—屋架下弦杆;④—屋架上弦杆;⑤—墙架柱。

对山墙墙架柱高度大于15m时,宜设置水平抗风桁架,作为墙架柱的中间水平支承点。抗风桁架宜设在吊车梁上翼缘标高处,以便兼做走道。为保证山墙刚度,山墙墙架内设一道柱间支撑,如图 1-61 所示。

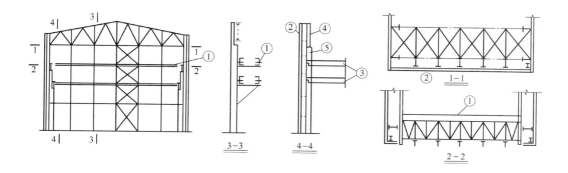

图 1-61 高山墙墙架布置

轻型墙体结构的墙梁两端支承于结构柱或墙架柱上,墙体荷载通过墙梁传给柱。墙梁宜采用卷边槽形或 Z 形的冷弯薄壁型钢。通常墙梁的最大刚度平面在水平方向,以承担水平风荷载。墙梁应尽量等间距布置,在墙面的上沿、下沿及窗框的上沿、下沿均应设置一道墙梁(图 1-62)。墙梁的间距还应考虑墙板的材料强度、尺寸、所受荷载的大小等。槽口的朝向应视具体情况而定:槽口向上,便于连接,但容易积灰积水,钢材易锈蚀;槽口向下,不易积灰积水,但连接不便。

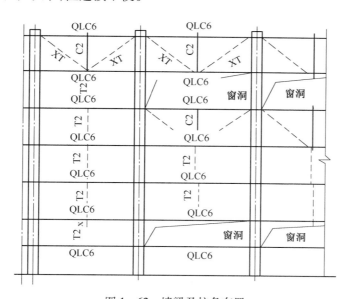

图 1-62 墙梁及拉条布置

为了减小墙梁在竖向荷载作用下的计算跨度,减小墙梁的竖向挠度,提高墙梁稳定性,常在墙梁上设置拉条。当墙梁跨度为 4~6m 时,宜在跨中设置一道拉条(图 1-62);当跨度大于 6m 时,可在跨间三分点处各设一道拉条。在檐口处及窗洞下应设斜拉条和撑杆,将拉力传至承重柱或墙架柱,当斜拉条所悬挂的墙梁数超过 5 个时,宜在中间加设一道斜拉条,将拉力分段传给柱。单侧挂墙板时,拉条应连接在墙梁挂墙板的一侧 1/3

处,以减少墙板自重对墙梁的偏心影响;两侧均挂有墙板时,拉条宜连接在墙梁。

1.7.3 墙梁计算

墙梁跨度可为一个柱距的简支梁或两个柱距的连续梁,从墙梁的受力性能、材料的充分利用来看,后者更合理。但考虑到节点构造、材料供应、运输和安装等方面的因素,通常墙梁设计成单跨简支梁。

1. 荷载计算

墙梁主要承受竖向重力荷载和水平风荷载。竖向重力荷载有墙板和墙梁自重,墙板自重及水平向的风荷载可根据《建筑结构荷载规范》查取,墙梁自重根据实际截面确定,选取截面时可近似地取 0.05kN/m。门式刚架轻型房屋墙梁风荷载体型系数按《规程》附录 A 采用。当墙板自重不通过墙梁传给柱时,可不考虑竖向荷载。

2. 墙梁的荷载组合

墙梁的荷载组合主要有两种:

$$1.2×竖向永久荷载+1.4×水平风压力荷载$$
$$1.2×竖向永久荷载+1.4×水平风吸力荷载$$

在墙梁截面上,由外荷载产生的内力有:水平风荷载 q_x 产生的弯矩 M_y、剪力 V_x;由竖向荷载 q_y 产生的弯矩 M_x、剪力 V_y。墙梁的设计公式和檩条的相同。当墙板放在墙梁外侧且不落地时,其重力荷载没有作用在截面剪力中心,计算还应考虑双力矩 B 的影响。

3. 内力分析

墙梁系同时承受竖向荷载及水平风荷载作用的双向受弯构件,墙梁的弯矩计算方法同檩条部分。

当荷载未通过截面弯心时,尚应考虑双力矩 B 的影响。双力矩 B 按《冷弯薄壁型钢结构技术规范》附录 A 中 A.4 的规定计算。两侧挂墙板的墙梁和一侧挂墙板、另一侧设有可阻止其扭转变形的拉杆的墙梁,可不计弯扭双力矩的影响(即可取 $B=0$)。CECS102:2002 认为墙板自重至少有一部分直接传至基础,故可忽视其对墙梁的偏心作用,即取 $B=0$。

4. 截面验算

1)强度计算

根据墙梁上所受的弯矩(M_x、M_y)、剪力(V_x、V_y)和双力矩 B,应验算截面的最大(拉、压)正应力、剪应力。

$$\sigma = \frac{M_x}{W_{enx}} + \frac{M_y}{W_{eny}} + \frac{B}{W_w} \leqslant f \qquad (1-98)$$

$$\tau_x = \frac{3V_{x,max}}{4b_0 t} \leqslant f_v \qquad (1-99)$$

$$\tau_y = \frac{3V_{y,max}}{2h_0 t} \leqslant f_v \qquad (1-100)$$

式中　　M_x、M_y——水平荷载和竖向荷载设计值产生的弯矩,下标 x 和 y 分别表示墙梁的竖向主轴和水平主轴;

　　　　B——所取弯矩同一截面的双力矩;

$V_{x,\max}$、$V_{y,\max}$——水平荷载和竖向荷载产生的剪力的最大值；

W_{enx}、W_{eny}——绕主轴 x 和主轴 y 的有效净截面模量（对冷弯薄壁型钢）或净截面模量（对热轧型钢）；

b_0、h_0——墙梁在竖向和水平向的计算高度，取型钢板件连接处两圆弧起点之间的距离；

t——墙梁截面的厚度。

2）整体稳定性计算

当墙梁两侧挂有墙板，或单侧挂有墙板承担迎风水平荷载，由于受压竖向板件与墙板有牢固连接，一般认为能保证墙梁的整体稳定性，不需计算；对于单侧挂有墙板的墙梁在风吸力作习时，由于墙梁的主要受压竖向板件未与墙板牢固连接，在构造上不能保证墙梁的整体稳定性，尚需按下式计算其稳定性。

$$\frac{M_x}{\varphi_{bx}W_{ex}} + \frac{M_y}{W_{eny}} + \frac{B}{W_w} \leqslant f \tag{1-101}$$

式中的 φ_{bx} 应按仅作用着 M_x（忽略 M_y 及 B 的影响）按式（1-97a）计算。

门式刚架轻型房屋可按《规程》附录 E 的规定计算。

3）刚度计算

刚度的计算方法与檩条相同。

墙梁的容许挠度与其跨度之比可按下列规定采用：压型钢板、瓦楞铁墙面（水平方向）1/150；窗洞顶部的墙梁（水平方向和竖向）1/200。且其竖向挠度不得大于 10mm。

门式刚架轻型房屋仅支承压型钢板墙的墙梁可按《规程》规定仅要求水平挠度不得大于 1/100。

1.8 隔撑和支撑的设计

1.8.1 隔撑设计

实腹式刚架斜梁的两端为负弯矩区，下翼缘在该处受压。为了保证梁的稳定，常有必要在受压翼缘两侧布置隔撑（山墙处刚架仅布置在一侧）作为斜梁的侧向支撑。

如图 1-63 所示，隔撑的一侧可连接在斜梁下（内）翼缘上，也可连接在距下（内）翼缘不大于 100mm 附近的腹板上；隔撑的的另一侧连接在檩条上。隔撑与刚架、檩条应采用螺栓连接，每段通常采用单个螺栓，隔撑与斜梁腹板的夹角不宜小于 45°。隔撑间距不应大于所撑梁受压翼缘宽度的 $16\sqrt{235/f_y}$ 倍。

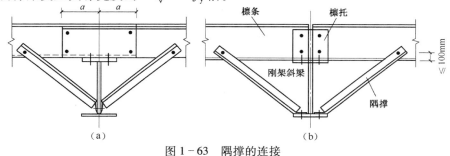

图 1-63 隔撑的连接

可认为檩条是支撑体系的组成部分,能对隔撑提供支撑点。隔撑应根据 GB 50017 规范的规定按轴心受压构件的支撑来设计。隔撑截面常选用单根等边角钢,轴向压力按式(1-99)计算:

$$N = \frac{Af}{60\cos\theta}\sqrt{\frac{f_y}{235}} \qquad (1-102)$$

式中　A——实腹斜梁被支撑翼缘的截面面积;

　　　f——实腹斜梁钢材的强度设计值;

　　　f_y——实腹斜梁钢材的屈服强度;

　　　θ——隔撑与檩条轴线的夹角。

当隔撑成对布置时,每根隔撑的计算轴压力可取式(1-99)计算值的 1/2。需要注意的是,单面连接的单角钢压杆在计算稳定性时,不用换算长细比,而是对 f 值乘以相应的折减系数。

1.8.2　支撑设计

门式刚架轻型房屋钢结构中的交叉支撑和柔性系杆可按拉杆设计(认为受压斜杆不受力),非交叉支撑中的受压杆件及刚性系杆应按压杆设计。

刚架斜梁上横向水平支撑的内力,根据纵向风荷载按支承与柱顶水平桁架计算,还要计算支承对斜梁起减少计算长度作用而承受的支撑力。

刚架柱间支撑的内力,应根据该柱列所受纵向风荷载(如有吊车,还应计入吊车纵向制动力)按支承于柱脚上的竖向悬臂桁架计算,并计入支撑因保障柱稳定而应承受的力。如图1-1所示的柱间支撑作用在柱顶的支撑力为

$$\frac{\sum N}{300}(1.5 + \frac{1}{n}) \qquad (1-103)$$

式中　$\sum N$——所撑各柱的轴压力之和;

　　　n——所撑各柱的数目。

当同一柱列设有多道柱间支撑时,纵向力在支撑间可平均分配。

支撑构件受拉或受压时,应按现行国家标准《钢结构设计规范》GB 50017 或《冷弯薄壁型钢结构技术规范》GB 50018 关于轴心受拉或轴心受压构件的规定计算。

支撑杆件中,拉杆可采用圆钢制作,用特制的连接件与梁、柱腹板相连,并应以花兰螺丝张紧。压杆宜采用双角钢组成的 T 形截面或十字形截面,按压杆设计的刚性系杆也可采用圆管截面。吊车梁下的交叉支撑不宜按拉杆设计。

习　　题

1.1　如图1-64(a)所示单跨门式刚架,柱为楔形柱,梁为等截面梁,截面尺寸及刚架几何尺寸如图1-64(b)、(c)所示,刚架梁及楔形柱大头、小头截面的毛截面几何特性如表1-12所列,材料为 Q235 B。已知楔形柱大头截面的内力:$M_1 = 198.3$kN·m,$N_1 = 64.5$kN,$V_1 = 27.3$kN;柱小头截面内力:$N_0 = 85.8$kN,$V_0 = 31.6$kN。试验算该刚架柱的

强度及平面内整体稳定是否满足设计要求。

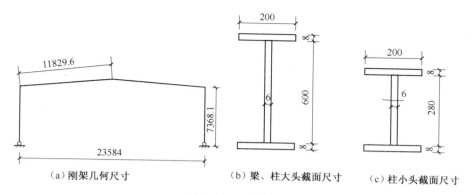

（a）刚架几何尺寸　　　　（b）梁、柱大头截面尺寸　　　（c）柱小头截面尺寸

图 1-64　习题 1.1

表 1-12　刚架梁、柱的毛截面几何特性

构件名称	截面	A/mm^2	$I_x/10^4\text{mm}^4$	$I_y/10^4\text{mm}^4$	$W_x/10^3\text{mm}^3$	i_x/mm	i_y/mm
刚架梁	任一	6800	40375	1068	1311	243.1	39.6
刚架柱	大头	6800	40375	1068	1311	243.1	39.6
	小头	4880	7733	1067	52.25	125.9	46.8

1.2　屋面材料为压型钢板，檩条间距 1.5m，设计荷载 3.9kN/m²，计算简图如图 1-65（a）所示，选用 YX130-300-600 型压型钢板，板厚 $t=0.6$mm，截面尺寸如图 1-65（b）所示。钢材 Q235A，屋面坡度 1/15，假定截面全部有效，验算截面强度和挠度是否满足要求。

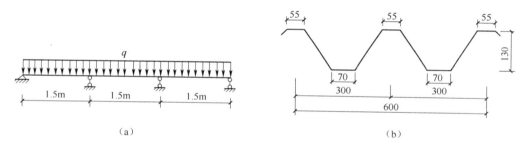

（a）　　　　　　　　　　　　　　（b）

图 1-65　习题 1.2

1.3　设计一两端简支直卷边 Z 形冷弯薄壁型钢檩条。

1）设计资料

封闭式建筑，屋面材料为压型钢板，屋面坡度为 1/8（$\alpha=7.13°$），檩条跨度为 6m，于 1/2 跨度处设一道拉条，水平檩距为 1.5m，钢材为 Q235 钢。

2）荷载标准值（水平投影）

（1）永久荷载：

压型钢板（两层，含保温层）　　　0.30kN/m²

檩条（包括拉条）　　　　　　　　0.05kN/m²

（2）可变荷载标准值：

屋面均布活荷载　　　　　　　　　0.30kN/m²

雪荷载　　　　　　　　　　　　　0.35kN/m²

第 2 章　单层框（排）架结构

2.1　单层框（排）架结构的形式及布置

2.1.1　单层框（排）架结构的组成和应用

1. 结构的组成

如图 2-1 所示，单层框（排）架钢结构是由横向框（排）架作为房屋承重骨架，通过一系列纵向构件连接而成的结构体系。

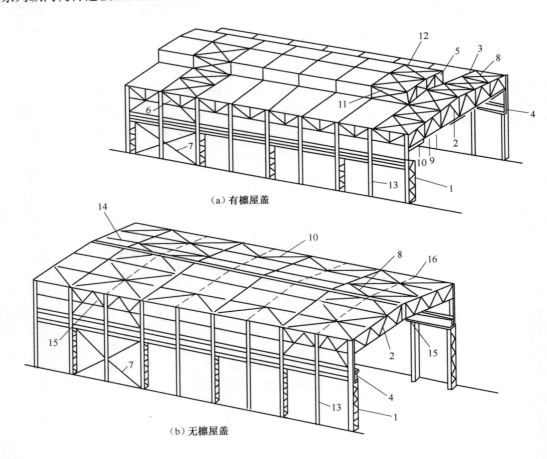

（a）有檩屋盖

（b）无檩屋盖

图 2-1　单层框（排）架厂房结构的组成示例

1—排架柱；2—屋架（排架横梁）；3—中间屋架；4—吊车梁；5—天窗架；6—托架；7—柱间支撑；
8—屋架上弦横向支撑；9—屋架下弦横向支撑；10—屋架纵向支撑；11—天窗架垂直支撑；
12—天窗架横向支撑；13—墙架柱；14—檩条；15—屋架垂直支撑；16—檩条间撑杆。

横向框(排)架是由柱和它所支承的屋架组成的结构,是房屋的主要承重体系,承受房屋的自重、风荷载、雪荷载和吊车的竖向荷载与水平荷载,并把这些荷载传递到基础。柱与屋架刚接时为框架结构,柱与屋架铰接时为排架结构。柱顶铰接的排架结构对基础不均匀沉陷及温度影响敏感性小,框架节点构造容易处理,且因屋架端部不产生弯矩,下弦杆始终受拉。但柱顶铰接时下柱的弯矩较大,厂房横向刚度差,一般用于多跨厂房或厂房高度不大而刚度容易满足的情况。当采用钢屋架、钢筋混凝土柱的混合结构时,也常采用排架结构形式。反之,在厂房较高、吊车起重量大、对厂房刚度要求较高时,常采用柱顶刚接的框架结构。横向框(排)架的柱脚一般与基础刚接。

纵向构件按其作用可分为下面几类:

(1)柱间支撑:它与柱、吊车梁等组成房屋的纵向框架承担纵向水平荷载,同时把主要承重体系由个别的平面结构连成空间的整体结构,从而保证了房屋结构所必需的刚度和稳定性。

(2)屋盖支撑、托架、檩条等:与屋架、天窗架等组成屋盖结构,承担屋面荷载,把平面的屋架结构连成稳定的空间体系。

(3)吊车梁和制动梁(或制动桁架)等:主要承受吊车竖向荷载及水平荷载,并将这些荷载传到横向框架和纵向框架上。

(4)墙架:由墙梁、墙架柱等组成,承受墙体的自重和风荷载,并传递到框架柱和支撑体系。

此外,还有一些次要的构件,如楼梯、走道、门窗等。

2. 单层框(排)架结构的应用

单层框(排)架结构承载能力大,整体刚度大,抗震性能好,制作、安装、运输方便,适用于跨度大、高度大、吊车吨位大的重型厂房及大型厂房中,如炼钢车间、轧钢车间等大型冶金厂房,大型电机装配车间等重型机械制造厂房,以及大型造船厂房、火力发电厂房、飞机制造车间等,也可应用于一般厂房、仓库、超市、展览厅等单层房屋。

2.1.2 结构布置

1. 柱网布置

柱网布置要综合考虑工艺、结构和经济等诸多因素来确定,同时还应注意符合标准化模数的要求。

(1)满足生产工艺的要求。柱的位置应与地上、地下的生产设备和工艺流程相配合,还应考虑生产发展和工艺设备更新需求。

(2)满足结构的要求。为了保证车间的正常使用,有利于吊车运行,使厂房具有必要的横向刚度,应尽可能将柱布置在同一横向轴线上,以便与屋架组成横向框架,如图2-2所示。

(3)符合经济合理的要求。柱的纵向间距同时也是纵向构件(吊车梁、托架等)的跨度,它的大小对结构重量影响很大。厂房柱距增大,可使柱的数量减少,总重量随之减少,同时也可减少柱基础的工程量,但会使吊车梁及托架的重量增加。一般地说,在跨度不小于30m、高度不小于14m、吊车额定起重量不小于50t时,柱距取12m较为经济,参数较小的厂房取6m较合适。

（4）符合柱距模数要求。近年来，随着压型钢板等轻型材料的采用，厂房的跨度和柱距都有逐渐增大的趋势。对厂房横向，一般当厂房跨度 $L \leqslant 18m$ 时，其跨度宜采用 3m 的倍数；当厂房跨度 $L>18m$ 时，其跨度宜采用 6m 的倍数。对厂房纵向，柱距一般采用 6m 或 6m 的倍数。

多跨厂房的中列柱，常因工艺要求需要抽柱，其柱距为基本柱距的倍数（图 2-2（b））。抽柱处设置支承屋架的构件，构件为实腹式时称为托梁，桁架式时称为托架。

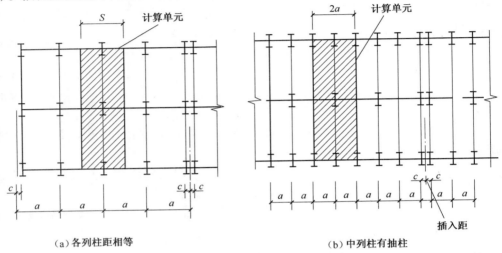

（a）各列柱距相等　　　　　　　　　　　（b）中列柱有抽柱

图 2-2　柱网布置和温度伸缩缝

2. 温度伸缩缝布置

温度伸缩缝的布置取决于厂房的纵向和横向长度。纵向很长的厂房在温度变化时，纵向构件伸缩的幅度较大，引起整个结构变形，使构件内产生较大的温度应力，并可能导致墙体和屋面的破坏。为了避免这种不利后果的产生，常采用横向温度伸缩缝将厂房分成伸缩时互不影响的温度区段。按《钢结构设计规范》GB 50017 规定，当单层厂房和露天结构温度区段长度不超过表 2-1 的数值时，一般可不计算温度应力。

表 2-1　温度区段长度值

结构情况	温度区段长度/m		
	纵向温度区段（垂直于屋架或构架跨度方向）	横向温度区段（沿屋架或构架跨度方向）	
		柱顶为刚接	柱顶为铰接
采暖房屋和非采暖地区的房屋	220	120	150
热车间和采暖地区的非采暖房屋	180	100	125
露天结构	120	—	—

温度伸缩缝最普遍的做法是设置双柱，即在缝的两旁布置两个无任何纵向构件联系的横向框架，使温度伸缩缝的中线和定位轴线重合，如图 2-2（a）所示；在设备布置条件不允许时，可采用插入距的方式，如图 2-2（b）所示。为节约钢材也可采用单柱温度伸缩缝，即在纵向构件（如托架、吊车梁等）支座处设置滑动支座。在地震区宜采用双柱伸缩缝。

当厂房宽度较大时,也应该按规定布置纵向温度伸缩缝。

3. 柱间支撑布置

1)柱间支撑的作用

各个横向平面框(排)架通过柱间支撑连接为整体,承担纵向水平荷载,柱间支撑的作用有:

(1)与框(排)架柱形成纵向框架,保证厂房骨架的整体稳定性和纵向刚度。

(2)承受厂房端部山墙的风荷载、吊车纵向水平荷载及温度应力等,在地震区尚应承受厂房纵向的地震力,并传至基础。

(3)为框架柱平面外提供可靠的支撑,减少柱在框架平面外的计算长度。

2)柱间支撑的布置原则

(1)柱间支撑的设置应与屋盖支撑相协调,一般与屋盖横向支撑、竖向支撑设在同一柱距。

(2)每一温度区段的每一柱列一般都应设置柱间支撑,边柱和中柱柱列的柱间支撑应尽可能设置在同一开间。

(3)柱间支撑间距应根据房屋纵向柱距、受力情况及安装条件确定。当无吊车时宜取30~45m;当有吊车时不大于60m。当建筑物宽度大于60m时,在内柱列宜适当增加柱间支撑。

(4)有吊车厂房或房屋高度相对于柱间距较大时,柱间支撑宜分层设置。通常将吊车梁以上的部分称为上层支撑,吊车梁以下部分称为下层支撑。此时,吊车梁和辅助桁架作为撑杆,是柱间支撑的组成部分,承担并传递厂房纵向水平力。

下层柱间支撑与柱和吊车梁一起在纵向组成刚性很大的悬臂桁架。为了使纵向结构在温度发生变化时能较自由地伸缩,减少温度应力,下层支撑一般设在温度区段中部。当吊车位置高而车间总长度又很短时,下层支撑设在两端一般不会产生很大温度应力,而对厂房纵向刚度却能提高很多。

当温度区段长度较小时,在中央设置一道下层支撑,如图2-3(a)所示;当温度区段长度大于150m,宜在温度区段1/3点处设置两道下层支撑,如图2-3(b)所示。

上层柱间支撑在屋架下弦至吊车梁上翼缘范围内。为了传递风力,上层支撑需要布置在温度区段端部。由于厂房柱在吊车梁以上部分的刚度小,不会产生过大的温度应力。此外,在有下层支撑处也应设置上层支撑。

(5)高度小于800mm的等截面柱,一般可沿柱中心线设置单片柱间支撑。当上层柱截面高度大于800mm或设有通行人孔时,在柱每个翼缘内侧设置柱间支撑。下层柱间支撑应在柱的两个肢的平面内成对设置,如图2-3所示侧视图的虚线所示。

(6)当房屋中不允许设置交叉柱间支撑时,可设置其他形式的柱间支撑;当不允许设置任何柱间支撑时,应设计为纵向刚架。

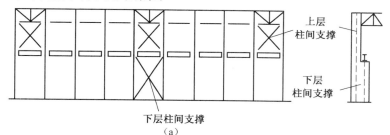

下层柱间支撑

(a)

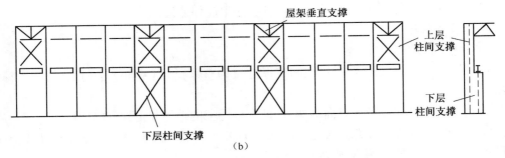

图 2-3　柱间支撑的布置

2.2　单层横向框(排)架内力计算

2.2.1　横向框(排)架的主要尺寸

横向框(排)架的主要尺寸如图 2-4 所示。

1. 横向框(排)架的跨度

一般取为上部柱中心线间的横向距离,可由下式确定:

$$L_0 = L_K + 2S \tag{2-1}$$

式中　L_K——桥式吊车的跨度;

S——由吊车梁轴线至上段柱轴线的距离(图 2-5),应满足式(2-2)的要求。对于中型厂房一般采用 0.75m 或 1m,重型厂房则为 1.25m,有时达 2.0m。

$$S = B + D + b_1/2 \tag{2-2}$$

式中　B——吊车桥架悬伸长度,可由设计所选用的吊车样本查得;

D——吊车外缘和柱内边缘之间的必要空隙,当吊车起重荷载不大于 500kN 时,不宜小于 80mm,当吊车起重荷载大于或等于 750kN 时,不宜小于 100mm,当在吊车和柱之间需要设置安全走道时,则 D 不得小于 400mm;

b_1——上段柱宽度。

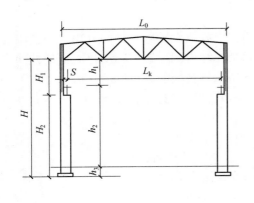

图 2-4　横向框架的主要尺寸

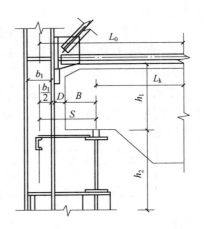

图 2-5　柱与吊车梁轴线间的净空

76

2. 横向框(排)架柱脚底面到横梁下弦底部的距离 H

$$H = h_1 + h_2 + h_3 \qquad (2-3)$$

式中 h_3——地面至柱脚底面的距离。中型车间为 $0.8 \sim 1.0\text{m}$，重型车间为 $1.0 \sim 1.2\text{m}$；

h_2——地面至吊车轨顶的高度，由工艺要求决定；

h_1——吊车轨顶至屋架下弦底面的距离。

$$h_1 = A + 100 + 150 \sim 200(\text{mm}) \qquad (2-4)$$

式中 A——吊车轨道顶面至起重小车顶面之间的距离；

100mm——为制造、安装误差留出的空隙；

$150 \sim 200$mm——考虑屋架挠度等因素所留空隙。

2.2.2 横向框(排)架的计算简图

单层框(排)架结构厂房在均布荷载作用下，各榀横向框(排)架的受载和位移基本相同，没有空间分配作用。当厂房受到局部横向集中荷载，如吊车横向制动力、吊车垂直荷载的偏心弯矩等作用时，纵向水平支撑会将局部荷载分配到相邻的框(排)架上，从而减小了直接受载框(排)架的负担。一般厂房中，这些局部横向集中荷载引起的柱子内力在柱子总内力中所占比例并不大，为简化计算，通常取单个的平面框(排)架作为计算的基本单元，而不考虑厂房的空间作用，如图 2-6 所示。框(排)架计算单元的划分应根据柱网的布置确定，如图 2-2 所示，使纵向每列柱至少有一根柱参加框(排)架工作，同时将受力最不利的柱划入计算单元中。对于各列柱距均相等的厂房，只计算一榀框(排)架。对有拔柱的计算单元，一般以最大柱距作为划分计算单元的标准，界限采用柱距的中心线。

对柱顶刚接的横向框架，当满足下式的条件时，可近似认为横梁刚度为无穷大，否则横梁按有限刚度考虑。

$$\frac{K_{AB}}{K_{AC}} \geqslant 4 \qquad (2-5)$$

式中 K_{AB}——横梁在远端固定使近端 A 点转动单位角时在 A 点所需施加的力矩值；

K_{AC}——柱在 A 点转动单位角时在 A 点所需施加的力矩值。

对屋架和格构柱，一般应考虑屋架腹杆或格构柱缀条变形的影响，采用折算惯性矩，简化成实腹式横梁和实腹式柱。格构柱的折算惯性矩为截面惯性矩乘以折减系数 0.9，屋架的折算惯性矩 I_0 可近似地按下式计算：

$$I_0 = k(A_1 y_1^2 + A_2 y_2^2) \qquad (2-6)$$

式中 A_1, A_2——屋架跨中上弦杆、下弦杆截面面积；

y_1, y_2——屋架跨中上、下弦杆的重心线到屋架截面中和轴的距离(图 2-7)；

k——考虑屋架高度变化和腹杆变形影响的折减系数，当屋架上弦坡度为 1/8 时，$k=0.65$，坡度为 1/10 时，$k=0.7$，坡度为 1/12 时，$k=0.75$，坡度为 1/15 时，$k=0.8$，坡度为 0 时，$k=0.9$。

框(排)架的计算跨度 L(或 $L_1、L_2$)取为两上柱轴线之间的距离。

当柱顶刚接时，横向框(排)架的计算高度 H 可取为柱脚底面至框架下弦轴线的距离(横梁假定为无限刚性)，或柱脚底面至横梁端部形心的距离(横梁为有限刚性)，如图 2-8(a)、(b)所示；当柱顶铰接时，H 应取为柱脚底面至横梁主要支承节点间距离，如

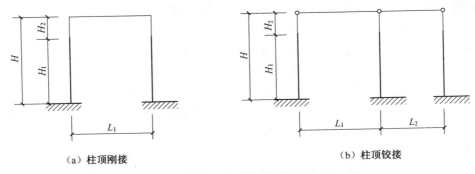

（a）柱顶刚接　　　　　　　　　　　　　　　（b）柱顶铰接

图 2-6　横向框架的计算简图

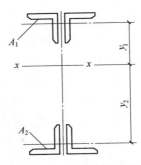

图 2-7　屋架跨中处截面

图 2-8(c)、(d)所示。对阶形柱应以肩梁上表面作分界线将 H 划分为上部柱高度 H_1 和下部柱高度 H_2。

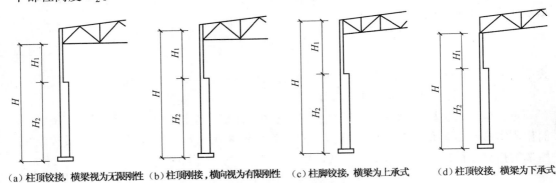

（a）柱顶铰接，横梁视为无限刚性　（b）柱顶刚接，横向视为有限刚性　（c）柱脚铰接，横梁为上承式　　　（d）柱顶铰接，横梁为下承式

图 2-8　横向框(排)架的计算高度取值方法

2.2.3　内力计算和侧移验算

1. 荷载

永久荷载有屋盖系统、柱、吊车梁系统、墙架、墙板及设备管道等的自重等,这些重量可参考有关资料进行计算。

可变荷载有风荷载、雪荷载、积灰荷载、屋面均布活荷载、吊车荷载、地震作用等,这些荷载可由荷载规范和吊车规格查得。

对框(排)架横向长度超过容许的温度缝区段长度而未设置伸缩缝时,应考虑温度变化的影响;对厂房地基土质较差、变形较大或厂房中有较重的大面积地面荷载时,则应考虑基础不均匀沉降对框(排)架的影响。

屋面荷载一般化为均布的线荷载作用于框(排)架横梁上。积灰荷载与雪荷载(或屋面均布活荷载),两者中的较大者同时考虑。

当无墙架时,纵墙上的风力一般作为均布荷载作用在框架柱上;有墙架时,尚应计入由墙架柱传于框(排)架柱的集中风荷载。框(排)架横梁轴线以上的屋架及天窗上的风荷载按集中荷载作用在框(排)架横梁轴线上。

吊车垂直轮压及吊车横向水平力一般根据同一跨间、最多两台满载吊车并排运行的最不利情况,由吊车梁上支座反力的影响线之和求得。计算吊车竖向荷载时,对一层吊车单跨厂房,参与组合的吊车台数不宜多于2台,对多跨厂房不宜多于4台。吊车垂直轮压由吊车梁底部支承面传入柱内。计算吊车水平荷载时,对单跨或多跨厂房,每个排架参与组合的吊车台数不应多于2台。吊车横向水平力同时作用于跨间的两条轨道上,并应考虑正反两个方向刹车的情况,吊车横向水平力由吊车梁上翼缘水平面传给柱子。

2. 内力分析和内力组合

框(排)架内力分析可按结构力学的方法进行,也可利用现成的图表或计算机程序分析。为便于对各构件和连接进行最不利的组合,对各种荷载作用应分别进行框(排)架内力分析。

将框(排)架在各种荷载作用下所产生的内力进行最不利组合,列出上段柱和下段柱的上、下端截面中的弯矩 M、轴向力 N 和剪力 V,此外还应包括柱脚锚固螺栓的计算内力。每个截面必须组合出 $+M_{max}$ 和相应的 N、V,$-M_{min}$ 和相应的 N、V,N_{max} 和相应的 M、V;对柱脚锚栓则应组合出可能出现的最大拉力即 $+M_{max}$ 和相应的 N、V,$-M_{min}$ 和相应的 N、V。

柱与屋架刚接时,应对横梁的端弯矩和相应的剪力进行组合。最不利组合可分为4组:第一组组合使屋架下弦杆产生最大压力,如图 2-9(a)所示;第二组组合使屋架上弦杆产生最大压力,同时也使下弦杆产生最大拉力,如图 2-9(b)所示;第三、四组组合使腹杆产生最大拉力或最大压力,如图 2-9(c)、(d)所示。组合时考虑施工情况,只考虑屋面恒载所产生的支座端弯矩和水平力的不利作用,不考虑它的有利作用。

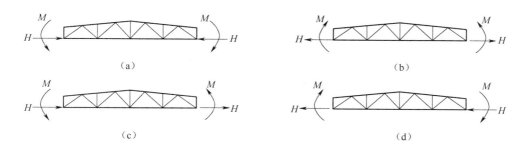

图 2-9 框架横梁弯矩最不利组合

对单层吊车的厂房,当对采用两台及两台以上吊车的竖向荷载和水平荷载组合时,应根据参与组合的吊车台数及其工作制,乘以表 2-2 中的折减系数。对于多层吊车的单跨或多跨厂房,计算排架时参与组合的吊车台数及荷载的折减系数应按实际情况考虑。

表 2-2　多台吊车的荷载折减系数

参与组合的吊车台数		2	3	4
吊车工作级别	A1~A5	0.9	0.85	0.8
	A6~A8	0.95	0.9	0.85

3. 侧移验算

在风荷载标准值作用下,无桥式吊车和有桥式吊车的单层框(排)架分别不宜超过 $H/150$ 和 $H/400$,H 为自基础顶面至柱顶的总高度。

在冶金工厂或类似车间中设有 A7、A8 级吊车的厂房柱和设有中级和重级工作制吊车的露天栈桥柱,在吊车梁或吊车桁架的顶面标高处,由一台最大吊车水平荷载所产生的变形值不宜超过表 2-3 所列的容许值。

表 2-3　柱水平位移的容许值

项次	位移的种类	按平面结构图形计算	按空间结构图形计算
1	厂房柱的横向位移	$H_c/1250$	$H_c/2000$
2	露天栈桥柱的横向位移	$H_c/2500$	—
3	厂房和露天栈桥柱的纵向位移	$H_c/4000$	—

注:(1)H_c 为基础顶面至吊车梁或吊车桁架顶面的高度。

(2)计算厂房或露天栈桥柱的纵向位移时,可假定吊车的纵向水平制动力分配在温度区段内所有柱间支撑或纵向框架上。

(3)在设有 A8 级吊车的厂房中,厂房柱的水平位移容许值宜减小 10%。

(4)在设有 A6 级吊车的厂房柱的纵向位移宜符合表中的要求

2.3　单层框(排)架柱及柱间支撑设计

2.3.1　框(排)架柱的类型

框(排)架柱按结构形式可分为等截面柱、阶形柱和分离式柱三大类,如图 2-10 所示。

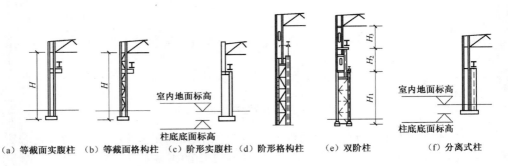

（a）等截面实腹柱　（b）等截面格构柱　（c）阶形实腹柱　（d）阶形格构柱　　（e）双阶柱　　　　（f）分离式柱

图 2-10　框(排)架柱的形式

等截面柱有实腹式和格构式两种,如图 2－10(a)、(b)所示。等截面柱将吊车梁支于牛腿上,构造简单,但吊车竖向荷载偏心大,只适用于吊车起吊荷载 $Q<150\text{kN}$,或无吊车且厂房高度较小的轻型厂房中。

阶形柱也可分为实腹式和格构式两种,如图 2－10(c)~(e)所示。从经济角度考虑,阶形柱由于吊车梁或吊车桁架支承在柱截面变化的肩梁处,荷载偏心小,构造合理,其用钢量比等截面柱节省,因而在厂房中广泛应用。阶形柱还根据厂房内设单层吊车或双层吊车做成单阶柱或双阶柱。阶形柱的上段由于截面高度 h 不高(无人孔时 $h=400~600\text{mm}$,有人孔时 $h=900~1000\text{mm}$),并考虑柱与屋架、托架的连接等,一般采用工字形截面的实腹柱。下段柱,对于边列柱来说,由于吊车肢受的荷载较大,通常设计成不对称截面,中列柱两侧荷载相差不大时,可以采用对称截面。一般下段柱截面高度小于 1m 时,采用实腹式,截面高度大于等于 1m 时,采用缀条柱,如图 2－10(d)、(e)所示。

分离式柱由支承屋盖结构的屋盖肢和支承吊车梁或吊车桁架的吊车肢所组成,如图 2－10(f)所示,两柱肢之间用水平板做成柔性连接。吊车肢在框(排)架平面内的稳定性就依靠连在屋盖肢上的水平连系板来解决。屋盖肢承受屋面荷载、风荷载及吊车水平荷载;吊车肢仅承受吊车的竖向荷载。分离式柱构造简单,制作和安装比较方便,但用钢量比阶形柱多,宜用于吊车轨顶标高低于 10m 且吊车起吊荷载 $Q \geqslant 750\text{kN}$ 的情况。

2.3.2　柱的计算长度

柱在框(排)架结构平面内的计算长度应通过对整个结构的稳定分析确定,目前不论是等截面柱还是阶形柱,都按弹性理论确定其计算长度。分析表明,框(排)架柱在平面内的计算长度与柱的形式及两端支承情况有关。

等截面柱的计算长度按单层有侧移框架柱确定,其计算长度系数 μ 按附表 2－16 取用。计算长度系数取决于横梁线刚度与柱线刚度之比 K_1 和柱脚的固接程度 K_2。

对于阶形柱,计算长度分段确定。单阶阶形柱的上段和下段计算长度 H_{01}、H_{02} 分别为

$$H_{01} = \mu_1 H_1 \tag{2-7}$$
$$H_{02} = \mu_2 H_2 \tag{2-8}$$

式中　H_1、H_2——上段柱和下段柱的计算高度;

　　　μ_1、μ_2——上段柱和下段柱的计算长度系数。

阶形柱的计算长度系数是根据对称的单跨框(排)架发生如图 2－11(b)所示的有侧移失稳变形条件确定的。由于横梁的线刚度常常大于柱上段的线刚度,把横梁的线刚度看做无限大,计算结果一般足够精确。因此,按弹性稳定理论分析框(排)架时,柱上端可根据柱与横梁之间的连接情况进行简化。如柱与横梁为铰接,则柱的上端既能自由移动也能自由转动;如柱与横梁为刚接,则柱的上端只能自由移动但不能转动。计算时可根据如图 2－11(c)、(d)所示的独立柱即可确定柱的计算长度系数,详见《钢结构设计规范》GB 50017。

柱在框(排)架平面外(沿厂房长度方向)的计算长度,应取阻止框(排)架平面外位移的侧向支撑点之间的距离。柱间支撑的节点是阻止柱在框(排)架平面外位移的可靠侧向支承点;此外,柱在框(排)架平面外的尺寸较小,侧向刚度较差,在柱脚和连接节点处可视为铰接。对设有吊车梁和柱间支撑而无其他支承构件时,上段柱的平面外计算长度

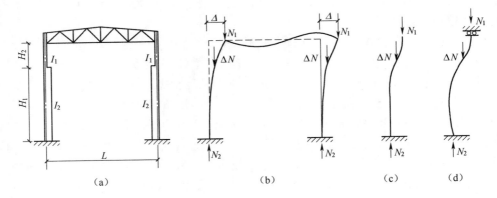

图 2-11 单阶柱框(排)架的失稳

可取制动结构顶面至屋盖纵向水平支撑或托架支座之间柱的高度;下段柱的平面外计算长度可取柱脚底面至肩梁顶面之间柱的高度。

2.3.3 柱的截面验算

框(排)架柱承受轴向力、弯矩和剪力作用,属于压弯构件,选取最不利的内力组合进行截面验算。对格构式截面柱,需要验算在框(排)架平面内的整体稳定以及屋盖肢与吊车肢的单肢稳定,计算单肢稳定时,应注意分别选取对所验算的单肢产生最大压力的内力组合。

考虑到格构式柱的缀材体系传递两肢间的内力情况还不十分明确,为了确保安全,还需按吊车肢单独承受最大吊车垂直轮压 R_{max} 进行补充验算。吊车肢承受的最大压力为

$$N_1 = R_{max} + \frac{(N - R_{max})y_2}{a} + \frac{(M - M_R)}{a} \qquad (2-9)$$

式中 R_{max} ——吊车竖向荷载及吊车梁自重力等所产生的最大计算压力;

     M ——使吊车肢受压的下段柱计算弯矩,包括 R_{max} 的作用;

     N ——与 M 相应的内力组合的下段柱轴向力;

     M_R ——仅由 R_{max} 作用对下段柱产生的计算弯矩,与 M、N 同一截面;

     y_2 ——下柱截面重心轴至屋盖肢重心线的距离;

     a ——下柱屋盖肢和吊车肢重心线间的距离。

当吊车梁为突缘支座时,其支座反力沿吊车肢轴线传递,吊车肢按承受轴心压力 N_1 计算单肢的稳定性。当吊车梁为平板式支座时,尚应考虑由于相邻两吊车梁支座反力差 (R_1-R_2) 所产生的框(排)架平面外的弯矩:

$$M_y = (R_1 - R_2) \cdot e \qquad (2-10)$$

M_y 全部由吊车肢承受,其沿柱高度方向弯矩的分布可近似地假定在吊车梁支承处为铰接,在柱底部为刚性固定,分布如图 2-12 所示。吊车肢按实腹式压弯杆件验算在弯矩 M_y 作用平面内(即框(排)架平面外)的稳定性。

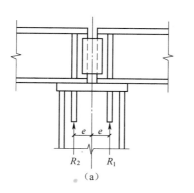
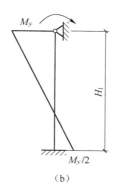

图 2-12　吊车肢的弯矩计算图

2.3.4　肩梁的构造和计算

为保证力的可靠传递,在阶形柱的上、下柱连接处设置肩梁,分为单腹壁肩梁(图 2-13(a))和双腹壁肩梁(图 2-13(b))两种。单腹壁肩梁构造简单,用钢量少,施工方便,普遍应用于实腹式和格构式阶形柱中。双腹壁肩梁构造复杂,耗钢量较多,但刚度大,有利于保证上柱与下柱的连续性,宜用于柱截面宽度较大(大于 900mm)的情形。

肩梁高度一般取为下柱截面高度 a 的 0.4~0.6 倍。为了保证对上柱的嵌固,肩梁截面对其水平轴的惯性矩不宜小于上柱截面对强轴的惯性矩;其线刚度与下柱单肢线刚度之比一般不小于 25。当然,肩梁的截面高度首先要满足其与柱翼缘的连接焊缝长度的要求。需要强调的是,上柱翼缘应当以开槽口的方式直插到肩梁的下翼缘并与其焊接。

肩梁常近似地以简支梁为力学模型进行强度验算,通过内力分析得到上柱根部的最不利内力 M、N 后,其计算简图如图 2-13(c)所示,其中 a_1 和 a 分别为上、下柱截面高度。

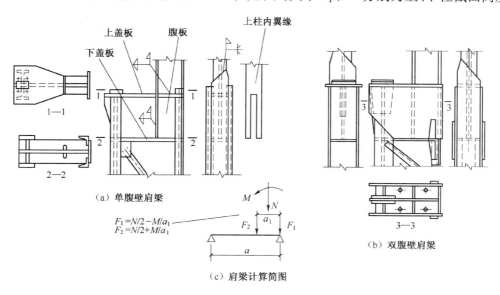

图 2-13　肩梁构造及计算简图

83

2.3.5 柱间支撑设计

柱间支撑按结构形式可分为十字交叉式、八字式、门架式等,如图 2-14 所示。十字交叉支撑(图 2-14(a))的构造简单、传力直接、用料省,使用最为普通,其斜杆倾角宜为 45°左右。上层支撑在柱间距大时可改用斜撑杆;下层支撑高而不宽者可以用两个十字形,如图 2-14(b)所示;高而刚度要求严格者可以占用两个开间,如图 2-14(c)所示。当柱间距较大或十字支撑妨碍生产空间时,可采用门架式支撑,如图 2-14(d)所示。图 2-14(e)的支撑形式,上层为 V 形,下层为人字形,它与吊车梁系统的连接应做成能传递纵向水平力而竖向可自由滑动的构造。

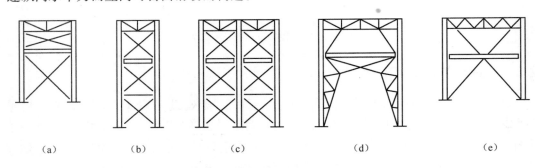

| (a) | (b) | (c) | (d) | (e) |

图 2-14 柱间支撑的形式

上层柱间支撑承受山墙传来的风力,下层柱间支撑除承受山墙传来的风力以外,还承受吊车的纵向水平荷载。在同一温度区段的同一柱列设有两道或两道以上的柱间支撑时,则全部纵向水平荷载(包括风荷载)由该柱列所有支撑共同承受。

柱间支撑的交叉杆和图 2-14(d)的上层斜撑杆及门形下层支撑的主要杆件一般按拉杆设计,交叉杆中的受压杆件不参与工作,其他的非交叉杆以及水平横杆按压杆设计。

2.4 单层框(排)架结构抗震设计

2.4.1 结构布置和结构体系要求

1. 结构布置

(1)多跨厂房宜等高和等长,高低跨厂房不宜采用一端开口的结构布置。

(2)厂房的贴建房屋和构筑物,不宜布置在厂房角部和紧邻防震缝处。

(3)厂房体型复杂或有贴建的房屋和构筑物时,宜设防震缝;在厂房纵横跨交接处、大柱网厂房或不设柱间支撑的厂房,防震缝宽度可采用 150~225mm,其他情况可采用 75~135mm。

(4)两个主厂房之间的过渡跨至少应有一侧采用防震缝与主厂房脱开。

(5)厂房内上起重机的铁梯不应靠近防震缝设置;多跨厂房各跨上起重机的铁梯不宜设置在同一横向轴线附近。

(6)工作平台、刚性工作间宜与厂房主体结构脱开。

(7)厂房的同一结构单元内,不应采用不同的结构形式;厂房端部应设屋架,不应采用山墙承重;厂房单元内不应采用横墙和排架混合承重。

（8）厂房柱距宜相等,各柱列的侧移刚度宜均匀,当有抽柱时,应采取抗震加强措施。

2. 结构体系

单层框(排)架钢结构厂房的结构体系应符合下列要求:

（1）厂房的横向抗侧力体系,可采用刚接框架、铰接框架、门式刚架或其他结构体系。厂房纵向抗侧力体系,8、9度应采用柱间支撑;6、7度宜采用柱间支撑,也可采用刚接框架。

（2）厂房内设有桥式起重机时,起重机梁系统的构件与厂房框架柱的连接应能可靠地传递纵向水平地震作用。

（3）屋盖应设置完整的屋盖支撑系统。屋盖横梁与柱顶铰接时,宜采用螺栓连接。

2.4.2 抗震计算要点

（1）厂房抗震计算时,应根据屋盖高差和吊车设置情况,采用与厂房结构的实际工作状况相适应的计算模型计算地震作用。单层框(排)架钢结构厂房的阻尼比,可依据屋盖的围护墙的类型,取 0.045 ~0.05。

（2）地震作用计算时,围护墙的自重与刚度应按下列规定:

① 轻质墙板或与柱柔性连接的预制钢筋混凝土墙板,应计入墙体的全部自重,但不应计入其刚度。

② 柱边贴砌且与柱有拉结的砌体围护墙,应计入其全部自重;当沿墙体纵向进行地震作用计算时,尚可计入普通砖砌体墙的折算刚度,折算系数,7、8 和 9 度可分别取 0.6、0.4 和 0.2。

（3）厂房横向抗震计算可采用下列方法:

① 一般情况下,宜采用考虑屋盖弹性变形的空间分析方法。

② 平面规则、抗侧刚度均匀的轻型屋盖厂房,可按平面框架进行计算。等高厂房可采用底部剪力法,高低跨厂房应采用振型分解反应谱法。

（4）厂房纵向抗震计算,可采用下列方法:

① 采用轻型板材围护墙或与柱柔性连接的大型墙板的厂房,可采用底部剪力法计算,各纵向柱列的地震作用可按下列原则分配:轻型屋盖可按纵向柱列承受的重力荷载代表值的比例分配;钢筋混凝土无檩屋盖可按柱列刚度比例分配;钢筋混凝土有檩屋盖可取上述两种分配结果的平均值。

② 采用柱边贴砌且与柱拉结的普通砖砌围护墙厂房,可参照单层钢筋混凝土柱厂房的规定计算。

③ 设置柱间支撑的柱列应计入支撑杆件屈曲后的地震作用效应。

（5）厂房屋盖构件的抗震计算,应符合下列要求:

① 竖向支撑桁架的腹杆应能承受和传递屋盖的水平地震作用,其连接的承载力应大于腹杆的承载力,并满足构造要求。

② 屋盖横向水平支撑、纵向水平支撑的交叉斜杆均可按拉杆设计,并取相同的截面面积。

③ 8、9 度时,支承跨度大于 24m 的屋盖横梁的托架以及设备荷重较大的屋盖横梁,

均应计算其竖向地震作用。

（6）柱间 X 形支撑、V 形或 Λ 形支撑应考虑拉压杆共同作用,其地震作用及验算可按拉杆计算,并计及相交受压杆的影响,压杆卸载系数宜取 0.30。

交叉支撑端部的连接,对单角钢支撑应计入强度折减,8、9 度时不得采用单面偏心连接;交叉支撑有一杆中断时,交叉节点板应予以加强,其承载力不小于 1.1 倍杆件承载力。

支撑杆件的截面应力比,不宜大于 0.75。

（7）厂房结构构件连接的承载力计算,应符合下列规定:

① 框架上柱的拼接位置应选择弯矩较小区域,其承载力不应小于按上柱两端呈全截面塑性屈服状态计算的拼接处的内力,且不得小于柱全截面受拉屈服承载力的 0.5 倍。

② 刚接框架屋盖横梁的拼接,当位于横梁最大应力区以外时,宜按与被拼接截面等强度设计。

③ 实腹屋面梁与柱的刚性连接、梁端梁与梁的拼接应采用地震组合内力进行弹性阶段设计。梁柱刚性连接、梁与梁拼接的极限受弯承载力应符合下列要求:一般情况,可按多层和高层钢结构梁柱刚接、梁与梁拼接的规定考虑连接系数进行验算,其中,当最大应力区在上柱时,全塑性受弯承载力应取实腹梁、上柱二者的较小值;当屋面梁采用钢结构弹性设计阶段的板件宽厚比时,梁柱刚性连接和梁与柱拼接,应能可靠传递设防烈度地震组合内力或按①项验算,刚接框架的屋架上弦与柱相连的连接板在设防地震下不宜出现塑性变形。

④ 柱间支撑与构件的连接,不应小于支撑杆件塑性承载力的 1.2 倍。

2.4.3　抗震构造措施

（1）厂房的屋盖支撑,应符合下列要求:

① 无檩屋盖的支撑布置,应符合表 2-4 的要求。

② 有檩屋盖的支撑布置,宜符合表 2-5 的要求。

③ 当轻型屋盖采用实腹屋面梁、柱刚性连接的钢架体系时,屋盖水平支撑可布置在屋面梁的上翼缘平面。屋面梁下翼缘应设置隅撑侧向支撑,隅撑的另一端可与屋面檩条连接。屋盖横向支撑、纵向天窗架支撑的布置可参照表 2-4 和表 2-5 的要求。

④ 屋盖纵向水平支撑的布置,尚应符合下列规定:当采用托架支撑屋盖横梁的屋盖结构时,应沿厂房单元全长设置纵向水平支撑;对于高低跨厂房,在低跨屋盖横梁端部支承处,应沿屋盖全长设置纵向水平支撑;纵向柱列局部柱间采用托架支承屋盖横梁时,应沿托架的柱间及向其两侧至少各延伸一个柱间设置屋盖纵向水平支撑;当设置沿结构单元全长的纵向水平支撑时,应与横向水平支撑形成封闭的水平支撑体系,多跨厂房屋盖纵向水平支撑的间距不宜超过两跨,不得超过三跨,高跨和低跨宜按各自的标高组成相对独立的封闭支撑体系。

⑤ 支撑杆宜采用型钢;设置交叉支撑时,支撑杆的长细比限值可取 350。

（2）厂房框架柱的长细比在轴压比小于 0.2 时不宜大于 150;在轴压比不小于 0.2 时不宜大于 $120\sqrt{235/f_{ay}}$ 。

（3）厂房框架柱、梁的板件宽厚比,应符合下列要求:

① 重屋盖厂房,构件宽厚比限值可按钢框架结构的梁、柱板件宽厚比限值采用,7、8、

9 度的抗震等级可分别按四、三、二级采用。

表 2-4 无檩屋盖的支撑系统布置

支撑名称			烈 度		
			6、7	8	9
屋架支撑	上、下弦横向支撑		屋架跨度小于18m时同非抗震设计;屋架跨度不小于18m时,在厂房单元端开间各设一道	厂房单元端开间及上柱支撑开间各设一道;天窗开洞范围的两端各增设局部上弦支撑一道;当屋架端部支承在屋架上弦时,其下弦横向支撑同非抗震设计	
	上弦通长水平系杆			在屋脊处、天窗架竖向支撑处、横向支撑节点处和屋架两端处设置	
	下弦通长水平系杆			屋架竖向支撑节点处设置;当屋架与柱刚接时,在屋架端节间处按控制下弦平面外长细比不大于150设置	
	竖向支撑	屋架跨度小于30m	同非抗震设计	厂房单元两端开间及上柱支撑各开间屋架端部各设一道	同8度,且每隔42m在屋架端部设置
		屋架跨度大于等于30m		厂房单元的端开间,屋架1/3跨度处和上柱支撑开间内的屋架端部设置,并与上、下弦横向支撑相对应	同8度,且每隔36m在屋架端部设置
纵向天窗架支撑	上弦横向支撑		天窗架单元两端开间各设一道	天窗架单元端开间及柱间支撑开间各设一道	
	竖向支撑	跨中	跨度不小于12m时设置,其道数与两侧相同	跨度不小于9m时设置,其道数与两侧相同	
		两侧	天窗架单元端开间及每隔36m设置	天窗架单元端开间及每隔30m设置	天窗架单元端开间及每隔24m设置

表 2-5 有檩屋盖的支撑系统布置

支撑名称		烈 度		
		6、7	8	9
屋架支撑	上弦横向支撑	厂房单元端开间及每隔60m各设一道	厂房单元端开间及上柱柱间支撑开间各设一道	同8度,且天窗开洞范围的两端各增设局部上弦横向支撑一道
	下弦横向支撑	同非抗震设计;当屋架端部支承在屋架下弦时,同上弦横向支撑		
	跨中竖向支撑	同非抗震设计		屋架跨度大于等于30m时,跨中增设一道
	两侧竖向支撑	屋架端部高度大于900mm时,厂房单元端开间及柱间支撑开间各设一道		
	下弦通长水平系杆	同非抗震设计	屋架两端和屋架竖向支撑处设置;与柱刚接时,屋架端节间处按控制下弦平面外长细比不大于150设置	
纵向天窗架支撑	上弦横向支撑	天窗架单元两端开间各设一道	天窗架单元两端开间及每隔54m各设一道	天窗架单元两端开间及每隔48m各设一道
	两侧竖向支撑	天窗架单元端开间及每隔42m各设一道	天窗架单元端开间及每隔36m各设一道	天窗架单元端开间及每隔24m各设一道

② 轻屋盖厂房,塑性耗能区板件宽厚比限值可根据其承载力的高低按性能目标确定。塑性耗能区外的板件宽厚比限值,可采用现行《钢结构设计规范》GB 50017弹性设计阶段的板件宽厚比限值。

注:腹板的宽厚比,可通过设置纵向加劲肋减小。

（4）柱间支撑应符合下列要求:

① 厂房单元的各纵向柱列,应在厂房单元中部布置一道下柱柱间支撑;当7度厂房单元长度大于120m(采用轻型围护材料时为150m),8度和9度厂房单元大于90m(采用轻型围护材料时为120m)时,应在厂房单元1/3区段内各布置一道下柱支撑;当柱距数不超过5个且厂房长度小于60m时,亦可在厂房单元的两端布置下柱支撑。上柱柱间支撑应布置在厂房单元两端和具有下柱支撑的柱间。

② 柱间支撑宜采用X形支撑,条件限制时也可采用V形、Λ形及其他形式的支撑。X形支撑斜杆与水平面的夹角不宜大于55°,支撑斜杆交叉点的节点板厚度不应小于10mm。

③ 柱间支撑杆件的长细比限值,应符合现行国家标准《钢结构设计规范》GB 50017的规定。

④ 柱间支撑宜采用整根型钢,当热轧型钢超过材料最大长度规格时,可采用拼接等强接长。

⑤ 有条件时,可采用消能支撑。

（5）柱脚应能可靠传递柱身承载力,宜采用埋入式、插入式或外包式柱脚,6、7度时也可采用外露式柱脚。柱脚设计应符合下列要求:

① 实腹式钢柱采用埋入式、插入式柱脚的埋入深度,应由计算确定,且不得小于钢柱截面高度的2.5倍。

② 格构式柱采用插入式柱脚的埋入深度,应由计算确定,其最小插入深度不得小于单肢截面高度(或外径)的2.5倍,且不得小于柱总宽度的0.5倍。

③ 采用外包式柱脚时,实腹H形截面柱的钢筋混凝土外包高度不宜小于2.5倍的钢结构截面高度,箱形截面柱或圆管截面柱的钢筋混凝土外包高度不宜小于3.0倍的钢结构截面高度或圆管截面直径。

④ 当采用外露式柱脚时,柱脚承载力不宜小于柱截面塑性屈服承载力的1.2倍。柱脚锚栓不宜用以承受柱底水平剪力,柱底剪力应由钢底板与基础间的摩擦力或设置抗剪键及其他措施承担。柱脚锚栓应可靠锚固。

2.5　吊车梁设计

2.5.1　吊车梁系统组成和类型

1. 吊车梁系统组成

工业房屋中支承桥式或梁式的电动吊车、壁行吊车以及其他类型吊车的吊车梁系统结构,按照吊车生产使用状况和吊车工作制可分为轻级、中级、重级及特重级(冶金厂房内的夹钳、料耙等硬钩吊车)四级。根据《起重机设计规范》GB/T 3811及《建筑结构荷载规范》GB 50009,将吊车工作制划分为 A1～A8 级。在一般情况下,轻级工作制相当于 A1～A3 级;中级工作制相当于 A4、A5 级;重级工作制相当于 A6～A8 级,其中 A8 属于特重级。

吊车梁系统一般是由吊车梁(或吊车桁架)、制动结构、辅助桁架及支撑等构件组成,见图 2-15。

当吊车额定起重量 $Q \leqslant 30t$,吊车梁跨度小于等于 6m,且无需采取其他措施即可保证吊车梁的侧向稳定性时,可利用工字形截面梁上翼缘或加强的上翼缘,承受吊车的横向水平力,如图 2-15(a)所示。当吊车额定起重量和吊车梁跨度较大时,常在吊车梁的上翼缘平面内设置制动梁或制动桁架,用以承受横向水平荷载。图 2-15(b)所示为一边列柱上的吊车梁,它的制动梁由吊车梁的上翼缘、钢板和槽钢组成,即图中影线部分的截面。吊车梁则主要承担竖向荷载的作用,但它的上翼缘同时为制动梁的一个翼缘。图 2-15(c)、(d)所示为设有制动桁架的吊车梁系统,由两角钢和吊车梁的上翼缘构成制动桁架的弦杆,中间连以角钢腹杆。图 2-15(e)所示为中列柱上的两个等高吊车梁,在其上翼缘间可以直接连以腹杆组成制动桁架(也可以铺设钢板做成制动梁)。

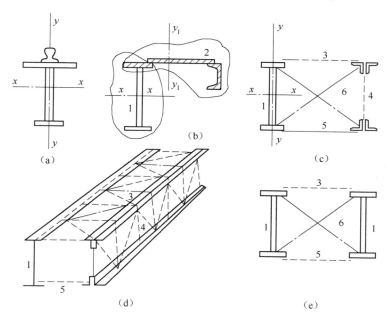

图 2-15　吊车梁系统的组成

1—吊车梁;2—制动梁;3—制动桁架;4—辅助桁架;5—水平支撑;6—垂直支撑。

制动结构不仅用以承受横向水平荷载,保证吊车梁的整体稳定,同时可作为人行走道和检修平台。制动结构的宽度应依吊车额定起重量、柱宽以及刚度要求确定,一般不小于 0.75m。当宽度小于等于 1.2 m 时,常用制动梁;宽度超过 1.2m 时,为节省钢材,宜采用制动桁架。对于夹钳或刚性料耙等硬钩吊车的吊车梁,因其动力作用较大,则不论制动结构宽度如何,均宜采用制动梁,制动梁的钢板常采用厚度 6～10mm 的花纹钢板,以利于在上面行走。

跨度大于等于 12m 的吊车桁架和重级工作制吊车梁或跨度大于等于 18m 和中、轻级工作制吊车梁,为了增强吊车梁和制动结构的整体刚度和抗扭性能,对边列柱上的吊车梁,宜在外侧设置辅助桁架,同时在吊车梁下翼缘和辅助桁架的下弦之间设置水平支撑,如图2-15(c)、(d)所示。也可在靠近梁两端1/4~1/3的范围内各设置一道垂直支撑,如图2-15(c)~(e)所示。垂直支撑虽对增强梁的整体刚度有利,但因其在吊车梁竖向挠度影响下易产生破坏,所以应避免设置在梁的竖向挠度较大处。

2. 吊车梁(或吊车桁架)类型

吊车梁有型钢梁(图2-16(a))、焊接组合工字形梁(图2-16(b))及箱形梁(图2-16(c))等形式。型钢梁或加强型钢梁制作简单,运输及安装方便,一般适用于吊车额定起重量$Q \leqslant 10t$、跨度$\leqslant 6m$的中、轻级工作制吊车梁;焊接组合工字形梁通常由三块钢板焊接而成,制作比较简单,为目前常用形式;箱形梁是由上、下翼缘板及双腹板组成的封闭箱形截面梁,具有刚度大和抗扭性能好的优点,但制作、安装难度大,适用于大跨度、大吨位软钩吊车或特重级硬钩吊车、以及抗扭刚度要求较高的(如大跨度壁行吊车梁)的吊车梁。

吊车桁架有桁架式(图2-16(d))、撑杆式(图2-16(e))等形式,吊车桁架为带有组合型钢或焊接工字形上弦的空腹式结构,其用钢量较实腹式结构节约钢材15%~30%,但制作较费工,连接节点处疲劳较敏感,一般适用于跨度大于等于18m以及起重量$Q \leqslant 75t$的轻、中级工作制或小吨位软钩重级工作制吊车结构。支承夹钳或刚性料耙硬钩吊车以及类似吊车的结构不宜采用吊车桁架。撑杆式吊车桁架可利用钢轨与上弦共同工作组成吊车桁架,用钢量省,但制作、安装精度要求较高,一般用于起重量$Q \leqslant 3t$、跨度不大于6m的手动梁式吊车。

此外,按使用功能和位置不同,尚有壁行吊车梁、悬挂吊车梁及单轨吊车梁。壁行吊车梁由承受水平荷载的上梁及同时承受水平和竖向荷载的下梁组成分离的形式。

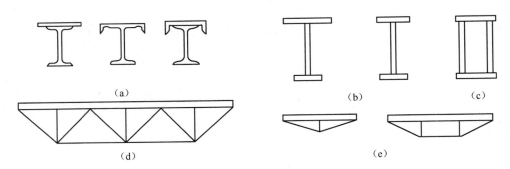

(a)

(b)

(c)

(d)

(e)

图2-16 吊车梁及吊车桁架类型

吊车梁或吊车桁架按结构简图分为简支梁、连续梁、框架梁等。一般设计成简支梁,传力明确、构造简单、施工方便。连续梁虽可节约钢材10%~15%,但计算、构造、施工等较复杂且对支座沉陷敏感,对地基要求较高,国内使用不多。框架梁系将吊车梁与柱在纵向组成单跨(或多跨连续)刚架,因而有较好的纵向刚度,由于计算构造及施工均很复杂,仅在柱列上无法设置柱间支撑时才考虑采用。

2.5.2 吊车梁承受的荷载

吊车的基本尺寸如图2-17所示。吊车在吊车梁上运动产生三个方向的动力荷载:

竖向荷载 P、横向水平荷载(刹车力及卡轨力) T 和沿吊车梁纵向的水平荷载(刹车力) T_L,如图 2−18 所示。其中纵向水平荷载 T_L 是吊车纵向刹车时的惯性力,沿吊车轨道方向,通过吊车梁传给柱间支撑,对吊车梁的截面受力影响很小,计算吊车梁时一般均不需考虑。因此,吊车梁按双向受弯构件设计。

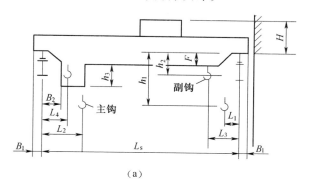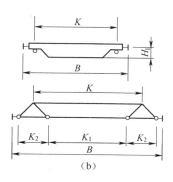

图 2−17　吊车基本尺寸

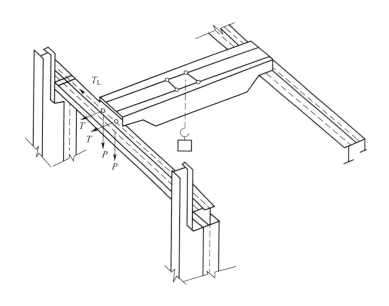

图 2−18　吊车荷载作用

1. 竖向荷载

吊车梁的竖向荷载包括吊车梁系统、轨道的自重以及吊车的最大轮压,前者为恒载,后者为活载。

最大轮压的标准值 $P_{k,max}$ 可在吊车产品规格中直接查得,荷载分项系数 $\gamma_Q=1.4$。另外,当吊车沿轨道运行、起吊、卸载等时,将引起吊车梁的振动;且当吊车越过轨道接头处的空隙时,还将发生撞击,这些振动和撞击都将对吊车梁产生动力效应,使梁受到的吊车轮压值大于静荷轮压值。《钢结构设计规范》GB 50017 规定:计算吊车梁的稳定性和强度及吊车梁连接强度时,应乘以动力系数 α。对悬挂吊车(包括电动葫芦)及工作级别为 A1～A5 的软钩吊车,动力系数 $\alpha=1.05$;对工作级别为 A6～A8 的软钩吊车、硬钩吊车和其

他品种吊车,动力系数 $\alpha = 1.1$。这样,作用在吊车梁上的最大轮压设计值为

$$P_{\max} = 1.4\alpha P_{\text{k,max}} \qquad (2-11)$$

吊车梁系统、轨道等自重可近似简化为将最大轮压标准值乘以荷载增大系数 β 来考虑,β 值可按表 2-6 选用。

作用在走道板上的活荷载一般可取 2.0kN/m,有积灰荷载时,按实际积灰厚度考虑。

表 2-6　系数 β 值

跨度/m		6	12	18	24	30	36
材质	Q235	1.03	1.05	1.08	1.1	1.13	1.15
	Q345	1.02	1.04	1.07	1.09	1.11	1.13

2. 吊车横向水平荷载

(1)吊车的横向水平荷载标准值依据《建筑结构荷载规范》GB 50009 的规定,应取横行小车重量 G 与额定起重量 Q 之和乘以重力加速度 g,并乘以下列规定的百分数 ξ。

① 软钩吊车:额定起重量 Q 不大于 10t,取 $\xi = 12\%$;额定起重量 Q 为 15~50t,取 $\xi = 10\%$;额定起重量 Q 不小于 75t,取 $\xi = 8\%$。

② 硬钩吊车:取 $\xi = 20\%$。

横向水平荷载应等分于桥架的两端,分别由轨道上的车轮平均传至轨道,其方向与轨道垂直,并考虑正反两个方向的刹车情况,再乘以荷载分项系数 $\gamma_Q = 1.4$ 之后,得作用在每个车轮上的横向水平力设计值为

$$T = 1.4g\xi(Q + G)/n \qquad (2-12)$$

式中　n——桥式吊车的总轮数。

(2)吊车工作级别为 A6~A8 时,吊车运行时摆动引起的横向水平力往往比刹车力更为不利,因此,《钢结构设计规范》GB 50017 规定,由吊车摆动引起的作用于每个轮压处的水平力设计值为

$$T = 1.4\alpha_1 P_{\text{k,max}} \qquad (2-13)$$

式中　系数 α_1 对一般软钩吊车取 0.1,抓斗或磁盘吊车宜采用 0.15,硬钩吊车宜采用 0.2。

手动吊车及电葫芦可不考虑水平荷载,悬挂吊车的水平荷载应由支撑系统承受,可不计算。

3. 吊车台数的取用

计算吊车梁(或吊车桁架)及其制动结构的疲劳和挠度时,吊车荷载应按作用在跨间内荷载效应最大的一台吊车确定,并采用不乘荷载分项系数和动力系数的荷载标准值计算。

计算吊车梁(或吊车桁架)及其制动结构的强度和稳定性时,吊车荷载按实际吊车台数但不多于两台吊车确定,并采用荷载设计值。

2.5.3　吊车梁内力计算

吊车荷载为移动荷载,计算吊车梁内力时须首先确定使吊车梁产生最大内力(弯矩和剪力)的最不利轮压位置,然后分别求得梁在竖向和横向水平荷载作用下的绝对最大弯矩

及相应的剪力,以及支座最大剪力。

作用于吊车梁上的吊车轮压是若干个保持一定距离的移动集中荷载,因此吊车梁中的最大内力(弯矩和剪力)应按结构力学的影响线法确定。

常用简支吊车梁,当吊车荷载作用时,其最不利的荷载位置、最大弯距和剪力,可按下列情况确定:

(1)两个轮子作用于梁上时(图2-19):

最大弯矩点(C点)的位置为

$$a_2 = \frac{a_1}{4}$$

最大弯矩为

$$M_{max}^c = \frac{\Sigma P \left(\frac{l}{2} - a_2 \right)^2}{l} \tag{2-14}$$

最大弯矩处的相应剪力为

$$V^c = \frac{\Sigma P \left(\frac{l}{2} - a_2 \right)}{l} \tag{2-15}$$

(2)三个轮子作用于梁上时(图2-20):

最大弯矩点(C点)的位置为

$$a_3 = \frac{a_2 - a_1}{6}$$

最大弯矩为

$$M_{max}^c = \frac{\Sigma P \left(\frac{l}{2} - a_3 \right)^2}{l} - Pa_1 \tag{2-16}$$

最大弯矩处的相应剪力为

$$V^c = \frac{\Sigma P \left(\frac{l}{2} - a_3 \right)}{l} - P \tag{2-17}$$

(3)四个轮子作用于梁上时(图2-21):

最大弯矩点(C点)的位置为

$$a_4 = \frac{2a_2 + a_3 - a_1}{8}$$

最大弯矩为

$$M_{max}^c = \frac{\Sigma P \left(\frac{l}{2} - a_4 \right)^2}{l} - Pa_1 \tag{2-18}$$

最大弯矩处的相应剪力为

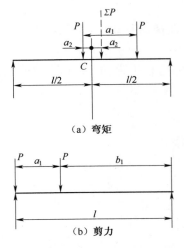

（a）弯矩

（b）剪力

图 2-19　吊车梁计算简图（二轮）

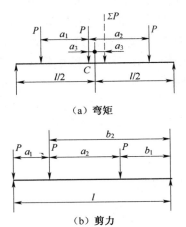

（a）弯矩

（b）剪力

图 2-20　吊车梁计算简图（三轮）

$$V^c = \frac{\Sigma P\left(\dfrac{l}{2} - a_4\right)}{l} - P \tag{2-19}$$

当 $a_3 = a_1$ 时，$a_4 = \dfrac{a_2}{4}$。

最大弯矩 $M^c_{\max}$ 及其相应的剪力 V^c 均与式（2-18）及式（2-19）相同，但式中 a_4 应用 $\dfrac{a_2}{4}$ 代替。

（4）六个轮子作用于梁上时（图 2-22）：

最大弯矩点（C 点）的位置为

$$a_6 = \frac{3a_3 + 2a_4 + a_5 - a_1 - 2a_2}{12}$$

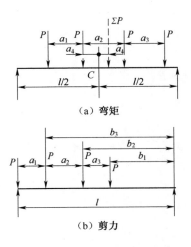

（a）弯矩

（b）剪力

图 2-21　吊车梁计算简图（四轮）

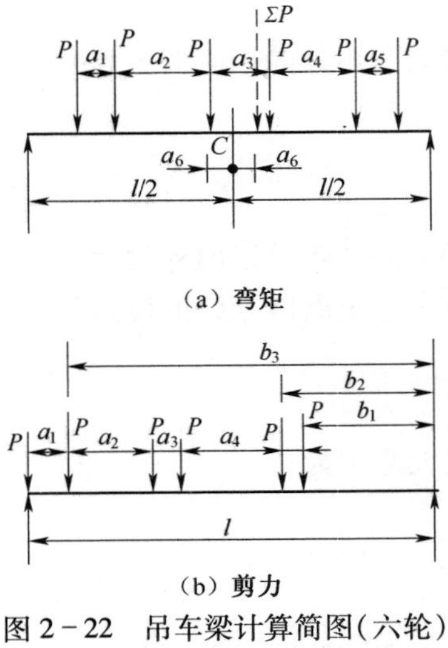

（a）弯矩

（b）剪力

图 2-22　吊车梁计算简图（六轮）

最大弯矩为

$$M^c_{\max} = \Sigma P \frac{\left(\dfrac{l}{2} - a_6\right)^2}{l} - P(a_1 + 2a_2) \qquad (2-20)$$

最大弯矩处的相应剪力为

$$V^c = \frac{\Sigma P \left(\dfrac{l}{2} - a_6\right)}{l} - 2P \qquad (2-21)$$

当 $a_3 = a_5 = a_1$ 及 $a_4 = a_2$ 时,最大弯矩点(C 点)的位置为

$$a_6 = \frac{a_1}{4}$$

其最大弯矩 $M^c_{\max}$ 及相应的剪力 V^c 均与式(2-20)及式(2-21)相同,但式中 a_6 应用 $\dfrac{a_1}{4}$ 代替。

(5)最大剪力应在梁端支座处。因此,吊车竖向荷载应尽可能靠近该支座布置(图2-19(b)、图2-20(b)、图2-21(b)、图2-22(b)),并按下式计算支座最大剪力:

$$\tilde{V}^c_{\max} = \sum_{i=1}^{n-1} b_i \frac{P}{l} + P \qquad (2-22)$$

式中　n——作用于梁上的吊车竖向荷载数。

2.5.4　吊车梁截面设计

一、截面选择

1. 吊车梁的腹板高度

简支等截面焊接工字形吊车梁的腹板高度可根据经济高度、容许挠度值及建筑净空条件来确定。

(1)经济高度 h_{ec}(mm)要求:

$$h_{ec} = 2W^{0.4} \qquad (2-23)$$

$$W = \frac{M_{x,\max}}{\alpha f} \qquad (2-24)$$

式中　W——吊车梁所需截面模量(mm³);

α——考虑横向水平荷载作用的系数,取 0.7～0.9(重级工作制吊车取偏小值,轻级、中级工作制吊车取偏大值);

$M_{x,\max}$——两台吊车竖向荷载产生的最大弯矩设计值(N·mm);

f——钢材的抗拉、抗压和抗弯强度设计值(N/mm²)。

(2)按容许挠度值要求:

$$h_{\min} = \frac{\sigma_k l^2}{5E[v]} \qquad (2-25)$$

$$\sigma_k = \frac{M_{xk1}}{W} \qquad (2-26)$$

式中　σ_k——竖向荷载标准值产生的应力(N/mm²);

M_{xk1}——吊车梁在自重和一台吊车竖向荷载标准值作用下的最大弯矩（N·mm）；

W——吊车梁所需截面模量（mm^3），由式（2-24）计算；

$[v]$——吊车梁挠度容许值，采用手动吊车和单梁吊车（含悬挂吊车）时，$[v]=l/500$，采用轻级、中级、重级工作制桥式吊车时，$[v]$分别为$l/800$、$l/1000$、$l/1200$。

（3）建筑净空条件许可时的最大高度为$h_{\max}$，它往往由生产工艺和使用要求决定。

选用的梁高度h应满足$h_{\max} \geq h \geq h_{\min}$且应接近于经济高度$h \approx h_{ec}$。另外，确定梁高时，应适当考虑腹板的规格尺寸，一般取腹板高度为50mm的倍数。

2. 吊车梁的腹板厚度

吊车梁腹板厚度t_w（mm）按下列公式确定。

（1）按经验公式计算：

$$t_w = \frac{1}{3.5}\sqrt{h_0} \tag{2-27}$$

（2）按剪力确定：

$$t_w = \frac{1.2V_{\max}}{h_0 f_v} \tag{2-28}$$

式中 h_0——腹板计算高度，对轧制型钢梁，为腹板与上、下翼缘相接处两内弧起点间的距离；对焊接组合工字形梁，为腹板高度h_w。

腹板厚度t_w宜取上述公式计算所得的大者，且不宜小于8mm；或按表2-7选用。

表2-7　简支吊车梁腹板厚度经验参考数值

梁高 h/mm	600~1000	1200~1600	1800~2400	2600~3600	4000~5000
腹板厚度 t_w/mm	8~10	10~14	14~16	16~18	20~22

3. 吊车梁翼缘尺寸

吊车梁每个翼缘（图2-23）所需面积为

$$A_f = bt = \frac{W}{h_w} - \frac{1}{6}t_w h_w \tag{2-29}$$

式中 W——吊车梁所需截面模量（mm^3），由式（2-24）计算；

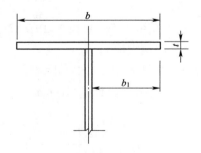

图2-23　吊车梁受压翼缘的截面示意图

$b \approx \left(\dfrac{1}{3} \sim \dfrac{1}{5}\right) h_0$，但应大于200mm。

受压翼缘自由外伸宽度 b_1 与其厚度 t 之比应满足 $b_1 \leqslant 15t \sqrt{\dfrac{235}{f_y}}$，$f_y$ 为钢材屈服点（N/mm²）。

受压翼缘的宽度尚应考虑固定轨道所需的构造尺寸要求，同时要满足连接制动结构所需的尺寸。必要时上翼缘两侧亦可做成不等宽度。

制动结构的截面可参考有关资料预先假定。

2. 强度验算

1. 最大弯矩或变截面处截面的正应力验算

验算截面时，假定竖向荷载由吊车梁承受，而横向水平荷载则由加强的吊车梁上翼缘（图 2-24（a））、制动梁（图 2-24（b）所示影线部分截面）或制动桁架（图 2-24（c））承受，并忽略横向水平荷载所产生的偏心作用。

1）受压区的正应力

如图 2-24 所示，验算梁受压区的正应力，A 点的压应力最大，验算公式如下。

对于图 2-24（a）所示加强上翼缘的吊车梁：

$$\sigma = \frac{M_x}{W_{nx1}} + \frac{M_y}{W'_{ny}} \leqslant f \qquad (2-30)$$

对于图 2-24（b）所示有制动梁的吊车梁：

$$\sigma = \frac{M_x}{W_{nx}} + \frac{M_y}{W_{ny1}} \leqslant f \qquad (2-31)$$

对于图 2-24（c）所示采用制动桁架的吊车梁：

$$\sigma = \frac{M_x}{W_{nx}} + \frac{M'_y}{W'_{ny}} + \frac{N_1}{A_n} \leqslant f \qquad (2-32)$$

2）受拉区的正应力

受拉翼缘的正应力按下式验算：

$$\sigma = \frac{M_x}{W_{nx2}} \leqslant f \qquad (2-33)$$

当吊车梁本身为双轴对称截面时，则吊车梁的受拉翼缘无需验算。

式（2-30）~式（2-33）中 M_x——竖向荷载所产生的最大弯矩设计值；

M_y——横向水平荷载所产生的最大弯矩设计值，其荷载位置与计算 M_x 一致；

M'_y——吊车梁上翼缘作为制动桁架的弦杆，由横向水平力所产生的局部弯矩，可近似取 $M'_y = Td/3$，T 根据具体情况按式（2-12）或式（2-13）计算；

N_1——吊车梁上翼缘作为制动桁架的弦杆，由 M_y 作用所产生的轴力，$N_1 = M_y/b_1$；

W_{nx}——吊车梁截面对 x 轴的净截面模量（上或下翼缘最外纤维）；

W'_{ny}——吊车梁上翼缘截面对 y 轴的净截面模量；

W_{ny1}——制动梁截面（图 2-24（b）所示影线部分）对其形心轴 y_1 的净截面模量；

A_n——图 2-24（c）所示吊车梁上翼缘及腹板 $15t_w$ 的净截面面积之和。

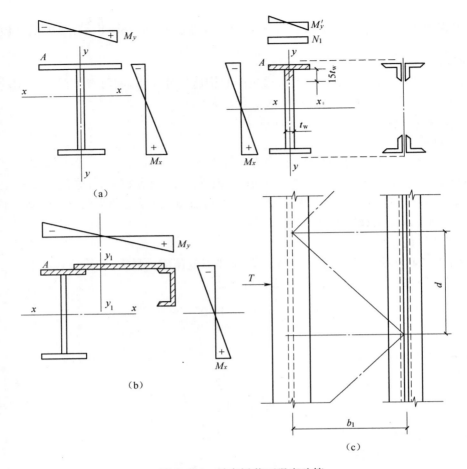

图 2 - 24 吊车梁截面强度验算

2. 吊车梁支座处截面的剪应力计算

当为平板式支座时,有

$$\tau = \frac{V_{max}S}{It_w} \leqslant f_v \qquad (2 - 34a)$$

当为突缘支座时,有

$$\tau = \frac{1.2V_{max}}{h_0 t_w} \leqslant f_v \qquad (2 - 34b)$$

式中　S——计算剪应力处以上毛截面对中和轴的面积矩;

　　　I——毛截面惯性矩;

　　　t_w——腹板厚度;

　　　f_v——钢材的抗剪强度设计值。

3. 腹板局部压应力计算

$$\sigma_c = \frac{\psi F}{t_w l_z} \leqslant f \qquad (2 - 35)$$

式中　F——集中荷载即吊车轮压 P 值,应考虑动力系数;

98

ψ——集中荷载增大系数,对重级工作制吊车梁,$\psi = 1.35$,对其他梁,$\psi = 1.0$;

l_z——集中荷载在腹板计算高度上边缘的假定分布长度(图2-25),$l_z = a + 5h_y + 2h_R$;

a——集中荷载沿梁跨度方向的支承长度,对钢轨上的轮压可取为50mm;

h_y——自吊车梁顶面至腹板计算高度上边缘的距离;

h_R——轨道的高度。

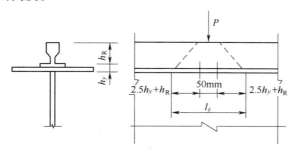

图2-25 吊车轮压分布长度

3. 整体稳定验算

连有制动结构的吊车梁,侧向弯曲刚度很大,整体稳定得到保证,不需验算。

加强上翼缘的吊车梁,应按下式验算其整体稳定:

$$\frac{M_x}{\varphi_b W_x} + \frac{M_y}{W_y} \leq f \qquad (2-36)$$

式中 M_x、M_y——绕强轴(x轴)和弱轴(y轴)作用的最大弯矩;

W_x、W_y——按受压纤维确定的对强轴(x轴)和对弱轴(y轴)毛截面模量;

φ_b——绕强轴(x轴)弯曲所确定的梁整体稳定系数,应按《钢结构设计规范》GB 50017确定。

4. 挠度验算

验算吊车梁的刚度时,应按自重和效应最大的一台吊车的荷载标准值计算,不乘动力系数。

吊车梁在竖向的挠度可按下列近似公式验算:

$$v = \frac{M_{kx} l^2}{10 E I_x} \leq [v] \qquad (2-37)$$

对于重级工作制吊车梁除计算竖向的刚度外,还应按下式验算其水平方向的刚度:

$$u = \frac{M_{ky} l^2}{10 E I_{y1}} \leq \frac{l}{2200} \qquad (2-38)$$

式(2-37)和式(2-38)中

M_{kx}——竖向荷载标准值作用下梁的最大弯矩;

I_x——吊车梁截面对强轴(x轴)毛截面惯性矩;

$[v]$——吊车梁挠度容许值,采用手动吊车和单梁吊车(含悬挂吊车)时,$[v] = l/500$,采用轻级、中级、重级工作制桥式吊车时,$[v]$分别为$l/800$、$l/1000$、$l/1200$;

M_{ky}——跨内一台起重量最大吊车横向水平荷载标准值作用下所产生的最大弯矩;

I_{y1}——制动结构截面对形心轴y_1的毛截面惯性矩,对制动桁架应考虑腹杆变形的影响，I_{y1} 乘以 0.7 的折减系数。

5. 局部稳定验算

（1）为保证焊接工字形吊车梁腹板的局部稳定，当 $h_0/t_w \leqslant 80\sqrt{235/f_y}$ 时，应按构造配置横向加劲肋；当 $h_0/t_w > 80\sqrt{235/f_y}$ 时，应在腹板上配置加劲肋并验算腹板局部稳定性。

应注意对轻、中级工作制吊车梁在计算腹板的局部稳定时，吊车轮压设计值可乘以折减系数 0.9。

（2）当 $h_0/t_w > 80\sqrt{235/f_y}$ 时，应配置横向加劲肋，如图 2 - 26(a) 所示；当 $h_0/t_w > 170\sqrt{235/f_y}$（受压翼缘扭转受到约束，如有制动结构时），或 $h_0/t_w > 150\sqrt{235/f_y}$（受压翼缘扭转未受到约束时），或按计算需要时，应在弯曲应力较大区格的受压区增加配置纵向加劲肋，如图 2 - 26(b) 所示；

对局部压应力很大的梁，必要时尚宜在受压区配置短加劲肋，如图 2 - 26(c) 所示。

在任何情况下腹板高厚比均不宜超过 250，以免高厚比过大时产生焊接翘曲。

以上 h_0 为腹板的计算高度，t_w 为腹板的厚度。若为单轴对称梁，当确定是否要配置纵向加劲肋时，h_0 应取腹板受压区高度 h_c 的 2 倍。

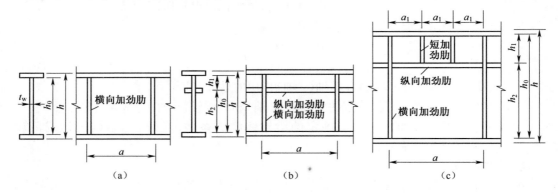

图 2 - 26　加劲肋布置

（3）吊车梁仅配置横向加劲肋的腹板（图 2 - 26(a)），其各区格的局部稳定应按下式计算：

$$\left(\frac{\sigma}{\sigma_{cr}}\right)^2 + \left(\frac{\tau}{\tau_{cr}}\right)^2 + \frac{\sigma_c}{\sigma_{c,cr}} \leqslant 1 \tag{2-39}$$

式中　σ——所计算腹板区格内，由平均弯矩产生的腹板计算高度边缘的弯曲压应力；

　　　τ——所计算腹板区格内，由平均剪力产生的腹板平均剪应力，$\tau = \dfrac{V}{h_w t_w}$，$h_w$ 为腹板高度；

　　　σ_c——腹板计算高度边缘的局部压应力，按式(2-35)计算，但取式中的 $\psi = 1.0$，即 $\sigma_c = \dfrac{F}{t_w l_z}$；

　　　σ_{cr}、τ_{cr} 和 $\sigma_{c,cr}$——各种应力单独作用下的临界应力。

100

① σ_{cr} 按下列公式计算：

当 $\lambda_b \leqslant 0.85$ 时，有

$$\sigma_{cr} = f \tag{2-40a}$$

当 $0.85 < \lambda_b \leqslant 1.25$ 时，有

$$\sigma_{cr} = [1 - 0.75(\lambda_b - 0.85)]f \tag{2-40b}$$

当 $\lambda_b > 1.25$ 时，有

$$\sigma_{cr} = 1.1f/\lambda_b^2 \tag{2-40c}$$

式中　λ_b——用于腹板受弯计算时的通用高厚比。

当梁受压翼缘扭转受到约束（如有刚性铺板、制动结构连牢或焊有钢轨）时，有

$$\lambda_b = \frac{C_f 2h_c/t_w}{177} \tag{2-41a}$$

式中　$C_f = \sqrt{f_y/235}$（下同）。

梁受压翼缘扭转未受到约束时，有

$$\lambda_b = \frac{C_f 2h_c/t_w}{153} \tag{2-41b}$$

式中　h_c——梁腹板弯曲受压区高度，对双轴对称截面 $2h_c = h_0$。

② τ_{cr} 按下列公式计算：

当 $\lambda_s \leqslant 0.8$ 时，有

$$\tau_{cr} = f_v \tag{2-42a}$$

当 $0.8 < \lambda_s \leqslant 1.2$ 时，有

$$\tau_{cr} = [1 - 0.59(\lambda_s - 0.8)]f_v \tag{2-42b}$$

当 $\lambda_s > 1.2$ 时，有

$$\tau_{cr} = 1.1f/\lambda_s^2 \tag{2-42c}$$

式中　λ_s——用于腹板受剪时的通用高厚比。

当 $a/h_0 \leqslant 1.0$ 时，有

$$\lambda_s = \frac{C_f h_0/t_w}{41\sqrt{4 + 5.34(h_0/a)^2}} \tag{2-43a}$$

当 $a/h_0 > 1.0$ 时，有

$$\lambda_s = \frac{C_f h_0/t_w}{41\sqrt{5.34 + 4(h_0/a)^2}} \tag{2-43b}$$

③ $\sigma_{c,cr}$ 按下列公式计算：

当 $\lambda_c \leqslant 0.9$ 时，有

$$\sigma_{c,cr} = f \tag{2-44a}$$

当 $0.9 < \lambda_c \leqslant 1.2$ 时，有

$$\sigma_{c,cr} = [1 - 0.79(\lambda_c - 0.9)]f \tag{2-44b}$$

当 $\lambda_c > 1.2$ 时，有

$$\sigma_{c,cr} = 1.1f/\lambda_c^2 \tag{2-44c}$$

式中　λ_c——用于腹板抗局部压力计算时的通用高厚比。

当 $0.5 \leqslant a/h_0 \leqslant 1.5$ 时,有

$$\lambda_c = \frac{C_f h_0/t_{2w}}{28\sqrt{10.9 + 13.4(1.83 - a/h_0)^3}} \qquad (2-45a)$$

当 $1.5 < a/h_0 \leqslant 2.0$ 时,有

$$\lambda_c = \frac{C_f h_0/t_w}{28\sqrt{18.9 + 5a/h_0}} \qquad (2-45b)$$

(4) 同时用横向加劲肋和纵向加劲肋加强的腹板(图2-29(b)),其局部稳定性应按下列公式计算。

① 受压翼缘与纵向加劲肋之间的区格:

$$\frac{\sigma}{\sigma_{cr1}} + \left(\frac{\sigma_c}{\sigma_{c,cr1}}\right)^2 + \left(\frac{\tau}{\tau_{cr1}}\right)^2 \leqslant 1.0 \qquad (2-46)$$

σ_{cr1} 按式(2-40)和式(2-41)计算,但式中的 λ_b 改用 λ_{b1} 代替

梁受压翼缘扭转受到约束时,有

$$\lambda_{b1} = \frac{C_f h_1/t_w}{75} \qquad (2-47a)$$

梁受压翼缘扭转未受到约束时,有

$$\lambda_{b1} = \frac{C_f h_1/t_w}{64} \qquad (2-47b)$$

τ_{cr1} 按式(2-42)和式(2-43)计算,将式中的 h_0 改为 h_1。h_1 为纵向加劲肋至腹板计算高度受压边缘的距离(图2-29(b)、(c))。

$\sigma_{c,cr1}$ 按式(2-40)和式(2-41)计算,但式中的 λ_b 改用 λ_{c1} 代替:

梁受压翼缘扭转受到约束时,有

$$\lambda_{c1} = \frac{C_f h_1/t_w}{56} \qquad (2-48a)$$

梁受压翼缘扭转未受到约束时,有

$$\lambda_{c1} = \frac{C_f h_1/t_w}{64} \qquad (2-48b)$$

② 受拉翼缘与纵向加劲肋之间的区格:

$$\left(\frac{\sigma_2}{\sigma_{cr2}}\right)^2 + \frac{\sigma_{c2}}{\sigma_{c,cr2}} + \left(\frac{\tau}{\tau_{cr2}}\right)^2 \leqslant 1.0 \qquad (2-49)$$

式中　σ_2——所计算区格内腹板压纵向加劲肋处压应力的平均值;

　　　σ_{c2}——腹板在纵向加劲肋处的横向压应力,取为 $0.3\sigma_c$。

σ_{cr2} 按式(2-40)计算,但式中的 λ_b 改为 λ_{b2} 代替,λ_{b2} 以式(2-50)计算,即

$$\lambda_{b2} = \frac{C_f h_2/t_w}{194} \qquad (2-50)$$

τ_{cr2} 按式(2-42)计算,将式中的 h_0 改为 $h_2(h_2 = h_0 - h_1)$。

$\sigma_{c,cr}$ 按式(2-44)计算,但式中的 h_0 改为 h_2。

当 $a/h_2 > 2$ 时,取 $a/h_2 = 2$。

（5）在受压翼缘与纵向加劲肋之间设有短加劲肋的区格（图 2-26（c）），其局部稳定性按式（2-46）计算，该式中的 σ_{cr1} 仍按式（2-40）计算；τ_{cr1} 按式（2-42）计算，但将 h_0 和 a 改为 h_1 和 a_1（a_1 为短加劲肋间距）；$\sigma_{c,cr1}$ 按式（2-40）计算，但式中 λ_b 改用 λ_{c1} 代替。

① 对 $a_1/h_1 \leqslant 1.2$ 的区格：

当梁受压翼扭转受到约束时，有

$$\lambda_{c1} = \frac{C_f a_1/t_w}{87} \tag{2-51a}$$

当梁受压翼缘扭转未受到约束时，有

$$\lambda_{c1} = \frac{C_f a_1/t_w}{73} \tag{2-51b}$$

② 对 $a_1/h_1 > 1.2$ 的区格，则用式（2-51a）、（2-51b），右侧乘以 $\dfrac{1}{\left(0.4 + 0.5\dfrac{a_1}{h_1}\right)^{\frac{1}{2}}}$

即可。

（6）加劲肋构造要求

① 加劲肋宜在腹板两侧成对配置，也可单侧配置或两侧错间设施，但支承加劲肋和重级工作制吊车梁的加劲肋不应单侧配置。

② 横向加劲肋的最小间距为 $0.5h_0$，最大间距为 $2h_0$。纵向加劲肋至腹板计算高度受压边缘的距离应在 $h_c/2.5 \sim h_c/2$ 范围内。

③ 在腹板两侧成对配置的横向加劲肋，其截面尺寸应符合下列公式要求。

外伸宽度：

$$b_s \geqslant \frac{h_0}{30} + 40\text{mm}（且\ b_s \geqslant 90\text{mm}） \tag{2-52}$$

厚度：

$$t_s \geqslant \frac{b_s}{15}（且\ t_s \geqslant 6\text{mm}） \tag{2-53}$$

④ 在腹板一侧配置的横向加劲肋，其截面尺寸应符合下列公式要求。

外伸宽度：

$$b_s \geqslant 1.2\left(\frac{h_0}{30} + 40\text{mm}\right)（且\ b_s \geqslant 90\text{mm}） \tag{2-54}$$

厚度：

$$t_s \geqslant \frac{b_s}{15}（且\ t_s \geqslant 6\text{mm}）$$

⑤ 同时采用横向加劲肋和纵向加劲肋加强的腹板。横向加劲肋的截面尺寸除应符合上述规定外，其截面惯性矩 I_z 尚应满足下式要求：

$$I_z \geqslant 3h_0 t_w^3 \tag{2-55}$$

纵向加劲肋的截面惯性矩 I_y，应满足下列公式要求：

当 $\dfrac{a}{h_0} \leqslant 0.85$ 时，有

$$I_y \geqslant 1.5h_0 t_w^3 \qquad (2-56a)$$

当 $\frac{a}{h_0} > 0.85$ 时, 有

$$I_y \geqslant \left(2.5 - 0.45\frac{a}{h_0}\right)\left(\frac{a}{h_0}\right)^2 t_w^3 \qquad (2-56b)$$

在计算惯性矩 I_z、I_y 时, 在腹板两侧成对配置的加劲肋, 其截面惯性矩应按梁腹板中心线计算; 在腹板一侧配置的加劲肋, 其截面惯性矩应按与加劲肋相连的腹板边缘为轴线进行计算。

（6）短加劲肋的最小间距为 $0.75h_1$。短加劲肋外伸宽度应取为横向加劲肋外伸宽度的 $0.7 \sim 1.0$ 倍, 其厚度不应小于短加劲肋外伸宽度的 1/15。

（7）上述公式求得的加劲肋截面均为钢板截面尺寸, 如采用型钢（工字钢、槽钢, 肢尖焊于腹板的角钢）加劲肋, 其截面惯性矩不得小于相应钢板加劲肋的惯性矩。

6. 疲劳验算

吊车梁直接承受吊车动力荷载的重复作用, 可能产生疲劳破坏。对重级工作制吊车梁和重级、中级工作制吊车桁架需要进行疲劳验算。

验算的部位一般包括: 受拉翼缘与腹板连接处的主体金属、受拉区加劲肋的端部和受拉翼缘与支撑的连接等处的主体金属以及角焊缝连接处。这些部位的应力集中比较严重, 对疲劳强度的影响大。这些部位疲劳计算的构件和连接分类见附表 3-3。

按《钢结构设计规范》GB 50017 规定, 吊车梁疲劳验算时采用一台起重量最大吊车的荷载标准值, 不计动力系数, 且可按使用阶段循环荷载 $n = 2 \times 10^6$ 次作为常幅疲劳按下式计算:

$$\alpha_f \Delta\sigma \leqslant [\Delta\sigma] \qquad (2-57)$$

式中 $\Delta\sigma$ ——应力幅, $\Delta\sigma = \sigma_{max} - \sigma_{min}$;

$[\Delta\sigma]$ ——循环次数 $n = 2 \times 10^6$ 次时的容许应力幅, 按表 2-8 取用;

α_f ——欠载效应的等效系数, 按表 2-9 取用。

表 2-8 循环次数 $n = 2 \times 10^6$ 次时的容许应力幅 （N/mm^2）

构件和连接类别	1	2	3	4	5	6	7	8
$[\Delta\sigma]$	176	144	118	103	90	78	69	59

表 2-9 吊车梁和吊车桁架欠载效应的等效系数 α_f 值

吊车类别	α_f	吊车类别	α_f
A6~A8 级硬钩吊车	1.0	A6~A8 级软钩吊车	0.8
（如均热炉车间夹钳吊车）		A4、A5 级吊车	0.5

2.5.5 吊车梁的连接与构造

（1）吊车梁承受动态荷载的反复作用, 其钢材应具有良好的塑性和韧性。需要验算疲劳的吊车梁和吊车起重量不小于 50t 的中级工作制吊车梁, 钢材应具有常温冲击韧性的合格保证。当结构工作温度不高于 0℃ 但高于 -20℃ 时, Q235 钢和 Q345 钢应具有 0℃

冲击韧性的合格保证;对 Q390 钢和 Q420 钢应具有−20°C 冲击韧性的合格保证。当结构工作温度不高于−20℃时,对 Q235 钢和 Q345 钢应具有−20℃ 冲击韧性的合格保证;对 Q390 钢和 Q420 钢应具有−40℃ 冲击韧性的合格保证。

（2）吊车梁翼缘板或腹板的焊接拼接应采用加引弧板和引出板的焊透对接焊缝,引弧板和引出板割去处应予打磨平整。焊接吊车梁和焊接吊车桁架的工地整段拼接应采用焊接或摩擦型高强度螺栓连接。

（3）重级工作制和吊车起重量不小于 50t 的中级工作制吊车梁的腹板与上翼缘之间以及吊车桁架上弦杆与节点板之间的 T 形接头焊缝均要求焊透,焊缝形式一般为对接与角接的组合焊缝,如图 2−27 所示,其质量等级不应低于二级。下翼缘与腹板间一般采用连续的自动或半自动角焊缝连接。

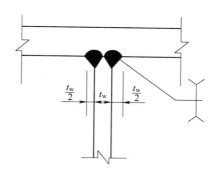

图 2−27　焊透的 T 形接头对接与铰接组合焊缝

（4）吊车梁横向加劲肋的宽度不宜小于 90mm。在支座处的横向加劲肋应在腹板两侧成对设置,并与梁上、下翼缘刨平顶紧。在重级工作制吊车梁中,中间横向加劲肋亦应在腹板两侧成对设置,而中、轻级工作制吊车梁则可单侧设置或两侧错开设置。

（5）中间横向加劲肋的上端应与梁的上翼缘刨平顶紧并与之焊接,但下端不得与受拉翼缘相焊（图 2−28）。中间横向加劲肋的下端宜在距受拉下翼缘 50～100mm 处断开,其与腹板的连接焊缝不宜在肋下端起落弧。当吊车梁受拉翼缘与支撑相连时,不宜采用焊接连接。

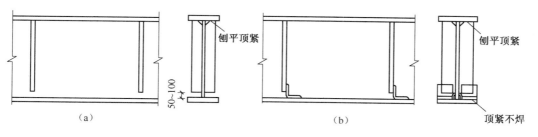

图 2−28　横向加劲肋的下端

（6）吊车梁上翼缘的连接应以能够可靠地与柱传递水平力、而又不改变吊车梁简支条件为原则。

图 2−29 所示为两种构造处理,其中左侧为高强度螺栓连接,右侧为板铰连接。摩擦

型高强螺栓连接抗疲劳性能好,施工便捷,采用较普遍。其横向高强度螺栓按传递全部支座水平反力计算,而纵向高强螺栓可按一个吊车轮最大水平制动力计算(对于重级工作制吊车梁尚应考虑增大系数),高强螺栓直径一般为20~24mm。板铰连接较好地体现了不改变吊车梁简支条件的设计思想,板铰宜按传递全部支座水平反力的轴心受力构件计算(对于重级工作制吊车梁亦应考虑增大系数)。板铰直径按抗剪和承压计算,一般为36~80mm。重级工作制吊车梁上翼缘与柱的连接宜采用摩擦型高强螺栓连接。

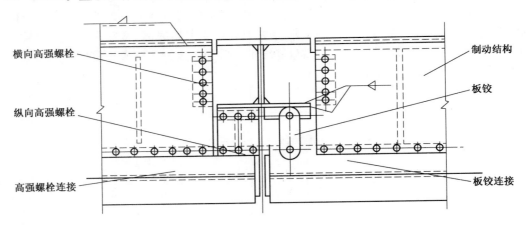

图 2 - 29　吊车梁上翼缘的链接

(7)吊车梁与制动结构的连接应首选高强螺栓连接(图2-29),可将制动结构作为水平受弯构件,按传递剪力的要求确定螺栓间距。一般可按100~150mm等间距布置。

对于轻、中级工作制吊车梁,其上翼缘与制动结构的连接可采取工地焊接方式,一般可用6~8mm焊脚尺寸的焊缝沿全长搭接焊,仰焊部分可为间断焊缝。重级工作制吊车梁为了增强抗疲劳性能,其上翼缘与制动结构的连接宜采用摩擦型高强螺栓连接。

(8)简支吊车梁的支座可采用平板支座连接(图2-30(a))或突缘支座连接(图2-30(b))。

平板连接必须使支座加劲肋上、下端刨平顶紧,对于特重级工作制吊车梁支座加劲肋与梁翼缘宜焊透;而突缘支座连接必须要求支座加劲肋下端刨平,以利可靠传力,支座加劲肋与上翼缘的连接常用如图2-30所示的角焊缝,并要求铲去焊根后补焊,而其下端与腹板则要求在如图2-30所示的40mm长度上不焊。

相邻梁的腹板在靠近下部约1/3梁高范围内要用防松螺栓连接,图2-30(a)的单侧连接板厚度不应小于梁腹板厚度,图2-30(b)则须注意相邻梁之间的填板的长度不应过大,满足防松螺栓的布置即可。

梁下设有柱间支撑时,应将该梁下翼缘和焊于柱顶的传力板(厚度也不小于16mm),用高强螺栓连接。在梁下翼缘可设扩大孔,下覆一带标准孔的垫板(厚度同传力板),安装定位后,将垫板焊牢于梁下翼缘。传力板与梁下翼缘之间可塞调整垫板,以调整传力板的标高,方便与柱顶的连接。传力板也可以弹簧板代之。

图2-30(c)所示是连续吊车梁中间支座的构造图,其加劲肋除了需按要求作切角处理外,上下端均需刨平顶紧,顶板与上翼缘一般不焊。

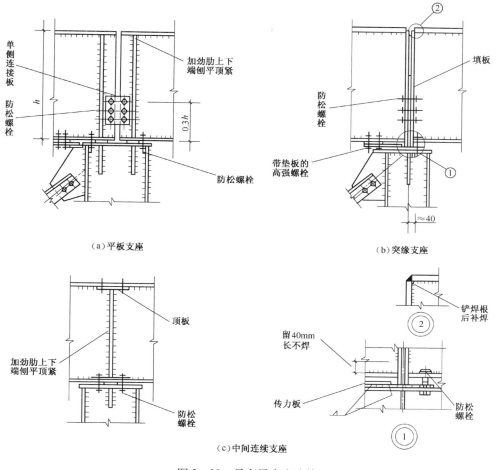

图 2-30 吊车梁支座连接

2.5.6 吊车梁计算实例

某简支吊车梁,跨度为 12m,钢材为 Q345-C,承受两台起重量为 500/100kN 的 A6 级桥式吊车作用,吊车最大轮压标准值及轮距如图 2-31 所示,横行小车自重 $Q'=165kN$,轨道型号为 QU80(轨高 130mm,底宽 l30mm)。为了固定吊车轨道,在梁上翼缘板上有两螺栓孔;为了连接下翼缘水平支撑,在下翼缘板的右侧有一个螺栓孔,试设计此吊车梁。

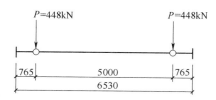

图 2-31 一台吊车梁最大轮压标准值

1. 内力计算

计算吊车梁的强度、稳定时,应考虑两台并列吊车满载时的作用,但验算刚度和疲劳

107

时,只考虑一台吊车的荷载标准值作用。

1）两台吊车荷载标准值作用下的内力

（1）竖向轮压作用。经详细比较分析,如图 2-32(a)所示的两台吊车 3 个轮子作用时梁的弯矩最大,最大弯矩时吊车轮压作用位置应使合力与中间轮压平分吊车梁跨中。

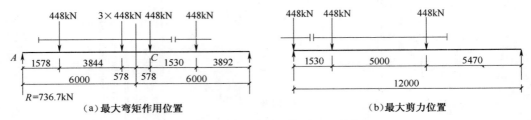

图 2-32　两台吊车轮压作用最不利位置

最大弯矩点（C 点）的位置为

$$a_3 = \frac{a_2 - a_1}{6} = \frac{1530 - 5000}{6} = -578.33 \text{mm}$$

a_3 为负值表示合力位于 C 点左侧,则 C 点处最大弯矩 $M_{kx,\max}$ 为

$$M_{kx,\max} = \frac{\sum P\left(\dfrac{l}{2} - a_3\right)^2}{l} - Pa_1$$

$$= \frac{3 \times 448 \times (12000/2 - (-578.33))^2}{12000} - 448 \times 5000$$

$$= 2606735.7 \text{kN} \cdot \text{mm} = 2606.7 \text{kN} \cdot \text{m}$$

最大弯矩处的相应剪力为

$$V_{kx,c} = \frac{\sum P\left(\dfrac{l}{2} - a_3\right)}{l} - P$$

$$= \frac{3 \times 448 \times (12000/2 - (-578.33))}{12000} - 448$$

$$= 288.7 \text{kN}$$

经详细比较分析,梁支座处最大剪力 $V_{kx,\max}$ 的轮压位置如图 2-32(b)所示。

$$V_{kx,\max} = 448 \times (5.47 + 10.47 + 12)/12 = 1043.1 \text{kN}$$

（2）横向水平力作用。因吊车工作级别为 A6,作用在一个吊车轮上的横向水平力标准值如下。

由刹车力引起:

$$T_k = 10\% \times (Q + G)/n = 0.1 \times (500 + 165)/4 = 16.6 \text{kN}$$

由吊车摆动引起:

$$T_k = 0.1 P_{k,\max} = 0.1 \times 448 = 44.8 \text{kN}$$

取二者大值, $T_k = 44.8 \text{kN}$,其作用位置与竖向轮压相同,因此,横向水平力作用下产生的最大弯矩 $M_{ky,\max}$ 与支座的水平反力 $V_{ky,\max}$ 可直接按荷载比例关系求得:

$$M_{ky,max} = 2606.7 \times 44.8/448 = 260.7 \text{kN} \cdot \text{m}$$
$$V_{ky,max} = 1043.1 \times 44.8/448 = 104.3 \text{kN}$$

2）一台吊车荷载作用下的内力

（1）竖向轮压作用。图2-33（a）为一台吊车2个轮子作用时梁的弯距最大。最大弯矩点（B点）的位置为

$$a_2 = \frac{a_1}{4} = \frac{5000}{4} = 1250 \text{mm}$$

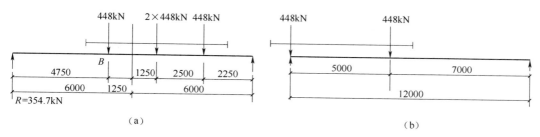

（a）   （b）

图2-33 一台吊车轮压作用最不利位置

则B点处最大弯矩$M_{kx,max}$为

$$M_{kx,max} = \frac{\sum P \left(\dfrac{l}{2} - a_2 \right)^2}{l} - Pa_1$$
$$= \frac{2 \times 448 \times (12000/2 - 1250)^2}{12000}$$
$$= 1684666.7 \text{kN} \cdot \text{mm} = 1684.7 \text{kN} \cdot \text{m}$$

梁支座处最大剪力$V_{kx,max}$的轮压位置如图2-33（b）所示。

$$V_{kx,max} = 448 \times (7.0 + 12)/12 = 709.3 \text{kN}$$

（2）横向水平力作用。其作用位置与竖向轮压相同，按此可得

$$M_{ky,max} = 1684.7 \times 44.8/448 = 168.5 \text{kN} \cdot \text{m}$$
$$V_{ky,max} = 709.3 \times 44.8/448 = 70.9 \text{kN} \cdot \text{m}$$

根据以上计算，汇总所需内力如表2-10所列。

表2-10 吊车梁计算内力汇总表

两台吊车			一台吊车			
计算强度和稳定			计算挠度	计算疲劳		计算水平挠度
M_{xmax}/kN·m	M_{ymax}/kN·m	V_{xmax}/kN	M_{xk}/kN·m	M_{yk}/kN·N	V_{xk}/kN	M_{yk}/kN·m
1.1×1.4×2606.7 +1.2×0.04×2606.7 =4139.4	1.4×260.6 =364.8	1.1×1.4×1043.1 +1.2×0.04×1043.1 =1656.4	1.04×1684.7 =1752.1	1684.7	709.3	168.5

注：（1）吊车梁、轨道等自重取为竖向荷载的0.04倍。

（2）动力系数为1.1。

（3）与M_{xmax}对应的剪力设计值$V_c = 1.1 \times 1.4 \times 288.7 + 1.2 \times 0.04 \times 288.7 = 458.5 \text{kN}$

2. 初选截面

钢材为 Q345,其强度设计值如下。

抗弯:

$$f_1 = 310\text{N/mm}^2 \qquad (t \leqslant 16\text{mm})$$
$$f_2 = 295\text{N/mm}^2 \qquad (t = 17 \sim 35\text{mm})$$

抗剪:

$$f_v = 180\text{N/mm}^2 \qquad (t \leqslant 16\text{mm})$$

估计翼缘板厚度超过 16mm,故抗弯强度设计值取为 295N/mm²;而腹板厚度不超过 16mm,故抗剪强度取为 $f_v = 180\text{N/mm}^2$。

1）梁高

梁的经济高度为

$$W = \frac{M_{x,\max}}{\alpha f} = \frac{4139.4 \times 10^6}{0.7 \times 295} = 2.0 \times 10^7 \text{ mm}^3$$
$$h_{ec} = 2W^{0.4} = 2 \times (2.0 \times 10^7)^{0.4} = 1665\text{mm}$$

有刚度条件确定的梁截面最小高度为

$$\sigma_k = \frac{M_{xk1}}{W} = \frac{1752.1 \times 10^6}{2.0 \times 10^7} = 87.6 \text{ N/mm}^2$$

$$h_{\min} = \frac{\sigma_k}{5E} \frac{l}{[v]} l = \frac{87.6}{5 \times 2.06 \times 10^5} \times 1200 \times 12000 = 1224.7\text{mm}$$

取腹板高度 $h_w = 1600\text{mm}$。

2）腹板厚度

由抗剪要求,有

$$t_w \geqslant 1.2 \frac{V_{x\max}}{h_w f_v} = 1.2 \times \frac{1656.4 \times 10^3}{1600 \times 180} = 6.9\text{mm}$$

由经验公式,有

$$t_w \geqslant \sqrt{h_w}/3.5 = \sqrt{1600}/3.5 = 11.4\text{mm}$$

并参考表 2－8,取 $t_w = 12\text{mm}$。

3）翼缘板宽度和厚度

需要的翼缘板截面面积为

$$A_f = bt = \frac{W}{h_w} - \frac{1}{6} t_w h_w = \frac{2.0 \times 10^7}{1600} - \frac{12 \times 1600}{6} = 9300\text{mm}$$

因吊车钢轨用压板与吊车梁上翼缘连接,故上翼缘在腹板两侧均有螺栓孔。另外,本设计是跨度为 12m 的重级工作吊车梁,应设置辅助的桁架和水平、垂直支撑系统,因此下翼缘也应有连接水平支撑的螺栓孔,孔径取为 $d_0 = 24\text{mm}$(螺栓孔直径 22mm)。

翼缘板宽度为

$$b = \left(\frac{1}{5} \sim \frac{1}{3}\right) h = \frac{1600}{5} \sim \frac{1600}{3} = (320 \sim 533)\text{mm}$$

取翼缘板宽度为

$$b = 500\text{mm}$$

翼缘板厚度为

$$t = \frac{9300}{500 - 2 \times 24} = 20.6\text{mm}$$

取翼缘板厚度 $t = 22\text{mm}$。

4）制动板

选用 8mm 厚花纹钢板，制动梁外侧翼缘（即辅助桁架的上弦）选用 $\text{⊏}28a$（面积 $A = 40.0\text{cm}^2$，$I_y = 218\text{cm}^4$）。

初选截面如图 2-34 所示。

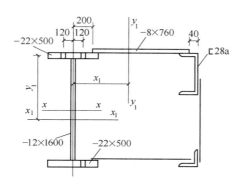

图 2-34　截面组成

5）截面几何性质计算

（1）吊车梁。毛截面惯性矩为

$$I_x = 1.2 \times 160^3/12 + 2 \times 50 \times 2.2 \times 81.1^2 = 1856586.2\text{cm}^4$$

净截面面积为

$$A_n = (50 - 2 \times 2.4) \times 2.2 + (50 - 1 \times 2.4) \times 2.2 + 1.2 \times 160$$
$$= 99.4 + 104.7 + 192 = 396.1\text{cm}^2$$

净截面的形心位置为

$$y_1 = (104.7 \times 162.2 + 192 \times 81.1)/396.1 = 82.2\text{cm}$$

净截面惯性矩为

$$I_{nx} = 1.2 \times 160^3/12 + 192 \times (82.2 - 81.1)^2 + 99.4 \times 82.2^2 + 104.7 \times 80.0^2$$
$$= 409600 + 232.3 + 671629.9 + 670080 = 1751542.2\text{cm}^4$$

净截面抵抗矩为

$$W_{nx1} = 1751542.2/83.3 = 21026.9\text{cm}^3$$

半个毛截面对 x 轴的面积矩为

$$S_x = 50 \times 2.2 \times 81.1 + 80 \times 1.2 \times 40 = 8921 + 3840 = 12761\text{cm}^2$$

（2）制动梁。净截面面积为

$$A_n = 2.2 \times (50 - 2 \times 2.4) + 76 \times 0.8 + 40 = 99.4 + 60.8 + 40 = 200.2\text{cm}^2$$

截面形心至吊车梁腹板中心之间的距离为

$$x_1 = [60.8 \times (76/2 + 20) + 40 \times (20 + 76 + 4 - 2.1)]/200.2$$

$$= (60.8 \times 58 + 40 \times 97.9)/200.2 = 37.2\text{cm}$$

净截面惯性矩为

$$I_{ny} = 2.2 \times 50^3/12 - 2 \times 2.4 \times 2.2 \times 12^2 + 99.4 \times 37.2^2 + 0.8 \times 76^3/12$$

$$+ 60.8 \times (58 - 37.2)^2 + 218 + 40 \times (97.9 - 37.2)^2 = 362116.9\text{cm}^4$$

对 $y1-y1$ 轴的净截面抵抗矩（吊车梁上翼缘左侧外边缘）为

$$W_{ny1} = 36211.9/(37.2 + 25) = 5821.8\text{cm}^3$$

3. 截面验算

1）强度验算

（1）翼缘最大正应力为

$$\sigma = \frac{M_{x\max}}{W_{nx}} + \frac{M_y}{W_{ny}} = \frac{4139.4 \times 10^6}{21026.9 \times 10^3} + \frac{364.8 \times 10^6}{5821.8 \times 10^3}$$

$$= 196.9 + 62.7 = 259.6\text{N/mm}^2 < f = 295\text{N/mm}^2（第二组钢材）$$

（2）腹板最大剪应力为

$$\tau = \frac{VS}{I_x t_w} = \frac{1656.4 \times 10^3 \times 12761 \times 10^3}{1751542.2 \times 10^4 \times 12} = 100.6\text{N/mm}^2 < f_v = 180\text{N/mm}^2$$

（3）腹板局部压应力验算（吊车轨道高 130mm），即

$$\sigma_c = \frac{\psi F}{t_w l_x} = \frac{1.35 \times 1.1 \times 1.4 \times 448 \times 10^3}{12 \times (50 + 2 \times 130 + 5 \times 22)} = 184.8\text{N/mm}^2 < f = 310\text{N/mm}^2$$

所以，截面强度满足要求。

2）整体稳定

因有制动梁，整体稳定可以保证，不需验算。

3）刚度验算

（1）吊车梁竖向挠度验算，即

$$v = \frac{M_{xk}l^2}{10EI_x} = \frac{1752.1 \times 10^6 \times 12000^2}{10 \times 206 \times 10^3 \times 1856586.2 \times 10^4}$$

$$= 6.6\text{mm} < [v] = \frac{l}{1200} = \frac{12000}{1200} = 10\text{mm（满足要求）}$$

（2）制动梁的水平挠度验算，即

$$u = \frac{M_{yk}l^2}{10EI_{y1}} = \frac{168.5 \times 10^6 \times 12000^2}{10 \times 206 \times 10^3 \times 362116.9 \times 10^4}$$

$$= 27.\text{mm} < [u] = \frac{l}{2200} = \frac{12000}{2200} = 5.45\text{mm}$$

此处偏于安全，近似取用制动梁的净截面惯性矩进行验算，已证明其满足要求。因此，不再计算制动梁的毛截面惯性矩。

4）局部稳定性验算

因在抗弯强度验算时取 $\gamma_x = \gamma_y = 1.0$，故梁受压翼缘自由外伸宽度与其厚度之比为

$$\frac{250 - 6}{22} = 11.09 < 15\sqrt{\frac{235}{345}} = 12.4（满足）$$

由于
$$66 = 80\sqrt{\frac{235}{345}} < \frac{1600}{12} = 133.3 < 170\sqrt{\frac{235}{345}} = 140$$

故需按计算配置横向加劲肋,取横向加劲肋间距 $a = 1200\text{mm} = 0.75h_0$。因受压翼缘连有制动板,可以认为该翼缘的扭转受到完全约束。计算弯曲临时应力的通用高厚比为

$$\lambda_{\text{b}} = \frac{h_0/t_{\text{w}}}{177}\sqrt{\frac{f_{\text{y}}}{235}} = \frac{1600/12}{177}\sqrt{\frac{345}{235}} = 0.91 > 0.85,\text{但小于}1.25$$

可得弯曲临界应力为

$$\sigma_{\text{cr}} = [1 - 0.75(\lambda_{\text{b}} - 0.85)]f = [1 - 0.75 \times (0.91 - 0.85)] \times 310 = 296.1\text{N/mm}^2$$

剪应力临界应力的通用高厚比为

$$\lambda_{\text{s}} = \frac{h_0/t_{\text{w}}}{41\sqrt{4 + 5.34(h_0/a)^2}}\sqrt{\frac{f_{\text{y}}}{235}} = \frac{1600/12}{41\sqrt{4 + 5.34 \times (1600/1200)^2}}\sqrt{\frac{345}{235}}$$
$$= 1.07 > 0.8,\text{但小于}1.2$$

$$\tau_{\text{cr}} = [1 - 0.59(\lambda_{\text{s}} - 0.8)]f_{\text{v}} = [1 - 0.59 \times (1.07 - 0.8)] \times 180 = 151.3\text{N/mm}^2$$

横向压应力临界应力的通用高厚比为

$$\lambda_{\text{c}} = \frac{h_0/t_{\text{w}}}{28\sqrt{10.9 + 13.4(1.83 - a/h_0)^3}}\sqrt{\frac{f_{\text{y}}}{235}} = \frac{1600/12}{28\sqrt{10.9 + 13.4 \times (1.83 - 0.75)^3}}\sqrt{\frac{345}{235}}$$
$$= 1.09 > 0.9,\text{但小于}1.2。$$

$$\sigma_{\text{c,cr}} = [1 - 0.79(\lambda_{\text{c}} - 0.9)]f = [1 - 0.79 \times (1.09 - 0.9)] \times 310 = 263.5\text{N/mm}^2$$

(1)验算跨中腹板区格。按图 2-35(a)不利轮压布置计算,区格的平均弯矩取最大弯矩值 $M_{x,\text{max}} = 4139.4\text{kN} \cdot \text{m}$,对应剪力为 $V_{\text{c}} = 458.5\text{kN}$,各种应力为

$$\sigma = \frac{M_{x\text{max}}}{W_{\text{nx}}} = \frac{h_0}{h} = \frac{4139.4 \times 10^6}{21026.9 \times 10^3} \times \frac{1600}{1644} = 191.6\text{N/mm}^2$$

$$\tau = \frac{V_{\text{c}}}{h_0 t_{\text{w}}} = \frac{458.5 \times 10^3}{1600 \times 12} = 23.9\text{N/mm}^2$$

$$\sigma_{\text{c}} = \frac{F}{t_{\text{w}} l_z} = \frac{1.1 \times 1.4 \times 448 \times 10^3}{12 \times (50 + 2 \times 130 + 5 \times 22)} = 136.9\text{N/mm}^2$$

$$\left(\frac{\sigma}{\sigma_{\text{cr}}}\right)^2 + \left(\frac{\tau}{\tau_{\text{cr}}}\right)^2 + \frac{\sigma_{\text{c}}}{\sigma_{\text{c,cr}}} = \left(\frac{191.6}{296.1}\right)^2 + \left(\frac{23.9}{151.3}\right)^2 + \frac{136.9}{263.5} = 0.96 < 1.0$$

(2)验算梁端腹板区格。按图 2-32(b)不利轮压布置计算,区格左端的剪力为最大剪力 $V_{x\text{max}} = 1656.4\text{kN}$,右端剪力为 $1.1 \times 1.4 \times (1043.1 - 448) + 1.2 \times 0.04 \times (1043.1 - 448) = 945.\text{kN}$,区格右端(距离左端 1.2m 处)弯矩为 $945.0 \times 1.2 = 1134.0\text{kN} \cdot \text{m}$,因此:

平均弯矩应力为

$$\sigma = \frac{M_{x\text{max}}}{W_{\text{nx}}} \frac{h_0}{h} = \frac{1134 \times 10^6/2}{21026 \times 10^3} \times \frac{1600}{1644} = 26.2\text{N/mm}^2$$

平均剪应力为

$$\tau = \frac{V}{h_0 t_{\text{w}}} = \frac{(1656.4 + 945) \times 10^3/2}{1600 \times 12} = 67.7\text{N/mm}^2$$

局部压应力仍为

$$\sigma_c = 136.9 \text{N/mm}^2$$

$$\left(\frac{\sigma}{\sigma_{cr}}\right)^2 + \left(\frac{\tau}{\tau_{cr}}\right)^2 + \frac{\sigma_c}{\sigma_{c,cr}} = \left(\frac{26.2}{296.1}\right)^2 + \left(\frac{67.7}{151.3}\right)^2 + \frac{136.9}{263.5} = 0.73 < 1.0$$

腹板局部稳定无问题。

5）翼缘与腹板的连接焊缝

上翼缘与腹板的连接采用焊透的 T 形对接焊缝,焊缝质量等级不低于二级,不必计算。

下翼缘与腹板的连接采用角焊缝,需要的焊脚尺寸为

$$h_f \geqslant \frac{1}{1.4 f_f^w} \frac{VS_1}{I_x} = \frac{1}{1.4 \times 200} \frac{1656.4 \times 10^3 \times 500 \times 22 \times 811}{1751542.2 \times 10^4} = 3.0 \text{mm}$$

采用 $h_f = 8.0\text{mm} \geqslant 1.5\sqrt{t} = 1.5\sqrt{22} = 7.0\text{mm}$

6）疲劳验算

下列部位需要验算疲劳强度:①下翼缘与腹板连接处的主体金属;②下翼缘连接支撑的螺栓孔处;③横向加劲肋下端的受拉主体金属;④下翼缘与腹板连接的角焊缝。

下面以连接下弦水平支撑的下翼缘螺栓处主体金属和下翼缘与腹板连接的角焊缝为例,说明疲劳强度的验算方法。设一台吊车最大弯矩截面处正好有螺栓孔。

（1）下翼缘连接支撑的螺栓孔处。由于应力幅 $\Delta\sigma = \sigma_{max} - \sigma_{min}$,其中 σ_{max} 为恒载与吊车荷载产生的应力,σ_{min} 为恒载产生的应力,故 $\Delta\sigma$ 为吊车竖向荷载产生的应力。

$$\Delta\sigma = \frac{M_x}{I_{nx}} y = \frac{1684.7 \times 10^6}{21026.9 \times 10^4} = 80.1 \text{N/mm}^2$$

按疲劳计算的构件和连接分类,此处应力为第 18 项 3 类,由表 2-9 查得容许应力幅为 $[\Delta\sigma]_{2\times10^6} = 118\text{N/mm}^2$,吊车梁欠载效应的等效系数由表 2-10 查得 $a_f = 0.8$,则

$$a_f \Delta\sigma = 0.8 \times 78.1 = 62.5\text{N/mm}^2 < 118\text{N/mm}^2（安全）$$

（2）下翼缘与腹板连接的角焊缝。

$$\Delta\tau = \frac{1}{2 \times 0.7 h_f} \frac{V_{xk} S_1}{I_x} = \frac{709.3 \times 10^3 \times 500 \times 22 \times 811}{2 \times 0.7 \times 8 \times 1751542.2 \times 10^4} = 32.3 \text{N/mm}^2$$

按疲劳计算的构件和连接分类,此处应力为第 16 项 8 类,由表 2-9 查得容许应力幅为 $[\Delta\tau]_{2\times10^6} = 59\text{N/mm}^2$,吊车梁欠载效应的等效系数由表 2-10 查得 $a_f = 0.8$,则

$$a_f \Delta\tau = 0.8 \times 32.3 = 25.8\text{N/mm}^2 < 59\text{N/mm}^2（安全）$$

习　　题

2.1　一单壁式肩梁构造如图 2-35 所示,钢材为 Q235B,焊条 E43 型。上柱为焊接工字形、下柱为格构式截面,其截面如图 2-35 所示。上柱荷载为:$M = 650\text{kN} \cdot \text{m}$,$N = 500\text{kN}$。吊车最大轮压标准值为 $D_{max} = 1600\text{kN}$。试验算此肩梁截面强度并设计连接焊缝。

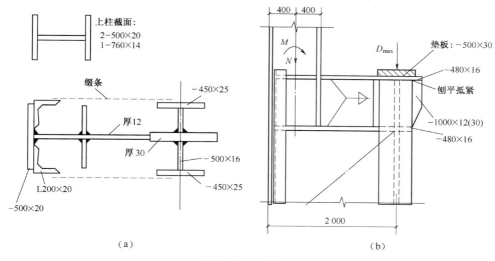

（a）
（b）

图 2-35　习题 2.1

2.2　某简支吊车梁,跨度 12m,材料为 Q345,工作有 2 台 500/100kN 重级工作制(A6 级,软钩)桥式吊车,吊车跨度 $L=31.5m$,横行小车重量 $Q'=154kN$,吊车最大轮压标准值 $P=491kN$。吊车轨高 170mm。采用制动梁结构,制动板选用-8×760 的厚花纹钢板,吊车梁截面形式及尺寸、吊车轮压简图如图 2-36 所示。吊车梁的腹板与翼缘连接焊缝采用自动焊,角焊缝,二级。因吊车钢轨用压板与吊车梁上翼缘连接,故上翼缘在腹板两侧各有一个螺栓孔;为连接下翼缘水平支撑,在下翼缘板的右侧有一个螺栓孔,孔径均为 $d=24mm$(均采用直径为 22mm 的高强度摩擦型螺栓)。试验算此吊车梁截面强度、整体稳定性及疲劳强度(要求验算下翼缘用螺栓连接下弦水平支撑处的主体全属)是否满足要求?

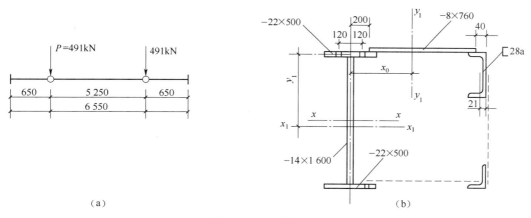

（a）
（b）

图 2-36　习题 2.2

第3章　钢桁架结构

3.1　概述

桁架主要是由轴心受力构件(拉杆和压杆)在端部相互连接而组成的格构式结构。桁架结构应用广泛,除了经常用于工业和民用建筑的屋盖(屋架)结构外,还用于吊车梁(即吊车桁架)、桥梁、输电塔架、起重机(其塔架、梁或臂杆等)、水工闸门、海洋采油平台等。

桁架中的杆件大部分情况下主要受拉力或压力,应力在截面上均匀分布,因而容易发挥材料的作用,可节省钢材且施工方便。但是,钢桁架的杆件和节点较多,构造较为复杂,制造较为费工。

桁架易于构成各种外形以适应不同用途,如可以做成平面桁架、立体桁架、拱、网架及塔架等,其中,网架和塔架(图3-1)属于空间结构体系。平面桁架在竖向荷载作用下的受力实质是格构式的梁,用于屋盖承重结构的梁式桁架叫屋架(图3-2)。平面桁架与实

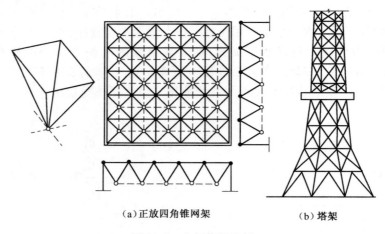

(a)正放四角锥网架　　　　　　　(b)塔架

图3-1　空间桁架示例

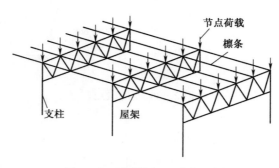

图3-2　平面桁架及受力示例

116

腹式梁相比较,其特点是以弦杆代替翼缘和以稀疏的腹杆代替整体的腹板。这样,平面桁架整体受弯时的弯矩表现为上、下弦杆的轴心受压和受拉,剪力则表现为各腹杆的轴心受压和受拉。本章主要结合钢屋架阐述平面桁架结构体系设计的各种问题。

3.2　桁架外形及腹杆形式

桁架的外形直接受到它的用途的影响。就屋架来说,常用外形一般分为三角形(图3-3(a)~(c))、梯形(图3-3(d)、(e))及平行弦(图3-3(f)、(g))三种。

桁架的腹杆形式常用的有人字式(图3-3(b)、(d)、(f))、芬克式(图3-3(a))、豪式(也叫单向斜杆式,见图3-3(c))、再分式(图3-3(e))及交叉式(图3-3(g))五种。其中前四种为单系腹杆,第五种即交叉腹杆为复系腹杆。

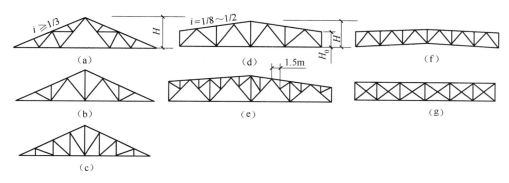

图3-3　钢屋架的外形

3.2.1　确定桁架形式的原则

桁架外形与腹杆形式,应该经过综合分析来确定。确定的原则应从下述几个方面考虑。

1. 满足使用要求

对屋架来说,上弦坡度应适合防水材料的需要。此外,屋架在端部与柱是简支还是刚接、房屋内部净空有何要求、有无吊顶、有无悬挂吊车、有无天窗及天窗形式以及建筑造型的需要等,也都影响屋架外形的确定。

三角形屋架上弦坡度比较陡,适合于波形石棉瓦、瓦楞铁皮等屋面材料,坡度一般为1/3~1/2。三角形屋架端部高度小,需加隅撑(图3-4)才能与柱形成刚接,否则只能与柱形成铰接。

梯形屋架上弦较平坦,适合于采用压型钢板和大型钢筋混凝土屋面板(带油毡防水材料),坡度一般在1/12~1/8。当采用长压型钢板顺坡铺设屋面时,最缓的可用到1/20甚至更小坡度。梯形屋架的端部可做成足够的高度,因之既可铰支于柱也可通过两个节点与柱相连而形成刚接框架。

平行弦屋架可以做成不同大小的坡度,其端部可以铰接也可以刚接,并能用于单坡屋盖和双坡屋盖。

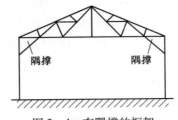

图 3-4　有隔撑的框架

2. 受力合理

只有受力合理时才能充分发挥材料作用,从而达到节省材料的目的。

对弦杆来说,所谓受力合理是要使各节间弦杆的内力相差不太大。这样,用一根通长的型钢来做弦杆时对内力小的节间就没有太大的浪费。一般来讲,简支屋架外形与均布荷载下的抛物线形弯矩图接近时,各处弦杆内力才比较接近。但是,弦杆做成折线形时节点费料费工,所以桁架弦杆一般不做成多处转折的形式,而经常做成上述三种形式,它们的弦杆都只在屋脊处有转折。三者中以梯形屋架与抛物线形弯矩图最接近,它的各节间弦杆内力差别比较小,而在三角形屋架及平行弦屋架中各节间弦杆的差别要大些。

对腹杆来说,为使桁架受力合理,应使长杆受拉短杆受压,且腹杆数量宜少,腹杆总长度也应较小:

(1)芬克式腹杆:腹杆数量虽多,但短杆受压长杆受拉,受力合理且屋架可以拆成三部分,便于运输。

(2)人字式腹杆:杆件数量少,腹杆总长度较小且下弦节点少,从而减少制造工作量。

(3)单向斜杆式腹杆:在梯形和平行弦屋架中,用单向斜杆式腹杆时使较长腹杆受拉,较短腹杆受压,从受力来说还是合理的,但它比人字式腹杆体系的杆数多、节点多;在三角形屋架中,单向斜杆式的腹杆不仅杆件数量多、节点多,且长杆受压、短杆受拉,受力是不合理的。单向斜杆式腹杆通常用于房屋有吊顶,需要下弦节间长度较小的情况。

(4)再分式腹杆:优点是可以使受压上弦的节间尺寸缩小,常在有 1.5m×6m 大型屋面板时采用,以便屋架只受节点荷载作用,同时也使大尺寸屋架的斜腹杆与其他杆件有合适的夹角。再分式腹杆虽然增加了腹杆和节点的数量,但上弦是轴心压杆,既避免了节间的附加弯矩,也减少了上弦杆在屋架平面内的长细比,所以也是一种常采用的腹杆形式。

(5)交叉式腹杆:主要用于可能从不同方向受力的支撑体系。

3. 制造简单及运输与安装方便

制造简单、运输及安装方便可以节省劳动量并加快建设速度。从制造简单方面看,应该是杆件数量少、节点少、杆件尺寸统一及节点构造形式统一。就外形来说,平行弦桁架最容易符合上述要求。就腹杆形式来说,芬克式屋架便于运输,人字式腹杆与单向斜杆式相比,腹杆数目少且节点也少,有利于制造。此外,桁架中杆与杆之间的夹角以 30°~60° 为宜,夹角过小时易使节点构造不合理。

4. 综合技术经济效果好

传统的分析方法多着眼于构件本身的省料与节省工时,这样还是不全面的。在确定桁架形式与主要尺寸时,除上述各点外还应该考虑到各种有关的因素,如跨度大小、荷载状况、材料供应条件等,尤其应该考虑建设速度的要求,以期获得较好的综合技术经济

118

效果。

在上述原则基础上,根据具体条件,桁架形式可有很多变化。图 3 - 5(a)的方式可使三角形屋架支座节点的构造有所改善,因为一般三角形屋架端节间弦杆内力大而交角小,制造上有困难。图 3 - 5(a)的三角形屋架的下弦下沉后,不仅弦杆交角增大且屋架的重心降低,提高了空间稳定性。平行弦双坡屋架如果不是坡度很小,下弦中间部分取水平段为好(图 3 - 5(b))。双坡平行弦屋架的水平变位较大,对支承结构产生推力。下弦中部取水平段后,所述缺陷有所改善,弦杆内力也较均匀。

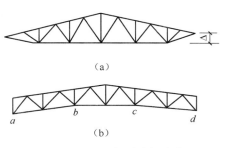

图 3 - 5　屋架形式的变化

3.2.2　桁架主要尺寸的确定

桁架的主要尺寸包括它的跨度 L 和高度 h(包括梯形屋架的端部高度 h_0)。

1. 跨度

桁架的跨度应根据使用和工艺方面的要求确定,同时应考虑结构布置的经济性和合理性。通常跨度为 18、21、24、27、30、36m 等,以 3m 为模数。

2. 高度

桁架的高度由建筑要求、经济高度、刚度条件、运输界限及屋面坡度等因素来决定。桁架的最大高度不能超过运输界限(铁路运输界限高度为 3. 85m),最小高度应满足桁架挠度容许值(永久和可变荷载标准值产生的挠度(如有起拱应减去拱度)的容许值为 $L/400$,可变荷载标准值产生的挠度的容许值为 $L/500$)。对于梯形屋架,通常产生根据屋架形式和工程经验确定端部尺寸 h_0,然后根据屋面材料和屋面坡度确定跨中高度。

根据上述原则,各种桁架高度的具体取值:

(1)三角形桁架,当坡度 $i = 1/3 \sim 1/2$ 时,$h = (1/6 \sim 1/4)L$。

(2)平行弦桁架和梯形桁架的跨中高度主要由经济高度决定,一般为 $h = (1/10 \sim 1/6)L$。

(3)梯形桁架架端部的高度 h_0,当屋架与柱刚接时,$h_0 = (1/16 \sim 1/10)L$;当屋架与柱铰接时,$h_0 \geq (1/18)L$。我国常将 h_0 取为 1. 8 ~ 2. 1m 等较整齐的数值。当为多跨屋架时 h_0 应取一致,以利屋面构造。

以上高度尺寸中,当跨度较小时取下限;当跨度较大时取上限。

3. 其他尺寸

主要尺寸(跨度、高度)确定后,桁架各杆的几何尺寸(长度)即可根据三角函数或投影关系求得,一般可借助计算机或直接查阅有关设计手册或图集完成。

119

3.3　屋盖支撑布置与设计

平面桁架式刚屋架在其自身平面内,由于弦杆与腹杆构成了几何不变体系而具有较大的刚度,能承受屋架平面内的各种荷载。但在垂直于屋架平面方向(通常称为屋架平面外),不设支撑体系的平面屋架的刚度和稳定性很差,不能承受水平荷载。因此,当采用平面桁架作为主要承重结构时,支撑是屋盖结构的必要组成部分。

3.3.1　屋盖支撑的种类

屋盖支撑系统一般包括以下四类:

(1)横向水平支撑,根据其位于屋架的上弦平面还是下弦平面,又可分为上弦横向水平支撑和下弦横向水平支撑。

(2)纵向水平支撑,设于屋架的上弦或下弦平面,布置在沿柱列的各屋架端部节间部位。

(3)垂直支撑,位于两屋架端部或跨间某处的竖向平面内。

(4)系杆,根据其是否能抵抗轴心压力而分成刚性系杆和柔性系杆两种。

3.3.2　屋盖支撑的作用

(1)保证屋盖结构的几何稳定性。

在屋盖中屋架是主要承重构件。各个屋架如仅用檩条和屋面板联系时,其在空间是几何可变体系,在荷载作用下甚至在安装的时候,各屋架就会向一侧倾倒,如图 3-6 中虚线所示。只有用支撑合理地连接各个屋架,形成几何不变体系时,才能发挥屋架的作用,并保证屋盖结构在各种荷载作用下能很好地工作。

首先用支撑将两个相邻的屋架组成空间稳定体,然后用檩条及上下弦平面内的一些系杆将其余各屋架与空间稳定体连接起来,形成几何不变的屋盖结构体系图 3-6(b)。

空间稳定体(图 3-6(b)中的 $ABB'A'$ 与 $DCC'D'$ 之间)是由相邻两屋架和它们之间的上弦横向水平支撑、下弦横向水平支撑以及两端和跨中竖直面内的垂直支撑所组成的。它们形成一个六面的盒式体系。在不设下弦横向水平支撑时,则形成一个五面的盒式体

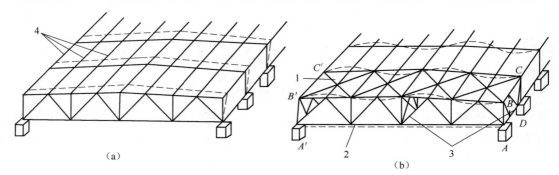

图 3-6　屋盖支撑作用示意图

1—上弦横向水平支撑;2—下弦横向水平支撑;3—垂直支撑;4—檩条或大型屋面板。

系,固定在柱子上也还是空间稳定体。用三角形屋架时,空间稳定体中则没有端部垂直支撑而只在跨中或跨度中某处设置垂直支撑。

（2）保证屋盖的刚度和空间整体性。

横向水平支撑是一个水平放置（或接近水平放置）的桁架,桁架两端的支座是柱或垂直支撑,桁架的高度常为6m（柱距方向）,在屋面平面内具有很大的抗弯刚度。在山墙风荷载或悬挂吊车纵向刹车力作用下,可以保证屋盖结构不产生过大变形。

有时还需要设置下弦纵向水平支撑。同理可知,由纵向支撑提供的抗弯刚度使各框架协同工作形成空间整体性,减少横向水平荷载作用下的变形。

由屋面系统（檩条,有时包括压型钢板或大型屋面板等）及各类支撑、系杆和屋架一起组成的屋盖结构,在各个方向都具有一定的刚度,并保证空间整体性。

（3）为弦杆提供适当的侧向支撑点。

这样可以减小弦杆在屋架平面外的计算长度,保证受压上弦杆的侧向稳定,并使受拉下弦保持足够的侧向刚度。

（4）承担并传递水平荷载。

如传递风荷载、悬挂吊车水平荷载和地震荷载。

（5）保证结构安装时的稳定与方便。

3.3.3 屋盖支撑的布置

1. 上弦横向水平支撑

在有檩条（有檩体系）或不用檩条而只采用大型屋面板（无檩体系）的屋盖中都应设置屋架上弦横向水平支撑,当有天窗架时,天窗架上弦也应设置横向水平支撑。

在能保证每块大型屋面板与屋架三个焊点的焊接质量时,大型板在屋架上弦平面内形成刚度很大的盘体,此时可不设上弦横向水平支撑。但考虑到工地焊接的施工条件不易保证焊点质量,一般仅考虑大型屋面板起系杆的作用。

上弦横向水平支撑应设置在房屋的两端或当有横向伸缩缝时在温度缝区段的两端,一般设在第一个柱间（图3-7）或设在第二个柱间,间距 L_0 以不超过60m为宜。

2. 下弦横向水平支撑

一般情况下应设置下弦横向水平支撑,尤其是设有10t以上桥式吊车的厂房,为了防止屋架水平方向振动,必须设置。只是当跨度较小（ $L \leqslant 18m$ ）,桥式吊车为 $A_1 \sim A_3$ 级且吨位不大,又没有悬挂式吊车,也没有较大的振动设备时,才可不设下弦横向水平支撑。

下弦横向水平支撑与上弦横向水平支撑设在同一柱间,以形成空间稳定体。

3. 纵向水平支撑

当房屋内设有托架,或有较大吨位的重级、中级工作制的桥式吊车,或有壁形吊车,或有锻锤等大型振动设备,以及房屋较高,跨度较大,空间刚度要求高时,均应在屋架下弦（三角形屋架可在下弦或上弦）端节间设置纵向水平支撑。纵向水平支撑与横向水平支撑形成闭合框,加强了屋盖结构的整体性并提高了房屋纵、横向的刚度。

4. 垂直支撑

所有房屋中均应设置垂直支撑。梯形屋架在跨度 $L \leqslant 30m$,三角形屋架在跨度 $L \leqslant 24m$ 时,可仅在跨度中央设置一道（图3-8(a)、(b)）,当跨度大于上述数值时宜在跨度

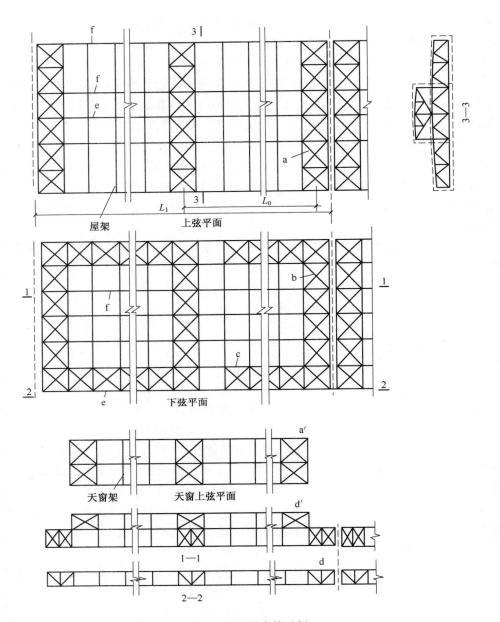

图 3-7 屋盖支撑示例

a—上弦横向水平支撑；b—下弦横向水平支撑；c—纵向水平支撑；d—屋架垂直支撑；

a'—天窗架横向水平支撑；d'—天窗架垂直支撑；e—刚性系杆；f—柔性系杆。

1/3 附近或天窗架侧柱外设置两道（图 3-8（d））。但芬克式屋架，当无下弦横向水平支撑时，即使跨度不大，也要设两道垂直支撑（图 3-8（c）），以保证主要受压腹杆出平面稳定性。梯形屋架不分跨度大小，其两端还应各设置一道（图 3-8、图 3-9），当有托架时则由托架代替。垂直支撑本身是一个桁架，根据尺寸的不同，一般可设计成图 3-8（e）~（g）的形式。

  天窗架的垂直支撑，一般在两侧设置（图 3-9（a）），当天窗的宽度大于 12m 时还应在中央设置一道(图3-9(b))。两侧的垂直支撑桁架,考虑到通风的关系采用图3-9(c)、(d)的形式,而中间仍采用与屋架中相同的形式(图3-9(e))。

沿房屋的纵向,屋架的垂直支撑与上、下弦横向水平支撑布置在同一柱间(图3-5、图3-6)。

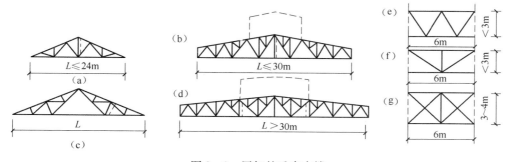

图3-8 屋架的垂直支撑

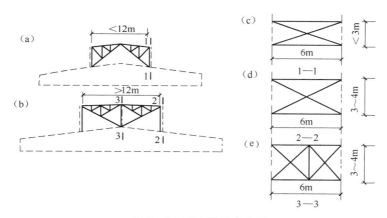

图3-9 天窗架垂直支撑

5. 系杆

没有参与组成空间稳定体的屋架,其上下弦的侧向支承点由系杆来充当,系杆的另一端最终连接于垂直支撑或上下弦横向水平支撑的节点上。能承受拉力也能承受压力的系杆,截面要大一些,叫刚性系杆,只能承受拉力的,截面可以小些,叫柔性系杆。

上弦平面内,大型屋面板的肋可起系杆作用,此时一般只在屋脊及两端设置系杆,当采用檩条时,檩条可代替系杆。有天窗时,屋脊节点的系杆对于保留屋架稳定有重要作用,因为屋架在天窗内没有屋面板或檩条。安装时,屋面板就位前,屋脊及两端的系杆应保证屋架上弦有较适当的平面刚度,由于这种情况具有临时性,且内力不大,上弦杆处平面的长细比可以放宽一些,但不宜超出220,否则应另加设上弦系杆。

下弦平面内,在跨中或跨度内部设置一或两道系杆,此外,在两端设置系杆。设置中部系杆,可以增大下弦杆的平面外刚度,从而保证屋架受压腹杆的稳定性。

系杆的布置原则是:在垂直支撑的平面内一般设置上下弦系杆,屋脊节点及主要支承节点处需设置刚性系杆,天窗侧柱处及下弦跨中或跨中附近可设置柔性系杆;当屋架横向支撑设在端部第二柱间时,则第一柱间所有系杆均应为刚性系杆。

3.3.4 屋盖支撑杆件设计

屋盖支撑受力一般较小,可不进行内力计算,杆件截面常按容许长细比来选择。支撑的受压、受拉杆件容许长细比分别为200、400。交叉斜杆和柔性系杆按拉杆设计,可用单角钢截面,对有张紧装置的交叉斜杆也可采用圆钢截面。非交叉斜杆、弦杆、竖杆以及刚性系杆等均按压杆设计,可用双角钢,但刚性系杆通常将双角钢组成十字形截面,以便两个方向的刚度接近。

当支撑桁架受力较大,如横向水平支撑传递较大的山墙风荷载时,或结构按空间工作计算因而其纵向水平支撑需作柱的弹性支座时,支撑杆件除需满足允许长细比的要求外,尚应按桁架体系计算内力,并据以选择截面。计算横向水平支撑时,除节点风荷载 W 外(图3-10),还应承受系杆传来的支撑力,但二者可不叠加。节点支撑力由下式计算:

$$F = \frac{\sum N}{30(m+1)}(0.6 + 0.4/n) \qquad (3-1)$$

式中　$\sum N$——被撑各屋架弦杆轴压力之和;

　　　n——被撑屋架榀数;

　　　m——中间系杆的道数。

支撑体系的刚性系杆也按 W 或 F 计算。

交叉斜腹杆的支撑桁架是超静定体系,但因受力较小,一般常用简化方法进行分析。例如,当斜杆都按拉杆设计时认为图3-10中用虚线表示的一组斜杆因受压屈曲而退出工作,此时桁架按单斜杆体系分析。当荷载反向时,则认为另一组斜杆退出工作。当斜杆按可以承受压力设计时,其简化分析方法可参阅有关结构力学的文献。

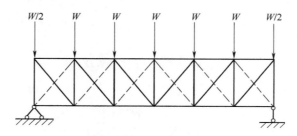

图3-10　横向水平支撑计算简图

3.3.5 屋盖支撑连接节点

支撑系统与屋架的连接都在高空进行,因此大多采用 $d = 20\text{mm}$ 的 C 级螺栓连接以便安装,在有重级工作制吊车或有较大振动的厂房内,屋架下弦支撑的连接宜改用摩擦型高强度螺栓连接或焊缝连接。支撑系统的连接构造形式较多,下面仅介绍几种常用的典型节点。

1. 上弦支撑与屋架的连接节点

在上弦支撑的连接中,交叉斜杆轴线对屋架节点常有难以避免的偏心,如图3-11(a)所示,但应使此偏心为最小。

124

作为有檩屋盖中的交叉斜杆,在交叉点如刚好遇上中间檩条时,交叉斜杆可与焊在中间檩条下的节点板连接,此时该中间檩条可作为屋架上弦的一个侧向支承点,图3-11(b)所示为圆钢交叉支撑与屋架的连接。

当檩条满足压杆长细比要求并有一定的承载力富裕时,可兼做刚性系杆和支撑横杆;当檩条不兼做刚性系杆和支撑横杆或采用大型屋面板时,系杆或支撑横杆应与预先焊在上弦杆及腹杆上的竖板相连,以免这些杆件突出上弦杆表面,从而影响屋面板或檩条的安装,如图3-11(c)所示。

为避免支撑杆件与檩条或大型屋面板主肋等相碰,上弦支撑的交叉斜杆当采用单角钢时,其角钢竖直边一般应朝下,如图3-12(a)、(b)所示。在两交叉杆相交处,可一杆连续,另一杆切断,或两杆均中断。

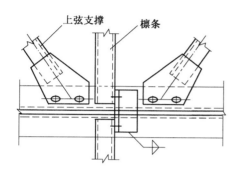

（a）角钢上弦支撑与屋架的连接

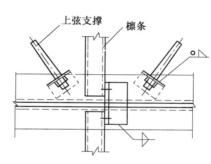

（b）圆钢上弦支撑与屋架的连接

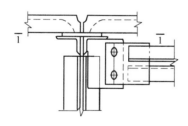

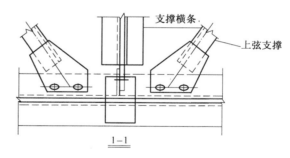

（c）采用大型屋面板时系杆的设置

图3-11　上弦横向支撑与屋架的连接

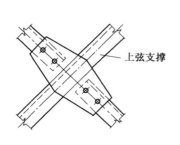

（a）一杆连续,一杆中断

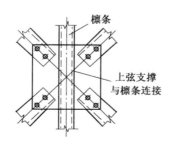

（b）两杆均中断

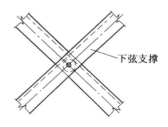

（c）两杆均不中断

图3-12　横向支撑交叉斜杆节点处构造

125

2. 下弦支撑与屋架的连接节点

下弦交叉支撑中的两个角钢在交叉点都可不切断,一个角钢的外伸边朝上,另一个角钢的外伸边朝下,两角钢间在交叉点用厚度等于水平节点板的填板以一个 C 级螺栓相连,如图 3 - 12(c)所示。图 3 - 13 所示为下弦横向支撑和系杆与屋架的连接节点构造。

3. 垂直支撑与屋架的连接节点

图 3 - 14 给出了垂直支撑与屋架的连接节点的两种连接方法。图 3 - 14(a)中将垂直支撑连于屋架的竖杆上,下弦平面柔性系杆也可同样与屋架竖杆相连,此时对屋架竖杆的角钢边宽有一定要求,此连接传力不够直接,节点较弱。图 3 - 14(b)中则将垂直支撑与预先焊在屋架上、下弦的两块竖向小钢板用螺栓相连,此连接传力直接,节点较强。

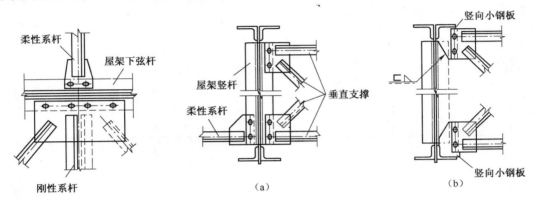

图 3 - 13　下弦横向支撑和系杆与　　　　图 3 - 14　垂直支撑与屋架的连接节点
　　　　　　屋架的连接节点

3.4　桁架荷载与内力计算

3.4.1　荷载

在桁架平面分析中,认为一榀桁架仅承担一个计算单元内的各种荷载。这些荷载包括永久荷载、可变荷载及偶然荷载。它们原则上依据《建筑结构荷载规范》GB50009 进行计算。

1. 永久荷载

屋架承受的永久荷载包括屋面材料、檩条、屋架(包括支撑及天窗)及其它构件和围护结构自重等。它们一般换算为计算单元上的均布面荷载(本书中如无特别说明,均布荷载均指水平投影面上的均布面荷载)。

实腹式檩条的自重标准值可选用均布荷载 $0.05 \sim 0.1 \ kN/m^2$;格构式檩条常可近似取均布荷载 $0.03 \sim 0.05 \ kN/m^2$。

无天窗的钢屋架的自重,包括支撑(未包括天窗架),按屋面水平投影面积的估算公式为

$$q = 0.12 + 0.011L(kN/m^2) \qquad (3 - 2)$$

式中　L——屋架的跨度(m)。

2. 可变荷载

可变荷载包括屋面活荷载、雪荷载、积灰荷载、风荷载、施工荷载及吊车荷载等。

雪荷载和积灰荷载参见 1.4.1 节。施工荷载一般通过在施工中采用临时性措施予以考虑。吊车荷载在吊车梁设计中已说明。

1）屋面活荷载

房屋建筑的屋面，其水平投影面上的屋面均布活荷载，应按表 3-1 采用。

表 3-1 屋面均布活荷载

项次	类　　别	标准值 /（kN/m²）	组合值系数 ψ_c	频遇值系数 ψ_f	准永久值系数 ψ_q
1	不上人的屋面	0.5	0.7	0.5	0
2	上人的屋面	2.0	0.7	0.5	0.4
3	屋顶花园	3.0	0.7	0.6	0.5

注：（1）不上人的屋面，当施工或维修荷载较大时，应按实际情况采用；对不同结构应按有关设计规范的规定，将标准值作 0.2 kN/m² 的增减。

（2）上人的屋面，当兼做其他用途时，应按相应楼面活荷载采用。

（3）对于因屋面排水不畅、堵塞等引起的积水荷载，应采取构造措施加以防止；必要时，应按积水的可能深度确定屋面活荷载。

（4）屋顶花园活荷载不包括花圃土石等材料自重

屋面活荷载不和雪荷载同时考虑，因此只需在屋面活荷载与雪荷载的标准值中取较大值计算。

2）风荷载

风荷载的标准值为

$$w_k = \beta_z \mu_s \mu_z w_0 (kN/m^2) \tag{3-3}$$

式中　w_0——基本风压；

　　　β_z——高度为 z 处的风振系数；

　　　μ_z——风荷载高度变化系数；

　　　μ_s——风荷载体型系数。

对于高度大于 30m 且高度比大于 1.5 的房屋，以及基本自振周期 T_1 大于 0.25s 的各种高耸结构，应考虑风压脉动对结构产生顺风向风振的影响。对于风敏感的或跨度大于 36m 的柔性屋盖结构，应考虑风压脉动对结构产生风振的影响。屋盖结构的风振响应，宜依据风洞试验结果按随机振动理论计算确定。

《建筑结构荷载规范》GB 50009 中给出了一些常用房屋和构筑物的 μ_s 值。图 3-15 摘录了其中两种情况，图 3-15（a）为封闭式双坡屋面，图 3-15（b）为带天窗的封闭式双坡屋面。图中的"+"值表示压力，"-"值表示吸力。由图 3-15 可见，对常用坡度的屋面不论是向风面还是背风面，风荷载主要是吸力，只在天窗架侧面向风面处为压力。

3）偶然荷载

偶然荷载如地震荷载、爆炸力、撞击力等，在此不作讨论。

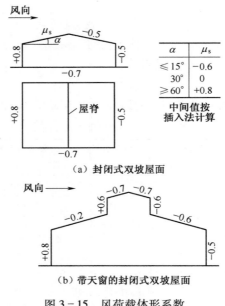

（a）封闭式双坡屋面

（b）带天窗的封闭式双坡屋面

图 3 - 15　风荷载体形系数

3.4.2　桁架内力

1. 计算假定

屋架的内力分析中,常作如下假定:

（1）所有荷载都作用在节点上。

（2）所有杆件都是等截面直杆。

（3）各杆轴线在节点处都相交于一点。

（4）所有节点均为理想铰接。

在这些假设下,桁架杆件均为二力杆(只承受轴心拉力或压力)。在设计与施工中,上述各点除理想铰接节点与实际构造一定出入外,一般都应尽量做到。由于实际节点不是铰接而使杆件中产生的弯矩,称为次弯矩。分析表明:当杆件为 H 形或箱形等刚度较大的截面,且在桁架平面内的杆件截面高度与其节点中心间的几何长度之比大于 1/10（对弦杆）或 1/15（对腹杆）时,由节点刚性引起的次弯距才应予以考虑。一般情况下,由于杆件的线刚度较小,次弯矩对承载力的影响很小,设计时可不考虑,认为屋架节点为理想铰接。

为了与上述计算屋架杆件内力的假定相符,设计时应尽量使荷载作用在节点上,亦即应尽量使无檩屋盖体系中大型屋面板的四角和有檩体系中的檩条放在屋架的节点上。当屋面材料抗弯强度较低、要求檩距较小时,除节点处放置檩条外,其余檩条放在桁架上弦的节间,形成节间荷载。

另外,对于管桁架,《钢结构设计规范》GB 50017 明确规定,在满足下列情况下,分析桁架杆件内力时可将节点视为铰接:

（1）符合各类节点相应的几何参数的适用范围。

（2）在桁架平面内杆件的节间长度或杆件长度与截面高度（或直径）之比不小于 12

（主管）和24（支管）。

2. 节点荷载

不论是否存在节间荷载，在求屋架杆件的轴心内力时，都可把所有屋架荷载假设作用在各节点上（作用在下弦的吊顶等自重则可假定作用于下弦各节点上），此节点荷载值为

$$P = q \cdot l \cdot b \tag{3-4}$$

式中　q——单位面积的荷载设计值，按屋面水平投影面计；

　　　l——屋架间距；

　　　b——所计算节点左右两节间长度水平投影的平均值。

3. 杆件轴力

求得节点荷载 P 后，可由结构力学方法（图解法或解析法）或有限元方法求出杆件内力，对拉力常取为正值，对压力取为负值。

为便于计算及组合内力，也可先求出单位节点荷载作用下的内力（称为内力系数），然后根据不同的荷载及组合，列表进行计算。梯形屋架内力系数计算简图如图 3 – 16 所示。

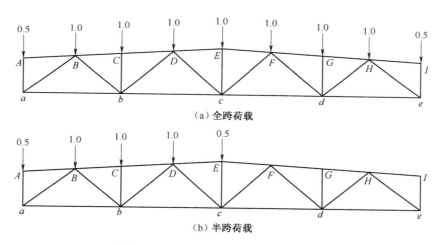

（a）全跨荷载

（b）半跨荷载

图 3 – 16　梯形屋架内力系数计算简图

4. 上弦杆弯矩

当上弦有节间荷载时，节间荷载只对屋架的上弦杆有影响，在上弦杆内将产生弯矩。此时可把上弦杆视为一根支承在上弦各节点上的连续梁进行求解，如图 3 – 17（a）所示。在实际设计中，可利用图 3 – 17（b）所示的弯矩系数直接求出节间和节点处的正、负弯矩，图中 M_0 是按上弦节间为简支梁计算的跨中最大弯矩值。对图 3 – 17（a）所示两种荷载情况，M_0 分别为 $P'b/3$ 和 $P'b/4$。

求上弦杆弯矩的节间荷载，可按下式计算：

$$P' = q' \cdot l \cdot a \tag{3-5}$$

式中　q'——为 q 中扣除屋架自重而计入屋架上弦杆自重所得的荷载设计值，按屋面水平投影面计（当上弦杆截面未知时，上弦杆的自重可取为屋架和支撑自重估计值的 $1/4 \sim 1/5$）；

　　　l——屋架间距；

a——檩距的投影长度。

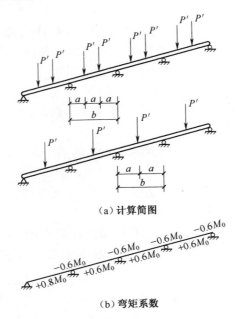

（a）计算简图

（b）弯矩系数

图 3-17 节间荷载作用下的上弦杆弯矩

M_0—按节间为简支跨时的跨中最大弯矩。

5. 内力组合

桁架杆件内力应取各种不同荷载组合下的最不利内力的设计值。所谓最不利内力是指最大设计值或不同荷载下杆件有从拉杆变压杆可能时的最大压力设计值，此值的绝对值可能小于拉力，但由于对压杆需验算整体稳定性，因而有可能控制截面的尺寸。

对于恒荷载，考虑由可变荷载控制的组合（永久荷载分项系数为 1.2）和由永久荷载控制的组合（永久荷载分项系数为 1.35），除预应力大型屋面板等较重屋面外，通常由前者组合起到控制作用。

对于活荷载，主要考虑以下几种组合：

（1）全跨永久荷载+全跨可变荷载。

（2）全跨永久荷载+半跨可变荷载。

（3）屋架和支撑自重+半跨屋面板重+半跨屋面活荷载。

对三角形屋架的内力组合通常只需考虑第（1）种组合，即不论弦杆和腹杆，都是全跨满载时使杆件内力为最不利。而对梯形、人字形、平行弦等屋架，满跨荷载时可使弦杆的内力最大，而跨度中间的部分腹杆，却是半跨受荷载时使其内力最大或会引起内力变号，内力组合时通常需考虑第（1）和第（2）两种基本组合。当采用钢筋混凝土大型屋面板等重屋面时，还要考虑屋架在安装时的半边受荷情况，即半跨的屋面板已吊装、另一半跨屋面板未吊装时，也即第（3）种基本组合，用以考察腹杆中是否有内力变号的可能性。如若施工中采取对称安装屋面板的方法，则可略去第（3）种基本组合。另一种简化的做法是，对梯形、人字形、平行弦等屋架，在进行可能产生内力变号的跨中斜腹杆的截面选择时，不

130

论全跨荷载下它们是受拉还是受压，均按压杆考虑并控制其长细比不超过150。按此处理后一般不必再考虑半跨荷载作用的组合。

屋架的屋面坡度，通常都小于30°，此时屋面的风荷载一般为吸力，起卸载作用，一般不予考虑。但当采用轻质屋面材料且风荷载很大时，还应考虑"恒荷载+风荷载"的组合，以考察在风的吸力作用下使屋架下弦杆等拉杆变成压杆和支座反力变向的可能性。在计算此荷载组合时，恒荷载的分项系数应取1.0。

轻型屋面房屋，当吊车起重量 Q≥20t 或风荷载较大时，尚应考虑柱顶的剪力引起的屋架下弦杆的轴力的增加。

以上是屋架支承于钢筋混凝土柱顶组成铰接桁架时的内力组合，与柱刚接的屋架，应先按铰接屋架计算杆件内力，再与根据框架内力分析得到的屋架端弯矩和水平力进行组合，从而计算出屋架杆件的控制内力。

3.5 桁架杆件设计

3.5.1 桁架杆件的截面形式

桁架常见杆件截面形式如图 3-18 所示。在屋架中，常用由双角钢组成的截面，如图 3-18(a)~(e) 所示。屋架弦杆也可采用 T 形钢，如图 3-18(f) 所示，此时可把双角钢的腹杆直接焊接于 T 形钢腹板的两侧而省去节点板。对于跨度较大、荷载较重的桁架，可采用型钢截面，如图 3-18(g)、(h) 所示。此外，近年来发展较快的管截面屋架，如图 3-18(i)~(k) 所示，可以直接焊接而不需要节点板。管结构与开口截面相比，其抗压稳定性、抗扭能力和抗锈蚀性（两头封闭后内部不易锈蚀）都较好，同时还可利用机械进行端部的自动切割，制造工作量少。

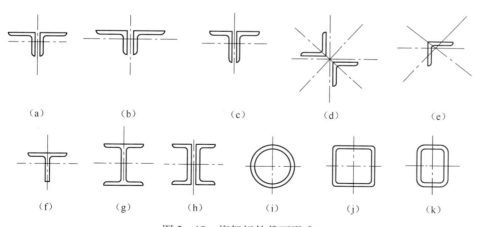

| (a) | (b) | (c) | (d) | (e) |
| (f) | (g) | (h) | (i) | (j) | (k) |

图 3-18 桁架杆件截面形式

此外，还有一种由圆钢和小于"∟"45×4 或"∟"56×36×4 的小角钢组成的轻型钢屋架，其特点是用钢量少、取材方便和吊装简易，在小型房屋中应用较多。轻型钢屋架的设计与普通钢屋架无原则上的区别，只是由于它的结构形式、构件截面、连接构造、施工和使用条件等有所不同，在设计中考虑其特点而有专门规定。

3.5.2 桁架杆件的计算长度与容许长细比

1. 弦杆和单系腹杆的计算长度

杆件的计算长度 l_0 为其几何长度 l 与计算长度系数 μ 的乘积,其值取决于屈曲时构件两端位移所受到的约束程度。本节主要讨论桁架杆件有节点板的情况。

在理想的铰接桁架中,杆件在桁架平面内的计算长度应是节点中心之间的距离。但实际上桁架节点具有一定的刚度,节点不是真正的铰接,而是一种介于刚接和铰接的弹性嵌固。嵌固程度与节点构造有关,也与相交于同一节点的构件刚度和受力状况有关。

在桁架平面内(图3-19),弦杆、支座竖杆和端斜杆的两端节点上相交的压杆多、拉杆少,杆件本身线刚度又大,所以嵌固程度较弱,同时考虑到这些杆件在屋架中较重要,可偏安全地视为铰接,计算长度可取为节点间的轴线长度,即 $l_{0x}=l$。对于其他腹杆,一端与受压上弦杆相连,嵌固作用不大,可视为铰接,另一端与受拉下弦杆相连,嵌固程度较大,可视为刚接,计算长度取 $l_{0x}=0.8l$;在斜平面(斜平面系指与桁架平面斜交的平面,适用于构件截面两主轴均不在桁架平面内的单角钢腹杆和双角钢十字形截面腹杆),节点板的刚度不如在桁架平面内,故取 $l_{0x}=0.9l$。

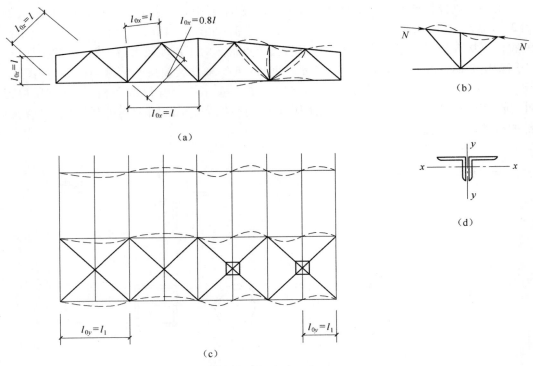

图 3-19　屋架杆件的计算长度

在桁架平面外(图3-19),上、下弦杆的计算长度应取其侧向支承点之间的距离弦杆 l_1,即 $l_{0y}=l_1$。侧向支承点必须是桁架横向支撑或垂直支撑及与其用系杆相连的各个节点,如图3-19所示。当腹杆平面外屈曲时,由于节点板在屋架平面外的刚度很小,腹杆在屋架平面外的计算长度取其两端节点间距,即 $l_{0y}=l$。

桁架弦杆和单系腹杆(用节点板与弦杆连接)的计算长度汇总列于表 3-2。

表 3-2 桁架弦杆和单系腹杆的计算长度

项 次	弯曲方向	弦杆	腹杆	
			支座斜杆和支座竖杆	其他腹杆
1	在桁架平面内	l	l	$0.8l$
2	在桁架平面外	l_1	l	l
3	斜平面	—	l	$0.9l$
注:无节点板的腹杆计算长度在任意平面内均取其等于几何长度(钢管结构除外)				

2. 变内力杆件的计算长度

如图 3-20 所示,受压弦杆的侧向支承点间距离 l_1 时常为弦杆节间长度的 2 倍,且两节间的弦杆轴心压力有变化(设 $N_1>N_2$)。由于杆截面没有变化,受力小的杆段相对地比受力大的杆段刚强,用 N_1 验算弦杆平面外稳定时如用 l_1 为计算长度显然过于保守。此时,该弦杆在桁架平面外的计算长度,应按下式确定(但不应小于 $0.5 l_1$):

$$l_0 = l_1\left(0.75 + 0.25 \frac{N_2}{N_1}\right) \qquad (3-6)$$

式中 N_1——较大的压力,计算时取正值;

N_2——较小的压力或拉力,计算时压力取正值,拉力取负值。

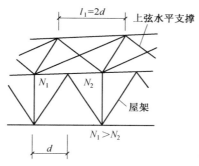

图 3-20 变内力弦杆的平面外计算长度

桁架再分式腹杆体系的受压主斜杆及 K 形腹杆体系的竖杆等(图 3-21),在桁架平面外的计算长度也应按式(3-6)确定(受拉主斜杆仍取 l_1);在桁架平面内的计算长度则取节点中心间距离。

3. 交叉腹杆的计算长度

如图 3-22 所示,斜杆的几何长度为 l,在交叉点处有两种可能的构造方式:一是两杆均不断开;二是一杆不断开,另一杆断开而用节点板拼接。无论是否有斜杆断开,两斜杆总是在交叉点处相互连接的。

(1)在桁架平面内,无论另一杆为拉杆或压杆,认为两杆可互为支承点,但并不提供转动约束。所以,在桁架平面内的计算长度应取节点中心到交叉点间的距离,即 $l_{0x} = 0.5l$。

(2)在桁架平面外,相交的拉杆可以作为压杆的平面外支承点,而压杆除非受力较小且又不断开,否则不能起支点作用。因此,在桁架平面外的计算长度与杆件的受力性质和

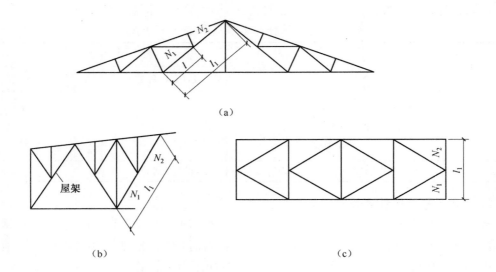

（a）

屋架

（b）　　　　　　　　　　　　（c）

图 3 - 21　其他轴心压力在屋架平面外的内力变化

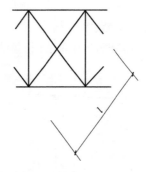

图 3 - 22　交叉腹杆的计算长度

大小及交叉点的连接构造有关。当两交叉杆的长度相等时,其平面外计算长度应按下列规定计算:

① 压杆。相交的另一杆受压,且两杆的交叉点均不中断时,有

$$l_0 = l\sqrt{\frac{1}{2}\left(1 + \frac{N_0}{N}\right)}\qquad(3-7)$$

相交的另一杆受压,两杆中一杆在交叉点中断但与节点板搭接时,有

$$l_0 = l\sqrt{1 + \frac{\pi^2 N_0}{12N}}\qquad(3-8)$$

相交的另一杆受拉,两杆的交叉点均不中断时,有

$$l_0 = l\sqrt{\frac{1}{2}\left(1 - \frac{3N_0}{4N}\right)} \geqslant 0.5l\qquad(3-9)$$

相交的另一杆受拉,两杆中一杆在交叉点中断但与节点板搭接时,有

$$l_0 = l\sqrt{1 - \frac{3}{4}\frac{N_0}{N}} \geq 0.5l \qquad (3-10)$$

当此拉杆连续而压杆在交叉点中断但以节点板搭接,若 $N_0 \geq N$ 或拉杆在桁架平面外的抗弯刚度 $EI_y \geq \frac{3N_0 l^2}{4\pi}\left(\frac{N}{N_0}-1\right)$ 时,取 $l_0 = 0.5l$。

式中 l 为桁架节点中心间距离(交叉点不作为节点考虑);N 为所计算杆的内力;N_0 为相交另一杆的内力,均不绝对值。两杆均受压时,取 $N_0 \leq N$,两杆截面应相同。

② 拉杆,应取 $l_0 = l$。

(3)当确定交叉腹杆中单角钢杆件斜平面内的长细比时,计算长度应取节点中心至交叉点间的距离。

4. 容许长细比

为了保证桁架杆件在运输、安装和使用阶段的正常工作,无论压杆或拉杆,都应满足一定的刚度要求,即符合规范规定的容许长细比。

桁架杆件的容许长细比按附表 2-8 和附表 2-9 取用。对于压杆,一般取 $[\lambda]=150$;对于支撑的受压杆件,一般取 $[\lambda]=200$。对于拉杆,当承受静荷载或设有轻、中级工作制吊车厂房间接承受动荷载时,取 $[\lambda]=350$;当直接承受动荷载或重级工作制吊车厂房间接承受动荷载时,取 $[\lambda]=250$;对于支撑的受拉杆件,一般取 $[\lambda]=400$。

3.5.3 桁架杆件截面设计

1. 截面选择

选择屋架杆件的截面时,应考虑构造简单、施工方便、取材容易和易于连接。

1)角钢杆件截面选择

对于角钢桁架,截面选择须注意以下几点:

(1)在相同用钢量的情况下,应优先选用厚度较薄的截面,使截面具有较大的刚度(截面回转半径),但受压杆件肢板应满足局部稳定的要求。

(2)屋架杆件的截面设计大部分由承载能力极限状态(强度、稳定)控制。当受力较小时,也可能由刚度条件(容许长细比)或最小截面尺寸控制。

在普通钢结构的受力构件及其连接中不宜采用:厚度小于 5mm 的钢板;厚度小于 3mm 的钢管;截面小于∟45×4 或∟56×36×4 的角钢(对焊接结构),或截面小于∟50×5 的角钢(对螺栓连接的结构)。

(3)凡需用 C 级螺栓与支撑杆件相连接的屋架杆件角钢的边长,应注意是否满足最小肢宽要求。连接支撑系统的 C 级螺栓直径一般为 $d=20\text{mm}$,拼接处定位用的安装螺栓直径可用 $d=16\text{mm}$,相应的角钢开孔边的最小边长将为 70mm 和 53mm。

(4)为减少拼接的设置,屋架弦杆的截面常根据受力最大的节间杆力选用。只当跨度较大(如大于 24m)、因角钢供应长度限制而必须设置拼接以接长时,可根据节间内力变化在半跨内改变截面一次。改变截面时宜改变角钢的边长而保持厚度不变,以利拼接。

(5)焊接屋架中,弦杆角钢水平边上连支撑构件的螺栓孔的位置,若位于节点板范围以内并距竖向节点板边缘大于等于 100mm 时,需考虑节点板的参与,计算杆件强度时,可不计孔对弦杆截面的削弱,如图 3-23 所示。

（6）屋架杆件采用以角钢组成的 T 形截面时,应根据图 3－24 所示相应截面的回转半径比值,尽可能使两个方向的长细比λ_x与λ_y相接近,以获得较经济的截面。

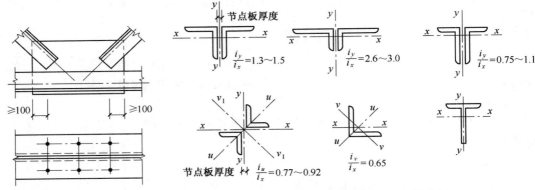

图 3－23　节点板范围　　　　　　图 3－24　角钢杆件截面的回转半径
内的螺栓孔

例如,一般单系腹杆的$l_{0y}/l_{0x}=1/0.8=1.25$,宜选用两等边角钢($i_y/i_x=1.3\sim1.5$);当弦杆的$l_{0y}/l_{0x}\geqslant2$时,则宜选用长边外伸的两不等边角钢($i_y/i_x=2.6\sim3.0$),但当上弦杆承受节间荷载时,宜改用两个等边角钢;支座斜杆$l_{0y}/l_{0x}=1.0$时,宜选用短边外伸的两不等边角钢($i_y/i_x=0.75\sim1.1$)。需要注意的是,双角钢属于单轴对称截面,绕对称轴(y轴)屈曲时伴随有扭转,λ_y应取考虑扭转效应的换算长细比λ_{yz}。

当屋架竖杆的外伸边需与垂直支撑相连接,则该竖杆宜采用由双角钢组成的十字截面。可使垂直支撑对该竖杆的连接偏心为最小。此外,当该竖杆位于屋架中央时,还可使在工地 吊装时屋架的左、右端可以任意放置。

受力较小、长度较短的次要腹杆可采用单面连接的单角钢截面,但其连接的强度设计值应乘以以下的折减系数:

按轴心受力计算强度和连接时:0.85。

按轴心受压计算稳定性时:

等边角钢:$0.6+0.0015\lambda\leqslant1.0$;

短边相连的不等边角钢:$0.5+0.0025\lambda\leqslant1.0$;

长边相连的不等边角钢:0.7。

λ 为对中间无联系的单角钢压杆按最小回转半径计算的长细比,当 $\lambda<20$ 时,取 $\lambda=20$。

（7）为便于备料,整榀屋架所用角钢规格品种不能过多。当两种规格尺寸相近时,宜尽量使其统一。

（8）双角钢杆件 T 形截面或十字截面,角钢的两背面都分别贴在节点板的两侧,在节点板的区域外有等于节点板厚度的空隙,为了使两角钢整体工作而可按实腹式构件进行计算,在节点板的区域外必须设置填板,如图 3－25 所示。

① 填板间距。填板间距 l_1 不应超过下列数值:

受拉构件:$80i$;

受压构件:$40i$;

T形截面的 i 为单个角钢对与填板平行的形心轴的回转半径；十字形截面的 i 为单个角钢的最小回转半径。

② 填板数量。受压杆件的两个侧向支承点之间的填板数不得少于 2 个。

③ 填板尺寸。每块填板的尺寸可按下列确定：

厚度：t = 节点板厚度。

宽度：b = 50~80mm。

长度：当为 T 形截面时，h = 角钢连接边宽度 + 2×（10~15mm），即填板伸出角钢连接边每边 10~15mm；当为十字形截面时，填板每边缩进角钢轮廓 15~20mm，以利于布置焊缝。

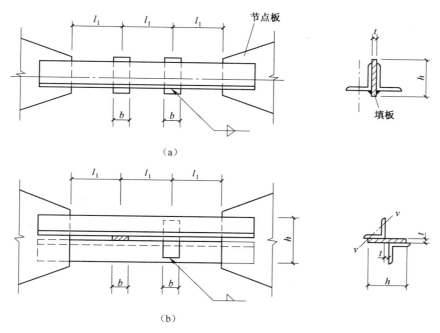

图 3-25 双角钢填板的设置

2）钢管杆件截面选择

钢管杆件的截面形式分为两种：圆管和矩形管。无论是圆管还是矩形管，其截面材料都分布在远离中性轴的位置，而且是剪心和形心重合的封闭截面，其抗弯和抗扭的力学性能明显优于角钢。由钢管构件组成的桁架可以省去大量节点板、填板等的制作。除此之外，管截面特有的封闭性使其具有良好的防腐蚀性能。

目前，钢管桁架结构主要用于在不直接承受动力荷载的场合，对于管桁架，截面选择须注意以下几点：

（1）为了防止钢管构件的局部屈曲，圆钢管的外径与壁厚之比一般要求不超过 $100\sqrt{235/f_y}$，矩形管的最大外边缘尺寸与壁厚之比不超过 $40\sqrt{235/f_y}$。

（2）原则上既可采用热加工管材，亦可采用冷成型管材，但其材料的屈曲强度 f_y 均应不超过 $345\mathrm{N/mm^2}$，屈强比 $f_y/f_u \geq 0.8$，且钢管壁厚不宜大于 25mm。

2. 截面设计

桁架杆件一般都为轴心拉杆和轴心压杆，当简支桁架的上弦杆或下弦杆有节间荷载时,则分别为压弯构件或拉弯构件。

1)轴心拉杆的截面设计

根据 $A_n \geqslant N/f$、$i_x \geqslant l_{0x}/[\lambda]$、$i_y \geqslant l_{0y}/[\lambda]$,从角钢或钢管规格表中选取合适的截面。

对单面连接的单角钢,抗拉强度设计值应乘以折减系数 0.85。

2)轴心压杆的截面设计

需先假定 λ 值,采用试算法选择截面,通常弦杆取 $\lambda = 80 \sim 100$,腹杆取 $\lambda = 100 \sim 120$;查表得 φ 值代入整体稳定性公式 $N/\varphi A \leqslant f$,即可计算得面积 A;同时算出回转半径 i_x 和 i_y,即可从角钢或钢管规格表中选取截面;再进行验算,不合适时再作调整。

3)压弯(拉弯)杆件的截面设计

通常先选定截面,然后进行各项验算(拉弯杆件仅进行强度验算),不满足要求时再作调整。

(1)强度验算:

$$\frac{N}{A_n} \pm \frac{M_x}{\gamma_x W_{nx}} \pm \frac{M_y}{\gamma_y W_{ny}} \leqslant f \tag{3-11}$$

(2)弯矩作用平面内(绕 x 轴)稳定验算:

$$\frac{N}{\varphi_x A} + \frac{\beta_{mx} M_x}{\gamma_x W_{1x}(1 - 0.8N/N'_{Ex})} \leqslant f \tag{3-12}$$

对于单轴对称截面压弯构件,当弯矩作用在对称平面内且使较大翼缘受压时,除应按公式(3-12)计算外,尚应按下式对角钢竖直边趾尖进行计算:

$$\left| \frac{N}{A} - \frac{\beta_{mx} M_x}{\gamma_x W_{2x}(1 - 1.25 \dfrac{N}{N_{Ex}})} \right| \leqslant f \tag{3-13}$$

(3)弯矩作用平面外稳定验算:

$$\frac{N}{\varphi_y A} + \eta \frac{\beta_{tx} M_x}{\varphi_b W_{1x}} \leqslant f \tag{3-14}$$

式(3-11)~式(3-14)的具体含义详见《钢结构设计规范》GB50017。

4)角钢杆件换算长细比 λ_{yz} 的简化计算

双角钢压杆和轴对称放置的单角钢压杆绕对称轴(y 轴)失稳时的换算长细比 λ_{yz} 除按理论公式计算外,可以用以下简化公式计算:

(1)等边双角钢截面

当 $b/t \leqslant 0.58 l_{0y}/b$ 时,有

$$\lambda_{yz} = \lambda_y \left(1 + \frac{0.475 b^4}{l_{0y}^2 t^2} \right) \tag{3-15}$$

当 $b/t > 0.58 l_{0y}/b$ 时,有

$$\lambda_{yz} = 3.9 \frac{b}{t} \left(1 + \frac{l_{0y}^2 t^2}{18.6 b^4} \right) \tag{3-16}$$

(2)长肢相并的不等边双角钢截面

当 $b_2/t \leqslant 0.48 l_{0y}/b_2$ 时,有

$$\lambda_{yz} = \lambda_y \left(1 + \frac{1.09b_2^4}{l_{0y}^2 t^2}\right) \tag{3-17}$$

当 $b_2/t > 0.48\, l_{0y}/b_2$ 时,有

$$\lambda_{yz} = 5.1 \frac{b_2}{t} \left(1 + \frac{l_{0y}^2 t^2}{17.4b_2^4}\right) \tag{3-18}$$

(3)短肢相并的不等边双角钢截面

当 $b_1/t \le 0.56 l_{0y}/b_1$ 时,近似取

$$\lambda_{yz} = \lambda_y \tag{3-19}$$

当 $b_1/t > 0.56\, l_{0y}/b_1$ 时,有

$$\lambda_{yz} = 3.7 \frac{b_1}{t} \left(1 + \frac{l_{0y}^2 t^2}{52.7b_1^4}\right) \tag{3-20}$$

(4)等边单角钢截面

当 $b/t \le 0.54 l_{0y}/b$ 时,有

$$\lambda_{yz} = \lambda_y \left(1 + \frac{0.85b^4}{l_{0y}^2 t^2}\right) \tag{3-21}$$

当 $b/t > 0.54 l_{0y}/b$ 时,有

$$\lambda_{yz} = 4.78 \frac{b}{t} \left(1 + \frac{l_{0y}^2 t^2}{13.5b^4}\right) \tag{3-22}$$

式中　b、b_1、b_2——等边角钢肢宽、不等边角钢的长肢宽和短肢宽;

　　　　t——角钢厚度。

式(3-15)~式(3-22)都由两个式子组成,其中前一个式子为 λ_y 乘以放大系数,表明弯曲是屈曲变形的主导模式;后一个式子以宽厚比为基础,表明扭转成为屈曲变形的主导模式,此时 λ_{yz} 和 λ_y 相比,增大得较多,这种情况发生在 λ_y 较小的杆件。

对单面连接的单角钢轴心受力构件,在计算其绕对称轴和绕平行于肢边的轴的稳定性时,也可按弯扭屈曲采用换算长细比。但在设计中若考虑了折减系数后,可不考虑弯扭效应,因折减系数中已考虑此因素。

[例 3-1] 在某厂房的三角形屋架中,下弦 Ab 杆受力 $N_{Ab} = 136.07$kN,竖杆 Ed 为零杆,且在腹杆 Cc 处有垂直支撑,下弦 A 点和 c 点处有水平系杆(图3-26)。连接支撑的螺

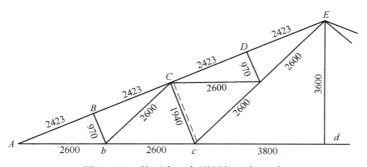

图 3-26　某厂房三角形屋架几何尺寸

139

栓孔设在节点板上,节点板预先焊于杆件上,所以各杆截面无削弱。该厂房内无吊车,材料为 Q235B。试设计 *Ab* 杆及 *Ed* 杆的截面。

解：

下弦 *Ab* 杆需要的截面积为

$$A = N_{Ab}/f = 136.07 \times 10^3/(215 \times 10^2) = 6.33 \text{cm}^2$$

选用 2 ∟ 45×4 角钢（图 3-27（a）），查得 $A = 2 \times 3.49 = 6.98 \text{cm}^2$，$i_x = 1.38 \text{cm}, i_y = 2.08 \text{cm}$。

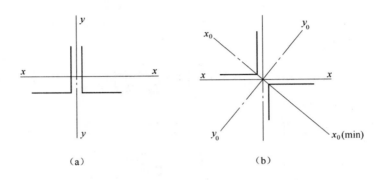

图 3-27　例题[3-1]所选杆件截面

下弦 *Ab* 杆的强度和刚度（受拉杆件的容许长细比为 350）验算如下：

$$\sigma = \frac{N_{Ab}}{A_n} = \frac{136.07 \times 10^3}{6.98 \times 10^2} = 194.9 \text{N/mm}^2 < \quad f = 215 \text{N/mm}^2 \quad （强度满足要求）$$

$$\lambda_x = (l_{0x})_{Ab}/i_x = 260/1.38 = 188 \ < \ 350$$

$$\lambda_y = (l_{0y})_{Ab}/i_y = 260 \times 2/2.08 = 250 \ < \ 350 （刚度满足要求）$$

竖杆 *Ed* 为零杆,截面只需要根据刚度条件选择,采用等肢双角钢十字形截面。桁架的竖杆按压杆考虑,容许长细比为 200,则十字形截面所需回转半径为

$$i_{min} = l_0/\lambda = 0.9 \times 360/200 = 1.62 \text{cm}$$

由角钢表查得∟45×4, $i_{min} = 1.74 \text{cm}$,所以杆 *Ed* 采用 2 ∟ 45×4 角钢（图 3-27（b））。

3.6　桁架节点设计

钢桁架中的各杆件在节点处通常是焊接在一起的,但重型桁架如栓焊桥,则在节点处用高强螺栓连接。连接可以使用节点板(图 3-28(a)),也可以不使用节点板,而将腹杆直接焊接于弦杆上(图 3-28(b))。

节点设计的具体任务是确定节点的构造、连接焊缝及节点承载力的计算。使用节点板时,尚需决定节点板的形状和尺寸。

节点的构造应传力路线明确、简捷,制作安装方便。节点板应该只在弦杆与腹杆之间传力,以免任务过重和厚度过大。弦杆如果在节点处断开,应设置拼接材料在两段弦杆间直接传力。

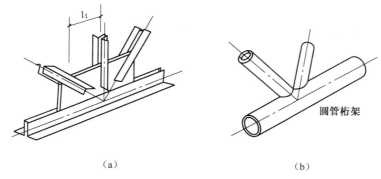

（a）   （b）

图 3－28　桁架节点

3.6.1　双角钢截面杆件的节点

1. 双角钢截面杆件节点设计的一般原则

（1）双角钢截面杆件在节点处以节点板相连,各杆轴线交汇于节点中心。理论上各杆轴线应是型钢的形心轴线,当杆件用双角钢时,因角钢截面的形心与肢背的距离常不是整数,为制造方便,焊接桁架中应将此距离调整成 5mm 的倍数(小角钢除外),用螺栓连接时应该用角钢的最小线距来汇交。这样汇交给杆件轴线力带来的偏心很小,计算时可略去不计。

（2）角钢的切断面一般应与其轴线垂直,需要斜切以便使节点紧凑时只能切肢尖（图 3－29（a））。

像图 3－29（b）那样切肢背是错误的,因为不能用机械切割且布置焊缝时将很不合理。

（3）如果弦杆截面需沿长度变化,截面改变点应在节点上,且应设置拼接材料。

如果是上弦杆,为方便安装屋面杆件,应使角钢的肢背平齐。此时取两段角钢形心间的中线作为弦杆的轴线以减小偏心作用,如图 3－30 所示。如果偏心 e 不超过较大杆件截面高度的 5%,可不考虑偏心对杆件产生的附加弯矩。否则应按汇交节点的各杆件线刚度分配偏心力矩,并按偏心受力构件计算各杆件的强度和稳定。

$$M_i = \frac{M \cdot K_i}{\Sigma K_i} \qquad\qquad (3-23)$$

式中　M——偏心力矩,$M = (N_1 + N_2)e$;

　　　M_i——分配给第 i 杆的力矩;

　　　K_i——第 i 杆的线刚度,$K_i = \dfrac{EI_i}{l_i}$;

　　　ΣK_i——汇交于节点各杆线刚度之和。

（4）为施焊方便,且避免焊缝过分密集致使材质变脆,节点板上各杆件之间焊缝的净距不宜过小,用控制杆端间隙 a（图 3－30）来保证。

受静载时,$a \geqslant 10 \sim 20$mm;受动载时,$a \geqslant 50$mm;但也不宜过大,因增大节点板将削弱节点的平面外刚度。

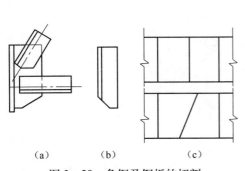

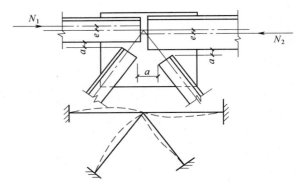

图 3-29 角钢及钢板的切割   图 3-30 截面改变引起偏心的节点受力
注:弦杆拼接角钢未示出。

2. 节点板设计

1) 形状和尺寸

节点板的形状和尺寸在绘制施工图时确定。节点板的形状应简单,如矩形、梯形(图 3-29(c))等,必要时也可用其他形状,但一般至少应有两条平行边。节点板不应有凹角,以免有严重的应力集中。节点板的尺寸还应适当考虑制作和装配的误差。

2) 厚度

节点板的受力较复杂,可依据经验初选厚度后再做相应验算。梯形屋架和平行弦屋架的节点板将腹板的内力传给弦杆,节点板的厚度即由腹杆最大内力(一般在支座处)来决定。三角形屋架支座处的节点板要传递端节间弦杆的内力,因此节点板的厚度应由上弦杆内力来决定。另外,节点板的厚度还应受到焊缝的焊脚尺寸等因素的影响。

一般屋架支座节点板受力大,中间节点板受力小,中间节点板厚度可比支座节点板厚度减小 2mm。中间节点板厚度可参照表 3-3 选用,节点板的最小厚度为 6mm。在一榀屋架中除支座节点板厚度可以大 2mm 外,其他节点板取相同厚度。

表 3-3 单壁式桁架节点板厚度选用表

桁架腹杆内力或三角形屋架弦杆端节间内力 N/kN	≤170	171~290	291~510	511~680	681~910	911~1290	1291~1770	1771~3090
中间节点板厚度 t/mm	6	8	10	12	14	16	18	20
注:节点板为 Q235 钢,当为其他钢号时,表中数字应乘以 $235/f_y$								

3) 强度

节点板的拉剪破坏可按下式计算:

$$\frac{N}{\Sigma(\eta_i A_i)} \leq f \qquad (3-24)$$

单根腹杆的节点板则按下式计算:

$$\sigma = \frac{N}{b_e \cdot t} \leq f \qquad (3-25)$$

式中 b_e——板件的有效宽度(图 3-31),当用螺栓连接时,应取净宽度(图 3-31(b)),

142

图中 θ 为应力扩散角,可取为30°;

t——板件厚度。

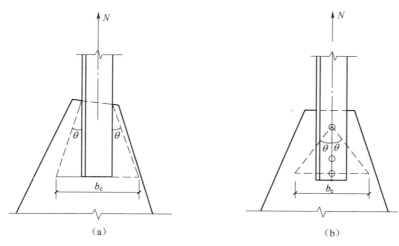

图 3 - 31　板件的有效宽度

4)稳定

根据实验研究,桁架节点板在斜腹杆压力作用下的稳定应符合下列要求:

(1)对有竖腹杆的节点板(图 3 - 32),当 $c/t \leqslant 15\sqrt{235/f_\mathrm{y}}$ 时,可不计算稳定;否则应进行稳定计算。但在任何情况下 c/t 不得大于 $22\sqrt{235/f_\mathrm{y}}$,其中 c 为受压腹杆连接肢端面中点沿腹杆轴线方向至弦杆的净距离,t 为节点板厚度。

(2)对无竖腹杆的节点板,$c/t \leqslant 10\sqrt{235/f_\mathrm{y}}$ 时,节点板的稳定承载力可取为 $0.8b_\mathrm{e}tf$;当 $c/t > 10\sqrt{235/f_\mathrm{y}}$ 时,应进行稳定计算。但在任何情况下,c/t 不得大于 $17.5\sqrt{235/f_\mathrm{y}}$。

用上述方法计算桁架节点板强度及稳定时应满足下列要求:

(1)节点板边缘与腹杆轴心之间的夹角应不小于15°。

(2)斜腹杆与弦杆夹角应为30°~60°。

(3)节点板的自由边长度 l_f(图 3 - 28(a))与厚度 t 之比不得大于 $60\sqrt{235/f_\mathrm{y}}$ 否则应沿自由边设加劲肋予以加强。

3. 双角钢截面杆件节点的构造与计算

1)一般节点

一般节点指节点无集中荷载也无弦杆拼接的节点。图 3 - 32 是一般下弦节点,其各腹杆与节点板之间的传力(即 N_3、N_4 和 N_5),一般用两侧角焊缝实现,也可用 L 形围焊缝或三面围焊缝实现。腹杆与节点板间焊缝按受轴心力角钢的角焊缝计算。

由于弦杆是连续的,本身已传递了较小的力(即 N_2),弦杆与节点板之间的焊缝只传递差值 $\Delta N = N_1 - N_2$ 按下列公式计算其焊缝长度。

肢背焊缝:
$$l_{\mathrm{w1}} \geqslant \frac{K_1 \Delta N}{2 \times 0.7 h_{\mathrm{f}_1} \cdot f_{\mathrm{f}}^{\mathrm{w}}} + 2h_{\mathrm{f1}} \qquad (3-26)$$

肢尖焊缝:
$$l_{\mathrm{w2}} \geqslant \frac{K_2 \Delta N}{2 \times 0.7 h_{\mathrm{f}_2} \cdot f_{\mathrm{f}}^{\mathrm{w}}} + 2h_{\mathrm{f2}} \qquad (3-27)$$

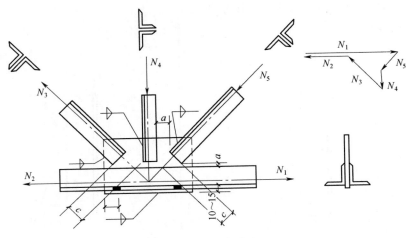

图 3-32　一般节点

式中　K_1、K_2——角钢肢背、肢尖焊缝内力分配系数；

　　　h_{f1}、h_{f2}——肢背、肢尖焊缝焊脚尺寸；

　　　f_f^w——角焊缝强度设计值。

由 ΔN 算得的焊缝长度往往很小，此时可按构造要求在节点板范围内进行满焊。节点板的尺寸应能容下各杆焊缝的长度。各杆之间应留有空隙 a（图 3-32），以利装配与施焊。节点板应伸出弦杆 10～15mm，以便施焊。在保证应留间隙的条件下，节点应设计紧凑。

2）有集中荷载的节点

图 3-33 是有集中荷载的上弦节点。当采用较重的屋面板而上弦角钢较薄时，其伸出肢容易弯曲，必要时可用水平板予以加强。为使檩条或屋面板能够放置，节点板有不伸出或部分伸出的两种做法。做法不同，节点计算方法也有所不同。

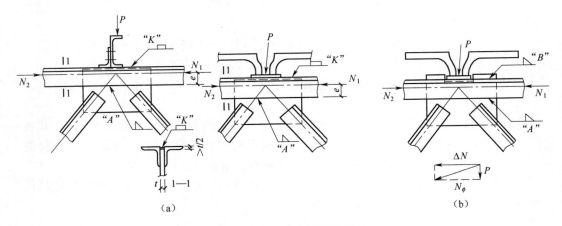

图 3-33　上弦节点两种做法

节点板不伸出的方案如图 3-33（a）所示。此时节点板凹进，形成槽焊缝 "K" 和角焊缝 "A"，节点板与上弦杆之间就有这两种不同的焊缝传力。由于槽焊缝焊接质量不易保

144

证,常假设槽焊缝"K"只传递 P 力,并近似按两条焊脚尺寸为 $h_{f1}=t/2$(其中 t 为节点厚度)的角焊缝来计算所需要的焊缝计算长度 l_{w1},实际上因 P 较小所得 l_{w1} 不大而总是满焊的。节点板凹进的深度应在 $t/2$ 与 t 之间。"A"焊缝传递弦杆两端内力差 $\Delta N=N_1-N_2$,但因"A"焊缝与弦杆轴线相距为 e,所以"A"焊缝同时还需传递偏心力矩 $\Delta M=\Delta N\cdot e$。于是,应验算"A"焊缝两端的最大合成应力,即

$$\sqrt{\left(\frac{\sigma_f}{\beta_f}\right)^2+\tau_f^2}\leqslant f_t^w \tag{3-28}$$

式中 $\sigma_f=\dfrac{6\Delta M}{2\times0.7h_{f2}l_{w2}^2}$; $\tau_f=\dfrac{\Delta N}{2\times0.7h_{f2}l_{w2}}$;

下角标 2——"A"焊缝。

以上算法偏于保守。在焊缝质量有保证时,可以考虑槽焊缝参与承担弦杆内力差 ΔN。

节点板部分伸出方案如图 3-33(b)所示。上面的计算中"A"焊缝的强度不足时常用伸出的方案。此时形成肢尖的"A"与肢背的"B"两条角焊缝,由这两条焊缝来传递弦杆与节点板之间的力,即 P 与 ΔN 的合力 N_ϕ(图 3-33(b))。N_ϕ 并不沿杆轴方向,但 P 往往较小,故 N_ϕ 与杆轴方向相差较小,仍可近似地按只承受轴力时肢尖与肢背的分配系数将 N_ϕ 分到肢尖与肢背,以设计和验算"A"及"B"焊缝。

3)下弦跨中拼接节点

角钢长度不足及桁架分单元运输时,弦杆经常要拼接。前者常为工厂拼接,拼接点可在节间也可在节点;后者为工地拼接,拼接点通常在节点。这里叙述的是工地拼接。

图 3-34 是下弦中央工地拼接节点。弦杆内力比较大,单靠节点板传力是不适宜的,并且节点在平面外的刚度将很弱,所以弦杆经常用拼接角钢来拼接。拼接角钢采取与弦杆相同的规格,并切去部分竖肢及切去直角边棱。切肢 $\Delta=t+h_f+5mm$ 以便施焊,其中 t 为拼接角钢肢厚,h_f 为角焊缝焊脚尺寸,5mm 为余量以避开肢尖圆角;切棱是使之与弦杆贴紧(图 3-34(b))。切肢切棱引起的截面削弱(一般不超过原面积的 15%)不太大,在需要时可由节点板传一部分力来补偿。也有将拼接角钢选成与弦杆同宽但肢厚稍大一点

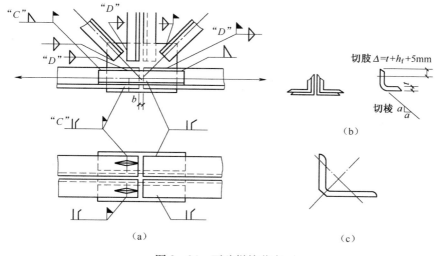

图 3-34　下弦拼接节点

的。当为工地拼接时,为便于现场拼装,拼接节点要设置安装螺栓。同时,拼接角钢与节点板应各焊于不同的运输单元,以避免拼装中双插的困难。也有的将拼接角钢单个运输,拼装时用安装焊缝焊于两侧。

弦杆拼接节点的计算包括两部分,即弦杆自身拼接的传力焊缝(图 3-34 中的"C"焊缝)和各杆与节点板间的传力焊缝(图 3-34 中的"D"焊缝)。

图 3-34 中,弦杆拼接焊缝"C"应能传递两侧弦杆内力中的较小值 N,或者偏于安全地取截面承载能力 $N=f\cdot A_n$(式中 A_n 为弦杆净截面,f 为强度设计值)。考虑到截面形心处的力(图 3-34(c))与拼接角钢两侧的焊缝近于等距,故 N 力由两根拼接角钢的四条焊缝平分传递。

弦杆和连接角钢连接一侧的焊缝长度为

$$l_1 = \frac{N}{4 \times 0.7h_t \cdot f_f^w} + 2h_f \qquad (3-29)$$

拼接角钢长度为

$$L = 2l_1 + b$$

式中　b——间隙,一般取 $10\sim20$mm。

内力较大一侧的下弦杆与节点板之间的焊缝传递弦杆内力之差 ΔN,如 ΔN 过小则取弦杆较大内力的 15%。内力较小一侧弦杆与节点板间焊缝照传力一侧采用。弦杆与节点连接一侧的焊缝强度按下式计算。

肢背焊缝:

$$\frac{0.15K_1 N_{max}}{2 \times 0.7h_f \cdot l_w} \leqslant f_f^w \qquad (3-30)$$

肢尖焊缝:

$$\frac{0.15K_2 N_{max}}{2 \times 0.7h_f \cdot l_w} \leqslant f_f^w \qquad (3-31)$$

4)上弦跨中拼接节点

上弦拼接角钢的弯折角度用热弯形成(图 3-35(a))。当屋面较陡需要弯折角度较大且角钢肢较宽不易弯折时,可将竖肢开口弯折后对焊(图 3-35(b))。拼接角钢与弦杆间焊缝算法与下弦跨中拼接相同。计算拼接角钢长度时,屋脊节点所需间隙较大,常取 $b=50$mm 左右。对节点板不伸出和部分伸出两种作法,弦杆与节点板间焊缝计算略有不同。弦杆与节点板间的焊缝所承受的竖向力(图 3-35)应为 $P-(N_1-N_2)\sin\alpha$。

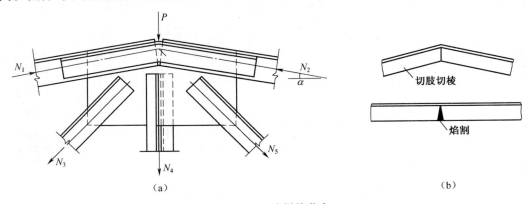

（a）　　　　　　　　　　　（b）

图 3-35　上弦拼接节点

5）支座节点

屋架与柱子的连接可以设计成铰接或刚接。支承于钢筋混凝土柱的屋架一般都按铰接设计（图3－36）。屋架与钢柱的连接可铰接也可刚接。三角形屋架端部高度小，需加隅撑才能与柱形成刚接（图3－37），否则只能与柱形成铰接（图3－36（b））。梯形屋架和平行弦屋架的端部有足够的高度，既可与柱铰支（图3－36），也可通过两个节点与柱相连而形成刚接（图3－39）。铰接支座只需传递屋架竖向支座反力，而与柱刚接的屋架支座节点要能传递端部弯矩产生的水平力和竖向反力。

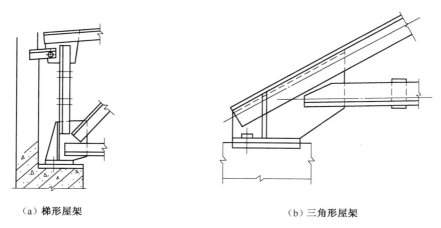

（a）梯形屋架 　　　　　　　　　　　　　（b）三角形屋架

图3－36　屋架铰接支座

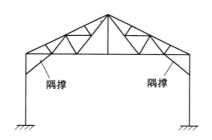

图3－37　有隅撑的框架

（1）梯形屋架简支支座节点

图3－38是简支梯形屋架支座节点。在图3－38中，以屋架杆件合力（竖向）作用点作为底板中心，合力通过方形或矩形底板以分布力的形式传给混凝土等下部结构。为保证底板的刚度，也为传力和节点板出平面刚度的需要，应有肋板，肋板厚度的中线应与各杆件合力线重合。梯形屋架中，为了便于焊缝的施焊，下弦角钢的边缘与底板间的距离 e 一般应不小于下弦伸出肢的宽度。底板固定于钢筋混凝土柱等下部结构中预埋的锚栓。为使屋架在安装时容易就位以及最终能固定牢靠，底板上应有较大的锚栓孔，就位后再用垫板（图3－38）套进锚栓并将垫板焊牢于底板。锚栓直径 d 一般不小于20mm，底板上的孔为圆形或半圆带矩形的豁孔（图3－38），后者安装方便应用较广。底板上的锚栓孔径常为 $\phi = (2 \sim 2.5)d$。垫板上的孔径 $\phi' = d + (1 \sim 2\text{mm})$。

简支支座中，力的传递路线是：屋架杆件合力（其值与反力 R 相等）加在节点板上，节

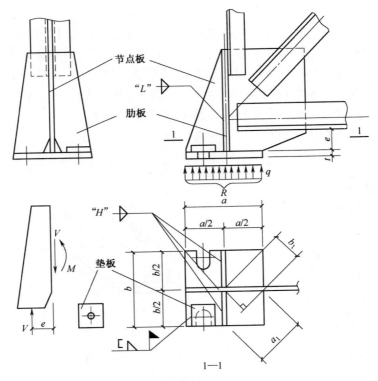

图 3-38 梯形屋架简支支座节点

点板通过"L"焊缝将合力的一部分传给肋板,然后,节点板与肋板一起,通过水平的"H"焊缝将合力传给底板。支座节点的计算,包括底板、加劲肋、"L"及"H"焊缝四个部分。

底板计算包括面积与厚度的确定。底板所需毛面积为

$$A = A_n + A_0 \tag{3-32}$$

式中　A_n——由反力 R 按支座混凝土或钢筋混凝土局部承压强度算得的面积,$A_n = R/f_c$;

　　　A_0——实际采用的锚栓孔面积。

采用方形底板时,边长尺寸 $a \geqslant \sqrt{A}$。当 R 不大时计算出的 a 值较小,构造要求底板短边尺寸不小于200mm。底边边长应取厘米的整倍数,在图 3-38 的构造中还应使锚栓与节点板、肋板的中线之间的距离不小于底板上的锚栓孔径。

底板的厚度按均布荷载下板的抗弯计算。将基础的反力看成均布荷载 q(图 3-38),底板的计算原则及底板厚度的计算公式与轴心受压柱脚底板相同。例如,图 3-38 的节点板和加劲肋将底板分隔成四块两相邻边支承的板,其单位宽度的弯矩为

$$M = \beta q a_1^2 \tag{3-33}$$

式中　$q = \dfrac{R}{A_n}$——底板下的平均压应力;

　　　β——系数,按 b_1/a_1 比值由表 1-7 查得(近似采用三边简支板系数);

　　　a_1, b_1——板块对角线长度及角点到对角线的距离。

底板的厚度为 $t \geqslant \sqrt{\dfrac{6M}{f}}$。

底板不宜太薄，一般 $t \geqslant 16mm$，以便使混凝土匀匀受压。

水平焊缝"H"应能传递全部反力 R。"H"焊缝分布在节点板两侧及肋板（肋板断开并切角）的两侧。为计算肋板与节点板间的竖向焊缝"L"，将反力 R 按"H"焊缝的各部分长度比例划分，每块肋板应传递的力用 V 表示（图 3-38 也可简化成 $V=R/4$），则每块肋板竖直焊缝的受力为 V 及 $M=V \cdot e$。加劲肋的高度与节点板高度一致，厚度取等于或略小于节点板的厚度。

加劲肋的强度可近似按悬臂梁验算，固端截面剪力为 V，弯矩为 $M=V \cdot e$。

（2）梯形屋架刚接支座节点

图 3-39 为桁架与上部柱刚性连接的一种构造方式。这种连接方式的特点是：桁架端部上、下弦节点板都没有与之相垂直的端板；对于桁架跨度方向的尺寸，制造时不要求过分精确，因此在工地安装时能与柱较容易连接，且上弦节点的水平盖板及焊缝能传递端弯矩引起的较大的水平力。上弦的水平盖板上开有一条槽口，这样，它与柱及上弦杆肢背间的焊缝将都是俯焊缝，安装中在高空施焊时便于保证焊缝质量。不过这种连接构造当中，安装焊缝较长，对焊缝质量要求也较严。

图 3-39 所示的桁架，其主要端节点在下弦，有些文献称为下承式。此时，下弦节点沿竖向将传递屋面荷载所产生的横梁端反力，这一点与简支屋架相同；不同的是，根据框架内力组合，焊缝还要同时传递由横梁最大端弯矩在上、下弦轴线处产生的水平力、附加竖向反力，下弦处的水平力中还要包括框架内力组合的相应水平剪力。

桁架上、下弦节点与柱之间由焊缝传力，图 3-39 中的螺栓只在安装时起固定作用。

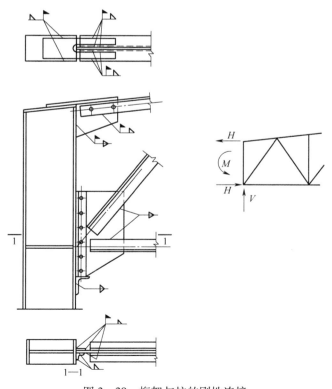

图 3-39 桁架与柱的刚性连接

3.6.2　管桁架相贯焊节点

管截面的形心和剪心重合,抗扭性能好,用作桁架杆件十分合理。杆件两端封闭后抗锈蚀也比开口截面有利。钢管杆件也可以采用节点板相连(图3-40),但需要在腹杆上开口插入节点板后焊接,制作较费工,且外观不简洁。近年来,数控切割机的应用使得管端相贯线的切割变得十分简单,外观简洁、传力直接的相贯焊节点在工程中得到普遍应用。

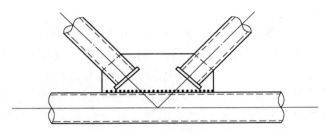

图3-40　圆管节点板连接

1. 管桁架相贯焊节点设计的一般原则

管桁架相贯焊节点设计有下列一些规定及构造要求:

(1)支管与主管的连接节点处,除搭接型节点外,应尽可能避免偏心。但为了构造方便,避免连接处各杆件相互冲突,允许将腹杆轴线和弦杆轴线偏心汇集,如图3-41所示。

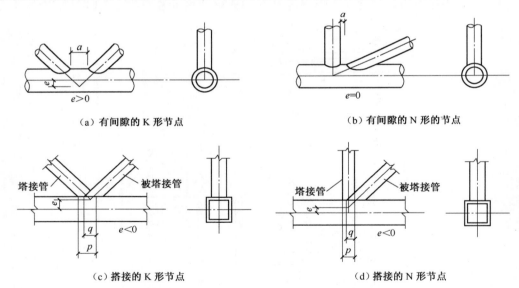

(a) 有间隙的K形节点　　　　　　　(b) 有间隙的N形的节点

(c) 搭接的K形节点　　　　　　　(d) 搭接的N形节点

图3-41　K形和N形管节点的偏心和间隙

若支管与主管的连接偏心不超过式(3-34)限制时,在计算节点和受拉主管承载力时,可忽略因偏心引起的弯矩的影响,但受压主管必须考虑此偏心弯矩 $M = \Delta N \cdot e$ (ΔN 为节点两侧主管轴力之差值)的影响。

$$-0.55 \leqslant (\frac{e}{h} \text{ 或 } \frac{e}{d}) \leqslant 0.25 \qquad (3-34)$$

式中 e——偏心距,符号如图 3-41 所示;

d——圆主管外径;

h——连接平面内的矩形主管截面高度。

（2）主管的外部尺寸不应小于支管的外部尺寸,主管的壁厚不应小于支管壁厚,在支管与主管连接处不得将支管插入主管内。

（3）主管与支管或两支管轴线之间的夹角不宜小于 30°。

（4）支管与主管的连接焊缝,应沿全周连续焊接并平滑过渡;支管与主管之间的连接可沿全周采用角焊缝,也可部分采用对接焊缝（图 3-42,A 区和 B 区）、部分采用角焊缝（图 3-42,C 区）;支管管壁与主管管壁之间的夹角大于或等于 120° 的区域宜用对接焊缝或带坡口的角焊缝;为避免焊接应力和焊接热影响区过大,角焊缝的焊脚尺寸 h_f 不宜大于支管壁厚的 2 倍。

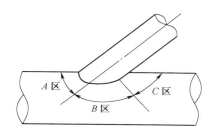

图 3-42　管端焊缝位置

（5）支管端部宜使用自动切管机切割,支管壁厚小于 6mm 时可不切坡口。

（6）在有间隙的 K 形或 N 形节点中（图 3-41(a)、(b)）,支管间隙 a 应不小于两支管壁厚之和。

（7）在搭接的 K 形或 N 形节点中（图 3-41(c)、(d)）,其搭接率 $O_v = p/q \times 100\%$,应满足 $25\% \leqslant O_v \leqslant 100\%$,且应确保在搭接部分的支管之间的连接焊缝能可靠地传递内力。

（8）在搭接节点中,当支管厚度不同时,薄壁管应搭在厚壁管上;当支管钢材强度等级不同时,低强度管应搭在高强度管上。

（9）钢管构件在承受较大横向荷载的部位应采取适当的加强措施,防止产生过大的局部变形。构件的主要受力部位应避免开孔,如必须开孔时,应采取适当的补强措施。

（10）钢管端部必须完全封闭,防止潮气侵入而锈蚀。

2. 连接焊缝计算

在管桁架相贯焊节点处,支管沿周边与主管相焊,焊缝承载力应等于或大于节点承载力。

在管结构中,支管与主管的连接焊缝可视为全周角焊缝,按作用力通过焊缝形心的正面直角角焊缝进行强度计算（式(3-35)）,但取 $\beta_f = 1.0$。

$$\sigma_f = \frac{N}{h_e l_w} \leqslant \beta_f f_f^w \tag{3-35}$$

角焊缝的计算厚度 h_e 沿支管周长是变化的,当支管轴心受力时,平均计算厚度可取 $h_e = 0.7 h_f$。

焊缝的计算长度 l_w 可按下列公式计算:

（1）在圆管结构中，取支管与主管相交线长度:

当 $d_i/d \leqslant 0.65$ 时,有

$$l_w = (3.25d_i - 0.025d)\left(\frac{0.534}{\sin\theta_i} + 0.466\right) \tag{3-36}$$

当 $d_i/d > 0.65$ 时,有

$$l_w = (3.18d_i - 0.389d)\left(\frac{0.534}{\sin\theta_i} + 0.466\right) \tag{3-37}$$

式中　d、d_i——主管和支管外径;

　　　　θ_i——支管轴线与主管轴线的夹角。

（2）在矩形管结构中,支管与主管交线的计算长度应按下列规定计算:

① 对于有间隙的 K 形和 N 形节点。

当 $\theta_i \geqslant 60°$ 时,有

$$l_w = \frac{2h_i}{\sin\theta_i} + b_i \tag{3-38}$$

当 $\theta_i \leqslant 50°$ 时,有

$$l_w = \frac{2h_i}{\sin\theta_i} + 2b_i \tag{3-39}$$

当 $50° < \theta_i < 60°$ 时,l_w 按插值法确定。

② 对于 T、Y 和 X 形节点(图 3-44):

$$l_w = \frac{2h_i}{\sin\theta_i} \tag{3-40}$$

式中　h_i、b_i——分别为支管的截面高度和宽度。

（3）当支管为圆管、主管为矩形管时,焊缝计算长度取为支管与主管的相交线长度减去 d_i。

3. 节点承载力计算

1）圆钢管相贯焊节点承载力计算

当支管直接接于主管时,为保证节点处主管的强度,支管的轴心力不得大于下列规定中的承载力设计值。

受压支管:　　　　　　　　　　$N_c \leqslant N_c^{pj}$ 　　　　　　　　　　 (3-41)

受拉支管:　　　　　　　　　　$N_t \leqslant N_t^{pj}$ 　　　　　　　　　　 (3-42)

式中　N_c、N_t——支管的轴心压力和拉力;

　　　　N_c^{pj}、N_t^{pj}——受压或受拉支管的承载力设计值。

节点形式不同,受压或受拉支管的承载力设计值不同,如图 3-43 所示,圆钢管相贯焊节点通常有 X 形、T 形、Y 形、K 形、TT 形和 KK 形等形式。

（1）X 形节点承载力(图 3-43(a)):

$$N_{cx}^{pj} = \frac{5.45}{(1 - 0.81\beta)\sin\theta}\psi_n t^2 f \tag{3-43}$$

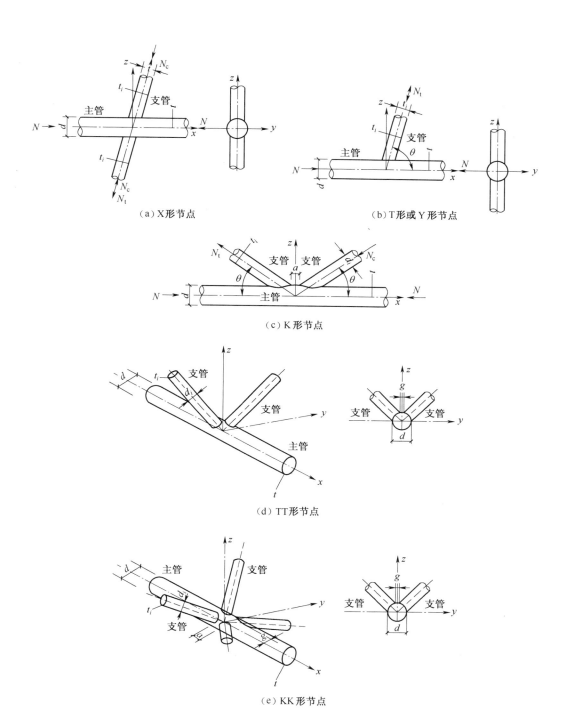

図 3-43 圆管结构相贯焊节点形式

$$N_{tx}^{pj} = 0.78 \left(\frac{d}{t} \right)^{0.2} N_{cx}^{pj} \qquad (3-44)$$

式中 β——支管外径与主管外径之比，$\beta = \dfrac{d_i}{d}$；

ψ_n——当 $\sigma < 0$ 时，$\psi_n = 1 - 0.3\dfrac{\sigma}{f_y} - 0.3\left(\dfrac{\sigma}{f_y}\right)^2$；当节点两侧或一侧受拉时，$\psi_n = 1$；

d、t——主管外径和壁厚；

θ——支管轴线与主管轴线之夹角；

f——主管钢材的抗拉、抗压和抗弯强度设计值；

σ——节点两侧主管轴向压应力的较小绝对值。

（2）T 形和 Y 形节点承载力（图 3-43(b)）：

$$N_{cT}^{pj} = \frac{11.51}{\sin\theta}\left(\frac{d}{t}\right)^{0.2}\psi_n\psi_d t^2 f \qquad (3-45)$$

当 $\beta \leqslant 0.6$ 时，有

$$N_{tT}^{pj} = 1.4N_{cT}^{pj} \qquad (3-46)$$

当 $\beta > 0.6$ 时，有

$$N_{tT}^{pj} = (2-\beta)N_{cT}^{pj} \qquad (3-47)$$

式中　ψ_d——参数，当 $\beta \leqslant 0.7$ 时，$\psi_d = 0.069 + 0.93\beta$；当 $\beta > 0.7$ 时，$\psi_d = 2\beta - 0.68$。

（3）K 形节点承载力（图 3-43(c)）：

$$N_{cK}^{pj} = \frac{11.51}{\sin\theta_c}\left(\frac{d}{t}\right)^{0.2}\psi_n\psi_d\psi_a t^2 f \qquad (3-48)$$

$$N_{tK}^{pj} = \frac{\sin\theta_c}{\sin\theta_t}N_{cK}^{pj} \qquad (3-49)$$

式中　θ_c——受压支管与主管轴线的夹角；

ψ_a——参数，$\psi_a = 1 + \dfrac{2.19}{1 + \dfrac{7.5a}{d}}\left[1 - \dfrac{20.1}{6.6 + \dfrac{d}{t}}\right](1 - 0.77\beta)$；

a——两支管间隙，当 $a < 0$ 时，取 $a = 0$；

θ_t——受拉支管与主管轴线的夹角。

（4）TT 形节点承载力（图 3-43(d)）：

$$N_{cTT}^{pj} = \psi_g N_{cT}^{pj} \qquad (3-50)$$

$$N_{tTT}^{pj} = N_{tT}^{pj} \qquad (3-51)$$

式中　$\psi_g = 1.28 - 0.64\dfrac{g}{d} \leqslant 1.1$；

g——两支管的横向间距。

（5）KK 形节点承载力（图 3-43(e)）：

$$N_{KK}^{pj} = 0.9N_K^{pj} \qquad (3-52)$$

上述主管和支管均为圆管的相贯焊节点承载力计算公式化的适用范围为：$0.2 \leqslant \beta \leqslant 1.0$；$d_i/t_i \leqslant 60$；$d/t \leqslant 100$，$\theta \geqslant 30°$，$60° \leqslant \phi \leqslant 120°$（$\beta$ 为支管外径与主管外径之比；d_i、t_i 为支管的外径和壁厚；d、t 为主管的外径和壁厚；θ 为支管轴线与主管轴线之夹角；ϕ 为空间管节点支管的横向夹角，即支管轴线在主管横截面所在平面投影的夹角）。

2）矩形管相贯焊节点承载力计算

如图 3-44 所示，矩形管相贯焊节点有 T 形、Y 形、X 形、K 形和 N 形等形式，其适用

范围如表 3-4 所列。

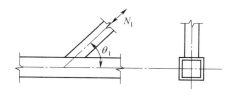

（a）T 形，Y 形节点

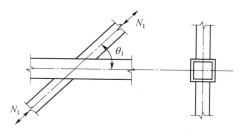

（b）X 形节点

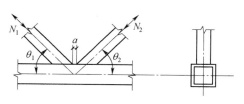

（c）有间隙的 K 形、N 形节点

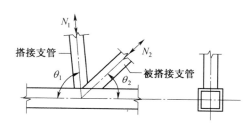

（d）搭接的 K 形、N 形节点

图 3-44　矩形管结构相贯焊节点形式

表 3-4　矩形管节点几何参数的适用范围

管截面形式		节点形式	节点几何参数，$i=1$，或 2，表示支管；j——表示被搭接的支管					
			$\dfrac{b_i}{b}$、$\dfrac{h_i}{b}$（或$\dfrac{d_i}{b}$）	$\dfrac{b_i}{t_i}$、$\dfrac{h_i}{b}$（或$\dfrac{d_i}{t_i}$）		$\dfrac{h_i}{b_i}$	$\dfrac{b}{t}$、$\dfrac{h}{t}$	a 或 O_v b_i/b_j、t_i/t_j
				受压	受拉			
主管为矩形管	支管为矩形管	T、Y、X 形	$\geqslant 0.25$	$\leqslant 37\sqrt{\dfrac{235}{f_{yi}}}$ $\leqslant 35$	$\leqslant 35$	$0.5 \leqslant \dfrac{h_i}{b_i}$ $\leqslant 2$	$\leqslant 35$	$0.5(1-\beta)\leqslant\dfrac{a}{b}\leqslant$ $1.5(1-\beta)$* $a\geqslant t_1+t_2$
		有间隙的 K 形和 N 形	$\geqslant 0.1+\dfrac{0.01b}{t}$ $\beta\geqslant 0.35$					
		搭接 K 形和 N 形	$\geqslant 0.25$	$\leqslant 33\sqrt{\dfrac{235}{f_{yi}}}$			$\leqslant 40$	$25\%\leqslant O_v\leqslant 100\%$ $\dfrac{t_i}{t_j}\leqslant 1.0, 1.0\geqslant\dfrac{b_i}{b_j}\geqslant 0.75$
	支管为圆管		$0.4\leqslant\dfrac{d_i}{b}\leqslant 0.8$	$\leqslant 44\sqrt{\dfrac{235}{f_{yi}}}$	$\leqslant 50$		用 d_i 取代 b_i 之后，仍应满足上述相应条件	

注：(1) 标注 * 处，当 $\dfrac{a}{b}>1.5(1-\beta)$ 时，按 T 形或 Y 形节点计算。

(2) b_i、h_i、t_i 分别为第 i 个矩形支管的截面宽度、高度和壁厚；d_i、t_i 分别为第 i 个圆支管的外径和壁厚；b、h、t 分别为矩形主管的截面宽度、高度和壁厚；a 为支管间的间隙（图 3-44(c)）；O_v 为搭接率，$O_v=p/q\times 100\%$（图 3-41(c)、(d)）；β 为参数，对 T 形、Y 形、X 形节点，$\beta=b_i/b$ 或 d_i/b；对 K 形、N 形节点，$\beta=(b_1+b_2+h_1+h_2)/4b$ 或 $\beta=(d_1+d_2)/2b$；f_{yi} 为第 i 个支管钢材的屈服强度

为保证节点处矩形主管的强度,支管的轴力 N_i 和主管的轴力 N 不得大于下列规定的节点承载力设计值。

(1) 支管为矩形管的 T 形、Y 形和 X 形节点承载力(图 3-44(a)、(b))

a. 当 $\beta \leqslant 0.85$ 时,有

$$N_i^{pj} = 1.8 \left(\frac{h_i}{bc\sin\theta_i} + 2 \right) \frac{t^2 f}{c\sin\theta_i} \psi_n \qquad (3-53)$$

$$c = (1 - \beta)^{0.5}$$

式中 ψ_n——参数,当主管受压时,$\psi_n = 1.0 - \dfrac{0.25}{\beta} \cdot \dfrac{\sigma}{f}$,当主管受拉时,$\psi_n = 1$;

σ——节点两侧主管轴向压应力较大绝对值。

b. 当 $\beta = 1.0$ 时,有

$$N_i^{pj} = 2.0 \left(\frac{h_i}{\sin\theta_i} + 5t \right) \frac{tf_k}{\sin\theta_i} \psi_n \qquad (3-54)$$

当 X 形节点 $\theta_i < 90°$ 且 $h \geqslant \dfrac{h_i}{\cos\theta_i}$ 时,尚需按下式验算:

$$N_i^{pj} = \frac{2htf_v}{\sin\theta_i} \qquad (3-55)$$

式中 f_k——主管强度,当主管受拉时,$f_k = f$,当主管受压时,对 T 形、Y 形节点 $f_k = 0.8\varphi f$,对 X 形节点 $f_k = 0.65\sin\theta_i\varphi f$;

φ——按长细比确定的轴压构件的稳定系数;

f_v——主管钢材的抗剪强度设计值。

其中,长细比的计算公式为

$$\lambda = 1.73 \left(\frac{h}{t} - 2 \right) \left(\frac{1}{\sin\theta_i} \right)^{0.5}$$

c. 当 $0.85 < \beta < 1.0$ 时,支管在节点处承载力的设计值应按式(3-53)与式(3-54)或式(3-55)所得的值,根据 β 进行线性插值。此外应不超过下列两式的计算值:

$$N_i^{pj} = 2.0(h_i - 2t_i + b_e)t_i f_i \qquad (3-56)$$

当 $0.85 \leqslant \beta \leqslant 1 - \dfrac{2t}{b}$ 时,有

$$N_i^{pj} = 2.0 \left(\frac{h_i}{\sin\theta_i} + b_{eP} \right) \frac{tf_v}{\sin\theta_i} \qquad (3-57)$$

式中 h_i、t_i、f_i——支管的截面高度、壁厚和抗拉(抗压和抗弯)强度设计值。

$$b_e = \frac{10}{\dfrac{b}{t}} \cdot \frac{f_y t}{f_{yi} t_i} \cdot b_i \leqslant b_i$$

$$b_{eP} = \frac{10}{\dfrac{b}{t}} \cdot b_i \leqslant b_i$$

(2) 支管为矩形管的有间隙的 K 形和 N 形节点承载力(图 3-44(c))

a. 节点处任一支管的承载力设计值应取下列各式的较小值为

$$N_i^{pj} = 1.42 \frac{b_1 + b_2 + h_1 + h_2}{b\sin\theta_i} \left(\frac{b}{t}\right)^{0.5} t^2 f \psi_n \qquad (3-58)$$

$$N_i^{pj} = \frac{A_v f_v}{\sin\theta_i} \qquad (3-59)$$

$$N_i^{pj} = 2.0\left(h_i - 2t_i + \frac{b_i + b_e}{2}\right) t_i f_i \qquad (3-60)$$

当 $\beta \leqslant 1 - \frac{2t}{b}$ 时，尚应小于

$$N_i^{pj} = 2.0\left(\frac{h_i}{\sin\theta_i} + \frac{b_i + b_{eP}}{2}\right) \frac{tf_v}{\sin\theta_i} \qquad (3-61)$$

式中 A_v——弦杆的受剪面积，按下列公式计算为

$$A_v = (2h + \alpha b)t$$

$$\alpha = \sqrt{\frac{3t^2}{3t^2 + 4a^2}}$$

b. 节点间隙处的弦杆轴心受力承载力设计值为

$$N^{pj} = (A - \alpha_v A_v)f \qquad (3-62)$$

式中 α_v——考虑剪力对弦杆轴心承载力的影响系数；

V——节点间隙处弦杆所受的剪力，可按任一支管的竖向分力计算。

其中，α_v 的计算公式为

$$\alpha_v = 1 - \sqrt{1 - \left(\frac{V}{V_P}\right)^2}$$

$$V_P = A_v f_v$$

（3）支管为矩形管的搭接的 K 形和 N 形节点承载力（图 3-44(d)）

搭接支管的承载力设计值应根据不同的搭接率 O_v 按下列公式计算（下标 j 表示被搭接的支管）。

a. 当 $25\% \leqslant O_v < 50\%$ 时，有

$$N_i^{pj} = 2.0\left[(h_i - 2t_i)\frac{O_v}{0.5} + \frac{b_e + b_{ej}}{2}\right] t_i f_i$$

$$b_{ej} = \frac{10}{\dfrac{b_i}{t_i}} \cdot \frac{t_j f_{yj}}{t_i f_{yi}} b_i \leqslant b_i \qquad (3-63)$$

b. 当 $50\% \leqslant O_v < 80\%$ 时，有

$$N_i^{pj} = 2.0\left(h_i - 2t_i + \frac{b_e + b_{ej}}{2}\right) t_i f_i \qquad (3-64)$$

c. 当 $80\% \leqslant O_v < 100\%$ 时，有

$$N_i^{pj} = 2.0\left(h_i - 2t_i + \frac{b_i + b_{ej}}{2}\right) t_i f_i \qquad (3-65)$$

被搭接支管的承载力应满足下式要求为

$$\frac{N_j^{pj}}{A_j f_{yj}} \leqslant \frac{N_i^{pj}}{A_i f_{yi}} \tag{3-66}$$

（4）主管为矩形管、支管为圆管的各种形式的节点

当支管为圆管时，上述矩形管相贯焊节点承载力的计算公式仍可使用，但需用 d_i 取代 b_i 和 h_i，并将各式右侧乘以系数 $\pi/4$，同时应将式中的 a 值取为零。

4. 相贯焊节点加固

如果节点不满足设计承载力要求，而又不能改变节点的几何形状或构件尺寸时，则应加固节点以提高其设计承载力。

节点加固型式与节点承载力大小有关。圆钢管或矩形钢管相贯焊节点的加固方法之一，是在弦杆节点处加上一块一定长度和厚度的加强板。

1）对圆钢管节点

采用外贴瓦形板使弦杆壁局部加厚，如图 3-45 所示。

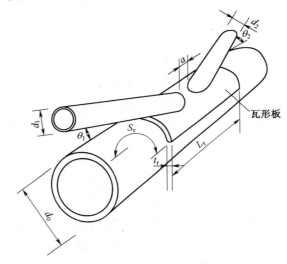

图 3-45　瓦形板加强

（1）瓦形加强板的厚度 t_r

管壁厚度可按弦杆直径根据节点承载力的需要来确定，并按此厚度确定瓦形板的厚度 t_r，且 $t_r \geqslant t_0$，t_0 为圆钢管的壁厚。

（2）瓦形加强板的长度 L_r

对 K 形、N 形间隙节点：

$$L_r \geqslant 1.5(d_1/\sin\theta_1 + a + d_2/\sin\theta_2) \tag{3-67}$$

对 T 形、X 形、Y 形节点：

$$L_r \geqslant 1.5 d_1/\sin\theta_1 \tag{3-68}$$

（3）瓦形加强板的宽度（弧长）S_r

$$S_r \geqslant \pi d_0/2 \tag{3-69}$$

2）对矩形管节点

可分别采用在弦杆翼缘上表面外贴加强板（图 3-46）或在弦杆两侧贴侧向加强板

（图 3-47）的方式加固,这两种方式可分别提高节点的变形能力和抗剪切能力。

（1）矩形管加强板的厚度 t_r

根据节点承载力的需要来确定矩形管加强板的厚度 t_r,且 $t_r \geqslant t_0$,t_0 为矩形管壁厚。

（2）矩形管加强板的长度 L_r

对 K 形、N 形间隙节点:

$$L_r \geqslant 1.5(h_1/\sin\theta_1 + a + h_2/\sin\theta_2) \tag{3-70}$$

对 T 形、X 形、Y 形节点:

$$L_r \geqslant 1.5h_1/\sin\theta_1 \tag{3-71}$$

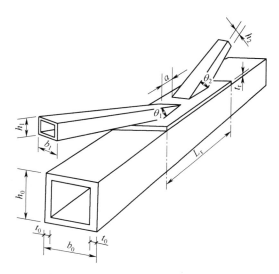

图 3-46 矩形管弦杆翼缘外贴加强板

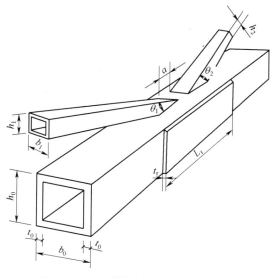

图 3-47 矩形管弦杆两侧贴加强板

习 题

3.1 在全部节点设计荷载 $P = 58.8\text{kN}$ 作用下,梯形屋架上弦杆内力及侧向支承点位置如图 3－48(a)所示,上弦截面无削弱,材料为 Q235B 钢,节点板厚度为 10mm,初步选择上弦截面为两个热轨不等边角钢(⌐140 ×90 ×10)短边相连组合截面(图 3－48(b))。试验算该截面是否满足要求。

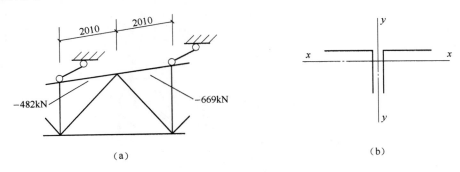

（a）   （b）

图 3－48 习题 3.1

3.2 有一桁架节点焊接连接及所承受的静力荷载设计值如图 3－49 所示,钢材为 Q235B·F 钢,焊条为 E43 系列,采用手工焊接。试确定角焊缝 A、B、C 的尺寸。

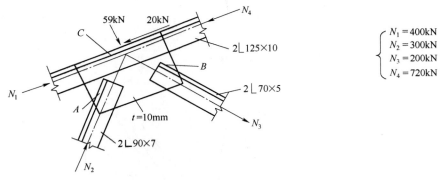

$$\begin{cases} N_1 = 400\text{kN} \\ N_2 = 300\text{kN} \\ N_3 = 200\text{kN} \\ N_4 = 720\text{kN} \end{cases}$$

图 3－49 习题 3.2

第 4 章　钢框架结构

4.1　概述

钢框架结构一般由水平横梁和竖直柱以及相关的支撑或剪力墙板、楼盖结构等组成,能更好地满足建筑大开间、灵活分隔的要求。钢框架结构中钢梁和钢柱及支撑结构共同承受竖向荷载和水平荷载,可以充分发挥钢材较强的塑性变形能力、韧性等优点,在地震作用具有较好的结构延性和消能能力。钢框架结构通常用于多层及高层建筑中,可用做工业建筑,如厂房、仓库等;商业建筑,如商场、会展中心等;公共建筑,如办公楼、学校、医院等。同时,由于钢结构具有重量轻、抗震性能好、施工周期短等优点,多层钢结构住宅在我国一些城市中也得到越来越多的开发和建造。

4.1.1　钢框架结构体系的分类

如图 4 – 1 所示,根据钢框架结构中抗侧力体系的不同,钢框架可分为无支撑框架结构、框架—支撑结构和框架—剪力墙结构等。

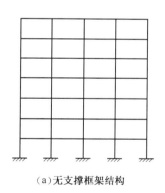
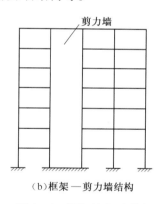
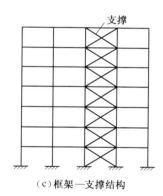

（a）无支撑框架结构　　　　（b）框架—剪力墙结构　　　　（c）框架—支撑结构

图 4 – 1　框架的立面形式

1. 无支撑框架结构

无支撑框架一般是由同一平面内的水平横梁和竖直柱以刚性或半刚性节点连接在一起的连续矩形网格组成,如图 4 – 1(a)所示。按框架在结构中所处的位置,框架可分为双向框架、单向框架和外围框架等。无支撑框架的特点是平面布置灵活,可为建筑提供较大的室内空间,且结构各部分刚度比较均匀,构造简单,易于施工。无支撑框架结构侧向刚度小,侧向位移大,易引起非结构构件的破坏,一般适用于层数小于等于 30 的高层钢结构。无支撑框架结构有较大延性,自震周期较长,因而对地震作用不敏感,抗震性能较好。

无支撑框架结构主要通过梁和柱的挠曲来承受侧向荷载,框架的承载能力与杆件的抗弯刚度和节点抵抗转动的能力有关,当层数较大时,其抗侧刚度的增加落后于风荷载或地震作用的增加。

在无支撑框架结构中,柱网布置即柱的位置、排列和柱距,在整个结构设计中往往起决定作用。框架结构中确定柱网尺寸时,主要考虑使用要求、建筑平面形状、楼盖形式、经济性等因素。当柱采用 H 型钢截面且建筑平面为矩形时,一般应将钢柱的强轴方向垂直于横向框架放置。框架主梁应按框架方向布置于框架柱间,与柱刚接或半刚接。当为双向框架时,主梁亦相应双向布置。一般尚需在主梁间按楼板或受载要求设置次梁,其间距可为 3~4m。若需同时双向设置次梁时,则可将一个方向的次梁断开。常用柱网布置如图 4-2 所示。

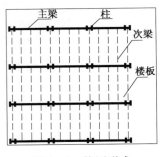

图 4-2　柱网形式

2. 框架-剪力墙结构

当无支撑框架在水平荷载作用下的侧移不符合要求时,可考虑在框架中增加抗侧移构件,如在框架结构中布置一定数量的由钢筋混凝土或钢板构成的剪力墙,组成框架-剪力墙结构(图 4-1(b))。在框架—剪力墙结构中,剪力墙承担大部分的侧向荷载,而框架部分主要承受竖向荷载,这样能够比较好地发挥两者的各自特点。这种结构以剪力墙作为抗侧力结构,既具有框架结构平面布置灵活、使用方便的特点,又有较大的刚度,可用于 40~60 层的高层钢结构。

剪力墙按其材料和结构的形式可分为钢筋混凝土剪力墙、钢筋混凝土带缝剪力墙和钢板剪力墙等。钢筋混凝土剪力墙刚度较大,地震时易发生应力集中,导致墙体产生斜向大裂缝而脆性破坏。为避免这种现象,可采用带缝剪力墙,即在钢筋混凝土墙体中按一定间距设置竖缝,如图 4-3 所示。这样墙体成了许多并列的壁柱,在风载和小震下处于弹性阶段,可确保结构的使用功能。在强震时进入塑性阶段,能吸收大量地震能量,而各壁柱继续保持其承载能力,以防止建筑物倒塌。钢板剪力墙是以钢板做成剪力墙结构,钢板厚 8~10mm,与钢框架组合,起到刚性构件的作用。在水平刚度相同的条件下,框架-钢板剪力墙结构的耗钢量比无支撑框架结构要省。

3. 框架-支撑结构

框架-支撑结构(图 4-1(c))由沿竖向或横向布置的支撑桁架结构和框架构成,是高层建筑钢结构中应用最多的一种结构体系,一般适用于 40~60 层的高层建筑。框架-支撑结构中,支撑只承受轴向拉或压力,因此从杆件自身的力学特性而言,与无支撑框架体系中梁柱的抗弯刚度相比,支撑杆件的抗压或抗拉的轴向刚度则要大得多,因此抵抗侧向力的效率较高。它的特点是框架与支撑系统协同工作,支撑杆件与框架梁、柱铰接形成抗剪桁架结构,在整个体系中起着类似剪力墙的作用,承担大部分水平剪力。罕遇地震中若

162

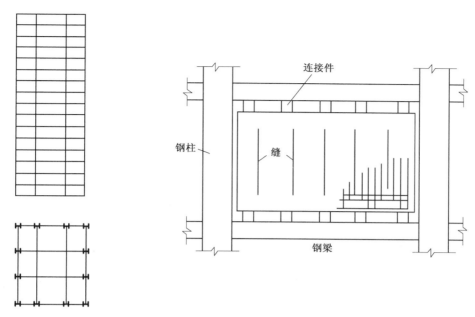

图 4-3　钢筋混凝土带缝剪力墙

支撑系统破坏,尚可内力重分布由框架承担水平力,形成两道抗震设防。

根据支撑杆件在框架梁、柱间布置的形式不同,分为中心支撑和偏心支撑两种。中心支撑系指在支撑桁架节点上,支撑及梁柱杆件的中心线都汇交于一点。其主要形式有十字交叉支撑、单斜杆支撑、人字形支撑、V 形支撑、K 形支撑等,如图 4-4 所示。其中十字交叉支撑和单斜杆支撑,当柱压缩变形时会引起次应力,而人字形支撑基本无次应力产生。

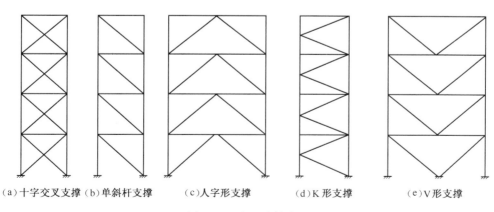

(a)十字交叉支撑 (b)单斜杆支撑　(c)人字形支撑　(d)K 形支撑　(e)V 形支撑

图 4-4　中心支撑类型

轴线交汇的中心支撑体系虽然侧向刚度很好,但如果在强烈地震作用下支撑不屈曲,则导致地震力过大,不够经济合理;若允许支撑屈曲,屈曲后支撑性能退化,影响消能能力。因此,超过 12 层的钢结构应采用偏心支撑框架,如图 4-5 所示。偏心支撑的一端与节点偏心交汇,在梁端部或中部形成消能梁段,使结构既在弹性阶段呈现较好的刚度,又在非弹性阶段具有很好的延性和消能能力。因此偏心支撑框架更适用于高烈度地震区,在轻微和中等侧向力作用下,可以具有很大的刚度,而在强烈地震时又具有很好的延性。另外,从使用上看,其更易解决门窗及管道设置问题。

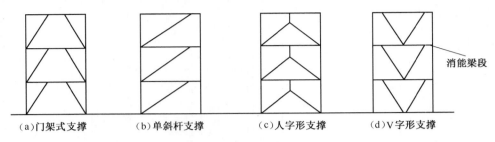

（a）门架式支撑　　　　（b）单斜杆支撑　　　　（c）人字形支撑　　　　（d）V字形支撑

图 4-5　偏心支撑类型

支撑应沿房屋的两个方向布置,以抵抗两个方向的侧向力,狭长形截面的建筑也可布置在短边。设计时可根据建筑物高度及水平力作用情况调整支撑的数量、刚度及形式。由于支撑占据空间的影响,在设置内部支撑时,应尽量将其与永久性墙体相结合。支撑在平面上一般布置在核心区周围,在矩形平面建筑中则布置在结构的短边框架平面内。

抗震设防的框架-支撑结构中,支撑(剪力墙板)宜竖向连续布置(图4-6(a)),支撑的形式和布置在竖向宜一致。当受建筑立面布置条件限制时,在非抗震设计中,亦可在各层间交错布置支撑(图4-6(b)),此时要求每层楼盖应有足够的刚度。

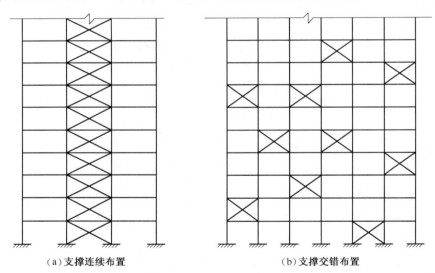

（a）支撑连续布置　　　　　　　　　（b）支撑交错布置

图 4-6　竖向支撑的立面布置

当竖向支撑桁架设置在建筑中部时,外围柱一般不参加抵抗水平力。同时,若竖向支撑的高宽比过大,在水平力作用下,支撑顶部将产生很大的水平变位。此时可在建筑的顶层设置帽桁架,如图4-7所示,必要时还可在中间某层设置腰桁架。帽桁架和腰桁架使外围柱与核心抗剪结构共同工作,可有效减小结构的侧向变位,刚度也有很大提高。腰桁架的间距一般为 12~15 层,腰桁架越密整个结构的筒体作用越强(这种结构通常被称为部分筒体结构体系),当仅设一道腰桁架时,最佳位置是在离建筑顶端 0.455H 高度处。

除了框架结构形式,在高层尤其是超高层建筑中常用的结构形式还有框筒结构、筒中

164

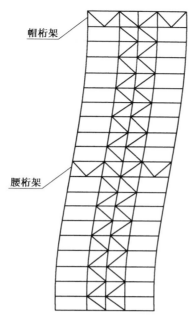

图 4-7　带腰桁架及帽桁架的框架支撑结构

筒结构、束筒结构等。

4.1.2　钢框架结构布置的一般要求

1. 平面布置

钢框架结构房屋的建筑平面宜简单规则,宜选用风压较小的平面形式,如圆形或椭圆形平面的房屋风压明显低于矩形平面。同时要尽可能地采用中心对称或双轴对称的平面形式,以减小或避免在风荷载和地震作用下的扭转振动。狭长矩形平面不利于承受风荷载作用,需对平面的长宽比进行限制。抗震设防的高层钢框架结构建筑,平面尺寸关系应符合表 4-1 的要求,表中相应尺寸的几何意义见图 4-8。

表 4-1　平面尺寸限值

平面的长宽比		凹凸部分的长宽比		大洞口宽度比
L/B	L/B_{max}	l/b	l'/B_{max}	B'/B_{max}
≤5	≤4	≤1.5	≥1	≤0.5

结构是否会在水平荷载下出现扭转,不仅和平面图上外形是否对称有关,还和抗侧力构件设置部位有关。抗侧力刚度中心应和水平合力线尽量接近。偏心率是度量抗侧力构件布置状况的力学参量,可以由下式分别计算出任一楼层相应于 x 和 y 方向的偏心率 ε_x 和 ε_y:

$$\begin{cases} \varepsilon_x = \dfrac{e_y}{r_{ex}} \\[2ex] \varepsilon_y = \dfrac{e_x}{r_{ey}} \end{cases} \qquad (4-1)$$

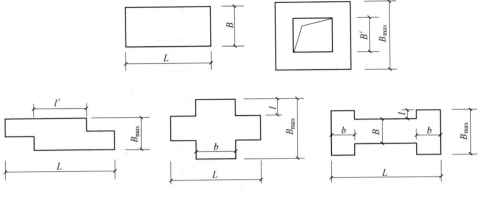

图 4-8　各尺寸几何意义

$$
\begin{cases}
\gamma_{ex} = \sqrt{\dfrac{K_T}{\sum K_x}} \\[3mm]
\gamma_{ey} = \sqrt{\dfrac{K_T}{\sum K_y}}
\end{cases}
\tag{4-2}
$$

$$
K_T = \sum (K_x y^2) + \sum (K_y x^2)
\tag{4-3}
$$

式中　e_x、e_y——在 x 和 y 方向水平作用合力线到结构刚心的距离；

r_{ex}、r_{ey}——x 和 y 方向的抗扭弹性半径；

$\sum K_x$、$\sum K_y$——所计算楼层各抗侧力构件在 x 和 y 方向的侧向刚度之和；

K_T——所计算楼层的扭转刚度；

x、y——以刚度中心为原点的抗侧力构件坐标。

抗震设防的高层建筑钢结构,如果平面不规则,需视情况在计算和构造中做相应处理,有下列一些情形属于平面不规则结构:

(1)任一层的偏心率大于 0.15。

(2)结构平面形状有凹角,凹角的伸出部分在一个方向的尺度超过该方向建筑总尺寸的 25%。

(3)楼面不连续或刚度突变,包括开洞面积超过该层总面积的 50%。

(4)抗水平力构件既不平行又不对称于抗侧力体系的两个互相垂直的主轴。

高层建筑在发生地震时具有很大的侧向位移,防震缝设置不当会导致高层建筑在地震时相互碰撞,因此不宜设置防震缝。对于地震区的多高层钢框架结构应做较精确的地震分析,并采取相应的措施提高其薄弱部位和构件的抗震能力。同样由于平面长宽比的限制严格,高层钢框架结构建筑的平面尺寸通常不会超过温度缝设置区段规定,一般也不必设置温度缝。

2. 竖向布置

结构的竖向布置宜使结构各层的抗侧力刚度中心与水平合力中心接近重合,各层的刚度中心应接近在同一竖直线上。多高层房屋的横向刚度、风振加速度还和其高宽比有关。《高层民用建筑钢结构技术规程》(JGJ 99—98)规定:对于钢结构和有混凝土剪力墙的高层钢框架结构,其高宽比不宜大于表 4-2 的限值。

表 4-2　高宽比限值

结构种类	结构体系	非抗震设防	抗震设防烈度		
			6、7	8	9
钢结构	框架	5	5	4	3
	框架—支撑(剪力墙板)	6	6	5	4
	各类筒体	6.5	6	5	5
有混凝土剪力的钢结构	钢框架—混凝土剪力墙	5	5	4	4
	钢框架—混凝土核心筒	6	5	4	4
	钢框架—混凝土核心筒	6	5	5	4
注:当塔形建筑的底部有大底盘时,高宽比采用的高度应从大底盘的顶部算起					

抗震设防的高层钢结构,宜采用竖向规则的结构布置,具有下列情形之一者,为竖向不规则结构:

(1)楼层刚度小于其相邻上层刚度的 70%,且连续三层总的刚度降低超过 50%。

(2)相邻楼层质量之比超过 1.5(建筑为轻屋盖时,顶层除外)。

(3)立面收进尺寸的比例为 $L_1/L<0.75$。

(4)竖向抗侧力构件不连续。

(5)任一楼层抗侧力构件的总受剪承载力小于其相邻上层的 80%。

对于这些竖向布置的不规则结构,应在计算和构造上做相应处理。

3. 楼盖布置

楼盖结构除了直接承受竖向荷载的作用并将其传递给竖向构件外,还要作为横隔可靠地传递水平剪力。多层钢框架结构的楼盖体系多采用现浇钢筋混凝土楼板、预制混凝土楼板或压型钢板—混凝土组合楼板(图 4-9)。在楼板与钢梁之间设置足够的剪力连接件,这样钢梁将与混凝土楼板共同作用形成钢—混凝土组合梁。

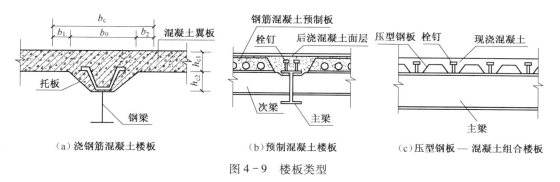

(a)浇钢筋混凝土楼板　　　　(b)预制混凝土楼板　　　(c)压型钢板—混凝土组合楼板

图 4-9　楼板类型

用于多、高层建筑的楼板宜采用压型钢板现浇钢筋混凝土结构,不宜采用预制钢筋混凝土楼板。当采用预应力薄板加混凝土现浇层或一般现浇钢筋混凝土楼板时,楼板与钢梁应有可靠连接。若因各种原因使楼板有较大的洞口而削弱了楼板的平面刚度时,应采取增强结构抗扭刚度的有效措施。

楼盖梁系由主梁和次梁组成。结构体系包含框架时,一般以框架梁为主梁,次梁以主梁为支承,间距小于主梁。图4-10是一些典型的结构平面布置,其中:图(a)是横向框架加纵向剪力墙布置方案,用于矩形平面;图(b)是纵、横双向无支撑框架结构布置方案,可用于正方形平面的多层房屋结构。

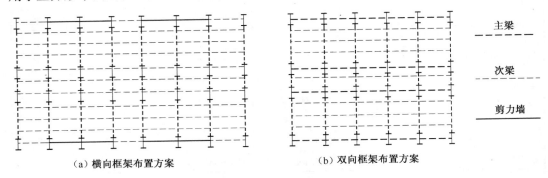

	主梁
	次梁
	剪力墙

（a）横向框架布置方案　　　　　　（b）双向框架布置方案

图4-10　钢框架布置方案

梁系布置还要考虑以下因素:

（1）次梁的间距要与上覆楼板类型相协调,尽量取在楼板的经济跨度内。对于压型钢板组合楼板,其适用跨度范围为1.5~4.0m,而经济跨度范围为2~3m。

（2）纵、横两个方向均应有主梁与竖向抗侧力构件直接相连,形成空间整体,以充分发挥作用。也使得竖向构件在两个方向的计算长度比较接近。

（3）抗倾覆要求外层竖向构件应具有较大的竖向荷载,梁系布置应能使尽量多的楼面荷载传递到这些构件。

4.2　钢框架结构的受力分析

4.2.1　荷载作用

框架结构是由钢梁和钢柱以一定的连接方式组成的结构体系,承受建筑物的各种荷载。竖向荷载包括永久荷载(结构及设备自重)、可变荷载(楼面或屋面活荷载、雪荷载、积灰荷载及竖向地震作用)。水平荷载主要有风荷载、地震作用等。当建筑物的层数较少、高度较小时,竖向荷载起控制作用;当建筑物的层数较多、高度较大时,水平荷载起控制作用。因此,结构体系除了设置承担竖向荷载的体系外,还应该设置承担水平荷载的体系。

建筑结构设计中涉及的作用包括直接作用(荷载)和间接作用(如地基变形、焊接变形温度变化或地震等引起的作用)。各类荷载和作用的取值与规定可参阅《建筑结构荷载规范》GB 50009,地震作用的计算可参阅《建筑抗震设计规范》GB 50011。

1. 竖向荷载

竖向荷载包括永久荷载(结构及设备自重)、可变荷载(楼面或屋面活荷载、雪荷载、积灰荷载及竖向地震作用)。楼面和屋顶活荷载、雪荷载的标准值及其准永久值系数,应按现行国家标准《建筑结构荷载规范》GB 50009的规定采用。规范中规定的荷载,宜按实际情况采用,但不得小于表4-3所列的数值。

表 4-3　民用建筑楼面均布活荷载标准值及准永久值系数

类　　别	活荷载标准值 /（kN/m²）	准永久值系数 ψ_q
酒吧间、展销厅	3.5	0.5
屋顶花园	4.0	0.8
档案库、储藏室	5.0	0.8
饭店厨房、洗衣房	4.0	0.5
健身房、娱乐室	4.0	0.5
办公室灵活隔断	0.5	0.8

2. 风荷载

作用在建筑物表面上的风荷载标准值 ω_k 可按荷载规范由下式计算：

$$\omega_k = \beta_z \mu_s \mu_z \omega_0 \qquad (4-4)$$

式中：基本风压 ω_0、风压高度变化系数 μ_z、风荷载体形系数 μ_s 等均按《建筑结构荷载规范》取值；β_z 当框架建筑高度超过 30m，且高宽比大于 1.5 时，风振系数可按规范取值，否则按 $\beta_z = 1.0$ 取值。

3. 地震作用

发生地震时，由于楼（屋）盖及构件等本身的质量而对结构产生的地震作用有水平地震作用与竖向地震作用，前者为计算多层框架地震作用时所采用组合内力中主要的作用，后者仅在计算多层框架内的大跨或大悬臂构件时予以考虑。

1）水平地震作用计算

根据《建筑抗震设计规范》GB 50011，高度不超过 40m、以剪切变形为主且质量和刚度沿高度分布均匀的结构，可采用底部剪力法计算地震作用。底部剪力法公式简单，适宜手算。一般设计软件中多采用振型分解反应谱法计算水平地震作用。

2）竖向地震作用计算

当多层框架中有大跨度（$l > 24m$）的桁架、长悬臂以及托柱梁等结构时，其竖向地震作用可采用其重力荷载代表值与竖向地震作用系数 α_v 的乘积来计算：

$$F_{Evk} = \alpha_v G_E \qquad (4-5)$$

式中　F_{Evk}——大跨或悬臂构件的竖向地震作用标准值；

　　　α_v——竖向地震作用系数，根据不同烈度和场地类别，按规范规定取不同值；

　　　G_E——8 度和 9 度设防烈度时，分别取大跨或悬臂构件重力荷载代表值的 10% 和 20%。

高层建筑抗震设计时，第一阶段设计应按多遇地震计算地震作用，第二阶段设计应按罕遇地震计算地震作用。

第一阶段设计时，其地震作用应符合下列要求：

（1）通常情况下，应在结构的两个主轴方向分别计入水平地震作用，各方向的水平地震作用应全部由该方向的抗侧力构件承担。

（2）当有斜交抗侧力构件时，宜分别计入各抗侧力构件方向的水平地震作用。

（3）质量和刚度明显不均匀、不对称的结构，应计入水平地震作用的扭转影响。

（4）按 9 度抗震设防的高层建筑钢结构,或者按 8 度和 9 度抗震设防的大跨度和长悬臂构件,应计入竖向地震作用。

4.2.2　荷载效应组合

多层框架设计时,采用按荷载类别分别计算其所产生的荷载效应,即结构构件的内力(如弯矩、轴力和剪力)和位移,然后进行组合,求得其最不利效应,依次进行设计。多层工业厂房除恒荷载、楼面(屋面)活荷载、风荷载、雪荷载以及地震作用以外,还应考虑吊车荷载和积灰荷载的组合。对顶层框架,在组合时总是取屋面活荷载和雪荷载中的较大值。

1. 承载能力极限状态设计

一般需进行下列荷载效应组合:

（1）$1.2 \times$永久荷载$+1.4 \times$活荷载;

（2）$1.2 \times$永久荷载$+1.4 \times$风荷载;

（3）$1.2 \times$永久荷载$+1.4 \times 0.9 \times$(活荷载+雪荷载+风荷载);

（4）$1.35 \times$永久荷载$+1.4 \times 0.7 \times$(活荷载+雪荷载)$+1.4 \times 0.6 \times$风荷载。

对于抗震设计的框架结构,按多遇地震计算的组合为

（1）$1.2 \times$(永久荷载$+0.5 \times$活荷载)$+1.3 \times x$向水平地震作用$+1.3 \times 0.85 \times y$向水平地震作用;

（2）$1.2 \times$(永久荷载$+0.5 \times$活荷载)$+1.3 \times 0.85 \times x$向水平地震作用$+1.3 \times y$向水平地震作用。

2. 正常使用极限状态设计

一般需进行下列荷载效应组合:

（1）$1.0 \times$永久荷载$+1.0 \times$活荷载;

（2）$1.0 \times$永久荷载$+1.0 \times$风荷载;

（3）$1.0 \times$永久荷载$+1.0 \times$风荷载$+1.0 \times 0.7$(活荷载+雪荷载);

（4）$1.0 \times$永久荷载$+1.0 \times$(活荷载+雪荷载)$+1.0 \times 0.6 \times$风荷载。

对于抗震设计的框架结构,按多遇地震计算的组合为

（1）$1.0 \times$永久荷载$+0.5 \times$活荷载$+1.0 \times x$向水平地震作用$+0.85 \times y$向水平地震作用;

（2）$1.0 \times$永久荷载$+0.5 \times$活荷载$+0.85 \times x$向水平地震作用$+1.0 \times y$向水平地震作用。

4.2.3　钢框架结构的计算模型

框架结构是三维空间结构,通常处于空间受力状态,因此钢框架的分析计算应尽量采用三维空间结构模型,利用有限元软件进行分析求解。对于布置规则、质量及刚度沿高度分布均匀、可以忽略扭转效应的框架结构,允许简化为平面结构进行分析。

例如对于图 4-11 所示的结构,可在 y 方向把结构简化为 8 榀框架,由无限刚度的楼板联系,共同承担 y 方向的水平力。同样,在 x 方向把结构简化为 3 榀框架。当结构无扭转时,各榀框架在每层楼板处的侧移相等。可按照受荷载面积计算各片抗侧力结构的竖向荷载。水平荷载的分配与各片抗侧力结构的刚度有关,刚度越大的结构单元分配到的荷载越多。

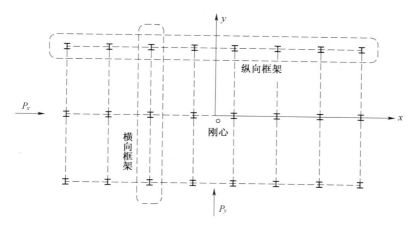

图 4 - 11　平面结构假定

钢框架结构通常采用现浇组合楼盖,一般可认为楼板在自身平面内刚度很大,所以可假定框架各构件在每一楼层处由绝对刚性平面连接,如图 4 - 12 所示。但在设计中应采取保证楼面整体刚度的构造措施。对整体性较差,或开孔面积大,或有较长外伸段的楼面,或相邻层刚度有突变的楼面,宜采用楼板平面内的实际刚度,或对按刚性楼面假定计算所得结果进行调整。

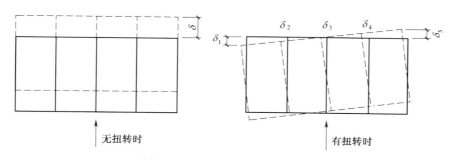

图 4 - 12　楼板刚度无限大假定

钢框架结构的内力与位移计算一般采用弹性分析方法,仅在构件截面强度验算时考虑部分截面进入塑性的影响。对于单层和两层框架,如果不承受直接动力作用,则可以采用塑性设计。此时考虑截面发生塑性铰从而引起内力重分布,直至塑性铰个数增加使结构转化为机构而破坏。对于两层以上的框架结构,如果采用塑性设计,则必须使用二阶弹塑性分析方法,同时考虑二阶效应和塑性发展的影响,目前这一方法还处于研究中,国内实践经验较少,可参考欧洲钢结构规范。

当楼面采用压型钢板组合楼板或钢筋混凝土楼板与钢梁有可靠连接时,在进行结构整体计算时应考虑混凝土楼板与钢梁共同工作的影响。在框架弹性分析时,应在梁截面特性中计入楼板的协同作用,适当放大钢梁惯性矩 I_b。对两侧有楼板的梁宜取 $1.5I_b \sim 2I_b$,对仅一侧有楼板的梁宜取 $1.2I_b$。在弹塑性阶段,混凝土楼板可能严重开裂,故此时不再考虑楼板与梁的共同工作。

一般情况下,柱间支撑构件可按两端铰接考虑,其端部连接的刚度则可通过支撑杆件的计算长度加以考虑。偏心支撑中的消能梁段在大震时将首先屈服,由于它的受力性能不同,利用有限元分析,在建模时应将消能梁段作为独立的梁单元处理。

随着建筑功能的增加,平面布置越来越复杂,结构体系也趋于不规则,有时无法按照平面结构分析,或当采用平面分析假定时计算结果将会有很大误差。随着计算机技术的突飞猛进,采用空间杆系有限元方法,用一个单元来模拟一个构件即可达到满意的计算精度;框架结构中梁、柱及支撑均为杆件,可使用空间杆系单元模拟,剪力墙可使用板壳单元模拟。而且计算假定少,不受限制,任何复杂的结构都可进行内力和位移计算,只要计算模型正确,大量复杂的运算都可由计算机完成,大大提高了计算效率。目前已有不少比较成熟的可用于钢框架结构分析和设计的软件,具体计算原理及使用方法可参阅有关有限元书籍及相关软件用户手册。

4.2.4　计算长度系数

钢构件由于相对较为细长,容易发生失稳破坏。当受压构件所承受的荷载超出极限值时,其平衡状态就会发生改变,表现为突然的较大变形进而破坏。以如图 4-13 所示的两端铰接压杆为例,其弯曲屈曲临界力可由欧拉公式表示:

$$N_{cr} = \frac{\pi^2 EI}{l^2} \tag{4-6}$$

对于不同端部约束的受压直杆,欧拉公式可归一化为

$$N_{cr} = \frac{\pi^2 EI}{(\mu l)^2} \tag{4-7}$$

式中　μ——计算长度系数。

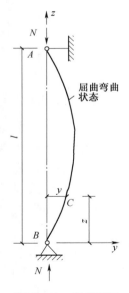

图 4-13　理想压杆

μl 即为计算长度,也就是计算长度系数与杆件几何长度的乘积。其实质是几何长度为 l 的不同端部约束情况的受压直杆等效为长度为 μl 的两端铰接受压直杆,等效的基础是两者的弯曲屈曲临界力相等,这样就可以用相同的公式描述不同端部约束情况下的压

杆屈曲临界力。

这一公式由理想受压直杆推导而来,实际工程中轴压柱由于初始缺陷、残余应力及材料塑性的影响,其失稳临界荷载远低于欧拉临界力。同样,我们还是以两端铰接轴压柱为基础,根据试验统计和数值模拟得出其稳定系数与横截面类型、材料屈服强度和构件长细比等因素的关系,而用计算长度系数来考虑不同端部约束对柱子稳定性的影响。

实际框架结构的整体稳定非常复杂,通常的做法是通过计算长度的概念将框架的整体稳定问题转化为框架柱的构件稳定问题。框架柱作为框架结构中的一个构件,失稳时受到与其两端相连的其他构件的约束作用,约束作用的大小直接影响其稳定承载力。框架柱的计算长度系数就是用来近似度量其周围杆件对柱子失稳的约束作用的大小,可通过对框架进行弹性稳定分析求得。

进行框架的整体稳定分析通常根据弹性稳定理论,并做如下假定:

(1)材料是线弹性的。

(2)框架只承受作用在节点上的竖向荷载。

(3)框架中的所有柱子是同时丧失稳定的,即各柱同时达到其临界荷载。

(4)当柱子开始失稳时,相交于同一节点的横梁对柱子提供的约束弯矩,按柱子的线刚度之比分配给柱子。

(5)在无侧移失稳时,横梁两端的转角大小相等、方向相反;在有侧移失稳时,横梁两端的转角不但大小相等而且方向亦相同。

框架可能的失稳形式大致可分为三种:一是有较强支撑的框架,其失稳形式一般为无侧移失稳,如图4-14(a)所示,为对称失稳;二是无支撑的纯框架,其失稳形式为有侧移失稳,如图4-14(b)所示,为反对称失稳;三是为弱支撑框架,其支撑的抗侧刚度不足以使框架发生无侧移失稳,失稳模式介于有侧移失稳和无侧移失稳之间。有侧移失稳的框架,其临界力比无侧移失稳的框架低得多。

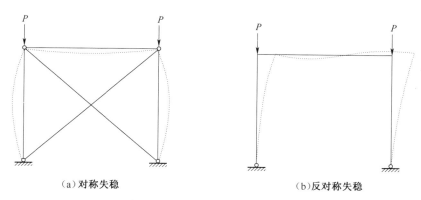

（a）对称失稳　　　　　　　　　　　（b）反对称失稳

图4-14　对称失稳和反对称失稳

框架结构的弹性稳定分析涉及未知节点位移很多,手工计算工作量很大,通常需要通过软件来求解。在工程设计中需要对问题进一步简化,只考虑与柱端直接相连的构件的约束作用,略去不直接与该柱子连接的横梁约束影响,例如,计算如图4-15(a)所示无侧移框架中柱12的计算长度系数时,将框架简化为图4-15(c)所示的计算单元;同样,有侧移框架图4-15(b)可简化为图4-15(d)所示的计算单元。进一步,通过弹性稳定分析

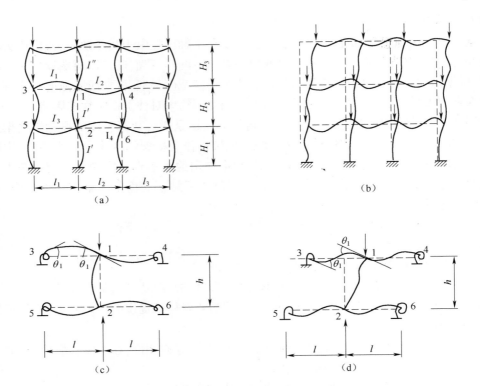

图 4-15 无侧移失稳和有侧移失稳

可得出无侧移框架柱和有侧移框架柱的计算长度系数 μ，如附表 2-15 和附表 2-16。

无侧移框架柱和有侧移框架柱的计算长度系数 μ，亦可按下列近似的公式计算：

（1）无侧移时

$$\mu = \frac{3 + 1.4(K_1 + K_2) + 0.64K_1K_2}{3 + 2(K_1 + K_2) + 1.28K_1K_2} \tag{4-8}$$

（2）有侧移时

$$\mu = \sqrt{\frac{1.6 + 4(K_1 + K_2) + 7.5K_1K_2}{K_1 + K_2 + 7.5K_1K_2}} \tag{4-9}$$

式中 K_1、K_2——分别为交于柱上、下端的横梁线刚度之和与柱线刚度之和的比值。

以图 4-15(a) 中柱 12 为例，K_1、K_2 应分别为

$$K_1 = \frac{I_1/l_1 + I_2/l_2}{I'''/H_3 + I''/H_2}$$

$$K_2 = \frac{I_3/l_1 + I_4/l_2}{I''/H_2 + I'/H_1}$$

实际工程中有些框架的支撑刚度不足，这时框架的失稳介于有侧移失稳和无侧移失稳之间，称为弱支撑框架。强支撑和弱支撑框架根据支撑结构的抗侧刚度(产生单位侧倾角的水平力) S_b 来判断，当满足下式时为强支撑框架，反之为弱支撑框架：

$$S_b \geq 3(1.2 \sum N_{bi} - \sum N_{0i}) \tag{4-10}$$

式中 N_{bi}、N_{0i}——分别为第 i 层层间所有框架柱用无侧移框架和有侧移框架柱计算长

174

度系数算得的轴压杆稳定承载力之和。

弱支撑框架柱的轴压稳定系数 φ 直接按下式计算：

$$\varphi = \varphi_0 + (\varphi_1 - \varphi_0) \frac{S_b}{3(1.2 \sum N_{bi} - \sum N_{0i})} \qquad (4-11)$$

式中　φ_1、φ_0——分别为按无侧移框架柱和有侧移框架柱计算长度系数算得的轴心压杆稳定系数。

平面框架柱在框架平面外的计算长度取决于侧向支撑点间的距离，一般由支撑构件的布置情况确定。支撑体系提供柱在平面外的支撑点，这些支撑点应能阻止框架柱沿房屋的纵向发生侧移。如框架柱下段的支撑点常常是基础的表面，柱上段的支撑点是纵向支撑与连系梁的连接节点。

4.2.5　二阶分析

如图 4-16 所示，对于有侧移框架，由于侧移 Δ 和竖向力 P 的共同作用，在柱底端会产生大小为 $P \times \Delta$ 的附加弯矩，称为 $P-\Delta$ 效应；而由于杆件挠曲 δ 和轴力 P 相互作用引起的附加弯矩现象，称为 $P-\delta$ 效应。

由于准确考虑 $P-\Delta$ 和 $P-\delta$ 效应需要把平衡方程建立在变形后的结构上，因此称为二阶分析。二阶分析较好地考虑了各杆件间的相互约束作用，因此采用二阶分析得到的内力进行框架柱设计时，计算长度系数可取 1.0，即计算长度为杆件实际长度。

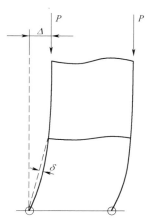

图 4-16　$P-\Delta$ 和 $P-\delta$ 效应

《钢结构设计规范》GB 50017 规定对 $\dfrac{\Sigma N \times \Delta u}{\Sigma H \times h} > 0.1$ 的框架结构宜采用二阶弹性分析。可在每层柱顶处附加考虑假想水平力 H_{ni} 近似考虑二阶 $P-\Delta$ 效应，其值为

$$H_{ni} = \frac{\alpha_y Q_i}{250} \sqrt{0.2 + \frac{1}{n_s}} \qquad (4-12)$$

式中　$\sum N$ ——所计算楼层各柱轴心压力设计值之和；

　　　$\sum H$ ——产生层间侧移 $\Delta \mu$ 的计算楼层及其以上各层的水平力之和；

　　　Δu ——按一阶弹性分析求得的所计算楼层的层间侧移；

175

h——所计算楼层的高度;

H_{ni}——第 i 层柱顶的假想水平力;

Q_i——第 i 层的总重力荷载设计值;

n_s——框架总层数,当 $\sqrt{0.2 + \dfrac{1}{n_s}} < 1$ 时,取此根号值为 1;

α_y——钢材强度影响系数,Q235 钢为 1.0,Q345 钢为 1.1,Q390 钢为 1.2,Q420 钢为 1.25。

对于无支撑的纯框架结构,当采用二阶弹性分析时,可用下列近似公式计算各杆件端的弯矩 M_{II}(下标罗马字 II 代表二阶分析的结果):

$$M_{\mathrm{II}} = M_{1b} + \alpha_{2i} M_{1s} \qquad (4-13)$$

式中 M_{1b}——假定框架无侧移时按一阶弹性分析求得的各杆件端弯矩;

M_{1s}——假定框架有侧移时按一阶弹性分析求得的各杆件端弯矩;

α_{2i}——考虑二阶效应第 i 层杆件端弯矩增大系数,即

$$\alpha_{2i} = \dfrac{1}{1 - \dfrac{\sum N \times \Delta u}{\sum H \times h}} \qquad (4-14)$$

当 $\alpha_{2i} > 1.33$ 时,宜增大框架结构的刚度 EI。

4.2.6 平面钢框架的近似计算

框架体系是经典的杆件体系,结构力学中已经比较详细地介绍了超静定刚架(框架)内力和位移的计算方法,如力法、位移法、弯矩分配法、无剪力分配法等。但是,多层钢结构由于杆件较多,超静定次数高,采用这些方法比较繁琐。因此一些用于近似手算的方法,由于计算简便,易于掌握,目前在实际工程中应用还很多,特别是初步设计时需要估算,手算方法常常受到工程师们的欢迎。利用近似计算的手算方法时,在竖向荷载作用下,根据各榀框架负担竖向荷载的面积大小,计算框架上竖向荷载,进行内力分析。在水平荷载作用下,由于钢框架结构较柔,必要时还要考虑 $P-\Delta$ 效应的影响。

1. 竖向荷载作用下的近似计算——分层计算法

多层多跨框架在一般竖向荷载作用下,侧移是比较小的,各层荷载对其他层杆件内力影响不大。因此,在近似方法中,可将多层框架简化为单层框架,即分层做力矩分配计算。

具体计算时将框架梁与上、下层柱(顶层梁只与下层柱)组成基本计算单元,不考虑梁的侧移,并假定上、下柱的远端是固定的。为减小这一假定带来的误差,可以将除底层柱外的其他各层柱的线刚度乘以 0.9 加以修正,并将各柱的传递系数修正为 1/3。竖向荷载产生的梁固端弯矩只在本单元内进行弯矩分配,各层单元之间不传递计算所得的梁端弯矩即为最终弯矩,而柱端弯矩取相邻单元对应柱端弯矩(即上、下两层单元分别计算该柱弯矩)之和。柱中轴力可通过梁端剪力和逐层叠加柱内的竖向荷载而求出。

分层计算结果,结点上的弯矩可能不平衡,但误差不会很大。如果需要更精确,可将结点不平衡弯矩再进行一次分配。

2. 水平荷载作用下内力的近似计算——D 值法

框架在水平集中力的作用下,梁柱的弯矩图都是直线形,都有一个反弯点。若能求出各柱反弯点的位置和剪力,则各梁、柱的内力均可求得。当梁与柱的线刚度比大于 3 时,采用反弯点法计算内力可获得较好的精度。当梁与柱的线刚度比不满足上述条件,或上、下横梁的线刚度及层高变化较大时,可采用修正的反弯点法——D 值法。它在反弯点法的基础上,考虑梁柱线刚度比较小时,结点转角会较大,通过修正柱的抗侧移刚度和调整反弯点高度的方法计算水平荷载下框架的内力。修正后的柱侧移刚度用 D 表示,故称为 D 值法。

D 值法同样有平面结构的假定,还忽略了柱的轴向变形;虽然,考虑了结点转角,但又假定同层各结点转角相等,推导 D 值及反弯点高度时,还作了另一些假定,因此,D 值法也是一种近似方法。

由于多层框架所受水平荷载主要是风和地震作用,一般先要把作用在每个楼层上的总风力和总地震作用分配到各榀框架上,用 D 值法做水平荷载下的内力分析时,可按柱的抗侧刚度将总水平荷载直接分配到柱。得到各柱剪力以后,就可根据反弯点的位置,求得柱端弯矩,如图 4-17 所示。由结点平衡可求出梁端弯矩和剪力。

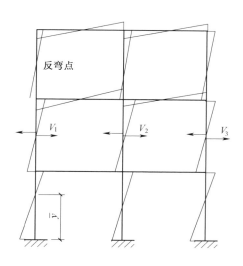

图 4-17　水平荷载下框架弯矩的计算

1)确定各柱侧移刚度 D 值

柱的抗侧刚度 D 值与水平侧移和转角均有关,可按下式进行计算:

$$D = \alpha \frac{12i_c}{h^2} \qquad (4-15)$$

式中　α ——梁柱刚度比对柱刚度的影响,其值与梁柱刚度比 $\bar{K}$ 有关。

框架中常用各种情况的 $\bar{K}$ 及 α 计算公式见表 4-4。

表4－4 α 值计算公式

层　别	边　柱	中　柱	α
一般层	$\bar{K}=\dfrac{i_1+i_3}{2i_c}$	$\bar{K}=\dfrac{i_1+i_2+i_3+i_4}{2i_c}$	$\alpha=\dfrac{\bar{K}}{2+\bar{K}}$
底层	$\bar{K}=\dfrac{i_5}{i_c}$	$\bar{K}=\dfrac{i_5+i_6}{2i_c}$	$\alpha=\dfrac{0.5+\bar{K}}{2+\bar{K}}$

2）求各柱的剪力

有了 D 值以后，假定同一楼层各柱的侧移相等，可得到各柱的剪力：

$$V_{ij}=\frac{D_{ij}}{\sum D_{ij}}V_{Pj} \qquad (4-16)$$

式中　　V_{ij}——第 j 层第 i 柱的剪力；

$\qquad D_{ij}$—— 第 j 层第 i 柱的侧移刚度 D 值；

$\qquad \sum D_{ij}$——第 j 层所有柱 D 值总和；

$\qquad V_{Pj}$——第 j 层由外荷载引起的总剪力。

3）确定柱反弯点高度比

影响柱反弯点高度的主要因素是柱上、下端的约束条件，而影响柱两端约束刚度的主要因素是：①结构层数及该层所在位置；②梁柱线刚度比；③荷载形式；④上层与下层梁刚度比；⑤上、下层层高变化。

在 D 值法中，通过力学分析求得标准情况下的标准反弯点高度比 y_n（即反弯点到柱下端距离与柱全高的比值），再根据上、下梁线刚度比值及上、下层层高变化对 y_n 进行调整。标准反弯点高度比 y_n 及上、下梁刚度变化时的反弯点高度比修正值 y_1，上、下层高度变化时反弯点高度比修正值 y_2 和 y_3 可查表求得（见附录5）。则各层柱的反弯点高度比由下式计算：

$$y=y_n+y_1+y_2+y_3 \qquad (4-17)$$

4）求柱端弯矩和梁端弯矩

根据各柱分配到的剪力及反弯点的位置，计算柱端弯矩：

$$M_{cij} = V_{ij}y_{ij} \qquad (4-18)$$

根据结点平衡及分配弯矩与梁线刚度成正比的原则求得各梁端弯矩,进而求出梁的剪力。

多层钢框架—支撑体系由于层数较少,也可作为剪切型体系近似采用 D 值法计算。此时斜撑的等效 D 值可按下列方法计算:

（1）带十字形支撑的框架中,十字形支撑的等效 D_b 值为

$$D_b = \frac{2E_b A_b \cos^3\theta}{l_0} \qquad (4-19)$$

式中　E_b、A_b ——支撑的弹性模量和截面积,如图 4-18(a)所示;

　　　θ ——支撑的水平倾角;

　　　l_0 ——支撑的跨度。

（2）其他形式的支撑（K 形支撑、偏心支撑等）,可按产生单位水平位移所需的水平力确定 D_b 值（图 4-18(b)）:

$$D_b = \frac{P}{\delta} \qquad (4-20)$$

式中　P ——施加的水平力;

　　　δ ——由于 P 力作用于支撑上产生的水平位移。

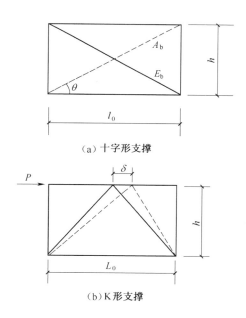

（a）十字形支撑

（b）K 形支撑

图 4-18　十字形支撑和 K 形支撑

3. 水平荷载作用下侧移的近似计算

多层框架的总侧移可看成由两部分组成,即由梁柱弯曲变形引起的侧移及由梁柱轴向变形引起的侧移,在层数不多的框架中,梁柱轴向变形引起的侧移很小,常常可以忽略。在近似计算中,只需要计算由杆件弯曲引起的变形,即所谓剪切型变形。

抗侧刚度 D 值的物理意义是单位层间侧移所需的剪力(该层间侧移是梁、柱弯曲变形引起的)。当已知框架结构第 j 层所有柱的 D 值及层剪力后,可得计算层间侧移的近似公式:

$$\delta_j^M = \frac{V_{Pj}}{\sum D_{ij}} \qquad (4-21)$$

式中 δ_j^M——j 层由杆件弯曲变形引起的层间侧移;

       V_{Pj}——j 层总剪力;

       $\sum D_{ij}$——j 层各柱总侧移刚度。

各层楼板标高处侧移绝对值是该层以下各层层间侧移之和;顶点侧移即所有层层间侧移之总和。

j 层侧移为

$$\Delta_j^M = \sum_{i=1}^{j} \delta_i^M \qquad (4-22a)$$

顶点侧移为

$$\Delta_n^M = \sum_{i=1}^{n} \delta_i^M \qquad (4-22b)$$

4.2.7 钢框架抗震计算要点

钢结构房屋应根据设防分类、烈度和房屋高度采用不同的抗震等级,并应符合相应的计算和构造措施要求。丙类建筑的抗震等级应按表 4-5 确定。

表 4-5 钢结构房屋的抗震等级

房屋高度	烈 度			
	6	7	8	9
≤50m		四级	三级	二级
>50m	四级	三级	二级	一级

注:
(1)高度接近或等于高度分界时,应允许结合房屋不规则程度和场地、地基条件确定抗震等级。

(2)一般情况,构件的抗震等级应与结构相同;当某个部位各构件的承载力均满足 2 倍地震作用组合下的内力要求时,7~9 度的构件抗震等级应允许降低一度确定。

钢结构房屋需要设置防震缝时,缝宽应不小于相应钢筋混凝土结构房屋的 1.5 倍。

多、高层钢结构应进行多遇地震作用下的抗震变形验算,其楼层内最大的弹性层间位移应符合

$$\Delta u_e \leqslant [\theta_e] h \tag{4-23}$$

式中 Δu_e——多遇地震作用标准值产生的楼层内最大的弹性层间位移,计算时,除以弯曲变形为主的高层建筑外,可不扣除结构整体弯曲变形,应计入扭转变形,各作用分项系数均应采用 1.0,钢筋混凝土结构构件的截面刚度可采用弹性刚度;

  $[\theta_e]$——弹性层间位移角限值,多、高层钢结构为 1/250;

  h——计算楼层层高。

钢框架结构抗震计算的阻尼比宜符合下列规定:

(1)多遇地震下的计算:高度不大于 50m 时,可取 0.04;高度大于 50m 且小于 200m 时,可取 0.03;高度不小于 200m 时,宜取 0.02。

(2)当偏心支撑框架部分承担的地震倾覆力矩大于结构总地震倾覆力矩的 50% 时,其阻尼比可比第(1)条相应增加 0.005。

(3)在罕遇地震下的弹塑性分析,阻尼比可取 0.05。

中心支撑框架的斜杆轴线偏离梁柱轴线交点不超过支撑杆件的宽度时,仍可按中心支撑框架分析,但应计及由此产生的附加弯矩。

偏心支撑框架中,与消能梁段相连构件的内力设计值,应按下列要求调整:

(1)支撑斜杆的轴力设计值,应取与支撑斜杆相连接的消能梁段达到受剪承载力时支撑斜杆轴力与增大系数的乘积;其增大系数,一级不应小于 1.4,二级不应小于 1.3,三级不应小于 1.2。

(2)位于消能梁段同一跨的框架梁内力设计值,应取消能梁段达到受剪承载力时框架梁内力与增大系数的乘积;其增大系数,一级不应小于 1.3,二级不应小于 1.2,三级不应小于 1.1。

(3)框架柱的内力设计值,应取消能梁段达到受剪承载力时柱内力与增大系数的乘积;其增大系数,一级不应小于 1.3,二级不应小于 1.2,三级不应小于 1.1。

4.3 钢框架构件设计

4.3.1 框架梁的设计

框架梁一般承受单向弯矩,通常采用工字形或 H 型钢截面。框架梁需要验算其抗弯强度、整体稳定、抗剪强度以及板件宽厚比。

1. 梁抗弯强度

梁的抗弯强度应按下式计算:

$$\frac{M_x}{\gamma_x W_{nx}} \leqslant f \tag{4-24}$$

式中 M_x——梁对 x 轴的弯矩设计值;

  W_{nx}——梁对 x 轴的净截面抵抗矩;

  γ_x——截面塑性发展系数,非抗震设防时按现行国家标准《钢结构设计规范》GB

50017 的规定采用,抗震设防时宜取 1.0;

f——钢材强度设计值,抗震设防时应除以相应的承载力抗震调整系数 γ_{RE},见表 4-6。

表 4-6　承载力抗震调整系数

材料	结 构 构 件	受力状态	γ_{RE}
钢	柱,梁,支撑,节点板件,螺栓,焊缝柱,支撑	强度	0.75
		稳定	0.80

2. 梁整体稳定

框架梁的整体稳定通常通过刚性铺板加以保证,使其不需计算。

刚性铺板系指采用压型钢板现浇钢筋混凝土组合楼板或非组合楼板。对不超过 12 层的多层钢结构,尚可采用装配整体式钢筋混凝土楼板,亦可采用装配式楼板或其他轻型楼盖。对超过 12 层的高层钢结构,必要时可设置水平支撑。

铺板阻止梁失稳的前提是铺板与梁应有可靠的连接。压型钢板钢筋混凝土组合楼板和现现浇钢筋混凝土楼板,通过在梁上设置焊接栓钉与钢梁连接;采用装配式、装配整体式或轻型楼板时,应将楼板预埋件与钢梁焊接。

H 型钢或等截面工字形简支梁受压翼缘的自由长度 l_1 与其宽度 b_1 之比不超过附表 2-1 所规定的数值时,也可不计算框架梁的整体稳定性。对跨中无侧向支承点的梁,l_1 为其跨度;对跨中有侧向支承点的梁,l_1 为受压翼缘侧向支承点间的距离(梁的支座处视为有侧向支承)。

当不能满足刚性铺板条件,或梁的侧向支撑体系不足时,应按下式计算梁的整体稳定:

$$\frac{M_x}{\varphi_b W_x} \leqslant f \qquad (4-25)$$

式中　W_x——梁的毛截面抵抗矩(单轴对称者以受压翼缘为准);

φ_b——梁的整体稳定系数,应按附表 4-3(《钢结构设计规范》GB 50017 附录 B)确定;

f——钢材强度设计值,抗震设防时应除以相应的承载力抗震调整系数 γ_{RE},见表 4-6。

3. 梁抗剪强度

在主平面内受弯的实腹构件,其抗剪强度应按下式汁算:

$$\tau = \frac{VS}{It_w} \leqslant f_v \qquad (4-26)$$

框架梁端部截面的抗剪强度,应按下式计算:

$$\tau = V/A_{wn} \leqslant f_v \qquad (4-27)$$

式中　V——计算截面沿腹板平面作用的剪力;

S——计算剪应力处以上毛截面对中和轴的面积矩;

I——毛截面惯性矩;

t_w——腹板厚度;

182

f_v——钢材抗剪强度设计值，抗震设防时应除以相应的承载力抗震调整系数 γ_{RE}，见表 4-6；

A_{wn}——扣除扇形切角和螺栓孔后的腹板受剪面积。

4. 梁的板件宽厚比

梁截面上板件宽厚比应满足表 4-7 的规定。

表 4-7 框架梁、柱板件宽厚比限值

	板件名称	一级	二级	三级	四级
柱	工字形截面翼缘外伸部分	10	11	12	13
	工字形截面腹板	43	45	48	52
	箱形截面壁板	33	36	38	40
梁	工字形截面和箱形截面翼缘外伸部分	9	9	10	11
	箱形截面翼缘在两腹板之间部分	30	30	32	36
	工字形截面和箱形截面腹板	$72-120N_b/(Af)$ $\leqslant 60$	$72-100N_b/(Af)$ $\leqslant 65$	$80-100N_b/(Af)$ $\leqslant 70$	$85-120N_b/(Af)$ $\leqslant 75$

注：(1) 表列数值适用于 Q235 钢，采用其他牌号钢材时，应乘以 $\sqrt{235/f_{ay}}$；

(2) $N_b/(Af)$ 为梁轴压比

4.3.2 框架柱的设计

框架柱在两个互相垂直的方向均与梁刚接时，宜采用箱形截面。当仅在一个方向与梁刚接时，宜采用工字形截面，并将腹板置于框架平面内。

1. 柱强度和稳定性

框架柱在压力和弯矩的作用下，双轴对称的实腹工字形截面和箱形截面框架柱，其强度和稳定性计算公式如下：

强度计算
$$\frac{N}{A_n}+\frac{M_x}{\gamma_x W_{nx}}+\frac{M_y}{\gamma_y W_{ny}}\leqslant f \tag{4-28}$$

强轴平面内稳定
$$\frac{N}{\varphi_x A}+\frac{\beta_{mx}M_x}{\gamma_x W_{1x}(1-0.8N/N'_{EX})}+\eta\frac{\beta_{1y}M_y}{\varphi_{by}W_{1y}}\leqslant f \tag{4-29}$$

弱轴平面内稳定
$$\frac{N}{\varphi_y A}+\frac{\beta_{my}M_y}{\gamma_y W_{1y}(1-0.8N/N'_{Ey})}+\eta\frac{\beta_{tx}M_x}{\varphi_{bx}W_{1x}}\leqslant f \tag{4-30}$$

式中 f——钢材强度设计值，抗震设防时应除以相应的承载力抗震调整系数 γ_{RE}，见表4-6。

在罕遇地震作用下，柱截面尚应满足第二阶段抗震设计要求，即结构层间侧移和层间侧移延性比，防止结构整体倒塌。

2. 强柱弱梁要求

在进行钢框架节点的抗震验算时，强柱弱梁是基本要求。按抗震设防的钢框架，节点左、右梁端和上、下柱端的全塑性承载力，应符合下式要求：

等截面梁

$$\sum W_{pc}(f_{yc} - N/A_c) \geqslant \eta \sum W_{pb}f_{yb} \tag{4-31}$$

端部翼缘变截面的梁

$$\sum W_{pc}(f_{yc} - N/A_c) \geqslant \sum (\eta W_{pb1}f_{yb} + V_{pb}s) \tag{4-32}$$

式中 W_{pc}、W_{pb}——交汇于节点的柱和梁的塑性截面模量;

W_{pb1}——梁塑性铰所在截面的梁塑性截面模量;

f_{yc}、f_{yb}——柱和梁的钢材屈服强度;

N——地震组合的柱轴力;

A_c——框架柱的截面面积;

η——强柱系数,一级取 1.15,二级取 1.10,三级取 1.05;

V_{pb}——梁塑性铰剪力;

s——塑性铰至柱面的距离,塑性铰可取梁端部变截面翼缘的最小处。

当符合下列条件之一时,可不进行钢框架节点处的抗震承载力验算:

(1) 柱所在楼层的受剪承载力比相邻上一层的受剪承载力高出 25%;

(2) 柱轴压比不超过 0.4,或 $N_2 \leqslant \varphi A_c f$($N_2$ 为 2 倍地震作用下的组合轴力设计值);

(3) 与支撑斜杆相连的节点。

三、柱节点域的腹板厚度

在柱与梁连接处,柱在与梁上、下翼缘对应位置设置水平加劲肋,使之与柱翼缘相包围处形成柱节点域。

按抗震设计时,工字形截面柱和箱形截面柱腹板在节点域范围的厚度,首先应满足下式要求:

$$t_w \geqslant (h_{b1} + h_{c1})/90 \tag{4-33}$$

其次,节点域腹板不宜太厚,也不应太薄,太厚便使节点域不能发挥消能作用,太薄将使框架的侧向位移过大,节点域的屈服承载力应符合下式要求:

$$\psi(M_{pb1}+M_{pb2})/V_p \leqslant (4/3)f_{yv} \tag{4-34}$$

工字形截面柱

$$V_p = h_{b1}h_{c1}t_w \tag{4-35}$$

箱形截面柱

$$V_p = 1.8h_{b1}h_{c1}t_w \tag{4-36}$$

圆管截面柱

$$V_p = (\pi/2)h_{b1}h_{c1}t_w \tag{4-37}$$

工字形截面柱和箱形截面柱节点域腹板的抗剪强度,按下式验算:

$$(M_{b1}+M_{b2})/V_p \leqslant (4/3)f_v/\gamma_{RE} \tag{4-38}$$

式中 M_{pb1}、M_{pb2}——节点域两侧梁的全塑性受弯承载力;

V_p——节点域的体积;

f_v——钢材的抗剪强度设计值;

f_{yv}——钢材的屈服抗剪强度,取钢材屈服强度的 0.58 倍;

ψ——折减系数,三、四级取 0.6,一、二级取 0.7;

h_{b1}、h_{c1}——梁翼缘厚度中点间的距离和柱翼缘（或钢管直径线上管壁）厚度中点间的距离；

t_w——柱在节点域的腹板厚度；

M_{b1}、M_{b2}——节点域两侧梁的弯矩设计值；

γ_{RE}——节点域承载力抗震调整系数，取 0.75。

4. 框架柱的长细比

框架柱的长细比关系到钢结构的整体稳定。框架柱的长细比，一级不应大于 $60\sqrt{235/f_{ay}}$，二级不应大于 $80\sqrt{235/f_{ay}}$，三级不应大于 $100\sqrt{235/f_{ay}}$，四级时不应大于 $120\sqrt{235/f_{ay}}$。

5. 框架柱的板件宽厚比

框架柱截面上板件宽厚比应满足表 4-7 的规定。

4.3.3　中心支撑的设计

在框架—支撑结构体系中，支撑也是结构中一种重要的构件。

中心支撑体系包括十字交叉支撑、单斜杆支撑、人字形支撑、V 形支撑和 K 形支撑等（图 4-4）。中心支撑框架宜采用十字交叉支撑，也可采用单斜杆支撑、人字形支撑或 V 形支撑，不宜采用 K 形支撑。

当采用只能受拉的单斜杆体系时，应同时设不同倾斜方向的两组单斜杆（图 4-19），且每层中不同方向单斜杆的截面面积在水平方向的投影面积之差不得大于 10%。

图 4-19　单斜杆支撑的布置

中心支撑的轴线应交汇于梁柱构件轴线的交点，在构造上确有困难时，偏离中心不应超过支撑杆件的宽度，并应计入由此产生的附加弯矩。

不超过 12 层的钢结构宜采用中心支撑，并优先采用交叉支撑，并可按拉杆设计，较经济。若采用受压支撑时，应满足长细比和板件宽厚比的要求。

支撑斜杆宜采用双轴对称截面，超过 12 层的框架，宜采用轧制 H 形钢，两端与框架刚性连接。不超过 12 层的框架，可采用单轴对称截面（如双角钢组成的 T 形截面），但应采取防止杆件扭转屈曲的构造措施。

在多遇地震效应组合作用下支撑所承受的地震所承受的地震作用应乘以增大系数，以避免在大震叶出现过大的塑性变形，人字形和 V 形支撑应乘以 1.5，十字交叉支撑和单斜杆支撑应乘以 1.3。

1. 中心支撑杆件受压承载力

在往复荷载作用下，支撑斜杆反复受压、受拉，且受压屈服后的变形增长很大，转而受拉时不能完全拉直，这样就造成受压承载力再次降低，即出现弹塑性屈曲后承载力退化现象。支撑杆件屈曲后,最大受压承载力的降低是明显的,长细比越大,退化程度越严重。这种情况在计算支撑斜杆时应考虑。因而,在多遇地震作用效应组合下,支撑斜杆受压承载力验算按下式进行:

$$N/(\varphi A_{br}) \leqslant \psi f/\gamma_{RE} \qquad (4-39)$$

$$\psi = 1/(1+0.35\lambda_n) \qquad (4-40)$$

$$\lambda_n = (\lambda/\pi)\sqrt{f_{ay}/E} \qquad (4-41)$$

式中　　N——支撑斜杆的轴向力设计值;

　　　　A_{br}——支撑斜杆的截面面积;

　　　　φ——轴心受压构件的稳定系数;

　　　　ψ——受循环荷载时的强度降低系数;

　　　　λ、λ_n——支撑斜杆的长细比和正则化长细比;

　　　　E——支撑斜杆钢材的弹性模量;

　　　　$f\sqrt{f_{ay}}$——钢材强度设计值和屈服强度;

　　　　γ_{RE}——支撑稳定破坏承载力抗震调整系数。

2. 中心支撑杆件的长细比

支撑杆件在轴向往复荷载作用下,其抗拉和抗压承载力均有不同程度的降低,在弹塑性屈曲后,支撑杆件的抗压承载力退化更为严重。支撑杆件的长细比是影响其性能的重要因素,长细比小的杆件,滞回图形更丰满,消能性能更好,长细比大的杆件则相反。但支撑的长细比并非越小越好,支撑的长细比越小,支撑框架的刚度就越大,不但承受的地震力越大,而且在某些情况下动力分析得出的层间位移也很大。

中心支撑杆件的长细比,按压杆设计时,不应大于 $120\sqrt{235/f_{ay}}$;一、二、三级中心支撑不得采用拉杆设计,四级采用拉杆设计时,其长细比不应大于180。

3. 中心支撑杆件的板件宽厚比

板件宽厚比是影响局部屈曲的重要因素,直接影响支撑杆件的承载力和消能能力。在往复荷载作用下比单向静力加载更容易发生失稳。一般满足静荷载下充分发生塑性变形能力的宽厚比限值,不能满足往复荷载作用下发生塑性变形能力的要求。即使小于塑性设计所规定的值,在往复荷载作用下仍然发生局部屈曲,所以板件宽厚比的限值比塑性设计更小一些,这样对抗震有利。

中心支撑杆件的板件宽厚比,不应大于表4-8规定的限值。采用节点板连接时,应注意节点板的强度和稳定。

表4-8　钢结构中心支撑板件宽厚比限值

板 件 名 称	一级	二级	三级	四级
翼缘外伸部分	8	9	10	13
工字形截面腹板	25	26	27	33
箱形截面壁板	18	20	25	30
圆管外径与壁厚比	38	40	40	42
注:表列数值适用于 Q235 钢,采用其他牌号钢材应乘以 $\sqrt{235/f_{ay}}$,圆管应乘以 $235/f_{ay}$				

4.3.4 偏心支撑的设计

偏心支撑框架的支撑斜杆,至少有一端偏离梁柱节点,或偏离另一方向的支撑与梁构成的节点,支撑与柱或支撑与支撑之间的一段梁,称为消能梁段,如图4-5和图4-20所示。这种具有消能梁段的偏心支撑框架兼有抗弯框架和中心支撑框架的优点。

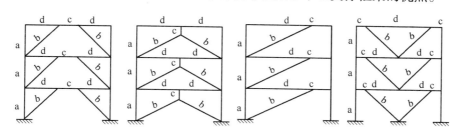

图4-20 偏心支撑示意图

a—柱;b—支撑;c—消能梁段;d—其他梁段。

偏心支撑框架的设计原则是强柱、强支撑和弱消能梁段,即在大震时消能梁段屈服形成塑性铰,具有稳定的滞回性能,即使消能梁段进入应变硬化阶段,柱、支撑和其他梁段仍保持弹性。其弹性阶段的刚度接近于中心支撑框架,弹塑性阶段的延性和消能能力接近于延时框架,是一种良好的抗震结构。

为使消能梁段具有良好的消能能力,消能梁段钢材的屈服强度不应大于 $345 \mathrm{N/mm}^2$。

1. 消能梁段的类型

消能梁段可分为剪切屈服型和弯曲屈服型两种。

剪切屈服型梁段短,梁端弯矩小,主要是因剪力作用使梁段屈服;弯曲屈服型梁段长,梁端弯矩大,容易形成弯曲塑性铰。消能梁段的净长 a 符合下式条件者为剪切屈服型,否则为弯曲屈服型。

$$a \leqslant 1.6 M_{\mathrm{p}} / V_{\mathrm{p}} \qquad (4-42)$$

式中 M_{p} ——消能梁段的塑性抗弯承载力;

V_{p} ——消能梁段的塑性抗剪承载力。

取材料的屈服剪力 τ_{y} 为弯曲屈服应力 f_{y} 的 $1/\sqrt{3}$,即

$$\tau_{\mathrm{y}} = f_{\mathrm{y}} / \sqrt{3} = 0.58 f_{\mathrm{y}} \qquad (4-43)$$

假设梁段为理想的塑性状态,截面塑性抗剪承载力 V_{p} 和塑性抗弯承载力 M_{p} 分别按下式计算:

$$V_{\mathrm{p}} = 0.58 f_{\mathrm{y}} h_0 t_{\mathrm{w}} \qquad (4-44)$$

$$M_{\mathrm{p}} = W_{\mathrm{p}} f_{\mathrm{y}} \qquad (4-45)$$

式中 h_0 ——梁段腹板计算高度;

t_{w} ——梁段腹板厚度;

W_{p} ——梁段截面塑性抵抗矩。

梁段中作用轴力时,应考虑轴力对抗弯承载力的降低,其折减的塑性抗弯承载力 M_{pc} 为

$$M_{pc} = W_p(f_y - \sigma_N) \tag{4-46}$$

式中　σ_N ——由轴力在梁段翼缘产生的平均正应力，并按下式计算：

消能梁段净长　　　　$a < 2.2 M_p/V_p$ 时，$\sigma_N = \dfrac{V_p}{V_{1b}} \times \dfrac{N_{1b}}{2b_f t_f}$ $\tag{4-47}$

消能梁段净长　　　　$a \geqslant 2.2 M_p/V_p$ 时，$\sigma_N = \dfrac{N_{1b}}{A_{1b}}$ $\tag{4-48}$

式中　V_{1b}、N_{1b} ——梁段的剪力设计值和轴力设计值；

　　　b_f ——梁段翼缘宽度；

　　　t_f ——梁段翼缘厚度；

　　　A_{1b} ——梁段截面面积。

当 $\sigma_N < 0.15f_y$ 时，取 $\sigma_N = 0$。

消能梁段为剪切屈服时，梁段中的计算轴力都很小，可忽略其对塑性抗弯强度的影响。

消能梁段宜采用剪切屈服型，剪切屈服型连梁的消能性能优于弯曲屈服型。试验证明，剪切屈服型消能梁段，对偏心支撑框架抵抗大震特别有利。

与柱相连的梁段也不应设计成弯曲屈服型连梁，弯曲屈服会导致翼缘压曲和水平扭转屈曲。试验发现，长梁段的翼缘在靠近柱的位置处出现裂缝，梁端与柱连接处有很大的应力集中，受力性能很差。而剪切屈服时，在腹板上形成拉力场，仍能使梁保持其强度和刚度。

2. 消能梁段的受剪承载力

消能梁段的受剪承载力应符合下列要求：

当 $N \leqslant 0.15Af$ 时：

$$V \leqslant \varphi V_l / \gamma_{RE} \tag{4-49}$$

$V_l = 0.58 A_w f_{ay}$ 或 $V_l = 2M_{lp}/a$，取较小值，$A_w = (h - 2t_f)t_w$，$M_{lp} = f W_p$

当 $N > 0.15Af$ 时：

$$V \leqslant \phi V_{lc} / \gamma_{RE} \tag{4-50}$$

$V_{lc} = 0.58 A_w f_{ay} \sqrt{1 - [N/(Af)]^2}$ 或 $V_{lc} = 2.4 M_{lp}[1 - N/(Af)]/a$，取较小值

式中　N、V ——消能梁段的轴力设计值和剪力设计值；

　　　V_l、V_{lc} ——消能梁段受剪承载力和计入轴力影响的受剪承载力；

　　　M_{lp} ——消能梁段的全塑性受弯承载力；

　　　A、A_w ——消能梁段的截面面积和腹板截面面积；

　　　W_p ——消能梁段的塑性截面模量；

　　　a、h ——消能梁段的净长和截面高度；

　　　t_w、t_f ——消能梁段的腹板厚度和翼缘厚度；

　　　f、f_{ay} ——消能梁段钢材的抗压强度设计值和屈服强度。

　　　ϕ ——系数，可取 0.9。

3. 消能梁段的长度

消能梁段的长短是设计的关键，短的消能梁段能使框架的弹性刚度增大，不过，消能

梁段越短,塑性变形越大,可能导致过早地塑性破坏。当梁段长度 a 为 $(1\sim1.3)M_p/V_p$ 时,该梁段对偏心支撑框架的承载力、刚度和消能特别有效。

当 $N>0.16Af$ 时,消能梁段的长度应符合下列规定:

当 $\rho(A_w/A)<0.3$ 时:

$$a<1.6M_{lp}/V_l \qquad (4-51)$$

当 $\rho(A_w/A)\geqslant0.3$ 时:

$$a\leqslant[1.15-0.5\rho(A_w/A)]1.6M_{lp}/V_l \qquad (4-52)$$

$$\rho=N/V \qquad (4-53)$$

式中　a——消能梁段的长度;

　　　ρ——消能梁段轴向力设计值与剪力设计值之比。

4. 偏心支撑杆件的长细比和板件宽厚比

偏心支撑框架的支撑杆件长细比不应大于 $120\sqrt{235/f_{ay}}$,支撑杆件的板件宽厚比不应超过现行国家标准《钢结构设计规范》GB 50017 规定的轴心受压构件在弹性设计时的宽度比限值。

5. 偏心支撑框架梁的板件宽厚比

消能梁段及与消能梁段同一跨内的非消能梁段,其板件的宽厚比不应大于表 4-9 规定的限值。

表 4-9　偏心支撑框架梁的板件宽厚比限值

板件名称		宽厚比限值
翼缘外伸部分		8
腹板	当 $N/(Af)\leqslant0.14$ 时	$90[1-1.65N/(Af)]$
	当 $N/(Af)>0.14$ 时	$33[2.3-N/(Af)]$

注:表列数值适用于 Q235 钢,当材料为其他钢号时应乘以 $\sqrt{235/f_{ay}}$,$N/(Af)$ 为梁轴压比

4.4　钢框架连接和节点设计

一般来说,钢框架结构节点设计主要是指以下部位:柱脚节点、柱-柱节点、梁-柱节点、梁-梁节点、支撑节点。其连接方式很多,可采用焊接、高强度螺栓连接或栓焊混合连接。

钢框架连接和节点设计应遵循以下原则:

(1)节点受力明确,减少应力集中,避免材料三向受拉。

(2)节点连接设计应采用强连接弱构件的原则,不致因连接较弱而使结构破坏。

(3)节点连接应按地震组合内力进行弹性设计,并对连接的极限承载力进行验算。

(4)构件的拼接一般应采用与构件等强度或比等强度更高的设计原则。

(5)简化节点构造,以便于加工及安装时容易就位和调整。

4.4.1　节点连接的极限承载力

钢结构抗侧力构件连接的承载力设计值,应不小于相连构件的承载力设计值;高强度螺栓连接不得滑移。

钢结构抗侧力构件连接的极限承载力应大于相连构件的屈服承载力。

梁与柱刚性连接的极限承载力，应符合下列公式要求：

$$M_u^j \geqslant \eta_j M_p \tag{4-54}$$

$$V_u^j \geqslant 1.2(2M_p/l_n) + V_{Gb} \tag{4-55}$$

支撑与框架连接和梁、柱、支撑的拼接极限承载力，应符合下列公式要求：

支撑连接和拼接 $\qquad N_{ubr}^j \geqslant \eta_j A_{br} f_v \tag{4-56}$

梁的拼接 $\qquad M_{ub,sp}^j \geqslant \eta_j M_p \tag{4-57}$

柱的拼接 $\qquad M_{uc,sp}^j \geqslant \eta_j M_{pc} \tag{4-58}$

柱脚与基础的连接极限承载力，应符合下列公式要求：

$$M_{u,base}^j \geqslant \eta_j M_{pc} \tag{4-59}$$

式中 M_p、M_{pc}——梁的塑性受弯承载力和考虑轴力影响时柱的塑性受弯承载力；

$\qquad V_{Gb}$——梁在重力荷载代表值（9度时高层建筑尚应包括竖向地震作用标准值）作用下，按简支梁分析的梁端截面剪力设计值；

$\qquad l_n$——梁的净跨；

$\qquad A_{br}$——支撑杆件的截面面积；

$\qquad M_u^j$、V_u^j——分别为连接的极限受弯、受剪承载力；

$\qquad N_{ubr}^j$、$M_{ub,sp}^j$、$M_{uc,sp}^j$——分别为支撑连接和拼接、梁、柱拼接的极限受压（拉）、受弯承载力；

$\qquad M_{u,base}^j$——柱脚的极限受弯承载力；

$\qquad \eta_j$——连接系数，可按表4-10采用。

表4-10　钢结构抗震设计的连接系数

母材牌号	梁柱连接		支撑连接，构件拼接		柱 脚	
	焊接	螺栓连接	焊接	螺栓连接		
Q235	1.40	1.45	1.25	1.30	埋入式	1.2
Q345	1.30	1.35	1.20	1.25	外包式	1.2
Q345GJ	1.25	1.30	1.15	1.20	外露式	1.1

注：(1) 屈服强度高于Q345的钢材，按Q345的规定采用；

(2) 屈服强度高于Q345GJ的GJ钢材，按Q345GJ的规定采用；

(3) 翼缘焊接腹板栓接时，连接系数分别按表中连接形式取用

4.4.2　梁-柱连接节点

框架梁与柱的连接宜采用柱贯通型。在互相垂直的两个方向都与梁刚性连接的柱，宜采用箱形截面。

1. 梁-柱刚性连接节点

梁与柱刚性连接系指节点具有足够的刚性，能使所连构件间的夹角在达到承载力之前，实际夹角不变的接头，连接的极限承载力不低于被连接构件的屈服承载力。

梁与柱刚性连接的构造形式分为：

（1）全焊接节点，梁的上、下翼缘用坡口全熔透焊缝，腹板用角焊缝与柱翼缘连接。

（2）栓焊混合连接节点，即仅梁的上、下翼缘用坡口全熔透焊缝与柱翼缘连接，腹板用高强度螺栓与柱翼缘上的剪力板连接，是目前多层和高层钢结构梁与柱连接最常用的构造形式。

（3）全栓接节点，梁翼缘和腹板借助 T 形连接件用高强度螺栓与柱翼缘连接，虽然安装比较方便，但节点刚性不如前两种连接形式好，应用并不多，不再做详细介绍。

梁-柱刚性连接时，应验算以下各项：

（1）梁与柱的连接承载力——在弹性阶段验算其连接强度，在弹塑性阶段验算其极承载力。

（2）在梁翼缘的压力和拉力作用下，分别验算柱腹板的受压承载力和柱翼缘板的刚度。

（3）节点域的抗剪承载力。

1）梁与柱的连接承载力验算

梁与柱连接验算时，可采用由翼缘承受弯矩和腹板承受剪力的近似计算方法。

（1）梁与柱连接的强度

a. 梁与柱全焊接连接

当采用全焊接节点连接时（图 4-21），梁翼缘与柱翼缘对接焊缝的抗拉强度为

$$\sigma = \frac{M}{b_f t_f (h - t_f)} \leqslant f_t^w \tag{4-60}$$

梁腹板角焊缝的抗剪强度为

$$\tau = \frac{V}{2 l_w h_e} \leqslant f_f^w \tag{4-61}$$

式中　M——梁端弯矩设计值；

　　　V——梁端剪力设计值；

　　　f_t^w——对接焊缝抗拉强度设计值；

　　　f_f^w——角焊缝抗剪强度设计值；

　　　h_e——角焊缝的有效厚度。

其余符号如图 4-21 所示。

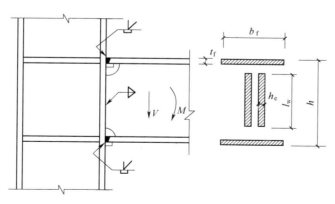

图 4-21　梁-柱全焊接刚性节点

b. 梁与柱栓焊混合连接

梁-柱的栓焊连接（图 4-22）中梁翼缘与柱腹板的连接强度仍采用式（4-60），梁腹

板高强度螺栓的抗剪承载力为

$$N_v^b = \frac{V}{n} \leqslant 0.9 [N_v^b] \tag{4-62}$$

式中 n——梁腹板高强度螺栓的数目;

　　$[N_v^b]$——一个高强度螺栓抗剪承载力的设计值;

　　0.9——考虑焊接热影响对高强度螺栓预拉力损失的系数。

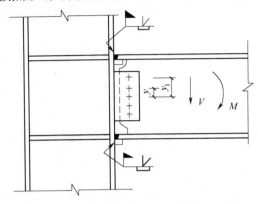

图 4-22　梁-柱栓焊混合连接刚性节点

（2）梁与柱连接的极限承载力

① 梁翼缘受弯

$$M_u^j = A_f(h-t_f)f_u \tag{4-63}$$

② 梁腹板受剪

a. 梁腹板用角焊缝与柱翼缘连接,即

$$V_u^j = 0.58A_f^w f_u \tag{4-64}$$

b. 梁腹板采用高强度螺栓与柱翼缘剪力板连接的极限承载力取下列公式中的较小值,即

$$V_u^j = nN_{vu}^b = 0.58n_f A_e^b f_u^b \tag{4-65}$$

$$V_u^j = nN_{cu}^b = d\Sigma t f_{eu}^b \tag{4-66}$$

式中 A_f——梁翼缘(一侧)的截面面积;

　　t_f——梁翼缘的厚度;

　　A_f^w——焊缝的受力面积;

　　f_u——钢材的抗拉强度最小值;

　　n——高强度螺栓的数量;

　　N_{vu}^b、N_{cu}^b——高强度螺栓的极限受剪承载力和对应的板件极限承压力;

　　n_f——螺栓连接的剪切面数量;

　　A_e^b——螺栓螺纹处的有效截面面积;

　　f_u^b——螺栓钢材的抗拉强度最小值;

　　d——螺栓杆直径;

　　Σt——同一受力方向的钢板厚度之和;

　　f_{eu}^b——螺栓连接板的极限承压强度,限 $1.5f_u$。

以上计算出的极限受弯承载力和受剪承载力均应满足式(4-54)和式(4-55)的要求。

2）柱腹板的局部抗压承载力和柱翼缘板刚度验算

（1）梁翼缘传来的压力和拉力在柱腹板和翼缘板中形成局部应力,可能带来两类破坏:

① 在梁受压翼缘的作用下,柱腹板由于局部压曲而破坏,假定梁受压翼缘屈服时传来的压力 $N = A_{fb}f_b$ 以 $1:2.5$ 的角度均匀地扩散到 k_c 线或腹板角焊缝的边缘(图4-23),柱腹板局部受压有效宽度 b_e 为

$$b_e = t_{fb} + 5k_c$$

在梁的受压翼缘处,柱腹板厚度 t_{wc} 应同时满足下列公式要求:

$$t_{wc} \geqslant \frac{A_{fb}f_b}{b_e f_c} \tag{4-67a}$$

$$t_{wc} \geqslant \frac{h_c}{30}\sqrt{\frac{f_{ye}}{235}} \tag{4-67b}$$

式中　t_{fb}——梁翼缘的厚度;

　　　t_{wc}——柱腹板的厚度;

　　　A_{fb}——梁受压翼缘的截面积;

　　　k_c——柱翼缘外侧至腹板圆角根部或角焊缝焊趾的距离;

　　　h_c——柱腹板的高度;

　　　f_b——梁钢材抗拉、抗压强度设计值;

　　　f_c——柱钢材抗拉、抗压强度设计值;

　　　f_{ye}——柱钢材屈服点。

若不能满足式(4-67),应将柱腹板加厚或设置柱腹板水平加劲肋(图4-24),加劲肋的总面积

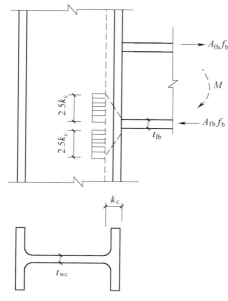

图4-23　柱腹板受压有效宽度

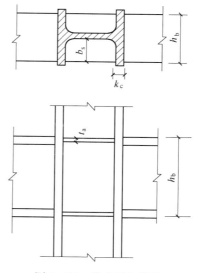

图4-24　柱水平加劲肋

$$A_s \geq (A_{fb} - t_{we}b_e)\frac{f_b}{f_c} \tag{4-68}$$

式中 f_b/f_c——基于梁、柱钢材材质不一样,柱的钢材材质可能优于梁的钢材材质。

为防止加劲肋受压屈曲,要求其宽厚比限值为 $b_s/t_s \leq 9\sqrt{235/f_y}$。

② 在梁受拉翼缘的作用下,除非柱翼缘的刚度很大(很厚),否则柱翼缘受拉挠曲,对此在试验和理论上均已证明,根据等强度原则,柱翼缘的厚度应满足

$$t_{fe} \geq 0.4\sqrt{A_{fb}f_b/f_c} \tag{4-69}$$

式中 A_{fb}——梁受拉翼缘的截面面积。

若不能满足式(4-69),同样应将柱翼缘板加厚或设置水平加劲肋。

(2) 钢框架结构梁与柱连接的刚性节点,均应在梁翼缘的对应位置设置柱的水平加劲肋(或隔板)来传递梁翼缘传来的集中力。对抗震设防的结构,水平加劲肋的厚度不应小于梁翼缘的厚度,非抗震设防的结构,除满足传递梁翼缘的集中力外,其厚度不得小于梁翼缘厚度的1/2。其宽度应符合传力、构造和板件宽厚比的要求。柱水平加劲肋与柱的连接要求如下:

① H 形钢或工字形截面柱,水平加劲肋用熔透的 T 形对接焊缝与柱翼缘连接,与腹板可采用角焊缝连接(图4-25)。当梁端垂直于柱腹板刚性连接时,水平加劲肋与柱腹板的焊接也应采用熔透的 T 形对接焊缝。

② 箱形柱的水平加劲隔板与柱翼缘的连接,宜采用熔透的 T 形对接焊缝,对无法施焊的手

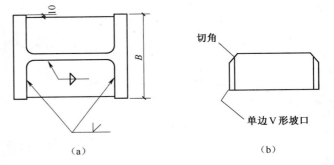

图4-25 工字形柱水平加劲肋焊接

工电弧焊的焊缝,宜采用熔化嘴电渣焊(图4-26),由于这种焊接方法产生热量较大,为减少焊接变形,焊缝宜成对布置。

(3) 当柱两侧梁的高度不等时,在对应每个梁翼梁的位置均应设置水平加劲肋,考虑焊接的方便,水平加劲肋间距 e 不宜小于 150mm(图4-27(a)),并不小于加劲肋的宽度;当不能满足此要求

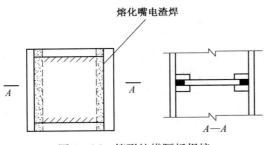

图4-26 箱形柱横隔板焊接

时,需调整梁端高度,可将截面高度较小的梁端部高度局部加大,腋部翼缘的坡度不大于1:3(图4-27(b));也可采用斜加劲肋,加劲肋的倾斜度同样不大于1:3(图4-27(c))。

3) 梁-柱节点域的抗剪承载力验算

在刚性连接的梁-柱节点连接处,由上、下水平加劲肋与柱翼缘所包围的节点域,在相当大的剪力作用下,存在着板域首先屈服的可能性,图4-28为作用于节点域处的剪力和弯矩。

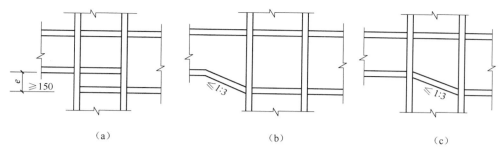

（a）　　　　　　　　　　　　　（b）　　　　　　　　　　　　　（c）

图 4-27　柱两侧梁高不等时的水平加劲肋

节点域的屈服承载力和抗剪强度应分别满足式（4-34）和式（4-38）的要求，另外，当节点域的腹板厚度 $t_w \geq (h_{b1}+h_{c1})/70$ 时，可不验算节点域的承载力。

影响式（4-34）和式（4-38）计算结果的 V_p 为节点域的体积：对工字形截面柱，$V_p = h_b h_c t_w$；对箱形截面柱，考虑两腹板受力不均的影响，取 $V_p = 1.8 h_b h_c t_w$。

当节点域体积 V_p 不能满足要求时，应采用加厚节点域处的柱腹板厚度予以加强，如图 4-29 所示，其他的加强措施在构造上比较麻烦，在钢框架结构中不推荐使用。

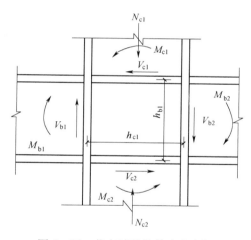

图 4-28　节点域处的剪力和弯矩

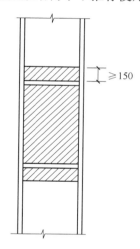

图 4-29　节点域的加厚

4）梁与柱刚性连接的构造要求

（1）框架梁与工字形截面柱（翼缘）和箱形截面柱刚性连接（图 4-30）应符合以下要求：

① 梁翼缘与柱翼缘间应采用全熔透坡口焊缝；一、二级时，应检验焊缝的 V 形切口冲击韧性，其夏比冲击韧性在 -20℃ 时不低于 27J。

② 柱在梁翼缘对应位置应设置横向加劲肋（隔板），加劲肋（隔板）厚度不应小于梁翼缘厚度，强度与梁翼缘相同。

③ 梁腹板宜采用摩擦型高强度螺栓与柱连接板连接（经工艺试验合格能确保现场焊接质量时，可用气体保护焊进行焊接）；腹板角部应设置焊接孔，孔形应使其端部与梁翼缘和柱翼缘间的全熔透坡口焊缝完全隔开。

④ 腹板连接板与柱的焊接：当板厚不大于 16mm 时应采用双面角焊缝，焊缝有效厚

195

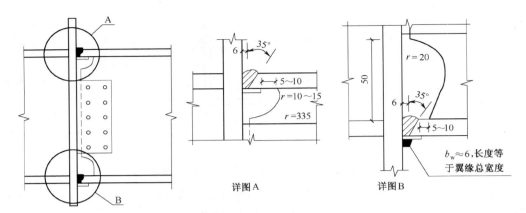

图 4 – 30 钢框架梁与柱的现场连接

度应满足等强度要求,且不小于 5mm;当板厚大于 16mm 时采用 K 形坡口对接焊缝。该焊缝宜采用气体保护焊,且板端应绕焊。

⑤ 一级和二级时,宜采用能将塑性铰自梁端外移的端部扩大形连接、梁端加盖板或骨形连接。

(2) 钢框架梁采用悬臂梁段与柱刚性连接时(图 4 – 31),悬臂梁段与柱应采用全焊接连接,此时上、下翼缘焊接孔的形式宜相同;梁的现场拼接可采用翼缘焊接腹板螺栓连接或全部螺栓连接。

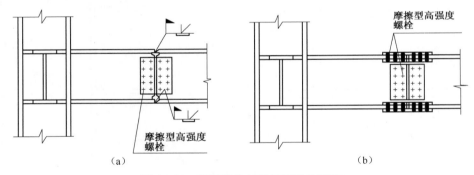

图 4 – 31 钢框架柱与梁悬臂段的连接

5) 改进梁与柱刚连接节点抗震性能的构造措施

为避免在地震作用下,梁与柱连接处焊缝发生破坏,宜采用能将塑性铰自梁端外移的做法:

(1) 骨形连接

骨形连接是通过削弱梁来保护梁柱节点(图 4 – 32)。在距梁端一定距离处,将梁翼缘两侧做月牙形切削,形成薄弱截面,使强震时梁的塑性铰自柱面外移,从而避免脆性破坏。设计中建议按以下各式确定削弱部位尺寸:

$$a = (0.5 \sim 0.75)b_f, b = (0.65 \sim 0.85)h_b, c \leqslant 0.25b_f$$

圆弧半径

$$R = (4c^2 + b^2)/8c$$

月牙形切削面应刨光,宜对上、下翼缘均进行切削,切削后的梁翼缘截面不宜大于原

196

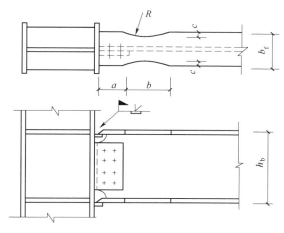

图 4-32　骨形连接

截面面积的 90%,并能承受按弹性设计的多遇地震下的组合内力。建议 8 度Ⅲ、Ⅳ类场地和 9 度时采用。

（2）梁端翼缘加焊锲形盖板

在不降低梁的强度和刚度的前提下,通过梁端翼缘加焊锲形盖板(图 4-33),提高梁柱连接节点的承载力,同样可使塑性铰离开梁柱节点,使节点具有很好的延性,而不致发生脆性破坏。

梁端翼缘上加焊锲形盖板时,盖板厚度不宜小于 8mm,并在工厂焊于梁的端部,与梁翼缘同时开焊接坡口,盖板长度取 $0.3h_b$ 并不小于 150mm,一般可取 150~180mm。

除在梁端翼缘加焊锲形盖板外,还可采用将梁端翼缘局部加厚或加宽等构造措施,使塑性铰离开梁柱节点,起到加强节点的作用。

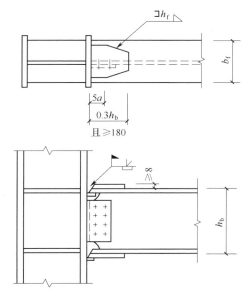

图 4-33　梁端翼缘加焊锲形盖板

6）工字形截面柱在弱轴与主梁刚性连接

当工字形柱在弱轴方向与主梁刚性连接时,应在主梁翼缘对应位置柱水平加劲肋,在梁高范围内设置柱的竖向连接板,其厚度应分别与梁翼缘和腹板厚度相同。柱水平加劲肋与柱翼缘和腹板均匀为全熔透坡口焊缝,竖向连接板与柱腹板连接为角焊缝。主梁与柱的现场连接如图4-34所示。

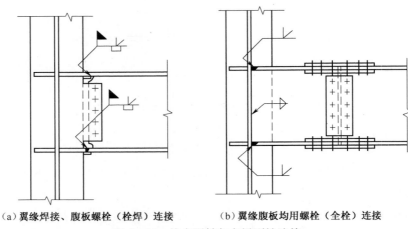

（a）翼缘焊接、腹板螺栓（栓焊）连接　　　　（b）翼缘腹板均用螺栓（全栓）连接

图4-34　柱在弱轴与主梁刚性连接

（1）梁翼缘采用全熔透坡口焊缝与柱水平加劲肋连接,梁腹板用高强度螺栓与柱竖向连接板连接（图4-34（a））。其连接计算方法与在柱强轴方向连接相同,梁端弯矩通过柱水平加劲肋传递,梁端剪力由梁腹板高强度螺栓承担。

（2）与柱在主轴方向连接相同,也可在垂直柱弱轴方向加焊悬臂梁段,形成连接支座与主梁连接（图4-34（b））,梁翼缘之间的连接可采用高强度螺栓（或全熔透坡口焊接）,腹板之间采用高强度螺栓连接。

2. 梁-柱柔性连接节点

柔性连接只能承受很小的弯矩,这种连接实际上是为了实现简支梁的支承条件,即梁端没有线位移,但可以移动,即所谓铰接。

由柱翼缘连接角钢（或节点板）或由支座连接角钢传递剪力的节点是典型的梁与柱柔性连接节点（图4-35）。

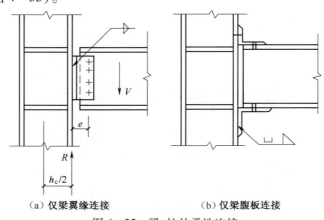

（a）仅梁翼缘连接　　　　（b）仅梁腹板连接

图4-35　梁-柱的柔性连接

用连接角钢连于柱翼缘的梁(图4-35(a)),通常认为支承点在柱翼缘表面,与梁腹板相连的高强度螺栓除承受梁端剪力外,还需考虑偏心弯矩 $M=Re$ 的作用。传给柱的荷载也是有偏心的,在计算柱时应予考虑。

图4-35(b)的连接形式,全部剪力由支托角钢的焊缝传给柱,支托角钢厚度由承载肢的弯曲强度设计值控制,不足时可在支托角钢下设置加劲肋。

当柱在弱轴与梁连接时,在构造上仍应首先设置柱水平加劲肋和竖向连接板,通过高强度螺栓与梁腹板连接(图4-36)。

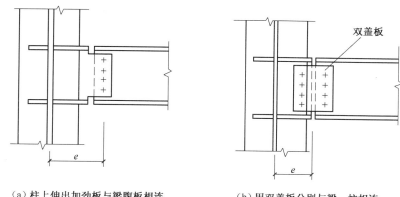

(a)柱上伸出加劲板与梁腹板相连　　　　(b)用双盖板分别与梁、柱相连

图4-36　柱在弱轴与梁柔性连接

4.4.3　柱-柱连接节点

钢框架宜采用工字形柱或箱形柱。

由三块钢板组成焊接工字形截面柱,腹板与翼缘的组合焊缝可采用角焊缝或部分熔透的 K 形坡口焊缝。由四块钢板组成的箱形截面柱,四角的组合焊缝可采用部分熔透的 V 形或 U 形焊缝(图4-37)。焊缝的熔透深度不小于板厚的 1/3,并不小于14mm,抗震设防时不应小于板厚的 1/2(图4-37(a))。按抗震设计的梁-柱刚性节点,在框架梁上、下各 500mm 范围内,应采用全熔透坡口焊缝(图4-37(b))。

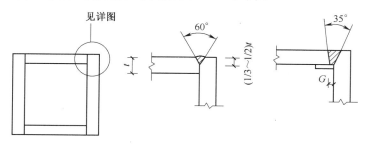

(a)部分熔透焊缝　　　　　　(b)全熔透焊缝

图4-37　箱形柱角部组合焊缝

1. 柱的承压接头

按非抗震设计的轴心受压柱或压弯柱,当柱的弯矩较小且不产生拉力的情况下,柱的25%的压力可通过铣平端传递,柱的上、下端应铣平顶紧,并与柱轴线垂直。柱的承压接

头可采用部分熔透焊缝,坡口焊缝的有效深度 t_e 不宜小于厚度的 1/2(图 4-38)。

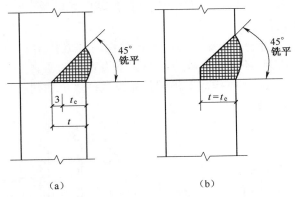

（a）　　　　　　　　　　　（b）

图 4-38　柱承压接头的部分熔透焊缝

2. 柱与柱工地接头

柱与柱工地接头的设计原则:

（1）柱的工地接头应位于框架节点塑性区以外,一般宜在框架梁上方 1.3m 附近。

（2）柱接头的设计应满足极限承载力 $M_u \geqslant 1.2 M_{pc}$ 的设计原则。

（3）柱接头上、下各 100mm 范围内,工字形截面柱翼缘与腹板间及箱形截面柱角部壁板间的组合焊缝,应采用全熔透坡口焊缝。

（4）柱的工地接头处应设置安装耳板,厚度不得小于 10mm。耳板宜设置于柱的一个方向的两侧。

1）工字形截面柱的工地接头

工字形截面柱的工地接头,翼缘一般为全熔透坡口焊接,腹板可为高强度螺栓连接（图 4-39（a））,当采用焊接时,上柱腹板开 K 形坡口,要求焊透（图 4-39（c））。

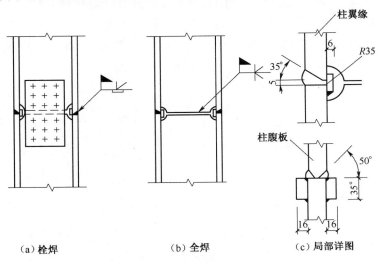

（a）栓焊　　　　　　（b）全焊　　　　　　（c）局部详图

图 4-39　工字形柱的工地接头

2）箱形截面柱的工地接头

箱形截面柱的工地接头应全部采用焊接,为便于全截面熔透,常用的接头形式如

图 4-40 所示。

箱形截面柱接头处的下柱应设置盖板,与柱口齐平,盖板厚度不小于16mm,用单边 V 形坡口焊缝与柱壁板焊接,并与柱口一齐刨平,使上柱口的焊接垫板与下柱有一个良好的接触面。上柱一般也应设置横隔板,厚度通常为 10mm,以防止运输和焊接时变形。

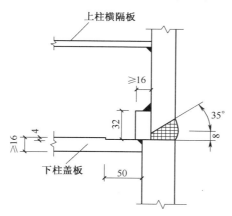

图 4-40　箱形柱的工地焊接

3. 柱的变截面连接

柱需要变截面时,一般采用柱截面尺寸不变,而仅改变翼缘厚度的做法。若需改变柱截面尺寸时,柱的变截面段应由工厂完成,并尽量避开梁-柱连接节点。对边柱可采用图 4-41(a)的做法,不影响挂外墙板,但应考虑上、下柱偏心产生的附加弯矩,对中柱可采用图 4-41(b)的做法。柱的变截面处均应设置水平加劲肋或横隔板。

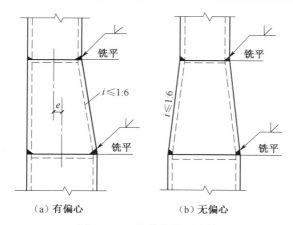

（a）有偏心　　　　　　　（b）无偏心

图 4-41　柱的变截面连接

4.4.4　梁-梁连接节点

钢框架梁工地接头的设计原则:

（1）钢框架梁的工地拼接接头应位于框架节点塑性区以外,即离开从梁端算起的 1/10 跨长并应大于 1.6m。

（2）按抗震设计时,梁的拼接接头应满足等强度要求。

（3）当梁按接头处内力进行拼接设计时,可由翼缘承担弯矩,腹板承担剪力。当拼接内力较小时,拼接处强度不应低于原截面承载力的50%。

1. 主梁与主梁的连接

主梁的工地拼接主要用于梁与柱全焊接节点的柱外悬臂梁段与中间梁段的连接,其次为框筒结构密排柱间梁的连接,其拼接形式见图4-42。

（1）翼缘为全熔透焊接,腹板为高强度螺栓连接（图4-42(a)）;

（2）翼缘和腹板都用高强度螺栓连接（图4-42(b)）;

（3）翼缘和腹板都用全熔透焊接（图4-42(c)）。

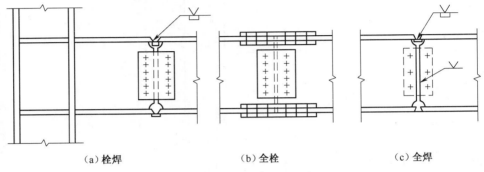

（a）栓焊　　　　　　　　（b）全栓　　　　　　　　（c）全焊

图4-42　主梁的拼接形式

2. 次梁与主梁的连接

（1）次梁与主梁的连接通常设计为简支铰接（图4-43）。次梁与主梁的竖向加劲板用高强度螺栓连接（图4-43(a)、(b)）;当次梁内力和截面较小时,也可直接与主梁腹板连接（图4-43(c)）。

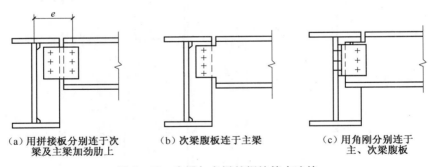

（a）用拼接板分别连于次　　　（b）次梁腹板连于主梁　　　（c）用角刚分别连于
　　梁及主梁加劲肋上　　　　　　　　　　　　　　　　　　　主、次梁腹板

图4-43　次梁与主梁的螺栓简支连接

（2）当次梁跨数较多,跨度较长,荷载较大时,在次梁与主梁连接处形成刚接（图4-44）,可以减少次梁的挠度,节约钢材。

3. 主梁的侧向隔撑

按抗震设计的框架梁,在梁可能出现塑性铰处（通常距柱轴线1/8~1/10梁跨处）梁上、下翼缘均应设置侧向隔撑（图4-45）。

侧向隔撑的轴力 N 应按下式计算:

$$N = \frac{A_f f}{60\sin\alpha}\sqrt{f_y/235} \tag{4-70}$$

202

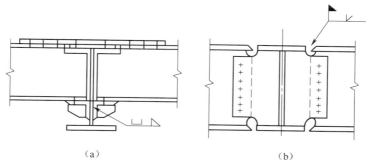

（a）   （b）

图 4 - 44　次梁与主梁的刚性连接

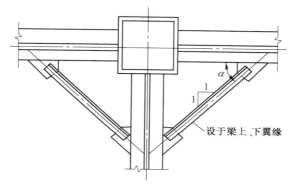

设于梁上、下翼缘

图 4 - 45　主梁的侧向隔撑

式中　　A_f——梁一侧翼缘的截面面积；

　　　　f——梁翼缘抗压强度设计值；

　　　　α——隔撑与梁轴线的夹角，当梁互相垂直时可取 45°。

注：式（4 - 70）分母中的 60 为偏于安全地参照《门式刚架轻型房屋钢结构技术规程》CECS 102：2002（2012 年版）6. 1. 6 节（即本书式（1 - 99））确定的。

4.4.5　钢柱脚节点

钢框架结构与基础刚接的柱脚，依连接方式不同，分为埋入式柱脚、外包式柱脚和外露式柱脚。

超过 12 层的高层钢框架结构宜采用埋入式柱脚，6、7 度时也采用外包式柱脚。外露式柱脚可用于刚接柱脚，也可用于仅传递垂直荷载的铰接柱脚。

1. 埋入式柱脚节点

将钢柱直接埋入刚度较大的地下室墙或基础梁的柱脚称为埋入式柱脚（图 4 - 46）。

1）埋入式柱脚的计算

埋入式柱脚通过混凝土对钢柱的支承压力传递弯矩（图 4 - 47），其计算简图如图 4 - 48 所示。埋入式柱脚的混凝土承压应力应小于混凝土轴心抗压强度设计值，可按下式计算：

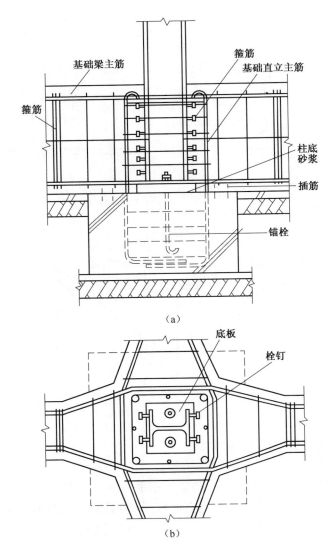

（a）

（b）

图 4-46 埋入式柱脚

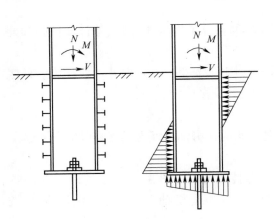

图 4-47 埋入式柱脚的受力状态

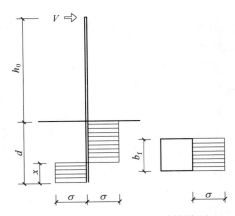

图 4-48 埋入式柱脚的计算简图

$$\sigma = \left(\frac{2h_0}{d} + 1\right)\left[1 + \sqrt{1 + \frac{1}{(2h_0/d + 1)^2}}\right]\frac{V}{b_f d} \qquad (4-71)$$

式中　V——柱脚剪力；

　　　h_0——柱反弯点到柱脚底板的距离；

　　　d——柱脚埋深；

　　　b_f——钢柱翼缘宽度。

当钢柱埋入基础梁端部时，应防止钢柱埋入部分在侧压力的作用下，使基础梁产生剪切破坏。边柱基础梁受剪面积如图 4-49(a)所示，根据图 4-49(b)所示的计算简图，基础梁端部混凝土抗剪应符合下列公式要求：

$$V_1 \leqslant f_{ct} A_{cs} \qquad (4-72a)$$
$$V_1 \leqslant (h_0 + d_c)V/(3d/4 - d_c) \qquad (4-72b)$$
$$A_{cs} = B(a + h_c/2) - b_f h_c/2 \qquad (4-72c)$$

式中　V_1——基础梁端部混凝土的最大抵抗剪力；

　　　V——柱脚的设计剪力；

　　　b_f、h_c——钢柱承压翼缘宽度和截面高度；

　　　a——自钢柱翼缘外表面算起的基础梁长度；

　　　B——基础梁宽度，等于 b_f 加两侧保护层厚度；

　　　f_{ct}——混凝土抗拉强度设计值；

　　　h_0——柱反弯点到柱脚顶面的距离；

　　　d——柱脚埋深；

　　　d_c——钢柱承压区合力作用点至混凝土顶面的距离。

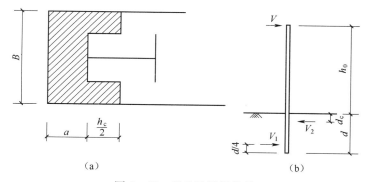

图 4-49　基础梁端部抗剪

混凝土对钢柱的压力通过位于柱脚上部的加劲肋和腹板传递，钢柱埋入部分的有效承压宽度和承压区合力作用点至混凝土顶面的距离 d_c，应按下式确定(图 4-50)：

$$d_c = \frac{b_f b_{e,s} d_s + d^2 b_{e,w}/8 - b_{e,s} b_{e,w} d_s}{b_f b_{e,s} + d b_{e,w}/2 - b_{e,s} b_{e,w}} \qquad (4-73)$$

式中　b_f——钢柱承压翼缘宽度；

　　　$b_{e,s}$——位于脚上部的钢柱横向加劲肋有效承压宽度；

　　　$b_{e,w}$——柱腹板的有效承压宽度；

　　　d_s——加劲肋中心至混凝土顶面的距离；

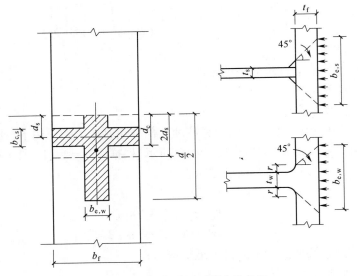

图 4-50　钢柱承压面积合力位置

d——柱脚埋深。

2）埋入式柱脚的构造要求

（1）埋入深度。对轻型工字形柱,不得小于钢柱截面高度的 2 倍;对大截面 H 形钢柱和箱形截面柱不得小于钢柱截面高度的 3 倍。

（2）钢柱埋入部分上部应设置水平加劲肋或隔板,加劲肋或隔板的板件宽厚比应符合设计的要求。

设计钢管柱脚时,在钢管埋入部分内填充混凝土起加强作用,填充混凝土的高度应高出埋入式柱脚顶部 1.0D 以上（D 为钢管直径）。

（3）为保证埋入钢柱与周边混凝土的整体性,钢柱翼缘上应设置栓钉。栓钉的直径不小于 19mm,水平及竖向中心距不大于 200mm,且栓钉至钢柱边缘的距离不大于 100mm。

（4）埋入式柱脚钢柱的混凝土最小保护层厚度应符合下列要求（图 4-51）。

① 对中间柱不得小于 180mm（图 4-51（a））。

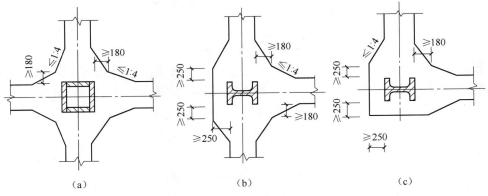

（a）　　　　　　　　（b）　　　　　　　　（c）

图 4-51　埋入式柱脚的保护层厚度

206

② 对边柱和角柱外侧不宜小于 250mm(图 4-51(b)、(c))。

(5) 埋入式柱脚的钢柱四周,应设置主筋和箍筋,主筋的最小含钢率为 0.2%,并不宜小于 4 Φ 22,上端设弯钩。主筋锚固长度不应小于 35d,当主筋的中心距大于 200mm 时,应设置 φ16 的架立筋。

箍筋的直径宜为 φ10,间距 100mm,在埋入部分顶部,应配置不少于 3 Φ 12,间距为 50mm 的加强筋。

(6) 柱脚底板和地脚锚栓可根据计算构造和施工要求设置。

2. 外包式柱脚节点

将钢柱直接置于地下室墙或基础梁顶面,和由基础上伸出的钢筋在钢柱四周外包一段混凝土者,称为外包式柱脚(图 4-52)。

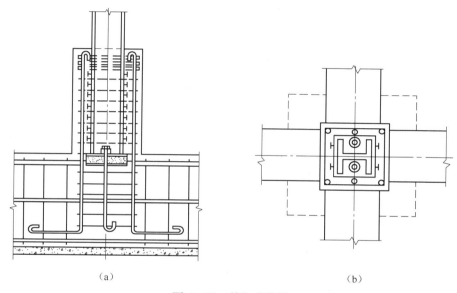

(a)　　　　　　　　　　　　　　　(b)

图 4-52　外包式柱脚

1) 外包式柱脚的计算

(1) 柱翼缘栓钉抗剪

外包式柱脚通过柱翼缘栓钉抗剪,将弯矩传递给外包混凝土(图 4-53)。钢柱一侧翼缘所承担的翼缘轴力 N_f 按下式计算:

$$N_f = \frac{M}{h_c - t_f} \tag{4-74}$$

式中　M——外包式柱脚的顶部弯矩;

　　　h_c——钢柱截面高度;

　　　t_f——钢柱翼缘厚度;

　　　N_f——钢柱一侧抗剪栓钉所承担的翼缘轴力,尚应满足

$$N_f \leqslant n N_v^c \tag{4-75}$$

$$N_v^c = 0.43 A_s \sqrt{E_c f_c} \leqslant 0.7 A_s \gamma f \tag{4-76}$$

式中　n——钢柱一侧抗剪栓钉数目;

N_v^c——栓钉受剪承载力设计值；

E_c——混凝土的弹性模量；

A_s——圆柱头焊钉(栓钉)钉杆截面面积；

f——圆柱头焊钉(栓钉)抗拉强度设计值；

f_c——混凝土受压强度设计值；

γ——栓钉材料抗拉强度最小值与屈服强度之比。

当栓钉材料性能等级为 4.6 级时，取 $f=215N/mm^2$，$\gamma=1.67$；

外包式柱脚的栓钉直径不小于 19mm，水平和竖向中心距不大于 200mm。

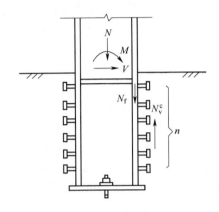

图 4-53　柱翼缘栓钉抗剪

外包式柱脚钢柱与基础可视为铰接，弯矩全部由外包的钢筋混凝土承担，并满足

$$M \leqslant nA_s f_{sy} d_0 \qquad (4-77)$$

式中　M——外包式柱脚底部的弯矩设计值；

A_s——一根受拉主筋截面面积；

n——受拉主筋的根数；

f_{sy}——受拉主筋的抗拉强度设计值；

d_0——受拉主筋重心至受压区主筋重心间的距离。

外包混凝土中的主筋应根据钢筋锚固要求锚固在基础中。

（2）外包式柱脚抗剪

外包式柱脚的剪力除由底板和混凝土之间的摩擦力抵销一部分外，其余均由外包钢筋混凝承担，不考虑钢柱与混凝土的抗剪粘结，按以下公式计算。

a. 钢柱为工字形截面时（图 4-54（a）），取式（4-78a）和式（4-78b）的较小者：

$$V_{rc} = b_{rc} h_0 (0.07 f_{cc} + 0.5 f_{ysh} \rho_{sh}) \qquad (4-78a)$$

$$V_{rc} = b_{rc} h_0 (0.14 f_{cc} b_e / b_{rc} + f_{ysh} \rho_{sh}) \qquad (4-78b)$$

且　　　　　　$$V_{rc} \geqslant V - 0.4N \qquad (4-78c)$$

式中　V——柱脚的剪力设计值；

N——柱最小轴力设计值；

V_{rc}——外包钢筋混凝土所分配到的受剪承载力；

b_{rc}——外包钢筋混凝土的总宽度；

208

b_e——外包钢筋混凝土的有效宽度，$b_e = b_1' + b_2'$；

f_{cc}——素混凝土轴心抗压强度设计值；

f_{ysh}——水平箍筋抗拉强度设计值；

ρ_{sh}——水平箍筋配筋率，$\rho_{sh} = A_{sh}/b_{rc}s$（其中，$A_{sh}$为一支水平箍筋的截面面积，$s$为箍筋的间距），当$\rho_{sh} > 0.6\%$时，取$0.6\%$；

h_0——混凝土受压区边缘至受拉钢筋重心的距离。

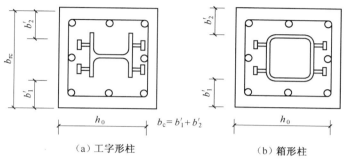

（a）工字形柱　　　　　　（b）箱形柱

图 4-54　外包式柱脚截面

b. 当钢柱为箱形截面时（图 4-54（b）），外包钢筋混凝土的抗剪承载力按下式计算：

$$V_{rc} = b_e h_0 (0.07 f_{cc} + 0.5 f_{ysh} \rho_{sh}) \tag{4-79}$$

式中　b_e——钢柱两侧混凝土的有效宽度之和，每侧不得小于180mm；

　　　ρ_{sh}——水平箍筋的配筋率，$\rho_{sh} = A_{sh}/b_e s$，当$\rho_{sh} \geqslant 1.2\%$时，取$1.2\%$。

2）外包式柱脚的构造要求

（1）外包式柱脚的混凝土外包高度应与埋入式柱脚埋入深度要求相同。

（2）外包式柱脚钢柱的外侧保护层厚度不得小于180mm。在外包混凝土顶部应设置加强箍，不得小于$3\phi12$，间距50mm。

3. 外露式柱脚节点

外露式柱脚分为刚接柱脚和铰接柱脚两种，设计时见1.4.5节中钢架柱脚的计算和构造。

4.4.6　中心支撑与钢框架的连接节点

多层钢结构的中心支撑与框架可采用节点板连接，节点板受力的有效宽度应符合连接件每侧有不小于30°夹角的规定。支撑杆件端部至节点板嵌固点在沿支撑杆件方向的距离（由节点板与框架构件焊缝的起点垂直于支撑杆轴线的直线至支撑杆件端部的距离），不应小于节点板厚度的2倍（图 4-55），在大震时节点板产生平面外屈曲，从而减轻支撑的破坏。

超过12层的高层钢结构，当支撑杆件采用轧制H形钢时，两端与框架宜采用刚接。支撑翼缘直接与框架梁柱全熔透坡口焊接，支撑端部截面宜放大或做成圆弧，在支撑连接处梁柱均应设置加劲肋，以承受支撑轴向力对梁和柱的竖向和水平分力（图 4-56）。

抗震支撑的设计常将H形钢强轴位于框架平面内，使支撑端部的节点构造更为刚强（图 4-57），其平面外的计算长度取轴线长度的0.7倍。当支撑弱轴位于框架平面内时（图 4-56），其平面外计算长度可取轴线长度的0.9倍。

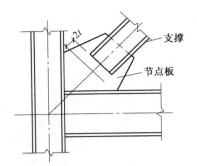

图 4-55 支撑端部节点板构造

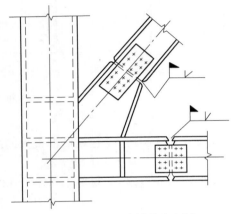

图 4-56 中心支撑节点（Ⅰ）

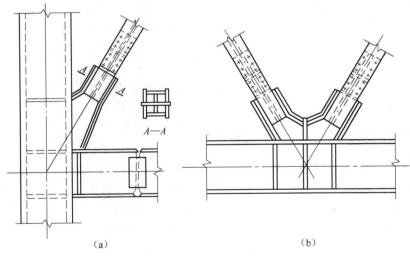

（a）   （b）

图 4-57 中心支撑节点（Ⅱ）

4.4.7 偏心支撑与钢框架的连接节点

偏心支撑的斜杆中心线与梁中心线的交点,一般在消能梁段的端部,也允许在消能梁段内,此时将产生与消能梁段端部相反的附加弯矩,从而减少消能梁段和支撑的弯矩,对抗震有利。但交点不应在消能梁段以外,否则将增大支撑和消能梁段的弯矩,对抗震

210

不利。

　　偏心支撑在达到设计承载力之前,支撑与框架梁的连接不应破坏,并能将支撑的力传递至梁。根据偏心支撑框架的设计要求,支撑端和消能梁段外的框架梁,其设计抗弯承载力之和应大于消能梁段的极限抗弯承载力。在设计支撑与框架梁的连接节点时,支撑两端与梁的连接应为刚性节点,支撑采用全熔透坡口焊缝直接焊于梁上的节点特别有效(图4-58)。

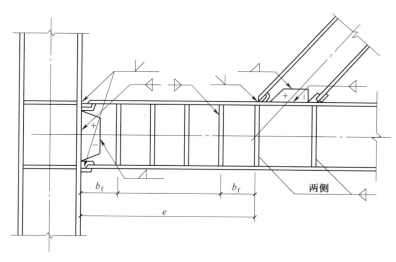

图4-58　消能梁段的构造与连接

　　偏心支撑钢框架的抗震构造措施(图4-58)如下:

　　(1) 消能梁段的腹板不得贴焊补强板,也不得开洞。

　　(2) 消能梁段与支撑连接处,应在其腹板两侧配置加劲肋,加劲肋的高度应为梁腹板高度,一侧的加劲肋宽度不应小于 $b_f/2-t_w$,厚度不应小于 $0.75t_w$ 和 10mm 的较大值。

　　(3) 消能梁段应按下列要求在其腹板上设置中间加劲肋。

　　① 当 $a \leqslant 1.6M_{lp}/V_l$ 时,加劲肋间距不大于 $30t_w-h/5$。

　　② 当 $2.6M_{lp}/V_l < a \leqslant 5M_{lp}/V_l$ 时,应在距消能梁段端部 $1.5b_f$ 处配置中间加劲肋,且中间加劲肋间距不应大于 $52t_w-h/5$。

　　③ 当 $1.6M_{lp}/V_l < a \leqslant 2.6M_{lp}/V_l$ 时,中间加劲肋的间距宜在上述二者间线性插入。

　　④ 当 $a > 5M_{lp}/V_l$ 时,可不配置中间加劲肋。

　　⑤ 中间加劲肋应与消能梁段的腹板等高,当消能梁段截面高度不大于 640mm 时,可配置单侧加劲肋,消能梁段截面高度大于 640mm 时,应在两侧配置加劲肋,一侧加劲肋的宽度不应小于 $b_f/2-t_w$,厚度不应小于 t_w 和 10mm。

　　(4) 消能梁段与柱的连接应符合下列要求:

　　① 消能梁段与柱连接时,其长度不得大于 $1.6M_{lp}/V_l$,且应满足相关标准的规定。

　　② 消能梁段翼缘与柱翼缘之间应采用坡口全熔透对接焊缝连接,消能梁段腹板与柱之间应采用角焊缝(气体保护焊)连接;角焊缝的承载力不得小于消能梁段腹板的轴力、剪力和弯矩同时作用时的承载力。

　　③ 消能梁段与柱腹板连接时,消能梁段翼缘与横向加劲板间应采用坡口全熔透焊

211

缝,其腹板与柱连接板间应采用角焊缝(气体保护焊)连接;角焊缝的承载力不得小于消能梁段腹板的轴力、剪力和弯矩同时作用时的承载力。

（5）消能梁段两端上、下翼缘应设置侧向支撑,支撑的轴力设计值不得小于消能梁段翼缘轴向承载力设计值的6%,即 $0.06b_{\mathrm{f}}t_{\mathrm{f}}f$。

（6）偏心支撑框架梁的非消能梁段上、下翼缘,应设置侧向支撑,支撑的轴力设计值不得小于梁翼缘轴向承载力设计值的2%,即 $0.02b_{\mathrm{f}}t_{\mathrm{f}}f$。

习　题

4.1　某四层刚接钢框架如图4-59所示,间距8mm,与基础刚性连接,各构件截面几何及力学特性见表4-11,柱和梁分别采用Q345B和Q235B钢材。所在建筑场地为Ⅲ类场地土,8度设防,特征周期取0.55s。楼层(包括屋面)自重5kN/m²,外墙自重1.5kN/m²,内墙自重1.0kN/m²;楼层活荷载5kN/m²;屋面活荷载1.5kN/m²;基本雪压0.2kN/m²。

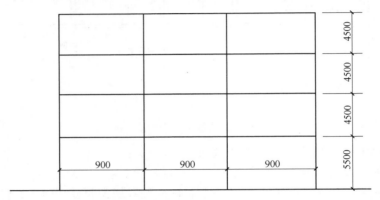

图4-59　习题4.1

表4-11　构件截面几何及力学特性

构件	截　面	$A/\mathrm{cm^2}$	$I_x/\mathrm{cm^4}$	$W_x/\mathrm{cm^3}$	自重/(kN/m)
1、2层柱	1400×500×20×12	215.2	101946.9	4077.9	1.689
3、4层柱	1400×500×16×12	184.16	85239.5	3409.6	1.446
梁	1300×650×16×10	157.8	116159	3574.1	1.239

要求:

（1）内力分析(荷载标准值)。

（2）各层水平地震作用计算(第一周期取1.2s,按底部剪力法)。

4.2　梁-柱刚性连接节点设计。钢梁(H250mm×150mm×4.5mm×6mm)与柱(H596mm×199mm×10mm×15mm)刚性连接,地震烈度为7度,钢材Q235,翼缘与梁用全熔透剖口对焊,腹板与柱采用双连接板由M16的10.9级高强度螺栓摩擦型连接,孔径 $d_0=17.5\mathrm{mm}$,预拉力设计值 $P=100\mathrm{kN}$,抗滑移系数 $\mu=0.45$,梁端剪力设计值 $V=100\mathrm{kN}$,弯矩设计值 $M=57.7\mathrm{kN\cdot m}$。

第5章　空间网格结构

5.1　空间结构简介

所谓空间结构是相对于平面结构而言的,是指具有不宜分解为平面结构体系的三维形体,在荷载作用下具有三维受力特性并呈空间工作的结构。一般来说,梁、拱、刚架、排架、桁架等都属于平面结构,它所承受的荷载以及由此产生的内力和变形都被考虑为二维的,即处在同一平面内。空间结构的荷载、内力、变形则是必须被考虑为三维的,即作用于空间而非平面内。

空间结构不仅仅依赖材料的性能,更多的是依赖自己合理的形体,充分利用不同材料的特性,以适应不同建筑造型和功能的需要。空间结构的优点一般表现为:

(1)自重轻。这是空间结构最主要的优点,由于它的材料在空间分布,荷载作用下力的传递基本上是轴向拉力或压力,因而任何杆件中的材料都能被充分利用。此外,目前大部分空间结构都采用钢材、膜材等制作,这都使结构自重大大减轻。

(2)便于工业化生产。因为空间结构的构件通常可在工厂中制作,这些简单的预制构件非常适合标准化及商品化,在工地现场可以很快地安装起来。同时,大规模工业化生产也使空间结构造价比较低。

(3)刚度好。这是由于空间结构具有三维特性,所有构件都能充分受力这一特点形成的。因此,空间结构能很好地承受不对称荷载或较大的集中荷载。此外,在结构平面及支撑柱的布置上也有较大的灵活性,这些特点使空间结构特别适合在大跨度屋盖上使用。

(4)造型美观。为满足建筑上的需要,空间结构可以提供许多外形和形式。目前建筑艺术方面有一种值得注意的趋势,这种趋势就是将结构构件外露,作为建筑的一种直观表达形式,而空间结构恰好能满足这样的视觉效果。

正因为空间结构具有上述优点,才使其在大型体育馆、歌剧院、会展中心、候机厅等大跨度公共建筑设施中得到广泛应用,这些建筑通常成为一个国家和地区的标志性建筑,为世人所瞩目。

空间结构发展迅速,各种新型结构不断涌现,而它们的组合杂交更是花样翻新。但按刚性差异、受力特点以及它们的组成可分为刚性空间结构、柔性空间结构和杂交空间结构三类。

1. 刚性空间结构

刚性空间结构的特点是结构构件刚度大,结构的形体由构件的刚度形成,属于这一类的常用空间结构有壳结构(包括折板结构)、网架结构、网壳结构等。

1)薄壳结构

薄壳结构(包括折板结构)是指结构的两个方向尺度远远大于第三方向尺度的曲面或折平面结构,一般由钢筋混凝土浇筑而成。薄壳结构的强度和刚度主要是利用了其几何形状的合理性,使壳体主要承受沿中曲面作用的薄膜内力,而弯曲内力和扭转内力都较小,因而,薄壳结构具有十分良好的承载性能,能以很小的厚度承受相当大的荷载,可充分发挥钢筋混凝土的材料潜力,取得较好的经济效益。另外,薄壳结构能将承重与围护两种功能融合为一,易适应建筑功能和造型需要。但由于薄壳结构自重和施工难度较大,施工费时,同时大量消耗模板,目前未广泛应用。

世界上跨度最大的薄壳结构是 1959 年建成的法国巴黎国家工业与技术中心陈列大厅(图 5-1),它是分段预制的双曲双层薄壳,两层混凝土壳体的总共厚度只有 12cm。壳体平面为三角形,每边长 218 m,矢高 48 m,总的建筑使用面积为 9 万 m²。如图 5-2 所示,由丹麦建筑师伍重设计的悉尼歌剧院,在钢筋混凝土建造的薄壳屋顶上覆盖着陶瓷屋瓦,阳光照射后,歌剧院闪耀着光芒和海上闪耀着波光。我国 1959 年建成的北京火车站屋面也采用了薄壳结构,表面几何形状为一双曲抛物面。

折板结构(图 5-3)可认为是薄壳结构的一种,它是由若干狭长的薄板以一定角度相交连成折结折线的空间薄壁体系。其跨度不宜超过 30m,适用于长条形平面的屋盖,常用有 V 形、梯形、H 形、Z 形等形式。

图 5-1　法国巴黎国家工业与技术中心陈列大厅

图 5-2　悉尼歌剧院

2)网架结构

网架结构是指由许多杆件按照一定规律布置、通过节点连接而成的外形呈平板状的

214

图5-3 折板结构建筑

一种空间杆系结构。其上平面内的杆件称为上弦杆,下平面内的杆件称为下弦杆,连接上、下节点的杆件称为腹杆。网架结构杆件主要承受轴力,截面尺寸相对较小;各杆件互为支撑,使受力杆件与支撑系统有机地结合起来,结构刚度大,整体性好;由于结构组合有规律,大量杆件和节点的形状、尺寸相同,便于工厂化生产和工地安装;网架结构一般是高次超静定结构,具有较高的安全储备,能较好地承受集中荷载、动力荷载和非对称荷载,抗震性能卓越;网架结构能够适应不同跨度、不同支承条件、不同建筑平面的要求。

第一个网架是1940年在德国建造的。1970年日本大阪国际博览会中心节日广场屋顶是最大的点支承网架之一,平面尺寸为108m×292m,六柱支承。我国最早的网架工程是1954年的上海师范学院球类房屋盖(平面尺寸为31.5m×40.5m),1973年建成的上海体育馆屋盖为净跨110m、悬挑7.5m、厚6m的圆形三向网架(图5-4)。1996年建成的首都机场四机位机库(图5-5)为三层四角锥网架,平面尺寸90m×15m,开口边和中轴线为四层立体桁架,是我国最大跨度的机库,可同时容纳4架波音747型飞机的维修。

图5-4 上海体育馆

3)网壳结构

网壳结构是指由许多杆件按照一定规律布置、通过节点连接而成的外形呈曲面状的一种空间杆系结构。通常将网架结构和网壳结构统称为空间网格结构,前者为平板形,后者为曲面形。网壳结构除了具有网架结构的一些特点外,主要以其合理的形体来抵抗外

图 5-5　首都机场四机位机库

荷载的作用。因此在大跨度的情况下,网壳结构一般要比网架结构节约钢材。

1996 年建成的日本名古屋穹顶(图 5-6)是当前世界上跨度最大的单层网壳,直径 187.2m 三向网格型网壳屋盖支承在框架柱顶。1995 年建成的黑龙江速滑馆(图 5-7),采用中央圆柱面壳和两端半球壳组成的双层网壳,轮廓尺寸为 86m×195m,覆盖面积达 15000m²,网壳厚度为 2.1m。

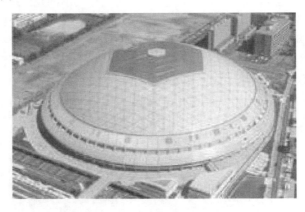

图 5-6　日本名古屋穹顶

图 5-7　黑龙江速滑馆

空间网格结构（网架和网壳）是我国近 20 余年来发展最快、应用最广的空间结构类型。这类结构体系整体刚度好，技术经济指标优越，可提供丰富的建筑造型，因而受到建设者和设计者的喜爱。近年来，我国每年建造的网架和网壳结构建筑面积达 800 万 m²，相应钢材用量约 20 万 t。目前，我国空间网格结构的发展规模在全世界位居前列。

2. 柔性空间结构

柔性空间结构的特点是大多数结构构件为柔性杆件，如钢索、薄膜等，结构的形体必须由结构内部的预应力形成，属于这一类的常用空间结构有悬索结构、薄膜结构、张拉整体结构等。

1）悬索结构

悬索结构是由悬挂在支承结构上的一系列受拉高强度钢索按一定规律组成的空间受力结构，钢索常为高强度钢丝组成的钢绞线、钢丝绳或钢丝束等。悬索结构可以最充分地利用钢索的抗拉强度，大大减轻了结构自重，因而能经济地跨越很大的跨度，同时安装时不需要大型起重设备，便于表达建筑造型，适应不同的建筑平面。但其支承结构往往需要耗费较多的材料。悬索结构分为单层悬索结构、双层悬索结构、索网结构等。

世界上第一个现代悬索屋盖是美国于 1953 年建成的 Raleigh 体育馆（图 5-8），其平面为 91.5m×91.5m 的近似圆形，采用以两个斜放的抛物线拱为边缘的鞍形正交索网。耶鲁大学冰球馆（图 5-9）是埃诺·沙里宁大胆运用悬索结构的特点，把建筑造型升华到雕塑艺术领域的最好作品之一。日本建于 20 世纪 60 年代的代代木体育馆（图 5-10）柔性悬索结构，它脱离了传统的结构和造型，被认为是当时技术进步的象征。我国现代悬索结构始于五六十年代，1961 年建成的北京工人体育馆直径 91m 圆形车辐式双层悬索结构屋盖（图 5-11）和 1967 年建成的浙江人民体育馆长轴 80m、短轴 60m 的椭圆形双曲抛物面正交索网结构屋盖是当时的两个代表作。但此后停顿了较长一段时间，直到 80 年代重新得到快速发展，且形式多样。如 1986 年建成的吉林滑冰馆矩形平面尺寸 59m×72m，屋面采用单曲面双层空间索桁体系等。

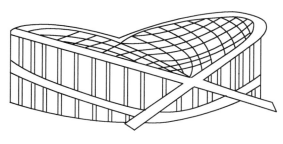

图 5-8 Raleigh 体育馆

2）薄膜结构

薄膜结构是指通过某种方式使高强薄膜材料内部产生一定的预张拉应力，从而形成具有一定刚度、能够覆盖大空间的一种结构形式。常用膜材为聚酯纤维覆聚氯乙烯（PVC）和玻璃纤维覆聚四氟乙烯（PTFE，又称 Teflon）。薄膜结构按预张拉应力形成方式分为充气膜结构和张拉膜结构。

充气膜结构一般又可分为气承式和气肋式两类。气承式膜结构是在薄膜覆盖的空间内充气，利用内、外空气压力差来稳定薄膜以承受外荷载，如直径达 204m 的日本东京后

图 5-9 耶鲁大学冰球馆

图 5-10 代代木体育馆

图 5-11 北京工人体育馆

乐园棒球场。而气肋式膜结构是在自封闭的膜材内充气,形成具有一定刚度的结构或构件,进而合围形成建筑空间,如 1970 年大阪万国博览会上日本的富士馆(图 5-12)。但由于已建充气膜结朽均遇到过膜面局部下瘪甚至坍塌的问题,加之运行和维护成本昂贵,充气膜结构已应用很少。

张拉膜结构是利用钢索或刚性支承结构向膜内预施加张力,前者为悬挂膜结构,后者

218

为支承膜结构。德国汉堡网球场采用了悬挂膜结构(图5-13),整个结构展开面积约10000m²,同时膜结构可实现开合。1997年建造的上海八万人体育场(图5-14),由64榀径向悬挑桁架和环向次桁架组成的空间结构作为骨架,最大悬挑长度73.5m,屋面共有57个由8根拉索和1根立柱覆以膜材组成的伞状单体。

图5-12 日本大阪万国博览会富士馆

图5-13 德国汉堡网球场

3)张拉整体结构

张拉整体结构是由一组不连续的受压构件与一组连续中受拉钢索相互联系,实现自平衡、自支承的网状杆系结构。张拉整体结构具有构造合理、自重小、跨越空间能力强的特点。然而严格意义上的张拉整体结构还未能在工程中实现,但美国结构师盖格设计的1988年汉城奥运会的体操馆、击剑馆以及美国建筑师李维设计的平面为240m×193m椭圆形的1996年美国亚特兰大奥运会主体育馆(图5-15)的索穹顶结构都是基于张拉整体结构思想开发的。

3. 杂交空间结构

杂交空间结构是将不同类型的结构进行组合而得到的一种新的结构体系,这种组合不

图 5 - 14　上海八万人体育场

图 5 - 15　美国亚特兰大奥运会主体育馆

是两个或多个单一类型空间结构的简单拼凑,而是充分利用一种类型结构的长处来抵消另一种与之组合的结构的短处,使得每一种单一类型的空间结构及其材料均能发挥最大的潜力,从而改善整个空间结构体系的受力性能,可以更经济、更合理地跨越更大的空间。

　　杂交空间结构可以是刚性结构体系之间的组合,如拱与网格结构组合形成的拱支网格结构等;柔性结构体系之间的组合,如悬索与薄膜组合而成的索膜结构等;但更多的是柔性结构体系与刚性结构体系之间的组合,如索与桁架结构组合而成的横向加劲单曲悬索结构,索与网格结构组合形成的斜拉网格结构(图 5 - 16)和拉索预应力网格结构,索与刚性构件组合形成的张弦梁(图 5 - 17)等。

图 5 - 16　浙江黄龙体育中心主体育场

图 5-17 上海浦东国际机场

5.2 网架结构概述

在国内,网架结构通常指的是平板网架。顾名思义,平板网架是格构化的平板。它是由按一定规律布置的杆件,通过节点连接而形成平板状的空间桁架结构。就整体而言,网架结构与受弯的实体平板在力学特征方面极为类似。

5.2.1 基本单元

网架结构可以看做是平面桁架的横向拓展,也可以看做是平板的格构化。网架结构由许多规则的几何体组合而成,这些几何体是网架结构的基本单元,常用的有三角锥、四角锥、三棱体、正方棱柱体,此外还有六角锥、八面体、十面体等(图 5-18)。

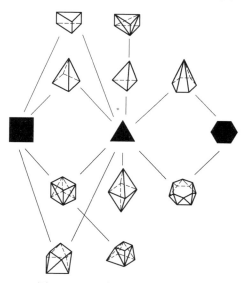

图 5-18 网架结构的基本单元

5.2.2 几何不变性

网架在任何外力作用下都必须是几何不变体系。因此,应该对网架进行机动分析。

1. 网架几何不变的必要条件

网架是铰接的空间结构,其任意一个节点有 3 个自由度。对于一个具有 J 个节点,m 根杆件,支撑在具有 r 根约束链杆的支座上时,其几何不变的必要条件是:

$$m + 5 - 3J \geqslant 0 \quad \text{或} \quad m \geqslant 3J - r \tag{5-1}$$

如果将网架作为刚体考虑,则最少的支座约束链杆数为 6,故 $r \geqslant 6$。

由此可知:当 $m > 3J - r$ 时,为超静定结构的必要条件;当 $m = 3J - r$ 时,为静定结构的必要条件;当 $m < 3J - r$ 时,为几何可变体系。

2. 网架几何不变的充分条件

分析网架结构几何不变的充分条件时,应先对组成网架的基本单元进行分析,进而对网架的整体做出评价。

三角形是几何不变的,如果网架基本单元的外表面是由三角形所组成,则此基本单元也是几何不变的。在对基本单元进行分析时,一般有以下两种类型和两种分析方法。

1)两种类型

(1)自约结构体系,自身即为几何不变体系。

(2)它约结构体系,需要加设支承链杆,才能成为几何不变体系。

2)两种分析方法

(1)以一个几何不变的单元为基础,通过三根不共面的杆件交出一个新节点,所构成的网架即为几何不变,如此延伸。

(2)列出考虑边界约束条件的结构总刚度矩阵 $\boldsymbol{K}$:如果 $|\boldsymbol{K}| \neq 0$,$\boldsymbol{K}$ 为非奇异矩阵,网架位移和杆力有唯一解,网架为几何不变体系;如果 $|\boldsymbol{K}| = 0$,$\boldsymbol{K}$ 为奇异矩阵,网架位移和杆力没有唯一解,网架为几何可变体系。

5.2.3 网架结构特点

网架结构主要的优点和特点,大致可以归纳如下:

(1)空间工作,传力途径简捷,是一种较好的大跨度、大柱网屋盖结构。网架结构是三维受力的空间结构,空间交会的构件互为支撑,将受力杆件与支撑系统有机地结合起来,比单向受力的平面桁架等结构应用的跨度更大,跨度一般可达到 120m,甚至更大。

(2)重量轻,经济指标好。与同等跨度的平面钢屋架相比:当跨度在 30m 以下时,可节省用钢量 5%~10%;当跨度在 30m 以上时,可节省用钢景 10%~20%,跨度越大,节省的用钢量也越多。

(3)刚度大,抗震性能好。网架结构整体空间刚度大,稳定性能及抗震性能好,安全储备高,对于承受集中荷载、非对称荷载、局部超载、地基不均匀沉降等均很有利。

(4)施工安装简便。网架杆件和节点比较单一,尺寸不大,存储、装卸、运输、拼装都比较方便。网架安装可不需要大型起重设备。

(5)网架杆件和节点便于定型化、商品化,可在工厂中成批生产,有利于提高生产效率。

(6)网架的平面布置灵活,屋盖平整,有利于吊顶、安装管道和设备。

当然,网架结构也有它的缺点,如节点耗钢量大、网架屋面材料的选用还受到某些条件的限制等。

222

5.2.4 网架结构分类及形式

1. 网架结构的分类

网架结构的种类很多,可按照不同的标准对其进行分类。

1) 按结构组成分类

(1) 双层网架

双层网架是由上弦、下弦和腹杆组成的空间结构(图 5-19),是最常用的网架结构形式。

(2) 三层网架

三层网架是由上弦、中弦、下弦、上腹杆和下腹杆组成的空间结构(图 5-20),其特点是增大网架高度,减小弦杆内力,减小网格尺寸和腹杆长度。当网架跨度较大时,三层网架用钢量比双层网架用钢量省。但由于节点和杆件数量增多,尤其是中层节点所连杆件较多,使构造复杂,造价有所提高。

(3) 组合网架

根据不同材料各自的物理力学性质,选用不同的材料组成网架的基本单元,继而形成组合网架结构。一般是利用钢筋混凝土板良好的受压性能替代上弦杆。这种网架结构形式的刚度大,适宜建造活动荷载较大的大跨度楼层结构,如跨度不大于 40m 的多层建筑的楼盖及跨度不大于 60m 的屋盖。

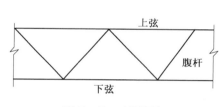

图 5-19 双层网架

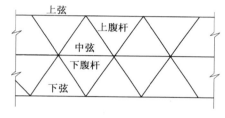

图 5-20 三层网架

2) 按建筑材料分类

按建筑材料可分为钢网架、铝网架、木网架、塑料网架、钢筋混凝土网架和组合网架(如钢网架与钢筋混凝土板共同作用的组合网架等),其中钢网架在我国得到了广泛的应用,组合网架还可用做楼层结构。

3) 按跨度分类

网架结构按照跨度分类时,一般把跨度 $L \leqslant 30m$ 的网架称为小跨度网架,跨度 $30m < L \leqslant 60m$ 为中跨度网架;跨度 $L > 60m$ 为大跨度网架。

此外,随着网架跨度的不断增大,出现了特大跨度和超大跨度的说法,但目前还没有严格的定义。一般地,当 $L > 90m$ 或 $L > 120m$ 时称为特大跨度,当 $L > 150m$ 或 $L > 180m$ 时称为超大跨度。

4) 按支承方式分类

根据网架支座竖向位置,网架分为上弦支承和下弦支承。网架结构一般采用上弦支承方式。当因建筑功能要求采用下弦支承时,应在网架的四周支座边形成竖直或倾斜的边桁架,以确保网架的几何不变形性,并可有效地将上弦垂直荷载和水平荷载传至支座。

根据网架支座数量和平面位置,网架的支承方式有周边支承、点支承、周边支承与点支承相结合、两边或三边支承等。

（1）周边支承网架

周边支承是在网架四周全部或部分边界节点设置支座（图5-21(a)、(b)），支座可支承在柱顶或圈梁上,传力直接,网架受力均匀,类似于四边支承板,是常用的支承方式。为了减小弯矩,也可将周边支座略为缩进,如图5-21(c)所示,这种布置和点支承已很接近。

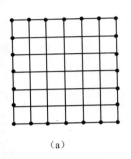 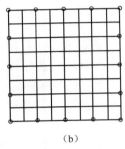 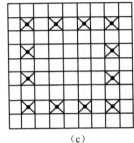

（a）　　　　　　　　　（b）　　　　　　　　　（c）

图5-21　周边支承网架

（2）点支承网架

点支承是指整个网架支承在多个支承柱上,一般有四点支承（图5-22(a)）和多点支承（图5-22(b)）两种情况。

点支承网架受力与钢筋混凝土无梁楼盖相似,为减小跨中正弯矩及挠度,设计时应尽量带有悬挑,点支承网架的悬挑长度可取跨度的1/4~1/3（图5-22）。

点支承网架有条件时宜设柱帽以减小冲剪作用。柱帽可设置于下弦平面之下（图5-23(a)），也可设置于上弦平面之上（图5-23(b)）。当柱子直接支承上弦节点时,也可在网架内设置伞形柱帽（图5-23(c)），这种柱帽承载力较低,适用于中小跨度网架。

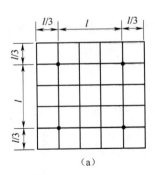 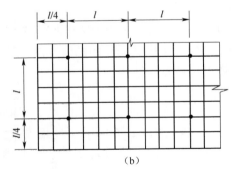

（a）　　　　　　　　　　　　　　　　（b）

图5-22　点支承网架

（3）周边与点相结合支承网架

平面尺寸很大的建筑物,除在网架周边设置支承外,可在内部增设中间支承,以减小网架杆件内力及挠度,如图5-24。周边与点相结合支承网架适用于工业厂房和展览厅等公共建筑。

224

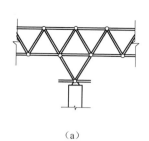
（a）

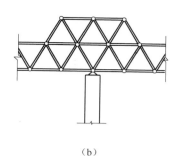
（b）

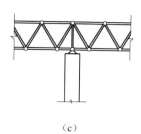
（c）

图 5-23　各种柱帽形式

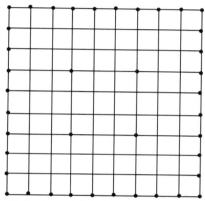

图 5-24　周边与点相结合支承网架

（4）三边支承一边开口或两边支承两边开口的网架

在矩形平面的建筑中，由于考虑扩建的可能性或建筑功能的要求，如在工业厂房的扩建端、飞机库、船体车间、剧院舞台口等有时不允许在网架的一边或两边设柱子，此时往往需将网架设计成三边支承一边开口或两边支承两边开口的形式。

开口边的存在对网架的受力是不利的，因此应对开口边做出特殊处理，开口边必须具有足够的刚度并形成完整的边桁架。一般可在自由边附近增加网架层数（图 5-25）或在自由边加设托梁或托架。对中、小型网架，亦可采用增加网架高度或局部加大杆件截面的办法予以加强其开口边的刚度。

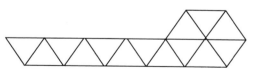

图 5-25　网架开口边局部增设为三层网架

5）按网格形式分类

这是网架结构分类中最普遍采用的一种分类方式，目前经常采用的网架结构形式可分为三大类，即交叉桁架系网架、三角锥体系网架和四角锥体系网架。

2. 网架结构的形式

1）交叉桁架系网架

第一大类是由两组或三组平面桁架组成的网架结构，称为交叉桁架系网架（图 5-26

(b)、(c))。这是一种最简单的也是最早得到采用的网架结构形式之一。它是在交叉梁（图 5-26(a)）的基础上发展和演变而来。这类网架的上、下弦杆等长。腹杆一般可设计为"拉杆体系"（图 5-26(b)），即长杆（斜杆）受拉，短杆（竖杆）受压，斜杆与弦杆夹角宜为 40°~60°。其中，竖杆为各组平面桁架所共用。这类网架常用的有两种形式：两向网架和三向网架。

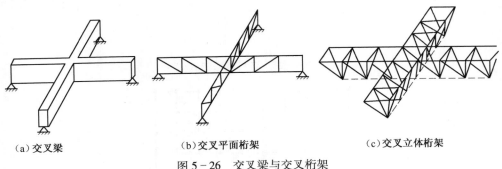

（a）交叉梁　　　　　　　（b）交叉平面桁架　　　　　　（c）交叉立体桁架

图 5-26　交叉梁与交叉桁架

（1）两向网架

两向网架是由两组平面桁架垂直交叉（正交）而成。网格一般是正方形，特殊需要时也可采用矩形网格。这种网架适用于正方形、矩形等平面形状的建筑，当跨度较小时也可应用于圆形和椭圆形平面。

在正方形或矩形建筑平面中，两向网架的布置方式有两种。一种是正放，指平面桁架与边界垂直（或平行）（图 5-27(a)）；另一种是斜放，指平面桁架与边界的夹角为 45°（-45°）（图 5-27(b)、(c)）。国内习惯将这两种网架分别称为两向正交正放网架和两向正交斜放网架。

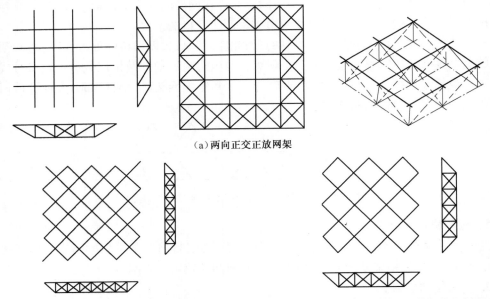

（a）两向正交正放网架

（b）两向正交斜正放网架（长桁架通过角柱）　　　　（c）两向正交斜放放网架（长桁架不通过角柱）

图 5-27　正方形平面的两向网架

226

① 两向正交正放网架。在矩形建筑平面中,网架的弦杆垂直于及平行于边界,故称为正放。两个方向网格数宜布置成偶数,如为奇数,桁架中部节间应做成交叉腹杆。由于上、下弦杆组成的网格为矩形,且平行于边界,腹杆又在竖向平面内,属几何可变体系。为能有效传递水平荷载应在支承平面(支承平面系指与支承结构相连的上弦或下弦杆组成的平面)内沿网架周边网格设置封闭的水平斜杆支撑(图5-27(a))。两向正交正放网架的受力性能类似于两向交叉梁。对周边支承者,平面尺寸越接近正方形,两个方向桁架杆件内力越接近,空间作用越显著。随着建筑平面变长的增大,短向传力作用明显增大。

② 两向正交斜放网架。两向正交斜放网架为两个方向的平面桁架垂直相交。用于矩形建筑平面时,两向桁架与边界夹角为45°。当有可靠边界时,体系属于几何不变体系,故无需另外附加水平斜杆支撑。各榀桁架的跨度长短不等,靠近角部的桁架跨度小,对与它垂直的长桁架起支承作用,减小了长桁架跨中弯矩,长桁架两端要产生负弯矩和支座拉力。周边支承时,有长桁架通过角支点(图5-27(b))和避开角支点(图5-27(c))两种布置,前者对四角支座产生较大的拉力,后者角部拉力可由两个支座分担。

(2)三向网架

三向网架由三组平面桁架按60°角相互交叉组成(图5-28)。这类网架的网格是正三角形(用于圆形平面时,周边将出现一些非正三角形网格),为几何不变体系,具有空间刚度大、受力性能好、支座受力较均匀的优点,但汇交于节点的杆件数通常达10根(即6根弦杆、3根斜杆、1根竖杆),节点构造比较复杂,宜采用钢管杆件及焊接空心球节点。三向网架适用于大跨度($L>60\text{m}$)的多边形及圆形平面。用于中小跨度($L\le60\text{m}$)时,不够经济。

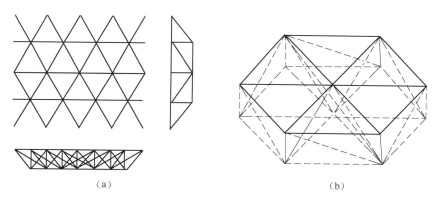

(a) (b)

图5-28 三向网架

2)三角锥体系网架

第二大类是由三角锥体(四面体)组成的网架结构,称为三角锥体系网架。它的基本单元为3根弦杆、3根斜杆构成的三角锥体(可倒置或正置)。这类网架适用于正方形、矩形、三角形、梯形、六边形、八边形和圆形等平面形状的建筑。常用的形式有三角锥网架、抽空三角锥网架和蜂窝形三角锥网架。

(1)三角锥网架

三角锥网架是由倒置三角锥体的锥底三个顶点"顶顶相连"组合而成(图5-29)。上、下弦平面均为正三角形网格。下弦正三角形的顶点在上弦三角形网格的形心投影线上。观察可发现,实质上三角锥网架也是由三组倾斜放置的平面桁架交叉构成的特殊三向网架。

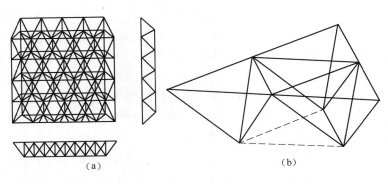

图 5-29 三角锥网架

三角锥网架受力比较均匀,整体抗扭、抗弯刚度好,适用于平面为多边形的大中跨度建筑。如果取网架高度为网格尺寸的 $\sqrt{2/3}$ 倍,则网架的上、下弦杆和腹杆等长。节点处汇交杆件数均为 9 根,节点构造类型统一。

（2）抽空三角锥网架

在跨度较小时为提高经济指标,可在三角锥网架基础上,适当抽去一些三角锥单元中的腹杆和下弦杆,使上弦网格仍为三角形,下弦网格为三角形及六边形组合或均为六边形组合,即得到抽空三角锥网架的两种形式（图 5-30）。前者抽锥规律是:沿网架周边一圈的网格均不抽锥,内部从第二圈开始沿三个方向间隔一个网格抽掉一个三角锥,如图 5-30（a）所示。后者即从周边网格就开始抽锥,沿三个方向间隔两个锥抽一个,如图5-30（b）所示。

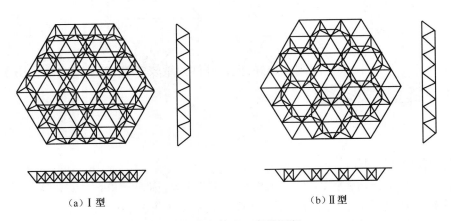

（a）Ⅰ型　　　　　　　　　　　　　　　（b）Ⅱ型

图 5-30 抽空三角锥网架

（3）蜂窝形三角锥网架

蜂窝形三角锥网架是由倒置三角锥按这样的规律排列组成,即:上弦网格为三角形和六边形,下弦网格为六边形（图 5-31）。这种网架的上弦杆较短,下弦杆较长,受力合理。每个节点汇交杆件数均为 6 根（3 根弦杆、3 根斜杆）,节点构造统一,用钢量省。

228

蜂窝形三角锥网架从本身来讲是几何可变的,它需借助于支座提供的水平约束来保证其几何不变,在施工安装时应引起注意。分析表明,这种网架的下弦杆和腹杆内力以及支座的竖向反力均可由静力平衡条件求得,上弦杆的内力可根据支座水平约束情况确定。

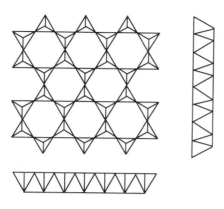

图 5－31　蜂窝形三角锥网架

3）四角锥体系网架

第三大类是由四角锥体(五面体)组成的网架结构,称为四角锥体系网架。它的基本单元为 4 根弦杆、4 根斜杆构成的四角锥体(可倒置或正置)。这类网架适用于正方形和矩形平面形状的建筑。常用形式有正放四角锥网架、正放抽空四角锥网架、斜放四角锥网架、棋盘形四角锥网架和星形四角锥网架。

（1）正放四角锥网架

正放四角锥网架可由倒置四角锥体的锥底四边"边边相连"得到(图 5－32),其中,上、下弦杆均与矩形建筑平面边界平行(或垂直)。这类网架也可理解为由连续排列的立体桁架构成两向正交正放网架。

网格为正方形时,若腹杆与下弦平面之间的夹角为 45°,即当网格尺寸是网架高度的 $\sqrt{2}$ 倍时,上、下弦杆和腹杆长度均相等。另外,汇交于节点的杆件数均为 8 根,节点构造也较统一。正方四角锥网架空间刚度较好,但是杆件数量较多,用钢量偏大。适用于接近方形的中小跨度网架,宜采用周边支承。

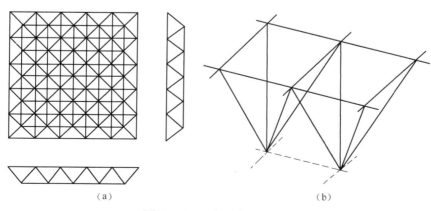

（a）　　　　　　　　　　　　　　（b）

图 5－32　正方四角锥网架

（2）正放抽空四角锥网架

在跨度较小时为提高经济指标，可在正放四角锥网架基础上，跳格式地抽掉四角锥体的 4 根腹杆和相应的 4 根下弦杆，从而减少杆件数量，得到正放抽空四角锥网架（图 5－33），降低了用钢量，但刚度较正方四角锥网架弱一些。这类网架也可理解为由间隔排列的立体桁架构成的两向正交正放网架。

正放抽空四角锥网架的腹杆和下弦杆总数分别为正放四角锥网架的 3/4 和 1/2（从总体来考虑），故构造简单，经济效果较好。但应注意：由于周边网格不宜抽杆，故两个方向的网格数宜取奇数。

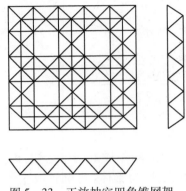

图 5－33　正放抽空四角锥网架

（3）斜放四角锥网架

斜放四角锥网架是由倒置四角锥体的锥底四个顶点"顶顶相连"得到（图 5－34），其中下弦杆与边界垂直（或平行），上弦杆与边界成 45°夹角。

这种网架的上弦杆短下弦杆长，且下弦杆长度等于上弦杆长度的 $\sqrt{2}$ 倍，杆件受力合理，即长杆（下弦杆）受拉，短杆（上弦杆）受压，因而经济指标高。此外，节点处汇交的杆件相对较少（上弦节点 6 根，下弦节点 8 根）。当网架高度为下弦杆长度 1/2 时，上弦杆与斜腹杆等长。

斜放四角锥网架从本身来讲是几何可变的，即四角锥体有绕 z 轴转动的趋势（图 5－35），会出现瞬时的不稳定现象，故应在边界处设置刚性边梁，以保证屋盖体系的稳定性。设计中应引起注意。

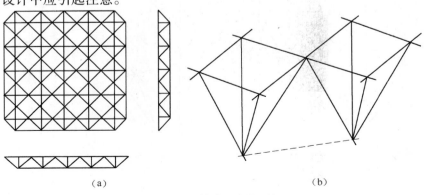

（a）　　　　　　　　　　　　　　（b）

图 5－34　斜放四角锥网架

230

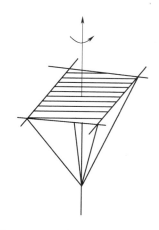

图 5－35 四角锥单元转动示意图

（4）棋盘形四角锥网架

棋盘形四角锥网架（图 5－36）是由于其形状与国际象棋的棋盘相似而得名,它也可理解为将斜放四角锥网架在建筑平面上放置时转动 45°角而得到。其中,上弦杆呈正交正放,下弦杆与边界呈 45°夹角,上弦杆与边界垂直（或平行）。

这种网架也具有上弦杆短下弦杆长的优点,且节点上汇交杆件少,用钢量省,屋面板规格单一,空间刚度比斜放四角锥网架要好,适用于周边支承情况。

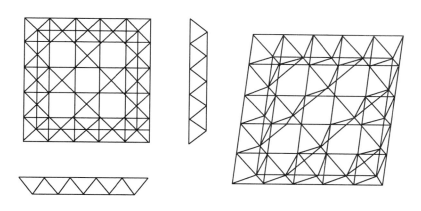

图 5－36 棋盘形四角锥网架

（5）星形四角锥网架

星形四角锥网架是由正置正放的四角锥体组合而成,也可理解为是由两个倒置的三角形小桁架相互交叉而成（图 5－37）。两个小桁架的底边构成网架上弦,上弦正交斜放,各单元顶点相连即为下弦,下弦正交正放,在两个小桁架交汇处设有竖杆,斜腹杆与上弦杆在同一平面内。

星形四角锥网架也具有上弦杆短下弦杆长的特点,杆件受力合理。若网架高度等于上弦杆长度,则上弦杆与竖杆等长,斜腹杆与下弦杆等长。星形网架一般用于中小跨度周边支承情况。

231

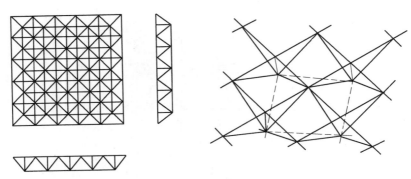

图 5-37　星形四角锥网架

5.3　网架结构选型设计

5.3.1　网架结构形式的确定

网架结构的形式很多,结合工程的具体条件选择适当的网架形式,对网架结构的技术经济指标、制作安装质量以及施工进度等均有直接影响。影响网架结构形式的因素是多方面的,如工程的平面形状和尺寸,网架的支承方式,荷载大小,屋面构造和材料,建筑构造与要求,制作安装方法,材料供应等。因此,网架结构形式的确定必须根据经济合理、安全实用的原则,结合实际情况进行综合分析比较而确定。

在给定支承方式的情况下,对于一定平面形状和尺寸的网架,可从用钢量指标或结构造价最优的条件出发进行选择。表 5-1 列出了各类网架较为合适的应用范围,可供选型时参考。

表 5-1　网架结构形式的选用

支承方式	平面形状		选　用　网　架
周边支承	矩形	长宽比≈1，中小跨度	棋盘形四角锥网架,斜放四角锥网架,星形四角锥网架,正放抽空四角锥网架,两向正交正放网架,两向正交斜放网架,蜂窝形三角锥网架
		长宽比≈1，大跨度	两向正交正放网架,两向正交斜放网架,正放四角锥网架,斜放四角锥网架
		长宽比=1~1.5	两向正交斜放网架,正放抽空四角锥网架
		长宽比>1.5	两向正交正放网架,正放四角锥网架,正放抽空四角锥网架
	圆形,多边形（六边形,八边形）	中小跨度	抽空三角锥网架,蜂窝形三角锥网架
		大跨度	三向网架,三角锥网架
四点支承,多点支承	矩　形		两向正交正放网架,正放四角锥网架,正放抽空四角锥网架
周边支承与点支承相结合			斜放四角锥网架,正交正放类网架,两向正交斜放类网架
注:(1) 对于三边支承一边开口矩形平面的网架,其选型可以参照周边支承网架进行; 　　(2) 当跨度和荷载较小时,对于角锥体系可采用抽空类型的网架,以进一步节约钢材			

232

从网架支承方式来说:对于周边支承的网架,当平面形状为正方形或接近正方形时,可选用斜放四角锥、星形四角锥或棋盘形四角锥三种网架结构,其上弦杆较下弦杆短,杆件受力合理,节点汇交杆件较少,且在同样跨度的条件下节点和杆件总数也较少,用钢量指标较低,因此在中小跨度时应优先考虑选用。正放抽空四角锥网架和蜂窝形三角锥网架也具有类似的优点,因此在中小跨度、荷载较轻时亦可选用。当跨度较大时,容许挠度将起主要控制作用,宜选用刚度较大的交叉桁架体系或满锥形式的网架。

从屋面构造情况来说:正放类型的网架屋面板规格整齐单一;而斜放类型的网架屋面板规格却有两三种,较为复杂。斜放四角锥的上弦网格较小,屋面板的规格也较小;而正放四角锥的上弦网格相对较大,屋面板的规格也较大。

从网架制作来说,交叉平面桁架体系较角锥体系简便,正交比斜交方便,两向比三向简单。

从网架安装来说,特别是采用分条或分块吊装方法施工时,选用正放类网架比斜放类网架有利。斜放类网架在分条或分块后,可能会因刚度不足或几何可变而需增设临时杆件予以加强。

从节点构造要求来说:焊接空心球节点适用于各类网架;而焊接钢板节点则以选用两向正交类网架为宜;至于螺栓球节点,则要求网架相邻杆件的内力不要相差太大。

总之,在网架选型时,必须综合考虑各种情况,合理地确定网架的形式。

5.3.2 网架结构的几何尺寸

网架结构设计时,在网架选结构形式确定后需要进一步确定网格尺寸及网架高度。

衡量一个网架几何尺寸的优劣,其主要指标有:网架内力分布是否均匀;网架的用钢量在同样跨度及荷载下是否最省,一般设计网架时,建筑方案已定,即平面形状和平面尺寸已定。因此,直接影响网架设计优劣的因素主要是网格尺寸和网架高度。

1. 网格尺寸

网格尺寸的大小直接影响网架的经济性。确定网格尺寸时,与以下条件有关:

1)屋面材料

当屋面采用无檩体系(钢筋混凝土屋面板、钢丝网水泥板等)时,网格尺寸一般为 2~4m。若网格尺寸过大,屋面板自身重量大,则会增加网架所受的荷载,并使屋面板的吊装发生困难。当采用有檩体系时,受檩条经济跨度影响,檩条长度不宜超过 6m。网格尺寸应与上述屋面材料相适应。当网格尺寸大于 6m 时,斜腹杆应再分,此时应注意保证杆件的稳定性。

2)网格尺寸与网架高度成合适的比例关系

通常应使斜腹杆与弦杆的夹角为 45°~60°,不宜小于 30°,这样节点构造不致发生困难。

3)钢材规格

采用合理的钢管做网架时,网格尺寸可大些;采用角钢杆件或较小规格钢材时,网格尺寸应小些。

4)通风管道、马道等尺寸

网格尺寸应考虑通风管道、马道等设备和设施的设置。

对于周边支承的各类网架,可按表 5-2 确定网架沿短跨方向的网格数,进而确定网格尺寸。

表 5-2 周边支承网架上弦网格数和跨高比

表 5-2　周边支承网架上弦网格数和跨高比

网架形式	钢筋混凝土屋面体系		钢檩条屋面体系	
	网格数	跨高比	网格数	跨高比
两向正交正放网架	$(2\sim4)+0.2l_2$	10~14	$(6\sim8)+0.07l_2$	$(13\sim17)\sim0.03l_2$
正放四角锥网架				
正放抽空四角锥网架				
两向正交斜放网架	$(6\sim8)+0.08l_2$			
棋盘形四角锥网架				
斜放四角锥网架				
星形四角锥网架				

注：(1) l_2 为网架短向跨度(m)。
　　(2) 当跨度小于 18m 时，网格数可适当减少，网架在短向跨度的网格数不宜小于 5

2. 网架高度

网架高度越大，弦杆所受力就越小，弦杆用钢量也减少；但此时腹杆长度加大，腹杆用钢量即增加。反之，网架高度越小，腹杆用钢量减少，弦杆用钢量增加。因此网架需要选择一个合理的高度，使得用钢量达到最少；同时还应当考虑刚度要求。网架高度由其跨高比确定，网架跨高比可取 1/10~1/18 或可根据表 5-2 确定。

确定网架高度时主要应考虑以下几个因素：

1）建筑要求及刚度要求

当屋面荷载较大时，应选择较高的网架高度，反之可矮些。当网架中必须穿行通风管道、马道等时，网架高度必须满足其高度要求。但当跨度较大时，网架高度主要由相对挠度的要求来决定。一般说来，跨度较大时，网架的跨高比应选用得大些。

2）网架的平面形状

当平面形状为圆形、正方形或接近正方形的矩形时，网架高度可取得小些。当矩形平面网架狭长时，单向作用越明显，刚度就越小，此时网架高度应取得大些。

3）网架的支承条件

周边支承时，网架高度可取得小些；点支承时，网架高度应取得大些。

4）节点构造形式

网架的节点构造形式很多，国内常用的有焊接空心球节点和螺栓球节点。二者相比，前者的安装变形小于后者。故采用焊接空心球节点时，网架高度可取得小些；采用螺栓球节点时，网架高度应取得大些。

此外，当网架有起拱时，网架的高度可取得小些。

5.3.3　网架起拱和屋面排水

1. 网架的起拱

网架的起拱有两个作用：一是为了消除网架在使用阶段的挠度影响，称为施工起拱；

二是建筑起拱。一般情况下,因网架的刚度较大,中小跨度网架不需要起拱。对于大跨度($l_2 > 60m$)网架或建筑上有起拱要求的网架,起拱高度可取不大于$l_2/300$,l_2为网架的短向跨度。

网架的起拱,按线型分为折线型起拱和弧线型起拱两种。按方向分有单向起拱和双向起拱两种。狭长平面的网架可单向起拱,接近正方形平面的网架应双向起拱。

网架起拱后,会使杆件种类和节点种类大为增加,从而会增加网架设计、制造和安装时的难度。

2. 屋面排水

为了屋面排水,网架结构的屋面坡度一般取 2% ~ 5%,多雨地区宜选用大值。当屋面结构采用有檩体系时,还应考虑檩条挠度对泄水的影响。对于荷载、跨度较大的网架结构,还应考虑网架竖向挠度对排水的影响。

屋面坡度的做法通常有如下几种:

1)上弦节点加设不同高度的小立柱找坡

在上弦节点上加小立柱形成排水坡的方法比较灵活,只要改变小立柱的高度即可形成双坡、四坡或其他复杂的多坡排水系统,如图 5-38(a)所示。小立柱的构造比较简单,是目前采用较多的一种找坡方法。小立柱不宜太高,否则小立柱自身的稳定性不易保证,且在风、地震等作用下,靠细长小立柱与节点连接来传递水平力不合理。因此,当小立柱较高时,应保证小立柱自身的稳定性并布置支撑。

2)网架变高度找坡

采用变高度网架,增大网架跨中高度,使上弦杆形成坡度,下弦杆仍平行于地面,类似于梯形桁架。但当网架跨度较大时,会造成受压腹杆太长的缺点。

3)网架结构起拱找坡

如图 5-38(b)所示,一般用于大跨度网架。但当整个网架起拱后,杆件、节点的规格明显增多,使网架的设计、制造安装复杂化。当起拱高度小于网架短向跨度的 1/150 时,由起拱引起的杆件内力变化一般不超过 5% ~ 10%。因此,可仍按不起拱的网架计算内力。

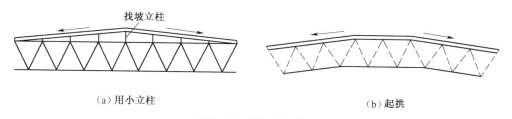

（a）用小立柱　　　　　　　　　　　　　　（b）起拱

图 5-38　网架屋面找坡

5.3.4　网架结构的容许挠度

根据《空间网格结构技术规程》JGJ 7—2010,网架结构在恒荷载和活荷载标准值作用下的最大挠度不宜超过容许挠度值,其容许挠度值的取值如下:

当用做屋盖结构时,取 $l_2/250$;

当用做楼盖结构时,取 $l_2/300$;

当为悬挑结构时,取 $l_2/125$。

其中,l_2 为网架的短向跨度或悬挑跨度(当为悬挑结构时)。

另外,当网架预先起拱仅为改善外观要求时,最大挠度可取恒荷载和活荷载标准值作用下挠度减去起拱值。

5.4 网架结构荷载及效应组合

5.4.1 网架结构荷载和作用

网架结构的荷载和作用主要有永久荷载、可变荷载、温度作用和地震作用。

1. 永久荷载

作用在网架结构上的永久荷载主要包括以下几种。

(1)网架杆件和节点的自重。网架杆件大多采用钢材,它的自重一般可通过计算机自动形成,钢材容重取 $\gamma = 78.5 kN/m^3$。也可预先估算网架单位面积自重,双层网架自重可按下式估算:

$$g_{ok} = \sqrt{q_w} L_2/150 \qquad\qquad (5-2)$$

式中　g_{ok}——网架自重荷载标准值(kN/m^2);

　　　q_w——除网架自重以外的屋面荷载或楼面荷载的标准值(kN/m^2);

　　　L_2——网架的短向跨度(m)。

网架节点的自重一般占网架杆件自重的 20%~25%。如果网架节点的连接形式已定,可根据具体的节点规格计算其节点自重。

(2)楼面或屋面覆盖材料自重。根据实际使用材料查《建筑结构荷载规范》GB 50009取用。如:采用钢筋沉凝上屋面板,其自重为 1.0~1.5 kN/m^2;采用轻质板,其自重为 0.3~0.7 kN/m^2。

(3)吊顶材料自重。

(4)设备管道、马道等自重。

上述荷载中,(1)和(2)两项必须考虑,(3)和(4)两项根据实际工程情况而定。

2. 可变荷载

作用在网架结构上的可变荷载包括屋面或楼面活荷载、雪荷载(雪荷载与屋面活荷载不同时考虑,取两者的较大值)、积灰荷载、风荷载以及吊车荷载(工业建筑有吊车时考虑)。上述可变荷载可参考《建筑结构荷载规范》GB 50009 的有关规定采用。

另外,针对风荷载,《空间网格结构技术规程》JGJ 7—2010 规定:对于各种复杂形体的空间网格结构,当跨度较大时,应通过风洞试验或专门研究确定风载体型系数;对于基本自振周期大于 0.25s 的空间网格结构,宜进行风振计算。

3. 温度作用

温度作用是指由于温度变化,使网架杆件产生附加温度应力,必须在计算和构造措施中加以考虑。网架结构是超静定结构,在均匀温度场变化下,由于杆件不能自由热胀冷缩,杆件会产生应力,这种应力称为网架的温度应力。温度场变化范围是指施工安装完毕时气温与当地常年最高或最低气温之差。另外,工厂车间生产过程中引起温度场变化,这可由工艺提出。

目前,温度应力的计算方法有采用空间杆系有限元法的精确计算方法和把网架简化为平板或夹层构造的近似分析法。

网架结构符合下列条件之一时,可不考虑由于温度变化而引起的内力:

（1）支座节点的构造允许网架侧移,且允许侧移值大于或等于网架结构的温度变形值。

（2）网架周边支承、网架验算方向跨度小于40m,且支承结构为独立柱。

（3）在单位力作用下,柱顶水平位移大于或等于下式的计算值:

$$u = \frac{L}{2\xi EA_m}\left(\frac{E\alpha\Delta t}{0.038f} - 1\right) \qquad (5-3)$$

式中　f——钢材的抗拉强度设计值（N/mm²）；

　　　E——材料的弹性模量（N/mm²）；

　　　α——材料的线膨胀系数（1/℃）；

　　　Δt——温差（℃）；

　　　L——网架在验算方向的跨度（m）；

　　　A_m——支承（上承或下承）平面弦杆截面积的算术平均值（mm²）；

　　　ξ——系数,支承平面弦杆为正交正放时$\xi = 1.0$,正交斜放时$\xi = \sqrt{2}$,三向时$\xi = 2.0$。

4. 地震作用

我国是地震多发地区,地震作用不容忽视。网架结构属于平板网格结构体系。由大量网架结构计算机分析结果表明,当支承结构刚度较大时,网架结构将以竖向振动为主。

根据《空间网格结构技术规程》JGJ 7-2010,对用做屋盖的网架结构:

（1）在抗震设防烈度为6度或7度的地区,网架结构可不进行抗震验算。

（2）在抗震设防烈度为8度的地区,对于周边支承的中小跨度网架结构应进行竖向抗震验算,对于其他网架结构均应进行竖向和水平抗震验算。

（3）在抗震设防烈度为9度的地区,对各种网架结构应进行竖向和水平抗震验算。

5.4.2　网架结构的荷载组合

作用在网架上的荷载种类很多,应根据使用过程和施工过程中可能出现的最不利荷载进行组合。对非抗震设计,作用及作用组合的效应应按现行国家标准《建筑结构荷载规范》GB 50009 计算成本,在杆件截面及节点设计中,应按作用基本组合的效应确定内力设计值;对抗震设计,地震组合的效应应按国家现行标准《建筑抗震设计规范》GB 50011 计算。在位移验算中,应按作用标准组合的效应确定其挠度。

5.5　网架结构内力分析方法

5.5.1　网架结构计算模型和分析方法

1. 基本假定

网架结构是一种高次超静定结构,要精确地分析它的内力和变形是相当复杂和困难的,常需要采用一些计算假定,忽略某些次要因素的影响,使计算工作得以简化。计算假定越接近实际结构,计算结果的精确度越高。网架计算方法很多,计算假定各有不同,其基本假定可归纳如下:

(1)节点为铰接,杆件只承受轴力。

(2)按小挠度理论计算。

(3)按弹性方法分析。

2. 网架的计算模型

(1)铰接杆件计算模型。这种计算模型把网架看成铰接杆件的集合,未引入其他任何假定,具有较高的计算精度。

(2)梁系计算模型。这种计算模型除基本假定外,还要通过折算方法把网架简化为交叉梁,以梁段作为分析基本单位,求出梁的内力后,再回代求出杆的内力。

(3)平板计算模型。这种计算模型除基本假定外,又把网架折算为平板,解出板的内力后回代求出杆件的内力。

3. 网架的分析方法

根据网架的计算模型就可以寻找合适的分析方法,求出它们的内力,这些分析方法大致有:有限元法、差分法、力法和微分方程近似解法。

4. 网架的具体计算方法

由上述三种计算模型和四种分析方法,可形成网架结构的现有各种具体计算方法,如表5-3所列。

表5-3 网架结构的各种计算方法

计算模型	具体计算方法	特点	适用范围	分析手段	误差/%
铰接杆系	空间桁架位移法	最精确的网架计算方法	各类网架	有限元法	0
	下弦内力法	①可考虑剪切变形和刚度变化;②当为简支时可求得精确解	蜂窝形三角锥网架		0~5
梁系	交叉梁系梁元法	考虑了剪切变形和刚度变化	平面桁架系组成的网架	有限元法	5
	交叉梁系差分法	一般不计剪切变形和刚度变化	平面桁架系组成的网架	差分法	10~20
	正放四角锥网架差分法	一般不计剪切变形和刚度变化	正放四角锥网架		
	交叉梁系力法	①等代梁系柔度法;②一般不计剪切变形和刚度变化	平面桁架系组成的网架	力法	10~20
平板	假想弯矩法	①简化为静定空间桁架系的差分解法;②一般不计剪切变形和刚度变化	斜放四角锥网架和棋盘形四角锥网架	差分法	15~30
	拟板法	①等代普通平板的经典解法;②一般不计剪切变形的影响	正交正放类网架、两向正交斜放类网架及三向网架	微分方程近似解法	10~20
	拟夹层板法	①等代夹层板的非经典解法;②可考虑剪切变形和刚度变化的影响	正交正放类网架、两向正交斜放类网架、斜放四角锥网架及三向网架		5~10

238

5. 网架结构内力分析的一般计算原则

由《空间网格结构技术规程》JGJ 7—2010,网架结构内力分析应注意以下原则:

(1)空间网格结构的外荷载可按静力等效原则将节点所辖区域内的荷载集中作用在该节点上。当杆件上作用有局部荷载时,应另行考虑局部弯曲内力的影响。

(2)空间网格结构分析时,应考虑上部空间网格结构与下部支承结构的相互影响。空间网格结构的协同分析可把下部支承结构折算等效刚度和等效质量作为上部空间网格结构分析时的条件;也可把上部空间网格结构折算等效刚度和等效质量作为下部支承结构分析时的条件;也可以将上、下部结构整体分析。

(3)分析空间网格结构时,应根据结构形式、支座节点的位置、数量和构造情况以及支承结构的刚度,确定合理的边界约束条件。支座节点的边界约束条件,对于网架结构,应按实际构造采用两向或一向可侧移、无侧移的铰接支座或弹性支座。

(4)空间网格结构施工安装阶段与使用阶段支承情况不一致时,应区别不同支承条件分析计算施工安装阶段和使用阶段在相应荷载下的结构位移和内力。

(5)网架结构选用的计算方法应符合下列规定:

① 网架宜采用空间杆系有限元法进行计算。

② 在结构方案选择和初步设计时,网架结构也可采用拟夹层板法进行计算。

5.5.2 空间杆系有限元法

空间杆系有限元法也称空间桁架位移法,分析时以网架的杆件为基本单元,以节点位移为基本未知量。先由杆件内力与节点位移之间的关系建立单元刚度矩阵,然后根据各节点平衡及变形协调条件建立结构的节点荷载和节点位移间关系,形成结构总刚度矩阵和总刚度方程。总刚度方程是以节点位移为未知量的线性方程组。引入边界条件后,求解出各节点位移值。最后由杆件单元内力与节点位移间关系求出杆件内力。

空间杆系有限元法适用于各种类型、各种平面形状、不同边界条件的网架,静力荷载、地震作用、温度应力等工况均可计算,也能考虑网架与下部支承结构的共同工作。

1. 基本假定

(1)网架的节点为空间铰接节点,每个节点有 3 个平动自由度,即 u、v、w,忽略节点刚度的影响,即不考虑次应力对杆件内力的影响。

(2)杆件只承受轴力。

(3)结构材料为完全弹性,在荷载作用下网架变形很小,符合小变形理论。

(4)网架只有作用于节点的荷载,当杆件上作用外载时,可将其等效地转化为节点荷载。

2. 单元刚度矩阵

1. 杆件局部坐标系单刚矩阵

一等截面杆件 ij 如图 5-39 所示,设局部直角坐标系为 xyz,x 轴与 ij 杆平行。单元每个节点有 3 个自由度,图 5-39 所示杆端力和位移均为正向。

杆端力向量为

$$\{\overline{F}\}_e = [\begin{array}{cccccc} \overline{F}_{xi} & \overline{F}_{yi} & \overline{F}_{zi} & \overline{F}_{xj} & \overline{F}_{yj} & \overline{F}_{zj} \end{array}]^T \tag{5-4}$$

杆端位移向量为

$$\{\bar{\delta}\}_e = \begin{bmatrix} \bar{u}_i & \bar{v}_i & \bar{w}_i & \bar{u}_j & \bar{u}_j & \bar{u}_j \end{bmatrix}^T \tag{5-5}$$

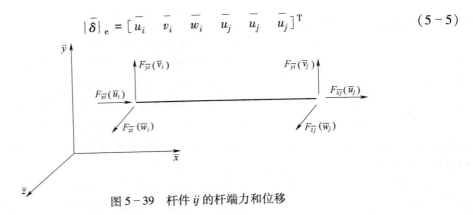

图 5-39 杆件 ij 的杆端力和位移

杆端力和位移的关系可写为

$$\{\bar{F}\}_e = [\bar{K}]_e \{\bar{\delta}\}_e \tag{5-6}$$

$$[\bar{K}]_e = \frac{EA}{l_{ij}} \begin{bmatrix} 1 & 0 & 0 & -1 & 0 & 0 \\ 0 & 0 & 0 & 0 & 0 & 0 \\ 0 & 0 & 0 & 0 & 0 & 0 \\ -1 & 0 & 0 & 1 & 0 & 0 \\ 0 & 0 & 0 & 0 & 0 & 0 \\ 0 & 0 & 0 & 0 & 0 & 0 \end{bmatrix} \tag{5-7}$$

式中　l_{ij}——杆单元 ij 的长度；

　　E——材料的弹性模量；

　　A——杆单元 ij 的截面积。

式(5-7)即为空间杆单元在局部坐标系下的单元刚度矩阵。

2. 坐标换算

式(5-7)的单元刚度矩阵是按杆轴与 $\bar{x}$ 轴一致导出的。由于杆件在网架中的位置不同，各杆 $\bar{x}$ 轴方向也不相同。结构分析中为方便杆端力和位移的叠加，应采用统一坐标系，即结构整体坐标 xyz。这样需对局部坐标系下的单元刚度矩阵进行坐标转换。

设杆件 ij(即 $\bar{x}$ 轴)与整体坐标 x、y、z 轴夹角的余弦分别为 l、m、n。由图 5-40 所示的几何关系得

$$\begin{cases} l = \cos\alpha = \dfrac{x_j - x_i}{l_{ij}} \\[2mm] m = \cos\beta = \dfrac{y_j - y_i}{l_{ij}} \\[2mm] n = \cos\gamma = \dfrac{z_j - z_i}{l_{ij}} \end{cases} \tag{5-8}$$

式中　l_{ij}——ij 杆的长度，可由下式求出：

$$l_{ij} = \sqrt{(x_j - x_i)^2 + (y_j - y_i)^2 + (z_j - z_i)^2} \tag{5-9}$$

其中　$x_i, y_i, z_i, x_j, y_j, z_j$——$i$、$j$ 点的整体坐标。

令 $\{F\}_e$、$\{\delta\}_e$、$[K]_e$ 分别表示杆件 ij 在整体坐标系中的节点力、节点位移和单元刚

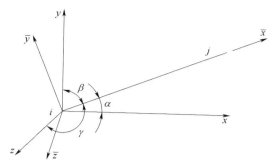

图 5-40 杆单元在整体坐标系中的位置

度矩阵。在整体坐标系中 ij 杆节点力和节点位移间的关系力为

$$\{F\}_e = [K]_e \{\delta\}_e \qquad (5-10)$$

两坐标系之间的转化关系为:

$$\{F\}_e = [T]\{\overline{F}\}_e;\ [\overline{F}]_e = \{T\}^T\{F\}_e \qquad (5-11)$$

$$[\delta]_e = [T]\{\overline{\delta}\}_e;\ \{\overline{\delta}\}_e = [T]^T\{\delta\}_e \qquad (5-12)$$

式中 $[T]$——坐标转换矩阵,$[T] = \begin{bmatrix} [T_{11}] & [T_{12}] \\ [T_{21}] & [T_{22}] \end{bmatrix}$。

由坐标轴的旋转变化和几何关系可导出

$$[T_{11}] = [T_{22}] = \begin{bmatrix} l & \dfrac{-lm}{\sqrt{l^2+n^2}} & \dfrac{-n}{\sqrt{l^2+n^2}} \\ m & \sqrt{l^2+n^2} & 0 \\ n & \dfrac{-mn}{\sqrt{l^2+n^2}} & \dfrac{l}{\sqrt{l^2+n^2}} \end{bmatrix},\ [T_{12}] = [T_{21}] = 0 \qquad (5-13)$$

将式(5-11)、式(5-12)代入式(5-6),并注意到 $[T]^{-1} = [T]^T$ 得到整体坐标系下 ij 杆节点力和位移的关系为

$$\{F\}_e = [T][\overline{K}]_e[T]^T\{\delta\}_e = [K]_e\{\delta\}_e \qquad (5-14)$$

式中 $[K]_e$——杆件 ij 在整体坐标中的单刚矩阵,$[K]_e = [T][\overline{K}]_e[T]^T$。

$$[K]_e = \frac{EA}{l_{ij}}\begin{bmatrix} l^2 & & & & 对 \\ lm & m^2 & & & & 称 \\ ln & mn & n^2 & & & \\ -l^2 & -lm & -ln & l^2 & & \\ -lm & -m^2 & -mn & lm & m^2 & \\ -ln & -mn & -n^2 & ln & mn & n^2 \end{bmatrix} \qquad (5-15)$$

3. 结构总刚度矩阵及总刚度方程

建立了杆件单元刚度矩阵之后,即可按照变形协调及节点内外力平衡条件建立结构的总刚度矩阵及相应的总刚度方程,为便于说明可将式(5-10)改写为

$$\begin{bmatrix} \{F_i\} \\ \{F_j\} \end{bmatrix}_e = \begin{bmatrix} [K_{ii}] & [K_{ij}] \\ [K_{ji}] & [K_{jj}] \end{bmatrix}_e \begin{bmatrix} \{\delta_i\} \\ \{\delta_j\} \end{bmatrix}_e \qquad (5-16)$$

式中　$\{F_i\}$，$\{F_j\}$——杆件 ij 在整体坐标系下 i,j 点的杆端力列阵；

　　　　$\{\delta_i\}$，$\{\delta_j\}$——杆件 ij 在整体坐标系下 i,j 点的位移列阵；

　　　　$[K_{ii}]$，$[K_{jj}]$——杆件 ij 在 i 端，j 端发生单位位移时，在 i 端，j 端产生的内力；

　　　　$[K_{ij}]$，$[K_{ji}]$——杆件 ij 在 j 端，i 端发生单位位移时，在 i 端，j 端产生的内力。

　　现以图 5－41 所示的网架结构节点 3 为例，说明总刚度矩阵及总刚度方程的建立，该结构共有 9 个单元、5 个节点，单元及节点编号如图所示。相交于节点 3 的杆件有⑥、⑦、⑧、⑨。

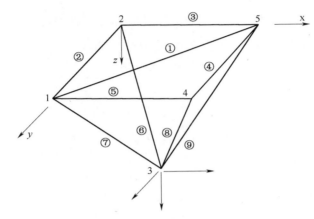

图 5－41　单元及节点编号

　　变形协调条件为连于同一节点上的杆端位移相等，即

$$\{\delta_3\} = \{\delta_3\}_⑦ = \{\delta_3\}_⑧$$
$$= \{\delta_3\}_⑨ = \{\delta_3\}$$
$$= [u_3 \ v_3 \ w_3]^T \tag{5-17}$$

式中　$\{\delta_3\}$——⑥号杆端点 3 的位移；

　　　　$\{\delta_3\}$——节点 3 的位移。

　　内外力平面条件为汇交于同一节点的杆端内力之和等于该节点上的外荷载，即

$$\{F_3\}_⑥ + \{F_3\}_⑦ + \{F_3\}_⑧ + \{F_3\}_⑨ = \{P_3\} = [P_{x3} \quad P_{y3} \quad P_{z3}]^T \tag{5-18}$$

式中　$\{F_3\}_⑥$——⑥号杆端点 3 的杆端力；

　　　　$\{P_3\}$——作用在节点 3 上的外荷载；

P_{x3}, P_{y3}, P_{z3}——结构整体坐标 x,y,z 向的荷载。

　　由式(5－16)、式(5－17)可写出连接节点 3 的杆端力与各节点位移关系：

⑥号杆　$\{F_3\}_⑥ = [K_{33}]_⑥\{\delta_3\} + [K_{32}]_⑥\{\delta_2\}$

⑦号杆　$\{F_3\}_⑦ = [K_{33}]_⑦\{\delta_3\} + [K_{31}]_⑦\{\delta_1\}$

⑧号杆　$\{F_3\}_⑧ = [K_{33}]_⑧\{\delta_3\} + [K_{34}]_⑧\{\delta_4\}$

⑨号杆　$\{F_3\}_⑨ = [K_{33}]_⑨\{\delta_3\} + [K_{35}]_⑨\{\delta_5\}$

　　将上列各式代入式(5－18)，整理，得

$$[K_{31}]_⑦\{\delta_1\} + [K_{32}]_⑥\{\delta_2\} + ([K_{33}]_⑥ + [K_{33}]_⑦ + [K_{33}]_⑧ + [K_{33}]_⑨)$$
$$\{\delta_3\} + [K_{34}]_⑧\{\delta_4\} + [K_{35}]_⑨\{\delta_5\} = \{P_3\} \tag{5-19}$$

　　式(5－19)就是节点 3 的内外力平衡方程，对网架中的所有节点，逐点列出平衡方程，

联立起来变为结构总刚度方程,其表达式为

$$[K]\{\delta\} = \{P\} \tag{5-20}$$

式中 $\{\delta\}$——节点位移列阵,对于本例桁架,$\{\delta\} = [\,u_1\quad v_1\quad w_1\quad \cdots\quad u_3\quad v_3\quad w_3\quad \cdots$
$\qquad\qquad u_5\quad v_5\quad w_5\,]^{\mathrm{T}}$;

$\qquad\{P\}$——荷载列阵,对于本例桁架,$\{P\} = [\,P_{x1}\quad P_{y1}\quad P_{z1}\quad \cdots\quad P_{x3}\quad P_{y3}\quad P_{z3}\cdots$
$\qquad\qquad P_{x5}\quad P_{y5}\quad P_{z5}\,]^{\mathrm{T}}$;

$\qquad[K]$——结构总刚度矩阵,空间网架每个节点有 3 个自由度(u,v,w),如网架有 n
$\qquad\qquad$个节点,$[K]$ 为 $3n{\times}3n$ 方阵。

对于本例结构,根据式(5-19),总刚度矩阵中第 7 行至第 9 行的元素如下:

$$1\,2\,3\qquad 4\,5\,6\qquad 7\,8\,9\qquad 10\,11\,12\qquad 13\,14\,15$$

$$
\begin{array}{c}
\text{节点 1}\left\{\begin{array}{c}1\\2\\3\end{array}\right. \\[6pt]
\text{节点 2}\left\{\begin{array}{c}4\\5\\6\end{array}\right. \\[6pt]
\text{节点 3}\left\{\begin{array}{c}7\\8\\9\end{array}\right. \\[6pt]
\text{节点 4}\left\{\begin{array}{c}10\\11\\12\end{array}\right. \\[6pt]
\text{节点 5}\left\{\begin{array}{c}13\\14\\15\end{array}\right.
\end{array}
\left[\begin{array}{ccccc}
&&&& \\
&&&& \\
[K_{31}]_{\textcircled{7}} & [K_{32}]_{\textcircled{8}} & \displaystyle\sum_{i=6}^{9}[K_{33}] & [K_{34}]_{\textcircled{8}} & [K_{35}]_{\textcircled{9}} \\
&&&& \\
&&&&
\end{array}\right]
$$

总刚度矩阵具有下列特点:

(1)矩阵具有对称性,计算时不必将所有元素列出,只列出上三角或下三角即可。

(2)矩阵具有稀疏性。因网架结构每一节点所连杆件数量有限,总刚度矩阵中除主对角及其附近元素为非零元素外,其余均为零元素。非零元素集中在主对角线两旁的带状区域内,计算机存储时,按一维变带宽存放,可有效节省计算机容量,带宽大小与网架节点编号有关,进行网架节点编号时,应尽可能使各相关节点号差值缩小。

4. 总刚度矩阵中边界条件的处理方法

未引入边界条件前,总刚度矩阵$[K]$是奇异的,不能进行求解。引入结构边界条件消除刚体位移后,总刚度矩阵为正定矩阵。

1) 位移为零

如某一节点沿某一方向的位移为零,实现这一条件有两种办法:一是划行划列法,即在总刚度矩阵中将零位移对应的行和列划掉,使总刚度矩阵阶数减少;二是在总刚中将与零位移对应的主对角元素乘以一个大数,如第 i 节点沿 z 方向的位移为零,它位于总刚度

矩阵中的 $3 \times (i-1)+3=m$ 行（列），将主对角元素 $K_{\min}$ 乘以一个大数：$R=10^{10} \sim 10^{12}$，这样第 m 行的方程为

$$K_{\mathrm{m1}} \cdot u_1 + K_{\mathrm{m2}} \cdot v_1 + K_{\mathrm{m3}} \cdot w_1 + \cdots + K_{\mathrm{mm}} \cdot R \cdot w_i + \cdots = P_{z1}$$

上式左端各项系数除以 $R \cdot K_{\min}$，其他数值都很小，解方程可近似得

$$w_i = \frac{P_{zi}}{R \cdot K_{\mathrm{mm}}} = 0$$

2）弹性约束

当某节点某方向（平行于整体坐标轴）设有弹性支承，弹簧刚度为 K_0，处理方法是将弹簧刚度 K_0 叠加到总刚度矩阵中对应的主对角元素上。

3）指定位移

当某节点某方向为指定位移，如第 i 节点发生竖向沉降 Δ（即 $w_i=\Delta$），处理方法是将总刚度矩阵中对应的主对角元素 $K_{\min}$ 乘以大数 R，再将总刚度方程的右端项 P_{zi} 改为 $K_{\mathrm{mm}} \cdot R \cdot \Delta$，则 m 行方程为

$$K_{\mathrm{m1}} \cdot u_1 + K_{\mathrm{m2}} \cdot v_1 + K_{\mathrm{m3}} \cdot w_1 + \cdots K_{\mathrm{mm}} \cdot R \cdot w_i + \cdots = K_{\mathrm{mm}} \cdot R \cdot \Delta$$

解方程可近似得出

$$w_i = \frac{K_{\mathrm{mm}} \cdot R \cdot \Delta}{K_{\mathrm{mm}} \cdot R} = \Delta$$

5. 网架的边界条件及对称性利用

1）对称性利用

当网架结构（包括支座）和外荷载有 n 个对称面时，可利用对称条件只分析网架的 $1/(2n)$。

计算时，对称面内各杆件的截面积应取原截面面积的 $1/2$，n 个对称面交线上的中心竖杆，其截面面积应取原截面面积的 $1/(2n)$。对称面内节点荷载亦应按相同原则取值。在对称荷载作用下，对称面内网架节点的反对称位移为零，计算时应在相应方向予以约束。与对称面相交的杆件，分析时可将该交点作为一个节点，并在三个方向予以约束。交叉腹杆或人字形腹杆的交叉点，位于对称面时，亦应作为一个节点，并在两个水平方向予以约束。在反对称荷载作用下，对称面内网架节点的对称位移应取为零。

2）边界条件

有限元计算中，边界条件对网架结构内力及变形有较大的影响。

网架支承处的边界条件既和支座节点构造有关，也和支承结构的刚度有关，支座可以是无侧移、单向可侧移和双向可侧移的铰接支座，支承结构（柱、梁等）可以是刚性或弹性的。

当支承结构刚度很大可忽略其变形时，边界条件完全取决于支座构造：当采用无侧移铰接支座时，支承节点在竖向、边界线切线和法向都无位移；当采用单向可侧移支座时，竖向和边界切线方向位移为零，而边界法向为自由；当采用双向可侧移的铰接支座时，只有竖向位移为零，两个水平方向都为自由。

在网架的四角处，至少一个角上的支座必须是无侧移的，相邻的两角可以是单向可侧移的，相对的角可以是双向可侧移的，这种做法既防止网架的刚体移动，又提供了不少于 6 根的约束链杆数。在工程实践中，如果符合不需计算温度应力的条件，也可考虑四角都

用无侧移铰支座。

当网架支承在独立柱上时,由于后者的弯曲刚度不是很大,在采用无侧移铰支座时除竖向仍然看做无位移外,两个水平方向应看成弹性支承,支承的弹簧刚变由悬臂柱的挠度公式得出:

$$K_{cx} = \frac{3E_e I_{cy}}{H^3}, K_{cy} = \frac{3E_c I_{cx}}{H^3}$$

式中　E_c——支承柱的材料弹性模量;

　　　I_{cy}、I_{cx}——支承柱绕截面 y、x 轴的截面惯性矩;

　　　H——支承悬臂柱长度。

支座的布局和支承结构的设置对网架的行为影响很大。支座除保证网架结构的几何不变性外,还影响体系的刚度和网架的温度应力,需要通盘考虑妥善处理。

3)斜边界处理

斜边界是指与整体坐标斜交的方向有约束的边界。建筑平面为圆形或多边形的网架会存在斜边界(图 5 - 42(a))。矩形平面网架利用对称性时,对称面也存在斜边界(图 5 - 42(b)、(c))。

斜边界有两种处理方法:一种是根据边界点的位移约束情况设置具有一定截面积的附加杆,如节点沿边界法线方向位移为零,则该方向设一刚度很大的附加杆,截面积 $A = 10^6 \sim 10^8$(图 5 - 42(b)),如该节点沿边界法线方向为弹性约束,则调节附加杆的截面积,使之满足弹性约束条件,这种处理方法有时会使刚度矩阵病态;另一种是对斜边界上的节点位移做坐标变换(图 5 - 42(c)),将在整体坐标下的节点位移向量变换到任意的斜方向,然后按一般边界条件处理。

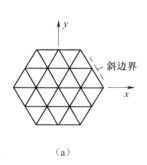
（a）

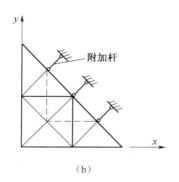
（b）

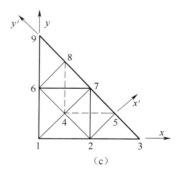
（c）

图 5 - 42　网架的斜边界约束

图 5 - 42(c)所示网架 5、7、8 节点沿 x' 方向位移为零,结构的整体坐标系为 xyz,5、7、8 节点的斜坐标系为 $x'y'z'$。5、7、8 节点在结构整体坐标系的位移为

$$\{\delta_5\} = [\,u_5 \quad v_5 \quad w_5\,]^T, \{\delta_7\} = [\,u_7 \quad v_7 \quad w_7\,]^T, \{\delta_8\} = [\,u_8 \quad v_8 \quad w_8\,]^T \quad (5 - 21)$$

斜坐标系的位移为

$$\{\delta'_5\} = [\,u'_5 \quad v'_5 \quad w'_5\,]^T, \{\delta'_7\} = [\,u'_7 \quad v'_7 \quad w'_7\,]^T, \{\delta'_8\} = [\,u'_8 \quad v'_8 \quad w'_8\,]^T$$
$$(5 - 22)$$

斜坐标系位移与整体坐标系位移的关系为

$$\{\delta'_5\} = [T'_5]\{\delta_5\}, \{\delta'_7\} = [T'_7]\{\delta_7\}, \{\delta'_8\} = [T'_8]\{\delta_8\} \tag{5-23}$$

式中　$[T']$——斜坐标转换矩阵。

$$[T'_7] = \begin{bmatrix} \cos(x' \ x) & \cos(x' \ y) & \cos(x' \ z) \\ \cos(y' \ x) & \cos(y' \ y) & \cos(y' \ z) \\ \cos(z' \ x) & \cos(z' \ y) & \cos(z' \ z) \end{bmatrix} = [T'_8] = [T'_5] \tag{5-24}$$

式中　$\cos(x' \ x)$　$\cos(x' \ y)$　$\cos(x' \ z)$——x'轴与x、y、z轴之间夹角的余弦,其余类推。

令$\{\delta\}$表示整体坐标系下结构的位移列阵,$\{\bar{\delta}\}$代表考虑斜边界坐标系时结构的位移列阵,二者之间的关系为

$$\{\bar{\delta}\} = \{T\}\{\delta\} \tag{5-25}$$

$$\{\delta\} = [T]^{\mathrm{T}}\{\bar{\delta}\} \tag{5-26}$$

式中

$$\{\bar{\delta}\} = [\delta_1 \quad \delta_2 \quad \cdots \quad \delta'_5 \quad \delta_6 \quad \delta'_7 \quad \delta'_8 \quad \cdots]^{\mathrm{T}}$$

$$\{\delta\} = [\delta_1 \quad \delta_2 \quad \cdots \quad \delta_5 \quad \delta_6 \quad \delta_7 \quad \delta_8 \quad \cdots]^{\mathrm{T}}$$

$$[T] = \begin{bmatrix} 1 \\ & 1 \\ & & 1 & & & & 0 \\ & & & \ddots \\ & & & & T'_5 \\ & & & & & \ddots \\ & & & & & & T'_7 \\ & & & & & & & T'_8 \\ & 0 & & & & & & & \ddots \end{bmatrix}$$

同理可得考虑斜边界坐标的结构荷载列阵:

$$\{P\} = [T]^{\mathrm{T}}\{\bar{P}\} \tag{5-27}$$

将式(5-26)和式(5-27)代入整体坐标的结构总刚度方程$[K]\{\delta\} = \{P\}$中,得

$$[T][K][T]^{\mathrm{T}}\{\bar{\delta}\} = [\bar{K}]\{\bar{\delta}\} = \{\bar{P}\} \tag{5-28}$$

由式(5-28)求解$\{\bar{\delta}\}$,再由下式求出结构整体坐标下斜边界处位移值:

$$\{\delta_5\} = [T'_5]^{\mathrm{T}}\{\delta'_5\}; \{\delta_7\} = [T'_7]^{\mathrm{T}}\{\delta'_7\}; \{\delta_8\} = [T'_8]^{\mathrm{T}}\{\delta'_8\}$$

6. 杆件内力

引入边界条件后,求解式(5-20),得出各节点的位移值,由式(5-11)和式(5-14)可得出ij杆端内力为

$$\{\bar{F}\}_e = [T]^{\mathrm{T}}[K]_e\{\delta\}_e \tag{5-29}$$

将式(5-29)展开并代入,整理可得杆件内力表达式为

$$N = \frac{EA}{l_{ij}}[\cos\alpha(u_j - u_i) + \cos\beta(v_j - v_i) + \cos\gamma(w_j - w_i)] \tag{5-30}$$

式中　N——杆件轴力,以拉为正。

246

7. 空间杆系有限元法计算步骤

（1）根据网架结构、荷载对称性选取计算简图，并对其节点和杆件进行编号，为减小总刚矩阵带宽，节点编号应遵循相邻节点号差最小的原则。

（2）计算杆件单元长度及杆件与整体坐标轴夹角余弦。

（3）初选各杆的截面积。

（4）建立局部和整体坐标系下的单元刚度矩阵。

（5）集合总刚矩阵，为减小矩阵容量，宜采用变带宽一维存储方式。

（6）建立荷载列阵。

（7）引入边界条件对总刚度方程进行处理。

（8）求解总刚度方程，得出各节点位移值。

（9）根据节点位移计算杆件内力。

（10）按杆件内力调整杆件截面，并重新计算，迭代次数宜不超过 4~5 次。

目前国内网架计算程序很多，具有数据形成、内力分析、杆件截面选择、优化、节点设计、施工图绘制等多项功能。利用现有的程序时，应慎重从事，选用经过技术鉴定认可，实践证明行之有效的程序。

5.5.3 网架结构在地震作用下的内力计算

地震发生时，由于强烈的地面运动而迫使网架产生振动，由振动引起的惯性作用使网架结构产生很大的地震内力和位移，从而有可能造成网架的破坏和倒塌，或失去工作能力。因此，在地震设防区，有必要对网架结构进行抗震计算。

1. 网架结构的动力特性

网架与其他结构相比跨度较大，结构相对较弱，具有其自身的动力特性：

（1）网架的振型可以分为水平振型和竖向振型两类：水平振型以承受水平振动为主，其节点位移水平分量较大，竖向分量较小；竖向振型以承受竖向振动为主，其节点位移竖向分量较大，水平分量较小。网架的第一振型一般均为竖向振型。

（2）振动频率非常密集，网架结构的频率密集程度较框架、剪力墙、框筒等结构更为显著。

（3）网架的基本周期与网架的短向跨度 l_2 关系很大，跨度越大则基本周期越大；与网架的长向跨度 l_1 也有关，但改变的幅度不大。与支座的强弱、荷载的大小等略有关系。不同类型但具有相同跨度的网架基本周期比较接近。

（4）常用周边支承网架的基本周期为 0.3~0.7s。

（5）网架结构对称、荷载对称时，网架的第一振型呈对称性。利用对称性进行网架的自振周期和振型分析时，基本周期不会因利用对称性而被删除。

2. 网架结构抗震计算要点

在抗震分析时，应考虑支承体系对空间网格结构受力的影响。此时宜将空间网格结构与支承体系共同考虑，按整体分析模型进行计算；亦可把支承体系简化为空间网格结构的弹性支座，按弹性支承模型进行计算。

在进行结构抗震效应分析时：对于周边落地的空间网格结构，阻尼比值可取 0.02；对设有混凝土结构支承体系的空间网格结构，阻尼比值可取 0.03。

在单维地震作用下:对空间网格结构进行多遇地震作用下的效应计算时,可采用振型分解反应谱法;对于体型复杂或重要的大跨度结构,应采用时程分析法进行补充计算。

对于体型复杂或较大跨度的空间网格结构,宜进行多维地震作用下的效应分析。进行多维地震效应计算时,可采用多维随机振动分析方法、多维反应谱法或时程分析法。

1)网架结构振型分解反应谱法计算要点

(1)采用振型分解反应谱法进行单维地震效应分析时,空间网格结构 j 振型、i 节点的水平或竖向地震作用标准值应按下式确定:

$$\begin{cases} F_{\mathrm{E}xji} = \alpha_j \gamma_j X_{ji} G_i \\ F_{\mathrm{E}yji} = \alpha_j \gamma_j Y_{ji} G_i \\ F_{\mathrm{E}zji} = \alpha_j \gamma_j Z_{ji} G_i \end{cases} \tag{5-31}$$

式中　$F_{\mathrm{E}xji}$、$F_{\mathrm{E}yji}$、$F_{\mathrm{E}zji}$——j 振型、i 节点分别沿 x、y、z 方向的地震作用标准值;

α_j——相应于 j 振型自振周期的水平地震影响系数,按现行国家标准《建筑抗震设计规范》GB 50011 确定;当仅 z 方向竖向地震作用时,竖向地震影响系数取 $0.65a_j$;

X_{ji}、Y_{ji}、Z_{ji}——j 振型、i 节点的 x、y、z 方向的相对位移;

G_i——空间网格结构第 i 节点的重力荷载代表值,其中恒载取结构自重标准值;可变荷载取屋面雪荷载或积灰荷载标准值,组合值系数取 0.5;

γ_j——j 振型参与系数,庆按式(5-32)~式(5-34)确定。

当仅 x 方向受水平地震作用时,j 振型参与系数应按下式计算:

$$\gamma_j = \frac{\displaystyle\sum_{i=1}^{n} X_{ji} G_i}{\displaystyle\sum_{i=1}^{n} (X_{ji}^2 + Y_{ji}^2 + Z_{ji}^2) G_i} \tag{5-32}$$

当仅 y 方向受水平地震作用时,j 振型参与系数应按下式计算:

$$\gamma_j = \frac{\displaystyle\sum_{i=1}^{n} Y_{ji} G_i}{\displaystyle\sum_{i=1}^{n} (X_{ji}^2 + Y_{ji}^2 + Z_{ji}^2) G_i} \tag{5-33}$$

当仅 z 方向受竖向地震作用时,j 振型参与系数应按下式计算:

$$\gamma_j = \frac{\displaystyle\sum_{i=1}^{n} Z_{ji} G_i}{\displaystyle\sum_{i=1}^{n} (X_{ji}^2 + Y_{ji}^2 + Z_{ji}^2) G_i} \tag{5-34}$$

式中　n——空间网格结构节点数。

(2)按振型分解反应谱法进行在多遇地震作用下单维地震作用效应分析时,网架结构杆件地震作用效应可按下式确定:

$$S_{\mathrm{E}k} = \sqrt{\sum_{j=1}^{m} S_j^2} \tag{5-35}$$

式中 S_{Ek}——杆件地震作用标准值的效应;

S_j——j 振型地震作用标准值的效应。

（3）当采用振型分解反应谱法进行空间网格结构地震效应分析时:对于网架结构宜至少取前 10~15 个振型,以进行效应组合;对于体型复杂或重要的大跨度空间网格结构需要取更多振型进行效应组合。

2）网架结构进程分析法计算要点

按时程分析法计算空间网格结构地震效应时,其动力平衡方程为

$$M\ddot{U} + C\dot{U} + KU = -M\ddot{U}_g \tag{5-36}$$

式中 M——结构质量矩阵;

C——结构阻尼矩阵;

K——结构刚度矩阵;

$\ddot{U}, \dot{U}, U$——结构节点相对加速度向量、相对速度向量和相对位移向量;

$\ddot{U}_g$——地面运动加速度向量。

采用时程分析法时,应按建筑场地类别和设计地震分组选用不少于两组的实际强震记录和一组人工模拟的加速度时程曲线,其平均地震影响系数曲线应与振型分解反应谱法所采用的地震影响系数曲线在统计意义上相符。加速度曲线峰值应根据与抗震设防烈度相应的多遇地震的加速度时程曲线最大值进行调整,并应选择足够长的地震动持续时间。

3. 用于屋盖的网架结构竖向地震作用和作用效应的简化计算

（1）对于周边支承或多点支承和周边支承相结合的用于屋盖的网架结构,竖向地震作用标准值可按下式确定:

$$F_{Evki} = \pm \psi_v \cdot G_i \tag{5-37}$$

式中 F_{Evki}——作用在网架第 i 节点上竖向地震作用标准值;

ψ_v——竖向地震作用系数,按表 5-4 取值。

表 5-4 竖向地震作用系数

设防烈度	场地类别		
	I	II	III、IV
8	—	0.08	0.10
9	0.15	0.15	0.20

对于平面复杂或重要的大跨度网架结构可采用振型分解反应谱法或时程分析法做专门的抗震分析和验算。

（2）对于周边简支、平面形式为矩形的正放类和斜放类(指上弦杆平面)用于屋盖的网架结构,在竖向地震作用下所产生的杆件轴向力标准值可按下列公式计算:

$$N_{Evi} = \pm \xi_i \mid N_{Gi} \mid \tag{5-38}$$

$$\xi_i = \lambda \xi_v (1 - \frac{r_i}{r}\eta) \tag{5-39}$$

式中 N_{Evi}——竖向地震作用引起第 i 杆的轴向力标准值;

N_{Gi}——在重力荷载代表值作用下第 i 杆轴向力标准值;

ξ_i——第 i 杆竖向地震轴向力系数;

λ——抗震设防烈度系数,8 度时,$\lambda = 1$,9 度时,$\lambda = 2$;

ξ_v——竖向地震轴向力系数,可根据网架结构的基本频率按图 5-43 和表 5-5 取用;

r_i——网架结构平面的中心 O 至第 i 杆中点 B 的距离(图 5-44);

r——OA 的长度,A 为 OB 线段与圆(或椭圆)锥底面圆周的交点(图 5-44);

η——修正系数,按表 5-6 取用。

网架结构的基本频率可近似按下式计算:

$$f_1 = \frac{1}{2}\sqrt{\frac{\sum G_j w_j}{\sum G_j w_j^2}} \qquad (5-40)$$

式中 w_j——重力荷载代表值作用下第 j 节点竖向位移。

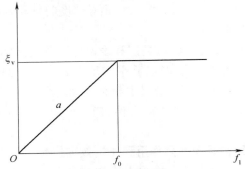

图 5-43　竖向地震轴向力系数的变化

注:a 与 f_0 值可按表 5-5 取值。

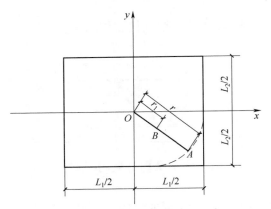

图 5-44　计算修正系数的长度

表 5-5　确定竖向地震轴向力系数的参数

场地类别	a		f_0/Hz
	正放类	斜放类	
Ⅰ	0.095	0.135	5.0
Ⅱ	0.092	0.130	3.3
Ⅲ	0.080	0.110	2.5
Ⅳ	0.080	0.110	1.5

表 5-6　修正系数

网架结构上弦杆布置形式	平面形式	η
正放类	正方形	0.19
	矩　形	0.13
斜放类	正方形	0.44
	矩　形	0.20

5.6　网架结构杆件设计

1. 杆件的材料和截面形式

网架杆件的材料大多采用钢材,钢材品种主要为 Q235 和 Q345 钢,其中 Q345 钢由于强度高,宜用于大跨度的网架,一般网架结构多采用 Q235 钢。

网架杆件的截面形式可采用钢管、热轧型钢和冷弯薄壁型钢。在截面积相同的条件下,管截面具有回转半径大、截面特征无方向性、抗压屈承载力高等优点,钢管端部封闭后,内部不易锈蚀,也难以积灰、积水,是目前网架杆件最常用的截面形式。管材宜采用高频焊管或无缝焊管,有条件时也可采用薄壁管型截面。

2. 杆件的计算长度和容许长细比

网架与平面桁架相比,由于网架节点处汇交了较多的杆件,因此节点的嵌固作用较大。《空间网格结构技术规程》JGJ 7—2010 中规定的计算长度 l_0 取值是经过模型试验和分析研究确定的,应按表 5-7 采用,表中 l 为杆件几何长度(节点中心间距)。

表 5-7　网架杆件计算长度 l_0

杆　件	节　点　型　式		
	螺栓球	焊接空心球	板节点
弦杆及支座腹杆	l	$0.9l$	l
一般腹杆	l	$0.8l$	$0.8l$

对网架杆件的容许长细比有如下规定:

(1) 受压杆件:$[\lambda] = 180$。

(2) 受拉杆件:① 一般杆件,$[\lambda] = 300$;② 支座附近杆件,$[\lambda] = 250$;③ 直接承受动力荷载的杆件,$[\lambda] = 250$。

3. 杆件截面选择

(1) 一个网架结构中所选截面规格不宜太多,一般较小跨度网架以 3~4 种规格为宜,较大跨度网架超过 7~8 种为宜。

(2) 宜选用厚度较薄的截面,使杆件在同样截面条件下,可获得较大的回转半径,对杆件受压有利。

(3) 尽量选用市场供应较多的规格,常用的钢管规格有 $\phi48\times3.5$、$\phi60\times3.5$、$\phi75.5\times3.75$、$\phi88.5\times4$、$\phi114\times4$、$\phi140\times4.5$、$\phi165\times4.5$、$\phi133\times6$、$\phi159\times10$、$\phi159\times12$、$\phi180\times14$ 等。

(4) 钢管出厂一般均有负公差,故选择截面时应适当留有余量。

4. 杆件截面计算

网架杆件主要受轴力(拉力或压力)作用,杆件截面应按现行国家标准《钢结构设计规范》GB 50017 根据强度和稳定性的要求计算确定。

1) 轴心受拉

$$\sigma = \frac{N}{A_{\text{n}}} \leqslant f \tag{5-41}$$

$$\lambda = \frac{l_0}{i} = \frac{\mu l}{i} \leqslant [\lambda] \tag{5-42}$$

2) 轴心受压

$$\sigma = \frac{N}{A_{\text{n}}} \leqslant f \tag{5-41}$$

$$\sigma = \frac{N}{\varphi A} \leqslant f \tag{5-43}$$

$$\lambda = \frac{l_0}{i} = \frac{\mu l}{i} \leqslant [\lambda] \tag{5-42}$$

式中　N——网架杆件轴力;

A_{n}——网架杆件净截面面积;

A——网架杆件毛截面面积;

λ——网架杆件长细比;

i——网架杆件回转半径;

l——网架杆件几何长度;

μ——网架杆件计算长度系数;

l_0——网架杆件计算长度;

φ——网架杆件稳定系数;

f——网架杆件强度设计值。

空间网格结构应经过位移、内力计算后进行杆件截面设计,如杆件截面需要调整应重新进行计算,使其满足设计要求。空间网格结构设计后,杆件不宜替换,如必须替换时,应根据截面及刚度等效的原则进行。

无缝圆管和焊接圆管压杆在稳定计算中分别属于 a 类和 b 类截面。

网架是高次超静定结构,杆件截面计算一般由计算机完成,杆件截面可按满应力原则进行优化设计。

5. 杆件构造要求

杆件截面过小,容易产生初弯曲,所以《空间网格结构技术规程》JGJ 7—2010 对网架杆件最小截面的规定是:普通角钢不宜小于∟50×3;钢管不宜小于φ48×3;对大、中跨度的空间网格结构,钢管不宜小于φ60×3.5。

空间网格结构杆件分布应保证刚度的连续性,受力方向相邻的弦杆其杆件截面面积之比不宜超过1.8倍,多点支承的网架结构其反弯点处的上、下弦杆宜按构造要求加大截面。

对于低应力、小规格的受拉杆件其长细比宜按受压杆件控制。

在杆件与节点构造设计时,应考虑便于检查、清刷与油漆,避免易于积留湿气或灰尘的死角与凹槽,钢管端部应进行封闭。

5.7 网架结构节点设计

5.7.1 网架结构节点设计概述

网架属于空间杆件体系,一般汇交于一个节点上的杆件少的有6根,多的可达13根,这给节点设计增加了一定的难度。网架节点的数量较多,节点用钢量占整个网架杆件用钢量的20%~25%。合理的节点设计对网架结构的安全性能、制作安装、工程进度和工程造价等都有着直接的影响。

网架的节点形式很多,目前国内常用的节点形式主要有焊接空心球节点、螺栓球节点、焊接钢板节点(图5-45)、焊接钢管节点(图5-46)和杆件直接汇交(相贯焊)节点(图5-47)。

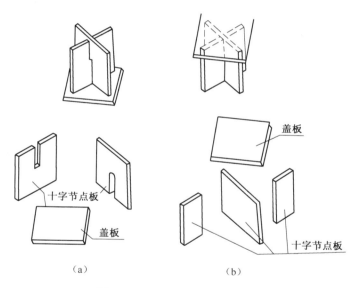

（a） （b）

图5-45 焊接钢板节点的组成

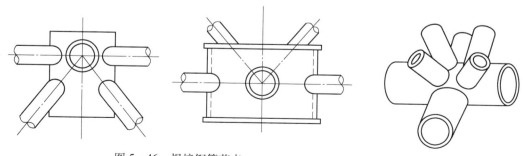

图5-46 焊接钢管节点

图5-47 杆件直接汇交节点

在网架结构中,节点的作用主要有两个:一是连接汇交杆件,可靠传递杆件内力;二是

253

承受荷载和传递荷载。为此,网架的节点设计和构造应符合以下一些原则:

(1) 受力合理,传力明确,节点构造与所采用的计算假定尽量符合。特别要注意支座节点构造形式应与力学计算中所采用的边界条件相符的问题,否则会使原计算结果失真,甚至影响结构安全。

(2) 应尽量保证各杆件汇交于一点,不产生附加弯矩。

(3) 应保证节点的构造和连接具有足够的刚度和强度,使节点安全可靠。

(4) 构造简单,制作简便,安装方便,耗钢量少,造价低廉。

(5) 避免难于检查、清刷、涂漆和容易积留湿气或灰尘的死角或凹槽。

5.7.2 网架结构焊接空心球节点

1. 焊接空心球节点的材料、特点

焊接空心球节点构造简单,适用于连接钢管杆件(图5-48)。焊接空心球是由两块钢板经热压成两个半球,然后相焊而成,分为不加肋(图5-49)和加肋(图5-50)两种。空心球的钢材宜采用现行《碳素结构钢》GB/T 700 规定的 Q235B 钢或《低合金高强度结构钢》GB/T 1591 规定的 Q345B、Q345C 钢。产品质量应符合现行行业标准《钢网架焊接空心球节点》JG/T 11 的规定。

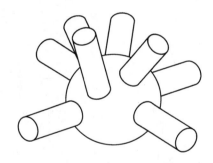

图5-48 焊接空心球节点

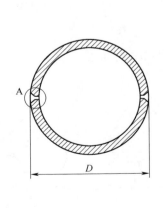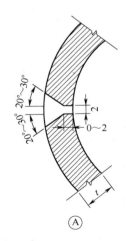

图5-49 不加肋焊接空心球

焊接空心球节点的优点是:传力明确,构造简单,造型美观,连接方便,适应性强。空

254

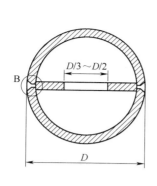
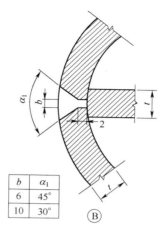

b	α_1
6	45°
10	30°

图 5-50　加肋焊接空心球

心球在连接圆钢管时,只要钢管切割面垂直于杆件轴线,杆件就能在空心球体上自然对中而不产生偏心。由于球体没有方向性,可与任意方向的杆件相连,当汇交杆件较多时,其优点更为突出。因此,它的适应性强,可用于各种形式的网架结构。

焊接空心球节点的缺点是:用钢量较大,冲压焊接费工,焊接质量要求高。现场仰焊、立焊占很大比例,杆件下料要求准确,当焊接工艺不当造成焊接变形过大后难于处理。

2. 焊接空心球节点的直径估算

空心球外径 D 可根据连接构造要求确定。为便于施焊,球面上相连接杆件之间的缝隙 a 不宜小于 10mm(图 5-51)。按此要求,空心球外径 D 可按下式估算:

$$D = (d_1 + 2a + d_2)/\theta \qquad (5-44)$$

式中　θ——汇集于球节点任意两相邻钢管杆件间的夹角(rad);

d_1、d_2——组成 θ 角的两钢管外径。

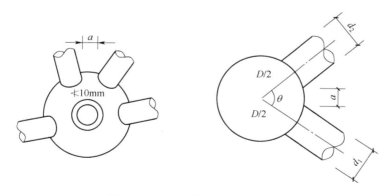

图 5-51　空心球节点杆件间缝隙

3. 焊接空心球节点的承载力

焊接空心球节点是一个闭合的球壳结构,由于汇交杆件数量多且方向各异,因而球体要承受和传递多个环形荷载,受力情况比较复杂,很难从理论上确定它的承载能力。一般都是以大量试验数据为基础,经回归分析确定其承载力的经验计算公式。

当空心球直径为 120~900mm 时,其受压、受拉承载力设计值可分别按下列公式计算:

$$N_{\mathrm{R}} = \eta_0 \left(0.29 + 0.54 \frac{d}{D} \right) \pi t d f \tag{5-45}$$

式中　η_0——大直径空心球节点承载力调整系数,当空心球直径小于等于 500mm 时,
$\eta_0 = 1.0$,当空心球直径大于 500mm 时,$\eta_0 = 0.9$;

　　　　D——空心球外径(mm);

　　　　t——空心球壁厚(mm);

　　　　d——与空心球相连的主钢管杆件的外径(mm);

　　　　f——钢材的抗拉强度设计值($\mathrm{N/mm^2}$)。

对加肋空心球,当网架杆件(仅承受轴力)轴力方向和加肋方向一致时,其承载力可乘以加肋空心球承载力提高系数 η_{d},η_{d} 取值为:受压球 $\eta_{\mathrm{d}} = 1.4$;受拉球 $\eta_{\mathrm{d}} = 1.1$。

4. 焊接空心球节点的构造

焊接空心球节点的设计及钢管杆件与空心球的连接应符合下列构造要求:

(1)网架空心球的外径与壁厚之比宜取 25~45;空心球壁厚与主钢管壁厚之比宜取 1.5~2.0;空心球壁厚不宜小于 4mm。

(2)当空心球外径大于 300mm,且杆件内力较大需要提高承载能力时,可在球内加肋;当空心球外径大于或等于 500mm,应在球内加肋。

肋板必须设在轴力最大杆件的轴线平面内,且其厚度不应小于球壁的厚度。

对于受力较大的特殊节点,应根据各主要杆件在空心球节点的连接情况,验算肋板平面外空心球节点的承载能力。

(3)不加肋空心球和加肋空心球的成型对接焊接,应分别满足图 5-48 和图 5-49 的要求。加肋空心球的肋板可用平台或凸台,采用凸台时,凸台高度不得大于 1mm。

(4)钢管杆件与空心球连接,钢管应开坡口(从工艺要求考虑钢管壁厚大于 6mm 的必须开坡口),在钢管与空心球之间应留有一定缝隙并予以焊透,焊缝质量应达到 Ⅱ 级要求,以实现焊缝与钢管等强。

否则,应按角焊缝计算,此时,按与杆件截面等强的条件可计算所需角焊缝焊脚尺寸 h_{f}:

$$h_f \geqslant \frac{A_{\mathrm{st}} f}{0.7 \pi d f_{\mathrm{f}}^{\mathrm{w}}} \tag{5-46}$$

式中　A_{st}——被连接圆钢管杆件的截面面积($\mathrm{mm^2}$);

　　　　f——杆件所用钢材的强度设计值($\mathrm{N/mm^2}$);

　　　　d——被连接圆钢管杆件的外直径(mm);

　　　　$f_{\mathrm{f}}^{\mathrm{w}}$——角焊缝的强度设计值($\mathrm{N/mm^2}$)。

角焊缝焊脚尺寸 h_{f} 还应符合下列规定:

① 当钢管壁厚 $t_{\mathrm{c}} \leqslant 4\mathrm{mm}$ 时,$1.5 t_{\mathrm{c}} \geqslant h_{\mathrm{f}} > t_{\mathrm{c}}$。

② 当 $t_{\mathrm{c}} > 4\mathrm{mm}$ 时,$1.2 t_{\mathrm{c}} \geqslant h_{\mathrm{f}} > t_{\mathrm{c}}$。

根据大量工程实践的经验,钢管端部加套管是保证焊缝质量、方便拼装的好办法,因而,钢管端头可加套管与空心球焊接(图 5-52)。套管壁厚不应小于 3mm,长度可为 30~50mm。

256

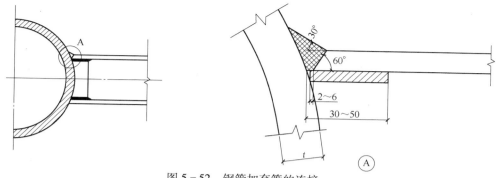

图 5-52　钢管加套管的连接

（5）当空心球直径过大且连接杆件又较多时,为了减小空心球节点直径,允许部分腹杆与腹杆或腹杆与弦杆相汇交,但应符合下列构造要求:

① 所有汇交杆件的轴线必须通过球中心线。

② 汇交两杆中,截面积大的杆件必须全截面焊在球上(当两杆截面积相等时,取受拉杆),另一杆坡口焊在相汇交杆上,但应保证有 3/4 截面焊在球上,并应按图 5-53 设置加劲板。

③ 受力大的杆件,可按图 5-54 增设支托板。

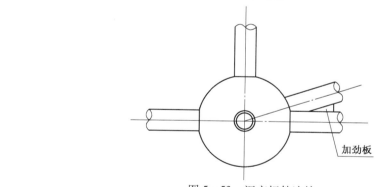

图 5-53　汇交杆件连接

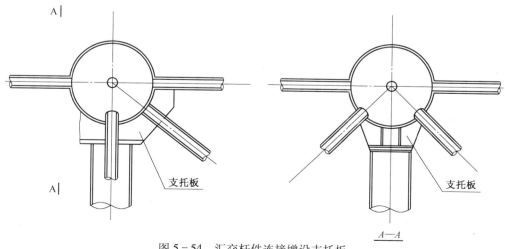

图 5-54　汇交杆件连接增设支托板

5.7.3 网架结构螺栓球节点

1. 螺栓球节点的组成、材料、特点

螺栓球节点是通过高强度螺栓将圆钢管杆件和钢球连接起来的一种节点形式（图5-55）。螺栓球一般由钢球、高强度螺栓、套筒、紧固螺钉（或销子）和锥头或封板等零件组成，这些零件的材料可按表5-8的规定采用，并应符合相应标准技术条件的要求。产品质量应符合现行行业标准《钢网架螺栓球节点》JG/T 10的规定。

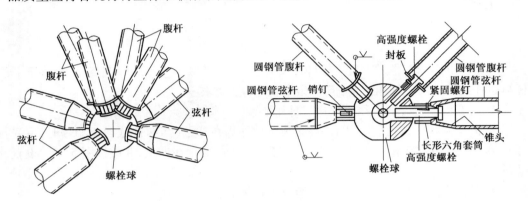

图5-55 螺栓球节点

表5-8 螺栓球节点零件材料

零件名称	推荐材料	材料标准编号	备 注
钢球	45号钢	《优质碳素结构钢》GB/T 699	毛坯钢球锻造成型
高强度螺栓	20MnTiB，40Cr,35CrMo	《合金结构钢》GB/T 3077	规格 M12~M24
	35VB,40Cr，35CrMo		规格 M27~M36
	35CrMo,40Cr		规格 M39~M64×4
套筒	Q235B	《碳素结构钢》GB/T 700	套筒内孔径为13~34mm
	Q345	《低合金高强度结构钢》GB/T 1591	套筒内孔径为37~65mm
	45号钢	《优质碳素结构钢》GB/T 699	
紧固螺钉	20MnTiB	《合金结构钢》GB/T 3077	螺钉直径宜尽量小
	40Cr		
锥头或封板	Q235B	《碳素结构钢》GB/T 700	钢号宜与杆件一致
	Q345	《低合金高强度结构钢》GB/T 1591	

螺栓球节点的优点是：节点小，重量轻；适应性强；杆件连接不会产生偏心；没有现场焊接作业；运输、安装方便。螺栓球节点用钢量一般约占网架杆件重量的10%。可用于任何形式的网架，特别适用于四角锥或三角锥体系的网架。这种节点安装极为方便，没有现场焊接作业，可拆卸。可以根据网架具体情况采用散装、分条拼装和整体拼装等安装方法。

258

螺栓球节点的缺点是:球体加工复杂,零部件多,加工精度高,价格贵,所需钢号不一,工序复杂。

2. 螺栓球节点的连接构造及受力特点

1) 连接构造

螺栓球节点的连接构造原理见图5-56,先将置有高强度螺栓的锥头或封板焊在钢管杆件两端,在伸出锥头或封板的螺杆上套上带有紧固螺钉孔的六角套筒(又称无纹螺母),拧入紧固螺钉使其端部进入位于高强度螺栓无螺纹段上的滑槽内。拼装时,拧转套筒,通过紧固螺钉带动高强度螺栓转动,使螺栓旋入钢球体。在拧紧过程中,紧固螺钉沿螺栓上的滑槽移动,当高强度螺栓紧至设计位置时,紧固螺钉也到达滑槽端头的深槽,将螺钉旋入深槽固定,就完成了拼装过程。

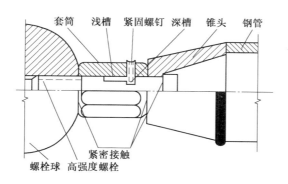

图5-56 螺栓球节点连接构造

2) 受力特点

当杆件受压时,压力由零件之间接触面传递,螺栓不受力。

当杆件受拉时,拉力由螺栓传给钢球,此时套筒不受力。

3. 螺栓球节点的设计

1) 钢球尺寸

钢球受力状态十分复杂,对其强度分析目前尚无实用方法,可按节点构造确定钢球直径。钢球大小取决于相邻杆件的夹角、螺栓的直径和螺栓伸入球体的长度等因素。

由图5-57所示的几何关系 $OE^2 = OC^2 + CE^2$,$OE = D/2$,$CE = \eta d_1/2$,$OC = \dfrac{\eta d_2}{2}\cot\theta + \dfrac{\eta d_2}{2}\dfrac{1}{\sin\theta}$,可导出使球体内螺栓不相碰的最小钢球直径 D 为

$$D \geqslant \sqrt{\left(\frac{d_2}{\sin\theta} + d_1\cot\theta + 2\xi d_1\right)^2 + \eta^2 d_1^2} \qquad (5-47)$$

由图5-58所示的几何关系 $OB^2 = AB^2 + OA^2$,$OB = D/2$,$AB = \eta d_1/2$,$OA = \dfrac{\eta d_1}{2}\cot\theta + \dfrac{\eta d_2}{2}\dfrac{1}{\sin\theta}$,可导出满足套筒截面要求的钢管直径 D

259

$$D \geqslant \sqrt{\left(\frac{\eta d_2}{\sin\theta} + \eta d_1 \cot\theta\right)^2 + \eta^2 d_1^2} \qquad (5-48)$$

式中　D——钢球直径(mm)；

　　　θ——两个螺栓之间的最小夹角(rad)；

　　　d_1,d_2——螺栓直径(mm)，$d_1 > d_2$；

　　　ξ——螺栓伸入钢球长度与螺栓直径的比值，一般取 $\xi = 1.1$；

　　　η——套筒外接圆直径与螺栓直径的比例，一般取 $\eta = 1.8$。

钢管直径取式(5-47)及式(5-48)中的较大值。

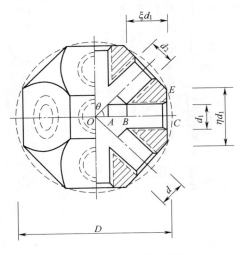
图 5-57　钢球的参数

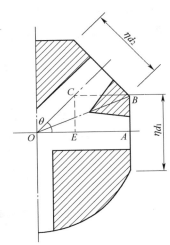
图 5-58　钢球的切削面

当相邻两杆夹角 $\theta < 30°$ 减肥，还要保证相邻两根杆件(管段为封板)不相碰，由图 5-59 中的几何关系 $OA = \sqrt{OB^2 + AB^2}$，$OA = \frac{D}{2} + \sqrt{S^2 + \left(\frac{D_1 - \eta d_1}{2}\right)^2}$，$AB = D_1/2$，$OB = \frac{D_2}{2\sin\theta} + (D_1/2)\cot\theta$，可导出钢球直径 D 还需满足下式要求：

$$D \geqslant \sqrt{\left(\frac{D_2}{\sin\theta} + D_1 \cot\theta\right)^2 + D_1^2} - \sqrt{4S^2 + (D_1 - \eta d_1)^2} \qquad (5-49)$$

式中　D_1, D_2——相邻两根杆件的外径，$D_1 > D_2$；

　　　θ——相邻两根杆件的夹角；

　　　d_1——相应于 D_1 杆件所配螺栓直径；

　　　η——套筒外接圆直径与螺栓直径之比；

　　　S——套筒长度。

2）高强度螺栓

高强度螺栓(图 5-60)的性能等级应按规格分别选用。对于 M12~M36 的高强度螺栓，其强度等级应按 10.9 级选用；对于 M39~M64 的高强度螺栓，其强度等级应按 9.8 级选用。螺栓的形式与尺寸应符合现行国家标准《钢网架螺栓球节点用高强度螺栓》GB/T 16939 的要求。

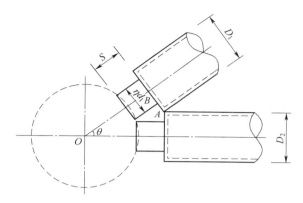

图 5－59　带封板管件的几何关系

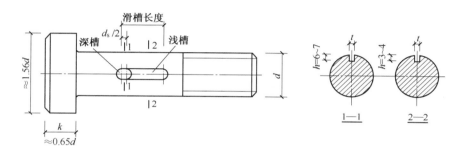

图 5－60　高强度螺栓

选用高强度螺栓的直径应由杆件内力确定,每个高强度螺栓的受拉承载力设计值应按下式计算:

$$N_t^b = A_{eff}f_t^b \tag{5-50}$$

式中　f_t^b——高强度螺栓经热处理后的抗拉强度设计值,对 10.9 级,取 430N/mm^2,对 9.8 级,取 385N/mm^2;

　　　A_{eff}——高强度螺栓的有效截面积,可按表 5－9 选取,当螺栓上钻有键槽或钻孔时,A_{eff}值取螺纹处或键槽、钻孔处二者中的较小值。

高强度螺栓上的滑槽应设在无螺纹的光杆处,浅槽深度一般为 3~4 mm,深槽深度一般为 6~7 mm,滑槽处的有效截面面积为:

$$A_{eff} = \frac{\pi d^2}{4} - th \tag{5-51}$$

表 5－9　常用高强度螺栓在螺纹处的有效截面面积 A_{eff} 和承载力设计值 N_t^b

性能等级	规格 d	螺距 p/mm	A_{eff}/mm^2	N_t^b/kN
10.9 级	M12	1.75	84	36.1
	M14	2	115	49.5
	M16	2	157	67.5
	M20	2.5	245	105.3
	M22	2.5	303	130.5

261

性能等级	规格 d	螺距 p/mm	A_{eff}/mm^2	N_t^b/kN
10.9 级	M24	3	353	151.5
	M27	3	459	197.5
	M30	3.5	561	241.2
	M33	3.5	694	298.4
	M36	4	817	351.3
9.8 级	M39	4	976	375.6
	M42	4.5	1120	431.5
	M45	4.5	1310	502.8
	M48	5	1470	567.1
	M52	5	1760	676.7
	M56×4	4	2144	825.4
	M60×4	4	2485	956.6
	M64×4	4	2851	1097.6
注:螺栓在螺纹处的有效截面面积 $A_{eff}=\pi(d-0.9382p)^2/4$				

受压杆件端部通过套筒传递压力,此时高强度螺栓只起连接作用,因此可按其内力设计值绝对值求得螺栓直径计算值后,按表 5-9 的螺栓直径系列减少 1~3 个级差,但必须保证套筒具有足够的抗压承载力。

3) 套筒

套筒(即六角形无纹螺母)的作用是拧紧高强度螺栓,承受钢管杆件传来的压力。

套筒的外形尺寸(图 5-61)应符合扳手开口尺寸系列,端部要求平整,内孔径可比高强度螺栓直径大 1 mm。套筒可按现行国家标准《钢网架螺栓球节点用高强度螺栓》GB/T 16939 的规定与高强度螺栓配套采用。

对于开设滑槽的套筒应验算套筒端部到滑槽端部的距离,应使该处有效截面的抗剪力不低于紧固螺钉的抗剪力,且不小于 1.5 倍滑槽宽度。

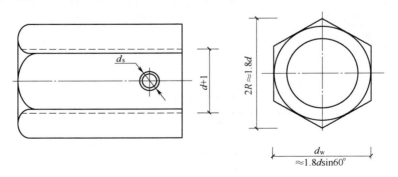

图 5-61　套筒(六角形无纹螺母)

对于受压杆件的套筒,应根据其传递的最大压力值验算其抗压承载力和端部有效截面的局部承压力。

（1）套筒净截面抗压承载力验算：

$$N \leqslant A_n \cdot f \qquad (5-52)$$

式中　f——套筒所用钢材的抗压强度设计值；

$\quad\quad N$——圆钢管杆件传来的轴心压力设计值；

$\quad\quad A_n$——套筒在紧固螺钉孔处的净截面面积。

A_n 可按下式计算，即

$$A_n = \left[\frac{3\sqrt{3}}{2}R^2 - \frac{\pi(d+1)^2}{4} \right] - \left[\frac{\sqrt{3}}{2}R - \frac{(d+1)}{2} \right] d_s \qquad (5-53)$$

式中　R——套筒的外接圆半径，可取 $R \approx 0.9d$；

$\quad\quad d$——高强度螺栓的直径；

$\quad\quad d_s$——紧固螺钉的直径。

（2）套筒端部有效截面局部抗压承载力验算：

$$N \leqslant A_{ce} \cdot f_{ce} \qquad (5-54)$$

式中　f_{ce}——套筒所用钢材的端面承压强度设计值；

$\quad\quad A_{ce}$——套筒端部的实际承压面积。

A_{ce} 可按下式计算，即

$$A_{ce} = \frac{\pi}{4} \left[d_w^2 - (d+1)^2 \right] \qquad (5-55)$$

式中　d_w——套筒外圆直径。

如图 5-62 所示，套筒长度 l_s（mm）和螺栓长度 l（mm）可按下列公式计算：

$$l_s = m + B + n \qquad (5-56)$$

$$l = \xi d + l_s + h \qquad (5-57)$$

式中　B——滑槽长度（mm），$B = \xi d - K$；

$\quad\quad \xi d$——螺栓伸入钢球长度（mm），d 为螺栓直径，ξ 一般取 1.1；

$\quad\quad m$——滑槽端部紧固螺钉中心到套筒端部的距离（mm）；

$\quad\quad n$——滑槽顶部紧固螺钉中心至套筒顶部的距离（mm）；

$\quad\quad h$——锥头底板厚度或封板厚度（mm）。

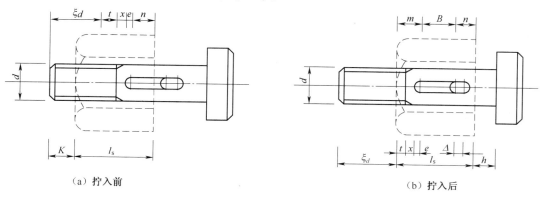

图 5-62　套筒长度及螺栓长度

t—螺纹根部到滑槽附加余量，取 2 个丝扣；x—螺纹收尾长度；e—紧固螺钉的半径；

Δ—滑槽预留量，一般取 4mm；K—螺栓露出套筒距离（mm），预留 4~5mm，但不应少于 2 个丝扣。

4）紧固螺钉

紧固螺钉的作用是:在扳手拧转套筒时带动高强度螺栓旋转,在拧紧高强度螺栓时,紧固螺钉承受剪力;当高强度螺栓拧至设计所要求的深度时,紧固螺钉到达螺栓的滑槽端部的深槽,将紧固螺钉旋入深槽,加以固定,防止套筒松动。

紧固螺钉(图5-63)宜采用高强度钢材制成,并经热处理,其直径一般可取高强度螺栓直径0.16~0.18倍,且不宜小于3mm。紧固螺钉规格可采用M5~M10。

紧固螺钉中的尺寸L和Z应根据套筒的厚度和高强度螺栓杆上的浅槽深度、深槽深度及其构造要求来确定。

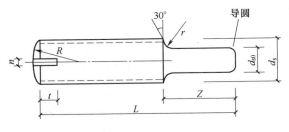

图5-63 紧固螺钉

5）锥头和封板

杆件端部应采用锥头(图5-64(a))或封板连接(图5-64(b)),其连接焊接的承载力应不低于接钢管等,焊缝底部宽度b可根据连接钢管壁厚取2~5mm(图5-64)。

一般当杆件管径较大(≥76mm)时宜采用锥头连接,锥头底板外径宜较套筒外接圆直径大1~2mm,锥头底板内平台直径宜比螺栓头直径大2mm,锥头倾角应小于40°。

锥头任何截面的承载力应不低于连接钢管,封板厚度应按实际受力大小计算确定,封板及锥头底板厚度不应小于表5-10中数值。

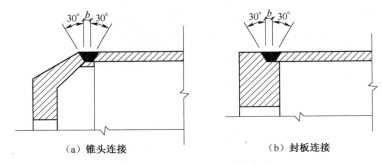

（a）锥头连接　　　　　　　　（b）封板连接

图5-64 杆件端部连接焊缝

表5-10 封板及锥头底板厚度

高强度螺栓规格	封板/锥头底厚/mm	高强度螺栓规格	锥头底厚/mm
M12、M14	12	M36~M42	30
M16	14	M45~M52	35
M20~M24	16	M56×4~M60×4	40
M27~M33	20	M64×4	45

5.7.4 网架结构支座节点

网架结构的支座节点必须具有足够的强度和刚度,在荷载作用下不应先于杆件和其他节点而破坏,也不应产生不可忽略的变形。支座节点构造形式应传力可靠、连接简单,并应符合计算假定。

设计网架结构的支座节点时,应根据网架的类型、跨度的大小、作用荷载情况、网架杆件截面形状及加工制造方法和施工安装方法等,选用适当形式的支座。

网架结构的支座节点根据其主要受力特点,主要分为:压力支座节点,拉力支座节点,可滑移与转动的弹性支座节点,兼受轴力、弯矩和剪力的刚性支座节点。

1. 常用支座节点形式

1) 压力支座节点

在网架结构中这类支座节点较多,它主要传递支点反力,其构造比较简单。常见压力支座节点一般有下列几种常见的形式:

(1) 平板压力支座节点

图 5-65(a)、(b)分别为钢板节点与空心球节点的平板压力支座的构造形式。这种节点由十字形节点板和一块底板组成,构造简单、加式方便、用钢量省。但其支承板下的摩擦力较大,支座不能转动或移动,支承板下的应力分布也不均匀,和计算假定相差较大,一般可用于中、小跨度的网架结构。

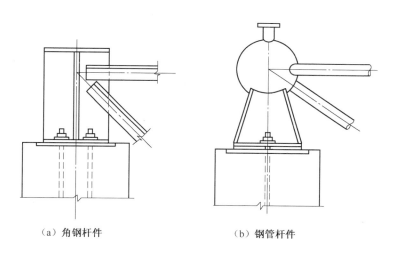

(a) 角钢杆件   (b) 钢管杆件

图 5-65 平板压力支座节点

(2) 单面弧形压力支座节点

单面弧形压力支座节点(图 5-66)的构造与平板压力支座相似,是平板压力支座的改进形式。它在支座板与支承板之间加一弧形支座垫板,使之能转动。弧形垫板一般用铸钢或厚钢板加工而成,从而使支座可以产生微量转动,支承垫板下的反力比较均匀,但摩擦力仍较大。为使支座转动灵活,可将两个螺栓放在弧形支座的中心线上。当支座反力较大时,为了不影响支座的转动,可在置于支座四角的螺栓上部加设弹簧,弹簧的作用是当支座在弧面上转动时进行调节。为保证支座能有微量转动,网架支座上部支承板的螺栓孔应做成椭圆孔或大圆孔。单面弧形压力支座节点可用于要求沿单面方向转动的大、中跨度网架结构。

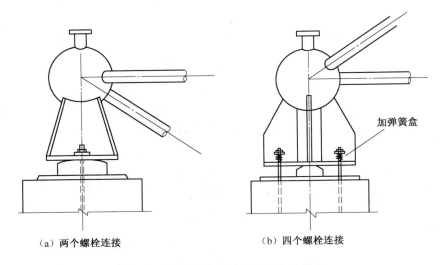

（a）两个螺栓连接   （b）四个螺栓连接

图 5－66　单面弧形压力支座节点

（3）双面弧形压力支座节点

当网架的跨度较大,温度应力影响显著,而且支座处的约束又比较强时,以上两种支座节点往往不能满足要求。这时应选择一种既能自由伸缩又能自由转动的支座节点。双面弧形压力支座节点(图 5－67)基本上能满足这种要求。

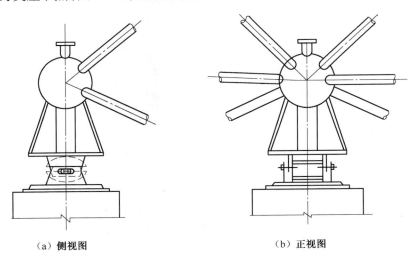

（a）侧视图   （b）正视图

图 5－67　双面弧形压力支座节点

双面弧形压力支座节点又称为摇摆支座节点,它是在支座板与柱顶之间设一块上、下均为弧形的铸钢件,在铸钢件两侧设有从支座板与柱顶板上分别焊出带有椭圆孔的梯形钢板,以螺栓将这三者联系在一起。这样,在正常温度变化下,支座可沿铸钢件的两个弧面做一定的转动和移动。

266

面弧形压力支座节点适用于温度应力变化较大且下部支承结构刚度较大的大跨度空间网格结构。但其构造较复杂,加工麻烦,造价较高,而且只能在一个方向转动。

（4）球铰压力支座节点

对于跨度较大或带悬伸的多点支承的网架,为满足支座能在两个方向做微量转动而不产生线位移和弯矩的要求,宜采用球铰压力支座节点（图 5-68）。这种支座节点的构造特点,是以一个凸出的实心半球嵌合在一个凹进的半球内,在任何方向都能转动,而不产生弯矩,并在 x、y、z 三个方向都不会产生线位移,比较符合不动球铰支座的计算假定。为防止地震作用或其他水平力的影响使凹球与凸球脱离,支座四周应以锚栓固定,并应在螺母下放置压力弹簧,以保证支座的自由转动而不受锚栓的约束影响。在构造上凸球面的曲率半径应较凹球面的曲率半径小一些,以便接触面呈点接触,利于支座的自由转动。这种节点适用于有抗震要求、多点支承的大跨度网架结构。

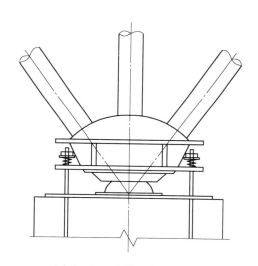

图 5-68　球铰压力支座节点

2）拉力支座节点

有些周边支承的网架,如斜放四角锥网架、两向正交斜放网架,在角隅处的支座上往往产生拉力,故应根据承受拉力的特点设计成拉力支座。在拉力支座节点中,一般都是利用锚栓来承受拉力,锚栓的位置应尽可能靠近节点的中心线,锚栓的净面积可根据支座拉力的大小计算。此时,锚栓应有足够的锚固深度,且锚栓应设置双螺母,并应将锚栓上的垫板焊于相应的支座底板上。常见拉力支座节点一般有下列三种形式:

（1）平板拉力支座节点

对于较小跨度的网架,支座拉力较小,可采用与平板压力支座相同的构造,利用连接支座与支承板的锚栓来承受拉力。平板拉力支座节点（同图 5-65）的构造比较简单,可用于较小跨度的网架结构。

（2）单面弧形拉力支座节点

弧形拉力支座（图 5-69）的构造与弧形压力支座节点相似。支承平面做成弧形,以利于转动。为了更好地将拉力传递到支座上,在承受拉力的锚栓附近的节点板应加肋以增强节点刚度。为了转动方便,最好高尔夫球螺栓布置在（或尽量靠近在）节点中心位置。单面弧形拉力支座节点适用于要求沿单方向转动的中、小跨度网架结构。

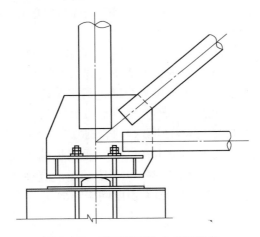

图 5-69　单面弧形拉力支座节点

（3）球铰拉力支座节点

与球铰压力支座节点类似的构造可做成球铰拉力支座节点（图 5-70），它适用于多点支承的大跨度空间网格结构。

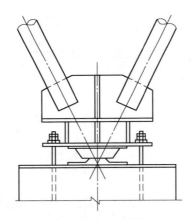

图 5-70　球铰拉力支座节点

3）可滑动铰支座节点

如图 5-71 所示，不锈钢板或聚四氟乙烯垫板的表面比较光滑，摩擦系数小，可使支座节点产生一定的线位移。支座底板上应开设相应的椭圆形长孔，以适应支座的水平位移。可滑动铰支座节点适用于中、小跨度的网架结构。

4）板式橡胶支座节点

板式橡胶支座（图 5-72）是在支座底板与支承面顶板或过渡钢板间加设橡胶垫板而实现的一种支座节点。由于橡胶垫板具有良好的弹性和较大的剪切变位能力，因而支座既可微量转动又可在水平方向产生一定的弹性变位。因而，板式橡胶支座是一种可滑移与转动的弹性支座节点。

为防止橡胶垫板产生过大的水平变位，可将支座底板与支承面顶板或过渡钢板加工

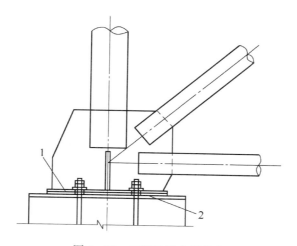

图 5－71　可滑动铰支座节点

1—不锈钢板或聚四氟乙烯垫板;2—支座底板开设椭圆形长孔。

成"盆"形,或在节点周边设置其他限位装置(可在橡胶垫板外围设图 5－72 所示钢板或角钢构成的方框,橡胶垫板与方框间应留有足够空隙)。

支座底板与支承面顶板或过渡钢板由贯穿橡胶垫板的锚栓连接成整体。锚栓的螺母下也应设置压力弹簧以适应支座的转动。支座底板与橡胶垫板上应开设相应的圆形或椭圆形锚孔,以适应支座的水平变位。

板式橡胶支座节点适用于支座反力较大、有抗震要求、温度影响、水平位移较大与有转动要求的大、中跨度空间网格结构。

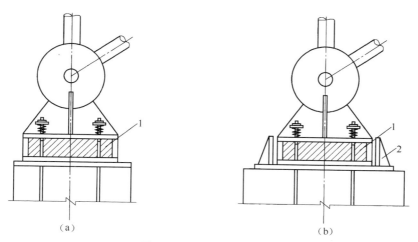

（a）　　　　　　　　　　（b）

图 5－72　板式橡胶支座节点

1—橡胶垫板;2—限位件。

5）刚接支座节点

刚接支座节点应能可靠地传递轴向力、弯矩与剪力,因此这种支座节点除本身应具有足够刚度外,支座的下部支承结构往往也需要具有较大刚度,使下部结构在支座反力作用下所产生的位移和转动都能控制在设计允许范围内。

图 5‑73 所示的空心球节点刚接支座,它是将刚度较大的支座节点板直接焊于支承顶面的预埋钢板上,并将十字节点板与节点球体焊成整体,利用焊缝传力。支座节点竖向支承板厚度应大于焊接空心球节点球壁厚度 2mm,球体置入深度应大于 2/3 球径。锚栓设计时应考虑支座节点弯矩的影响。

刚接支座节点适用于中、小跨度网架结构中承受轴力、弯矩和剪力的支座节点。

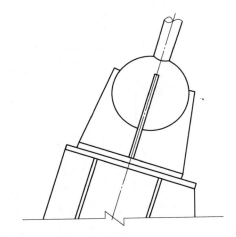

图 5‑73　刚接支座节点

2. 网架支座节点的构造要求

支座节点的设计与构造应符合下列规定:

(1)支座竖向支承板中心线应与竖向反力作用线一致,并与支座节点连接的杆件汇交于节点中心。

(2)支座球节点底部至支座底板间的距离满足支座斜腹杆与柱或边梁不相碰的要求(图 5‑74)。

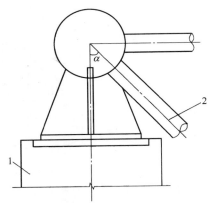

图 5‑74　支座球节点底部与支座底板间的构造高度
1—柱;2—支座斜腹杆。

(3)支座竖向支承板应保证其自由边不发生侧向屈曲,其厚度不宜小于 10mm;对于拉力支座节点,支座竖向支承板的最小截面面积及连接焊缝应满足强度要求。

(4)支座节点底板的净面积应满足支承结构材料的局部受压要求,其厚度应满足底板在支座竖向反力作用下的抗弯要求,且不宜小于 12mm。

（5）支座节点底板的锚孔孔径应比锚栓直径大 10mm 以上,并应考虑适应支座节点水平位移的要求。

（6）支座节点锚栓按构造要求设置时,其直径可取 20~25mm,数量可取 2~4 个;受拉支座的锚栓应经计算确定,锚栓长度不应小于 25 倍锚栓直径,并应设置双螺母。

（7）当支座底板与基础面摩擦力小于支座底部的水平反力时应设置抗剪键,不得利用锚栓传递剪力(图 5-75)。

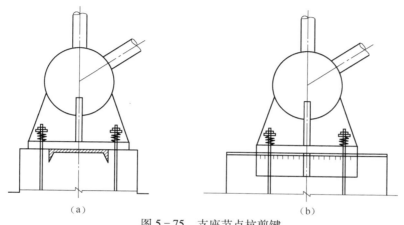

（a）   （b）

图 5-75   支座节点抗剪键

（8）支座节点竖向支承板与螺栓球节点焊接时,应将螺栓球体预热至 150~200℃,以小直径焊条分层、对称施焊,并应保温缓慢冷却。

（9）弧形支座板的材料宜用铸铁,单面弧形支座板也可用厚钢板加工而成。板式橡胶支座应采用由多层橡胶片与薄钢板相间黏合而成的橡胶垫板。

（10）压力支座节点中可增设与埋头螺栓相连的过渡钢板,并应于支座预埋钢板焊接(图 5-76)。

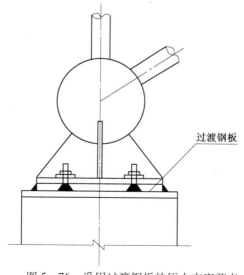

过渡钢板

图 5-76   采用过渡钢板的压力支座节点

3. 板式橡胶支座设计

1) 板式橡胶支座概述

板式橡胶支座是由多层橡胶片和薄钢板黏合硫化而成。它除了能将上部网架结构的垂直集中压力传递给下部支承结构外,还能适应网架所产生的切向、法向方向水平位移和转角,达到有效地减小网架的温度应力和网架对下部支承结构的水平推力的目的。

此外,这类支座节点还具有一定的隔震效果,有利于网架结构抗震。板式橡胶支座在我国空间网格结构中已得到普遍应用,效果良好。

2) 胶料和橡胶垫板的性能

橡胶垫板由氯丁橡胶或天然橡胶制成,胶料和制成的橡胶垫板的物理性能和力学性能应符合表 5-11~表 5-13 的要求。

表 5-11　胶料的物理性能

胶料类型	硬度（邵氏）	扯断力 /MPa	伸长率 /%	300%定伸强度/MPa	扯断永久变形 /%	适用温度/℃（不低于）
氯丁橡胶	60±5	≥18.63	≥4.50	≥7.84	≤25	-25℃
天然橡胶	60±5	≥18.63	≥5.00	≥8.82	≤20	-40℃

表 5-12　橡胶垫板的力学性能

允许抗压强度 $[\sigma]$/MPa	极限破坏强度 /MPa	抗压弹性模量 E/MPa	抗剪弹性模量 G/MPa	摩擦系数 μ
7.84~9.80	>58.82	由支座形状系数 β 按表 5-13 查得	0.98~1.47	0.2(与钢) 0.3(与混凝土)

表 5-13　$E-\beta$ 关系

β	4	5	6	7	8	9	10	11	12
E/MPa	196	265	333	412	490	579	657	745	843
β	13	14	15	16	17	18	19	20	
E/MPa	932	1040	1157	1285	1422	1559	1706	1863	

注:支座形状系数 $\beta=\dfrac{ab}{2(a+b)d_i}$,$a$、$b$ 分别为支座短边及长边长度(m),d_i 为中间橡胶层厚度(m)

3) 橡胶板式节点的计算

橡胶板式节点的设计计算内容有以下几项。

(1) 确定橡胶垫板的平面尺寸

橡胶垫板的底面积 A 可根据承压条件按下式计算,即

$$A \geqslant R_{max}/[\sigma] \tag{5-58}$$

式中　A——垫板承压面积,$A=a \cdot b$;

　　　a,b——橡胶垫板短边与长边的边长;

　　　R_{max}——荷载标准值在支座引起的反力;

　　　$[\sigma]$——橡胶垫板的允许抗压强度,按表 5-12 采用。

（2）确定橡胶垫板的厚度

橡胶垫板厚度应根据橡胶层厚度与中间各层钢板厚度确定（图5-77）。橡胶层厚度可由上、下表层及各钢板间的橡胶片厚度之和确定，即

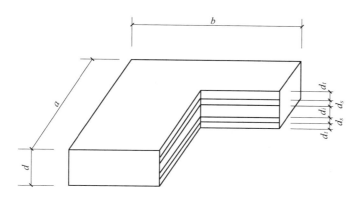

图5-77 橡胶垫板构造

$$d_0 = 2d_t + nd_i \qquad (5-59)$$

式中 d_0——橡胶层厚度；

d_t, d_i——上下表层及中间各层橡胶片厚度；

n——中间橡胶片的层数。

网架的水平位移是通过橡胶层的剪切变位来实现的，设网架支座最大水平位移为 u，则不应超过橡胶层的容许剪切容位 $[u]$，即

$$u \leqslant [u] \qquad (5-60)$$

式中 $[u]$——d×$[\tan \alpha]$，其中$[\tan \alpha]$为板式橡胶支座容许剪切角正切值，一般取值为0.7。

若橡胶层总厚度太大，易引起失稳，因此规定橡胶层总厚度应不大于法向边长 a 的0.2倍。

所以橡胶层的总厚度可根据其剪切变位条件及橡胶层总厚度控制条件来确定，即

$$1.43u \leqslant d_0 \leqslant 0.2a \qquad (5-61)$$

式中 u——由于温度变化等原因在网架支座处引起的最大水平位移值。

橡胶层总厚度 d_0 确定后，加上各胶片之间钢板厚度之和，即可得橡胶垫板总厚度 d。

（3）验算橡胶垫板的压缩变形

上、下表面橡胶片厚度宜采用2.5mm，中间橡胶片常用厚度宜取5mm、8mm、11mm，钢板厚度宜取2~3mm。

橡胶垫板的弹性模量较低，因此其变形值不宜过大。支座节点的转动是通过橡胶垫板产生的不均匀压缩变形来实现的。设内、外侧变形分别为 w_1、w_2，则其平均变形为

$$w_m = (w_1 + w_2)/2 = \sigma_m d_0/E \qquad (5-62)$$

式中 σ_m——平均压应力，$\sigma_m = R_{max}/A$；

E——橡胶垫板的抗压弹性模量，可由表5-13确定。

支座转角为

$$\theta = (w_1 - w_2)/a \tag{5-63}$$

由式(5-62)和式(5-63),得最大竖向位移值为

$$w_2 = w_m - \theta a/2 \tag{5-64}$$

当$w_2 < 0$时,表明支座后端局部脱空而前端局部承压,这是不允许的,为此必须使$w_2 \geq 0$,即

$$w_m \geq \theta a/2 \tag{5-65}$$

同时,为避免橡胶支座产生过大的竖向压缩变形,应使$w_m \leq 0.05d_0$。故橡胶垫板的平均压缩变形应满足

$$0.05d_0 \geq w_m \geq \theta a/2 \tag{5-66}$$

式中 θ——结构在支座处的最大转角(rad)。

（4）橡胶垫板的抗滑移验算

橡胶垫板因水平变形u产生的水平力将依靠接触面上的摩擦力平衡。为保证橡胶支座在水平力作用下不产生滑移,应按下式进行抗滑移验算:

$$\mu R_g \geq GAu/d_0 \tag{5-67}$$

式中 μ——橡胶垫板与混凝土或钢板间的摩擦系数,按表5-12采用;

R_g——乘以荷载分项系数0.9的永久荷载标准值引起的支座反力;

G——橡胶垫板的抗剪弹性模量,按表5-12采用。

4）橡胶垫板的构造要求

（1）对气温不低于-25℃地区,可采用氯丁橡胶垫板。对气温不低于-30℃地区,可采用耐寒氯丁橡胶垫板;对气温不低于-40℃地区,可采用天然橡胶垫板。

（2）为便于支座转动,橡胶垫板的长边应顺网架支座切线方向放置,橡胶垫板与支柱或基座的钢板或混凝土之间可采用502胶等胶黏剂黏结固定。

（3）橡胶垫板上的锚栓孔直径应大于锚栓直径10~20mm,并应与支座可能产生的水平位移相适应。

（4）橡胶垫板外宜设限位装置,防止发生超限位移。

（5）设计时宜考虑长期使用后因橡胶老化而需更换的条件,在橡胶垫板四周可涂以防止老化的酚醛树脂,并黏结泡沫塑料。

（6）橡胶垫板在安装、使用过程中,应避免与油脂等油类物质以及其他对橡胶有害的物质的接触。

5）橡胶垫板的弹性刚度计算

（1）分析计算时应把橡胶垫板看做一个弹性元件,其竖向刚度K_{z0}和两个水平方向的侧向刚度K_{n0}、K_{s0}分别可取为

$$K_{z0} = \frac{EA}{d_0}, K_{n0} = K_{s0} = \frac{GA}{d_0} \tag{5-68}$$

（2）当橡胶垫板搁置在网架支承结构上,应计算橡胶垫板与支承结构的组合刚度。如支承结构为独立柱时,悬臂独立柱的竖向刚度K_{zl}和两个水平方向的侧向刚度K_{nl}、K_{sl}应分别为

$$K_{zl} = \frac{E_l A_l}{l}, K_{nl} = \frac{3E_l I_{nl}}{l^3}, K_{sl} = \frac{3E_l I_{sl}}{l^3} \tag{5-69}$$

式中 E_l——支承柱的弹性模量；

I_{nl}、I_{sl}——支承柱截面两个方向的惯性矩；

l——支承柱的高度。

橡胶垫板与支承结构的组合刚度,可根据串联弹性元件的原理,分别求得相应的组合竖向与侧向刚度 K_z、K_n、K_s,即

$$K_z = \frac{K_{z0}K_{zl}}{K_{z0} + K_{zl}}, K_n = \frac{K_{n0}K_{nl}}{K_{n0} + K_{nl}}, K_s = \frac{K_{s0}K_{sl}}{K_{s0} + K_{sl}} \qquad (5-70)$$

5.8 网壳结构设计

5.8.1 网壳结构的分类和形式

网壳结构按照不同的标准有多种分类方法:按网壳本身的构造可分为单层网壳(图 5-78、图 5-80~图 5-83)、双层网壳(图 5-79)和局部双层网壳;按高斯曲率可分为正高斯曲率网壳(图 5-80、图 5-82)、负高斯曲率网壳(图 5-81)和零高斯曲率网壳(图 5-78、图 5-79);按建筑材料可分为钢网壳、铝网壳、木网壳、塑料网壳、钢筋混凝土网壳和组合网壳(如钢网壳与钢筋混凝土网壳共同作用的组合网壳),我国受木材资源少的限制,很少用木材制做网壳,用铝和塑料制作网壳的实例也较少,较多地采用钢网壳;按曲面外形可分为球面网壳(图 5-80)、柱面网壳(图 5-78)、双曲抛物面网壳(图 5-81)、椭圆抛物面网壳(图 5-82)及组合曲面网壳(图 5-83)等,工程中常用此法分类。

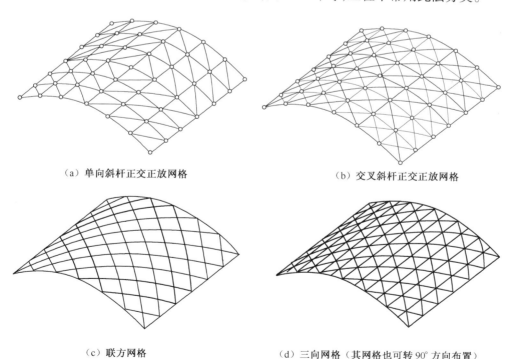

（a）单向斜杆正交正放网格　　　　　　　　（b）交叉斜杆正交正放网格

（c）联方网格　　　　　　　　（d）三向网格（其网格也可转 90° 方向布置）

图 5-78　单层柱面网壳

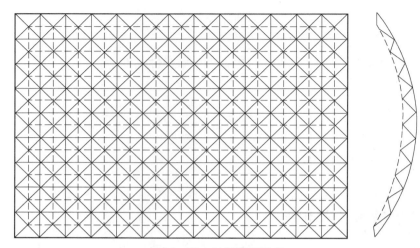

图 5-79 双层柱面网壳

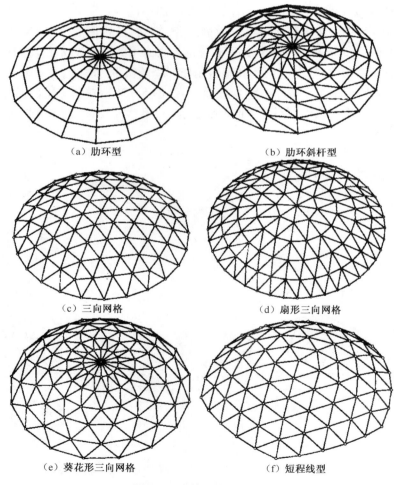

（a）肋环型

（b）肋环斜杆型

（c）三向网格

（d）扇形三向网格

（e）葵花形三向网格

（f）短程线型

图 5-80 单层球面网壳

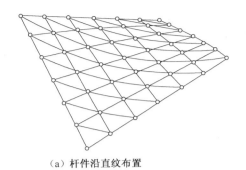
（a）杆件沿直纹布置

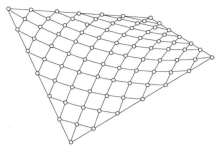
（b）杆件沿主曲率方向布置

图 5-81 单层双曲抛物面网壳

（a）三向网格

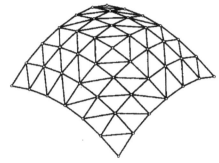
（b）单向斜杆正交正放网格

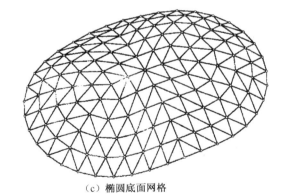
（c）椭圆底面网格

图 5-82 单层椭圆抛物面网壳

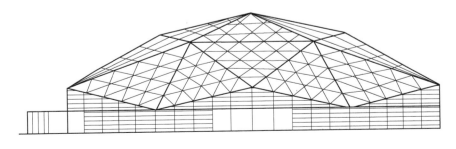
图 5-83 平板组合球面网壳

5.8.2 网壳结构设计的基本规定

根据国内外已有的工程经验,《空间网格结构技术规程》JGJ 7—2010 中对网壳结构设计的基本规定如下:

（1）球面网壳结构设计宜符合下列规定:

① 面网壳的矢跨比不宜小于 1/7。

② 双层球面网壳的厚度可取跨度(平面直径)的 1/30~1/60。

③ 单层球面网壳的跨度(平面直径)不宜大于 80m。

（2）圆柱面网壳结构设计宜符合下列规定:

① 两端边支承的圆柱面网壳,其宽度 B 与跨度 L 之比宜小于 1.0,壳体的矢高可取宽度 B 的 1/3~1/6。

② 沿两纵向边支承或四边支承的圆柱面网壳,壳体的矢高可取跨度 L(宽度 B)的 1/2~1/5。

③ 双层圆柱面网壳的厚度可取宽度 B 的 1/20~1/50。

④ 两端边支承的单层圆柱面网壳,其跨度 L 不宜大于 35m;沿两纵向边支承的单层圆柱面网壳,其跨度(此时为宽度 B)不宜大于 30m。

（3）双曲抛物面网壳结构设计宜符合下列规定:

① 双曲抛物面网壳底面的两对角线之比不宜大于 2。

② 单块双曲抛物面壳体的矢高可取跨度的 1/2~1/4(跨度为两个对角支承点之间的距离),四块组合双曲抛物面壳体每个方向的矢高可取相应跨度的 1/4~1/8。

③ 双层双曲抛物面网壳的厚度可取短向跨度的 1/20~1/50。

④ 单层双曲抛物面网壳跨度不宜大于 60m。

（4）椭圆抛物面网壳结构设计宜符合下列规定:

① 椭圆抛物面网壳底边两跨度之比不宜大于 1.5。

② 壳体每个方向的矢高可取短向跨度的 1/6~1/9。

③ 双层椭圆抛物面网壳的厚度可取短向跨度的 1/20~1/50。

④ 单层椭圆抛物面网壳的跨度不宜大于 50m。

（5）网壳结构的支承应可靠传递竖向反力,同时应满足不同网壳结构形式所必需的边缘约束条件;边缘约束构件应满足刚度要求,并应与网壳结构一起进行整体计算。各类网壳的相应支座约束条件应符合下列规定:

① 球面网壳的支承点应保证抵抗水平位移的约束条件。

② 圆柱面网壳当沿两纵边支承时,支承点应保证抵抗侧向水平位移的约束条件。

③ 双曲抛物面网壳应通过边缘构件将荷载传递给下部结构。

④ 椭圆抛物面网壳及四块组合双曲抛物面网壳应通过边缘构件沿周边支承。

5.8.3 网壳结构的计算要点

1. 一般计算原则

网壳结构的一般计算原则除参考网架结构内力分析的一般计算原则(5.5.1 节)外,还应满足以下特有的原则:

（1）网壳结构的整体稳定性计算应考虑结构的非线性影响。

（2）风荷载往往对网壳的内力和变形有很大影响，对在现行国家标准《建筑结构荷载规范》GB 50009 中没有相应的风荷载体型系数及跨度较大的复杂形体空间网格结构，应进行风洞试验以确定风荷载体型系数，也可通过数值风洞等方法分析确定体型系数。大跨度结构的风振问题非常复杂，特别对于大型、复杂形体的空间网格结构宜进行基于随机振动理论的风振响应计算或风振时程分析。

（3）分析双层网壳结构时，可假定节点为铰接，杆件只承受轴向力；分析单层网壳时，应假定节点为刚接，杆件除承受轴向力外，还承受弯矩、扭矩、剪力等。

（4）分析空间网格结构时，应根据结构形式、支座节点的位置、数量和构造情况以及支承结构的刚度，确定合理的边界约束条件。支座节点的边界约束条件：对于双层网壳，应按实际构造采用两向或一向可侧移、无侧移的铰接支座或弹性支座；对于单层网壳，可采用不动铰支座，也可采用刚接支座或弹性支座。

（5）根据空间网格结构的类型、平面形状、荷载形式及不同设计阶段等条件，可采用有限元法或基于连续化假定的方法进行计算。选用计算方法的适用范围和条件应符合下列规定：

① 双层网壳宜采用空间杆系有限元法进行计算。

② 单层网壳应采用空间梁系有限元法进行计算。

③ 在结构方案选择和初步设计时，网壳结构也可采用拟壳法进行计算。网壳结构采用拟壳法分析时，可根据壳面形式、网格布置和构件截面把网壳等代为当量薄壳结构，在由相应边界条件求的拟壳的位移和内力后，可按几何和平衡条件返回计算网壳杆件的内力。

2. 网壳结构稳定性计算要点

（1）单层网壳以及厚度小于跨度 1/50 的双层网壳均应进行稳定性计算。

（2）网壳的稳定性可按考虑几何非线性的有限元法（即荷载—位移全过程分析）进行计算，分析中可假定材料为弹性，也可考虑材料的弹塑性。对于大型和形状复杂的网壳结构宜采用考虑材料弹塑性的全过程分析方法。全过程分析的迭代方程可采用下式：

$$K\Delta U^{(i)} = F_{t+\Delta t} - N_{t+\Delta t}^{(i-1)} \tag{5-71}$$

式中　K_t——t 时刻结构的切线刚度矩阵；

　　　$\Delta U^{(i)}$——当前位移的迭代增量；

　　　$F_{t+\Delta t}$——$t+\Delta t$ 时刻外部所施加的节点荷载向量；

　　　$N_{t+\Delta t}^{(i-1)}$——$t+\Delta t$ 时刻相应的杆件节点内力向量。

（3）球面网壳的全过程分析可按满跨均布荷载进行，圆柱面网壳和椭圆抛物面网壳除应考虑满跨均布荷载外，尚应考虑半跨活荷载分布的情况。

（4）进行网壳全过程分析时应考虑初始几何缺陷（即初始曲面形状的安装偏差）的影响，初始几何缺陷分布可采用结构的最低阶屈曲模态，其缺陷最大计算值可按网壳跨度的 1/300 取值。

（5）进行网壳结构全过程分析求得的第一个临界点处的荷载值，可作为网壳的稳定极限承载力。网壳稳定容许承载力（荷载取标准值）应等于网壳稳定极限承载力除以安全系数 K。当按弹塑性全过程分析时，安全系数 K 可取为 2.0；当按弹性全过程分析且为单层球面网壳、柱面网壳和椭圆抛物线面网壳时,安全系数 K 可取为 4.2。

3. 网壳结构抗震计算要点

网壳结构抗震计算除需除参考网架结构抗震计算要点(5.5.3 节)外,还应符合下列规定:

（1）对于网壳结构,其抗震验算应符合下列规定:

① 在抗震设防烈度为 7 度的地区:当网壳结构的矢跨比大于或等于 1/5 时,应进行水平面抗震验算;当矢跨比小于 1/5 时,应进行竖向和水平抗震验算。

② 在抗震设防烈度为 8 度或 9 度的地区,对各种网壳结构应进行竖向和水平抗震验算。

（2）单层球面网壳结构、单层双抛物面网壳结构和正放四角锥双层圆柱面网壳结构水平地震作用效用可按《空间网格结构技术规程》JGJ 7—2010 附录 H 进行简化计算。

5.8.4 网壳结构杆件及节点设计

1. 网壳杆件设计

网壳杆件的计算长度和容许长细比应按表 5-14 和表 5-15 采用。

表 5-14 网壳杆件计算长度 l_0

结构体系	杆件形式	节 点 形 式				
		螺栓球	焊接空心球	板节点	毂节点	相贯节点
双层网壳	弦杆及支座腹杆	1.0l	1.0l	1.0l	—	
	腹杆	1.0l	0.9l	0.9l		
单层网壳	壳体曲面内	—	0.9l		1.0l	0.9l
	壳体曲面外		1.6l		1.6l	1.6l
注:l 为杆件的几何长度(即节点中心间距离)						

表 5-15 网壳杆件的容许长细比 $[\lambda]$

结构体系	杆件形式	杆件受拉	杆件受压	杆件受压与压弯	杆件受拉与拉弯
双层网壳	一般杆件	300	180	—	—
	支座附近杆件	250			
	直接承受动力荷载杆件	250			
单层网壳	一般杆件	—		150	250

网壳中轴心受力杆件、压弯或拉弯杆件应按现行国家标准《钢结构设计规范》GB 50017验算其强度和稳定性。

2. 网壳节点设计

网壳杆件采用圆钢管时,铰接节点可采用螺栓球节点、焊接空心球节点,刚接节点可采用焊接空心球节点、嵌入式毂节点、相贯焊节点、铸钢节点。杆件采用角钢组合截面时,可采用板节点。螺栓球节点、焊接空心球节点及网壳支座节点的构造和计算可参考 5.7 节,相贯焊节点和板节点的构造和计算可参考 3.6 节。

1）嵌入式毂节点

嵌入式毂节点（图5-84）可用于跨度不大于60m的单层球面网壳及跨度不大于30m的单层圆柱面网壳。

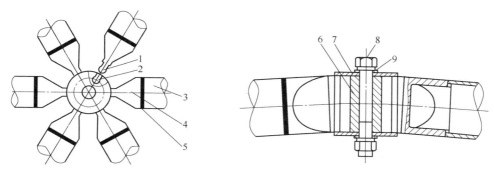

图5-84　嵌入式毂节点

1—嵌入榫；2—毂体嵌入槽；3—杆件；4—杆端嵌入件；5—连接焊缝；

6—毂体；7—盖板；8—中心螺栓；9—平垫圈、弹簧垫圈。

（1）嵌入式节点的毂体、杆端嵌入件、盖板、中心螺栓的材料可按表5-16的规定选用，并应符合相应材料标准的技术条件。产品质量应符合现行行业标准《单层网壳嵌入式毂节点》JG/T 136的规定。

表5-16　嵌入式毂节点零件推荐材料

零件名称	推荐材料	材料标准编号	备　注
毂体	Q235B	《碳素结构钢》GB/T 700	毂体直径宜采用 100~165mm
盖板			—
中心螺栓			
杆端嵌入件	ZG230-450H	《焊接结构用碳素钢铸件》GB 7659	精密铸造

（2）毂体的嵌入式槽以及与其配合的嵌入榫应做成小圆柱状（图5-85、图5-86（a））。杆端嵌入件倾角φ（即嵌入榫的中线和嵌入件轴线的垂线之间的夹角）和柱面网壳斜杆两端嵌入榫不共面的扭角α可按《空间网格结构技术规程》JGJ 7—2010附录J进行计算。

（3）嵌入件几何尺寸（图5-85）应按下式计算方法及构造要求设计：

① 嵌入件颈部宽度b_{hp}应按与杆件等强原则计算，宽度b_{hp}及高度h_{hp}应按拉弯或压弯构件进行强度验算。

② 当杆件为圆管且嵌入间高度h_{hp}取圆管外径d时，有

$$b_{hp} \geqslant 3t_c$$

式中　t_c——圆管壁厚。

③ 嵌入榫直径d_{ht}可取$1.7b_{hp}$且不宜小于16mm。

④ 尺寸c可根据嵌入榫直径d_{ht}及嵌入槽尺寸计算。

⑤ 尺寸e可按下式计算：

$$e = \frac{1}{2}(d - d_{ht})\cos 30° \tag{5-72}$$

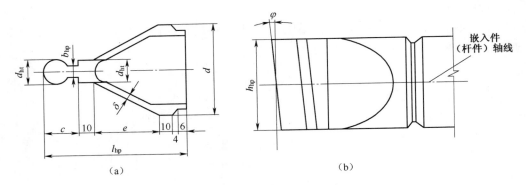

(a)　　　　　　　　　　　　　　　(b)

图 5-85　嵌入件的主要尺寸

δ—杆端嵌入件平面壁厚,不宜小于5mm。

（4）杆件与杆端嵌入件应采用焊接连接,可参照螺栓球节点规定锥头与钢管的连接焊缝。焊缝强度应与所连接的钢管等强。

（5）毂体各嵌入槽轴线间夹角 θ(即汇交于该节点各杆件轴线间的夹角在通过该节点切平面上的投影)及毂体其他主要尺寸(图 5-86)可按《空间网格结构技术规程》JGJ 7—2010附录 J 进行计算。

（6）中心螺栓直径宜采用 16~20mm,盖板厚度不宜小于 4mm。

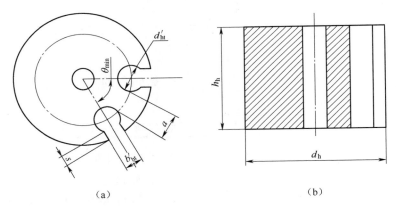

(a)　　　　　　　　　　　　　　　(b)

图 5-86　毂体各主要尺寸

2）铸钢节点

（1）空间网格结构中杆件汇交密集、受力复杂且可靠性要求高的关键部位节点可采用铸钢节点。铸钢节点的设计和制作应符合国家现行有关标准的规定。

（2）焊接结构用铸钢节点的材料应符合现行国家标准《焊接结构用碳素钢铸件》GB 7659 的规定,必要时可参照国家标准或其他国家的相关标准执行;非焊接结构用铸钢节点的材料应符合现行国家标准《一般工程用铸造碳钢件》GB/T 11352 的规定。

（3）铸钢节点的材料应具有屈服强度、抗拉强度、伸长率、截面收缩率、冲击韧性等力学性能和碳、硅、锰、硫、磷等化学成分含量的合格保证。

（4）铸钢节点设计时应根据铸钢件的轮廓尺寸选择合理的壁厚,铸件壁间应设计铸造圆角。制作时应严格控制铸造工艺、铸造模精度及热处理工艺。

（5）铸钢节点设计时应采用有限元法进行实际荷载工况下的计算分析,其极限承载力可根据弹塑性有限元分析确定。当铸钢节点承受多种荷载工况且不能明显判断其控制工况时,应分别进行计算以确定其最小极限承载力。极限承载力数值不宜小于最大内力设计值的 3 倍。

（6）铸钢节点可根据实际情况进行检验性试验或破坏性试验。检验性试验时,试验荷载不应小于最大内力设计值的 1.3 倍;破坏性试验时,试验荷载不应小于最大内力设计值的 2 倍。

习　　题

5.1　不加肋焊接空心节点球,材料为 Q345,钢球直径为 220mm,壁厚为 5mm,钢管杆件外径 60mm,试验算其受拉、受压承载力。

5.2　试验算表 5－17 列出的网架杆件的强度和稳定,材料为 Q235。

表 5－17

杆件种类	编　　号	截面规格	截面面积 A/cm^2	回转半径 i/cm	几何长度 $/\mathrm{cm}$	轴力 $/\mathrm{kN}$
下弦杆	1	$\phi51×2$	3.08	1.73	300	79
腹杆	2	$\phi60×2.5$	4.52	2.04	226.7	-60.7
上弦杆	3	$\phi76×2.5$	5.77	2.60	212	-93.1

附　录

附录1　设计指标

附表 1-1　钢材的强度设计值　　　　　　　　　　　　　　　　　　　　　（N/mm²）

钢　材		抗拉、抗压和抗弯	抗剪	端面承压（刨平顶紧）
牌　号	厚度或直径/mm	f	f_v	f_{ce}
Q235 钢	≤16	215	125	325
	>16~40	205	120	
	>40~60	200	115	
	>60~100	190	110	
Q345 钢	≤16	310	180	400
	>16~35	295	170	
	>35~50	265	155	
	>50~100	250	145	
Q390 钢	≤16	350	205	415
	>16~35	335	190	
	>35~50	315	180	
	>50~100	295	170	
Q420 钢	≤16	380	220	440
	>16~35	360	210	
	>35~50	340	195	
	>50~100	325	185	

注：表中厚度系指计算点的钢材厚度,对轴心受拉和轴心受压构件系指截面中较厚板件的厚度

附表 1-2　钢铸件的强度设计值　　　　　　　　　　　　　　　　　　　　（N/mm²）

钢　号	抗拉、抗压和抗弯 f	抗　剪 f_v	端面承压（刨平顶紧） f_{ce}
ZG200-400	155	90	260
ZG230-450	180	105	290
ZG270-500	210	120	325
ZG310-570	240	140	370

焊接方法和焊条型号	构件钢材			对接焊接				角焊缝
	牌号	厚度或直径 /mm	抗压 f_c^w	焊缝质量为下列等级时,抗拉 f_t^w		抗剪 f_v^w		抗拉、抗压和抗剪 f_f^w
				一级、二级	三级			
自动焊、半自动焊和 E43 型焊条的手工焊	Q235 钢	≤16	215	215	185	125		160
		>16~40	205	205	175	120		
		>40~60	200	200	170	115		
		>60~100	190	190	160	110		
自动焊、半自动焊和 E50 型焊条的手工焊	Q345 钢	≤16	310	310	265	180		200
		>16~35	295	295	250	170		
		>35~50	265	265	225	155		
		>50~100	250	250	210	145		
自动焊、半自动焊和 E55 型焊条的手工焊	Q390 钢	≤16	350	350	300	205		220
		>16~35	335	335	285	190		
		>35~50	315	315	270	180		
		>50~100	295	295	250	170		
	Q420 钢	≤16	380	380	320	220		220
		>16~35	360	360	305	210		
		>35~50	340	340	290	195		
		>50~100	325	325	275	185		

注:(1)自动焊和半自动焊所采用的焊丝和焊剂,应保持其熔敷金属的力学性质不能低于现行国家标准《埋弧焊用碳钢焊丝和焊剂》GB/T 5293 和《低合金钢埋弧焊用剂》GB/T 12470 中相关的规定。

(2)焊缝质量等级应符合现行国家标准《钢结构工程施工质量验收规范》GB 50205 的规定,其中厚度小于 8mm 钢材的对接焊缝,不应采用超声波探伤确定焊缝质量等级。

(3)对接焊缝在受压区的抗弯强度设计值取 f_c^2,在受控区的抗弯强度设计值取 f_t^w。

(4)见附表 1－1 注

螺栓的性能等级、锚栓和构件钢材的牌号		普通螺栓						锚栓	承压型连接高强度螺栓		
		C 级螺栓			A 级、B 级螺栓						
		抗拉 f_t^b	抗剪 f_v^b	承压 f_c^b	抗拉 f_t^b	抗剪 f_v^b	承压 f_c^b	抗拉 f_t^a	抗拉 f_t^b	抗剪 f_v^b	承压 f_c^b
普通螺栓	4.6 级、4.8 级	170	140	—	—	—	—	—	—	—	—
	5.6 级	—	—	—	210	190	—	—	—	—	—
	8.8 级	—	—	—	400	320	—	—	—	—	—
锚栓	Q235 钢	—	—	—	—	—	—	140	—	—	—
	Q345 钢	—	—	—	—	—	—	180	—	—	—
承压型连接高强度螺栓	8.8 级	—	—	—	—	—	—	—	400	250	—
	10.9 级	—	—	—	—	—	—	—	500	310	—
构件	Q235 钢	—	—	305	—	—	405	—	—	—	470
	Q345 钢	—	—	385	—	—	510	—	—	—	590
	Q390 钢	—	—	400	—	—	530	—	—	—	615
	Q420 钢	—	—	425	—	—	560	—	—	—	655

注:(1)A 级螺栓用于 $d\leqslant24mm$ 和 $l\leqslant10d$ 或 $l\leqslant15mm$(按较小值)的螺栓;B 级螺栓用于 $d>24mm$ 或 $l>10d$ 或 $l>150mm$(按较小值)的螺栓。d 为公称直径,l 为螺杆公称长度。

(2)A、B 级螺栓孔的精度和孔壁表面粗糙度,C 级螺栓孔的允许偏差和孔壁表面粗糙度,均应符合现行国家标准《钢结构工程施工质量验收规范》GB 50205 的要求

附表 1-5　钢材和钢铸件的物理性能指标

弹性模具 E /（N/mm²）	剪变模量 G /（N/mm²）	线膨胀系数 α （以每℃）	质量密度 ρ /（kg/m³）
206×10³	79×10³	12×10⁻⁶	7850

附表 1-6　钢材及其连接强度设计值折减系数 α_y

连　接　类　型	α_y
1. 单面连接的单角钢 （1）按轴心受力计算强度和连接 （2）按轴心受压计算稳定性 　等边角钢 　短边相连的不等边角钢 　长边相连的不等边角钢 　薄壁型钢 　λ 为长细比，对中间无联系的单角钢压杆取最小回转半径计算，当 $\lambda<20$，取 $\lambda=20$； 2. 无垫板的单面施焊对接焊缝 3. 施工条件较差的高空安装焊缝和铆钉连接 4. 沉头和半沉头铆钉连接 5. 平面格构式檩条端部主要受压腹杆	0.85； 0.6+0.0015λ，但不大于 1.0； 0.5+0.0025λ，但不大于 1.0； 0.7； 0.6+0.0014λ； 0.85； 0.9； 0.8； 0.85（仅用于薄壁型钢）

附表 1-7　受弯构件挠度容许值

项次	构　件　类　型		挠度容许值	
			$[v_T]$	$[v_Q]$
1	吊车梁和吊车桁架（按自重和起重量最大的一台吊车计算挠度）	手动吊车和单梁吊车（含悬挂吊车）	$l/500$	
		轻级工作制桥式吊车	$l/800$	
		中级工作制桥式吊车	$l/1000$	
		重级工作制桥式吊车	$l/1200$	
2	手动或电动葫芦的轨道梁		$l/400$	
3	有重轨（重量等于或大于 38kg/m）的轨道的工作平台梁		$l/600$	
	有轻轨（重量等于或小于 24kg/m）轨道的工作平台梁		$l/400$	
4	楼（屋）盖梁或桁架、工作平台梁（第 3 项除外）和平台板	主梁或桁架（包括设有悬挂起重设备的梁和桁架）	$l/400$	$l/500$
		抹灰顶棚的次梁	$l/250$	$l/350$
		除（1）、（2）款外的其他梁（包括楼梯梁）	$l/250$	$l/300$
	屋盖檩条	支承无积灰的瓦楞铁和石棉瓦屋面者	$l/150$	
		支承压型金属板、有积灰的瓦楞铁和石棉瓦等屋面者	$l/200$	
		支承其他屋面材料者	$l/200$	
		平台板	$l/150$	
5	墙架构件（风荷载不考虑阵风系数）	支柱	—	$l/400$
		抗风桁架（作为连续支柱的支承时）	—	$l/1000$
		砌体墙的横梁（水平方向）	—	$l/300$
		支承压型金属板、瓦楞铁和石棉瓦墙面的横梁（水平方向）	—	$l/200$
		带有玻璃窗的横梁（竖直和水平方向）	$l/200$	$l/200$

注：（1）l 为受弯构件的跨度（对悬臂梁和伸臂梁为悬伸长度的 2 倍）；

（2）$[v_T]$ 为永久和可变荷载标准值产生的挠度（如有起拱应减去拱度）的容许值；

$[v_Q]$ 为可变荷载标准值产生的挠度的容许值

附表 1-8　摩擦面的抗滑移系数 μ

在连接处构件接触的处理方法	构件的钢号		
	Q235 钢	Q345 钢、Q390 钢	Q420 钢
喷砂(丸)	0.45	0.50	0.50
喷砂(丸)后涂无机富锌漆	0.35	0.40	0.40
喷砂(丸)后生赤锈	0.45	0.50	0.50
钢丝刷清除浮锈或未经处理的干净轧制表面	0.30	0.35	0.40

附表 1-9　一个高强度螺栓的预拉力 P

（kN）

螺栓的性能等级	螺栓公称直径/mm					
	M16	M20	M22	M24	M27	M30
8.8 级	80	125	150	175	230	280
10.9 级	100	155	190	225	290	355

附录 2　构件的稳定系数

附表 2-1　H 型钢或等截面工字形简支梁不需计算整体稳定性的最大 l_1/b_1 值

钢号	跨中无侧向支承点的梁		跨中受压翼缘有侧向支承点的梁,不论荷载作用于何处
	荷载作用在上翼缘	荷载作用在下翼缘	
Q235	13.0	20.0	16.0
Q345	10.5	16.5	13.0
Q390	10.0	15.5	12.5
Q420	9.5	15.0	12.0

注:其他钢号的梁不需计算整体稳定性的最大 l_1/b_1 值,应取 Q235 钢的数值乘以 $\sqrt{235/f_y}$

附表 2-2　H 型钢或等截面工字形简支梁整体稳定的等效临界弯矩系数 β_b

项次	侧向支承	荷载		$\xi \leqslant 2.0$	$\xi > 2.0$	适用范围
1	跨中无侧向支承	均布荷载作用在	上翼缘	$0.69+0.13\xi$	0.95	双轴对称及加强受压翼缘的单轴对称工字形截面
2			下翼缘	$1.73-0.20\xi$	1.33	
3		集中荷载作用在	上翼缘	$0.73+0.18\xi$	1.09	
4			下翼缘	$2.23-0.28\xi$	1.67	
5	距离中点有一个侧向支承点	均布荷载作用在	上翼缘	1.15		双轴及单轴对称的工字形截面
6			下翼缘	1.40		
7		集中荷载作用在截面高度上任意位置		1.75		
8	跨中有不少于两个等距离侧向支承点	任意荷载作用在	上翼缘	1.20		
9			下翼缘	1.40		
10	梁端有弯矩,但跨中无荷载作用			$1.75-1.05\left(\dfrac{M_2}{M_1}\right)+0.3\left(\dfrac{M_2}{M_1}\right)^2$,但$\leqslant 2.3$		

注:(1) ξ 为参数,$\xi=\dfrac{l_1 t_1}{b_1 h}$,其中 b_1 和 l_1 见附表 2-1。

(2) M_1、M_2 为梁的端弯矩,使梁产生同向曲率时 M_1 和 M_2 取同号,产生反向曲率时取异号,$|M_1| \geqslant |M_2|$。

(3) 表中项次 2、4 和 7 的集中荷载是指一个或少数几个集中荷载位于跨中央附近的情况,对其他情况的集中荷载,应按表中项次 1、3、5、6 内的数值采用。

(4) 表中项次 8、9 的 β_b,当集中荷载作用在侧向支承点处时,取 $\beta_b = 1.20$。

(5) 荷载作用在上翼缘系荷载作用点在翼缘表面,方向指向截面形心;荷载作用在下翼缘系荷载作用点在翼缘表面,方向背向截面形心。

(6) 对 $\sigma_a > 0.8$ 的加强受压翼缘工字形截面,下列情况的 β_b 值应乘以相应的系数:

项次 1:当 $\xi \leqslant 1.0$ 时,乘以 0.95。

项次 3:当 $\xi \leqslant 0.5$ 时,乘以 0.90;当 $0.5 < \xi \leqslant 1.0$ 时,乘以 0.95

附表 2-3　轧制普通工字钢简支梁整体稳定系数 φ_b

项次	荷载情况			工字钢型号	自由长度 l_1/m								
					2	3	4	5	6	7	8	9	10
1	跨中无侧向支承点的梁	集中荷载作用于	上翼缘	10~20	2.00	1.30	0.99	0.80	0.68	0.58	0.53	0.48	0.43
				22~32	2.40	1.48	1.09	0.86	0.72	0.62	0.54	0.49	0.45
				36~63	2.80	1.60	1.07	0.83	0.68	0.56	0.50	0.45	0.40
2			下翼缘	10~20	3.10	1.95	1.34	1.01	0.82	0.69	0.63	0.57	0.52
				22~40	5.50	2.80	1.84	1.37	1.07	0.86	0.73	0.64	0.56
				45~63	7.30	3.60	2.30	1.62	1.20	0.96	0.80	0.69	0.60
3		均布荷载作用于	上翼缘	10~20	1.70	1.12	0.84	0.68	0.57	0.50	0.45	0.41	0.37
				22~40	2.10	1.30	0.93	0.73	0.60	0.51	0.45	0.40	0.36
				45~63	2.60	1.45	0.97	0.73	0.59	0.50	0.44	0.38	0.35
4			下翼缘	10~20	2.50	1.55	1.08	0.83	0.68	0.56	0.52	0.47	0.42
				22~40	4.00	2.20	1.45	1.10	0.85	0.70	0.60	0.52	0.46
				45~63	5.60	2.80	1.80	1.25	0.95	0.78	0.65	0.55	0.49
5	跨中有侧向支承点的梁（不论荷载作用点在截面高度上的位置）			10~20	2.20	1.39	1.01	0.79	0.66	0.57	0.52	0.47	0.42
				22~40	3.00	1.80	1.24	0.96	0.76	0.65	0.56	0.49	0.43
				45~63	4.00	2.20	1.38	1.01	0.80	0.66	0.56	0.49	0.43

注:(1)同附表 2-2 的注 3、5;
　　(2)表中的 φ_b 适用于 Q235 钢。对其他钢号,表中数值应乘以 $235 f_y$。

附表 2-4　双轴对称工字形等截面(含 H 型钢)悬臂梁整体稳定的等效临界弯矩系数 β_b

项次	荷载形式		$0.60 \leqslant \xi \leqslant 1.24$	$1.24 < \xi \leqslant 1.96$	$1.96 < \xi \leqslant 3.10$
1	自由端一个集中荷载作用在	上翼缘	$0.21+0.67\xi$	$0.72+0.26\xi$	$1.17+0.03\xi$
2		下翼缘	$2.94-0.65\xi$	$2.64-0.40\xi$	$2.15-0.15\xi$
3	均布荷载作用在上翼缘		$0.62+0.82\xi$	$1.25+0.31\xi$	$1.66+0.10\xi$

注:(1)本表是按支承端为固定的情况确定的,当用于由邻跨延伸出来的伸臂梁时,应在构造上采取措施加强支承处的抗扭能力;
　　(2)表中 ξ 见附表 2-2

附表 2-5　轴心受压构件的截面分类(板厚 $t<40$mm)

截面形式	对 x 轴	对 y 轴
轧制	a 类	a 类

截 面 形 式			对 x 轴	对 y 轴
轧制，$b/h \leqslant 0.8$			a 类	b 类
轧制，$b/h > 0.8$	焊接，翼缘为焰切边	焊接		
轧制		轧制等边角钢		
轧制，焊接（板件宽厚比大于 20）	轧制或焊接		b 类	b 类
焊接		轧制截面和翼缘为焰切边的焊接截面		
格构式		焊接，板件边缘焰切		

290

截 面 形 式			对 x 轴	对 y 轴
			b 类	c 类
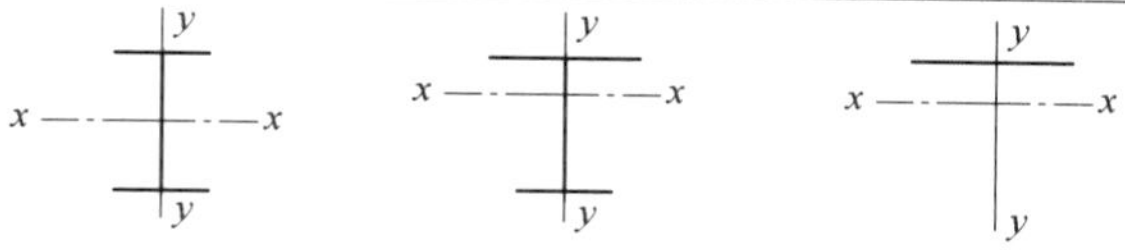 焊接,翼缘为轧制或剪切边				
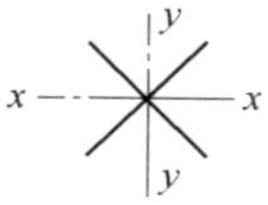 焊接,板件边缘轧制或剪切		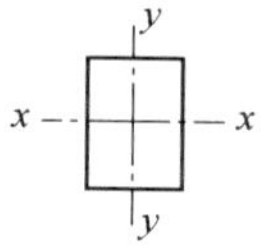 焊接,板件宽厚比≤20	c 类	c 类

附表 2-6　轴心受压构件的截面分类(板厚 $t \geqslant 40\text{mm}$)

截 面 形 式		对 x 轴	对 y 轴
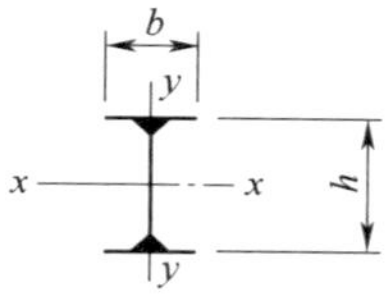 轧制工字形或 H 形截面	$t<80\text{mm}$	b 类	c 类
	$t\geqslant 80\text{mm}$	c 类	d 类
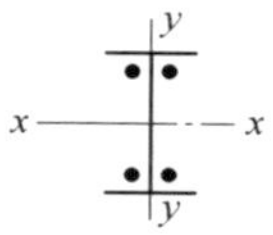 焊接工字形截面	翼缘为焰切边	b 类	b 类
	翼缘为轧制或剪切边	c 类	d 类
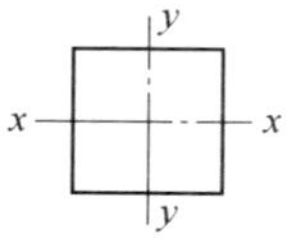 焊接箱形截面	板件宽厚比>20	b 类	b 类
	板件宽厚比≤20	c 类	c 类

附表 2-7　桁架弦杆和单系腹杆的计算长度 l_0

项次	弯曲方向	弦杆	腹　　杆	
			支座斜杆和支座竖杆	其他腹杆
1	在桁架平面内	l	l	$0.8l$
2	在桁架平面外	l_1	l	l
3	斜平面	—	l	$0.9l$

注:(1) l 为构件的几何长度(节点中心间距离);

(2) l_1 为桁架弦杆侧向支承点之间的距离;

(3)斜平面系指与桁架平面斜交的平面,适用于构件截面两主轴均不在桁架平面内的单角钢腹杆和双角钢十字形截面腹杆;

(4)无节点板的腹杆计算长度在任意平面内均取其等于几何长度(钢管结构除外)

291

附表 2-8　受压构件的容许长细比

项次	构 件 名 称	容许长细比
1	柱、桁架和天窗架中的杆件	150
	柱的缀条、吊车梁或吊车桁架以下的柱间支撑	
2	支撑(吊车梁或吊车桁架以下的柱间支撑除外)	200
	用以减小受压构件长细比的杆件	

注:(1)桁架(包括空间桁架)的受压腹杆,当其内力小于或等于承载能力的50%时,容许长细比值可取200;
　　(2)计算单角钢受压构件的长细比时,应采用角钢的最小回转半径,但计算在交叉点相互连接的交叉杆件平面外的长细比时,可采用与角钢肢边平行轴的回转半径;
　　(3)跨度大于或等于60m的桁架,其受压弦杆和端压杆的容许长细比值宜取100,其他受压腹杆可取150(承受静力荷载或间接承受动力荷载)或120(直接承受动力荷载)

附表 2-9　受拉构件的容许长细比

项次	构件名称	承受静力荷载或间接承受动力荷载的结构		直接承受动力荷载的结构
		一般建筑结构	有重级工作制吊车的厂房	
1	桁架的杆件	350	250	250
2	吊车梁或吊车桁架以下的柱间支撑	300	200	
3	其他拉杆、支撑、系杆等(张紧的圆钢除外)	400	350	

注:(1)承受静力荷载的结构中,可仅计算受拉构件在竖向平面内的长细比;
　　(2)在直接或间接承受动力荷载的结构中,单角钢受拉构件长细比的计算方法与附表2-8注2相同;
　　(3)中、重级工作制吊车桁架下弦杆的长细比不宜超过200;
　　(4)在设有夹钳或刚性料耙等硬钩吊车的厂房中,支撑(表中项次2除外)的长细比不宜超过300;
　　(5)受拉构件在永久荷载与风荷载组合作用下受压时,其长细比不宜超过250;
　　(6)跨度大于或等于60m的桁架,其受拉弦杆和腹杆的长细比不宜超过300(承受静力荷载或间接承受动力荷载)或250(直接承受动力荷载)

附表 2-10　a 类截面轴心受压构件的稳定系数 φ

$\lambda\sqrt{\dfrac{f_y}{235}}$	0	1	2	3	4	5	6	7	8	9
0	1.000	1.000	1.000	1.000	0.999	0.999	0998	0.998	0.997	0.996
10	0.995	0.994	0.993	0.992	0.991	0.989	0.988	0.986	0.985	0.983
20	0.981	0.979	0.977	0.976	0.974	0.972	0.970	0.968	0.966	0.964
30	0.963	0.961	0.959	0.957	0.955	0.952	0.950	0.948	0.946	0.944
40	0.941	0.939	0.937	0.934	0.932	0.929	0.927	0.924	0.921	0.919
50	0.916	0.913	0.910	0.907	0.904	0.900	0.897	0.894	0.890	0.886
60	0.883	0.879	0.875	0.871	0.867	0.863	0.858	0.854	0.849	0.844
70	0.839	0.834	0.829	0.824	0.818	0.813	0.807	0.801	0.795	0.789
80	0.783	0.776	0.770	0.763	0.757	0.750	0.743	0.736	0.728	0.721
90	0.714	0.706	0.699	0.691	0.684	0.676	0.668	0.661	0.653	0.645
100	0.638	0.630	0.622	0.615	0.607	0.600	0.592	0.585	0.577	0.570

$\lambda\sqrt{\dfrac{f_y}{235}}$	0	1	2	3	4	5	6	7	8	9
110	0.563	0.555	0.548	0.541	0.534	0.527	0.520	0.514	0.507	0.500
120	0.494	0.488	0.481	0.475	0.469	0.463	0.457	0.451	0.445	0.440
130	0.434	0.429	0.423	0.418	0.412	0.407	0.402	0.397	0.392	0.387
140	0.383	0.378	0.373	0.369	0.364	0.360	0.356	0.351	0.347	0.343
150	0.339	0.335	0.331	0.327	0.323	0.320	0.316	0.312	0.309	0.305
160	0.302	0.298	0.295	0.292	0.289	0.285	0.282	0.279	0.276	0.273
170	0.270	0.267	0.264	0.262	0.259	0.256	0.253	0.251	0.248	0.246
180	0.243	0.241	0.238	0.236	0.233	0.231	0.229	0.226	0.224	0.222
190	0.220	0.218	0.215	0.213	0.211	0.209	0.207	0.205	0.203	0.201
200	0.199	0.198	0.196	0.194	0.192	0.190	0.189	0.187	0.185	0.183
210	0.182	0.180	0.179	0.177	0.175	0.174	0.172	0.171	0.169	0.168
220	0.166	0.165	0.164	0.162	0.161	0.159	0.158	0.157	0.155	0.154
230	0.153	0.152	0.150	0.149	0.148	0.147	0.146	0.144	0.143	0.142
240	0.141	0.140	0.139	0.138	0.136	0.135	0.134	0.133	0.132	0.131
250	0.130									

注：见附表 2-13 注

附表 2-11　b 类截面轴心受压构件的稳定系数 φ

$\lambda\sqrt{\dfrac{f_y}{235}}$	0	1	2	3	4	5	6	7	8	9
0	1.000	1.000	1.000	0.999	0.999	0.998	0.997	0.996	0.995	0.994
10	0.992	0.991	0.989	0.987	0.985	0.983	0.981	0.978	0.976	0.973
20	0.970	0.967	0.963	0.960	0.957	0.953	0.950	0.946	0.943	0.939
30	0.936	0.932	0.929	0.925	0.922	0.918	0.914	0.910	0.906	0.903
40	0.899	0.895	0.891	0.887	0.882	0.878	0.874	0.870	0.865	0.861
50	0.856	0.852	0.847	0.842	0.838	0.833	0.828	0.823	0.818	0.813
60	0.807	0.802	0.797	0.791	0.786	0.780	0.774	0.769	0.763	0.757
70	0.751	0.745	0.739	0.732	0.726	0.720	0.714	0.707	0.701	0.694
80	0.688	0.681	0.675	0.668	0.661	0.655	0.648	0.641	0.635	0.628
90	0.621	0.614	0.608	0.601	0.594	0.588	0.581	0.575	0.568	0.561
100	0.555	0.549	0.542	0.536	0.529	0.523	0.517	0.511	0.505	0.499
110	0.493	0.487	0.481	0.475	0.470	0.464	0.458	0.453	0.447	0.442
120	0.437	0.432	0.426	0.421	0.416	0.411	0.406	0.402	0.397	0.392
130	0.387	0.383	0.378	0.374	0.370	0.365	0.361	0.357	0.353	0.349
140	0.345	0.341	0.337	0.333	0.329	0.326	0.322	0.318	0.315	0.311
150	0.308	0.304	0.301	0.298	0.295	0.291	0.288	0.285	0.282	0.279
160	0.276	0.273	0.270	0.267	0.265	0.262	0.259	0.256	0.254	0.251
170	0.249	0.246	0.244	0.241	0.239	0.236	0.234	0.232	0.229	0.227
180	0.225	0.223	0.220	0.218	0.216	0.214	0.212	0.210	0.208	0.206
190	0.204	0.202	0.200	0.198	0.197	0.195	0.193	0.191	0.190	0.188
200	0.186	0.184	0.183	0.181	0.180	0.178	0.176	0.175	0.173	0.172

$\lambda\sqrt{\dfrac{f_y}{235}}$	0	1	2	3	4	5	6	7	8	9
210	0.170	0.169	0.167	0.166	0.165	0.163	0.162	0.160	0.159	0.158
220	0.156	0.155	0.154	0.153	0.151	0.150	0.149	0.148	0.146	0.145
230	0.144	0.143	0.142	0.141	0.140	0.138	0.137	0.136	0.135	0.134
240	0.133	0.132	0.131	0.130	0.129	0.128	0.127	0.126	0.125	0.124
250	0.123									
注:见附表 2-13 注										

附表 2-12　c 类截面轴心受压构件的稳定系数 φ

$\lambda\sqrt{\dfrac{f_y}{235}}$	0	1	2	3	4	5	6	7	8	9
0	1.000	1.000	1.000	0.999	0.999	0.998	0.997	0.996	0.995	0.993
10	0.992	0.990	0.988	0.986	0.983	0.981	0.978	0.976	0.973	0.970
20	0.966	0.959	0.953	0.947	0.940	0.934	0.928	0.921	0.915	0.909
30	0.902	0.986	0.890	0.884	0.877	0.871	0.865	0.858	0.852	0.846
40	0.839	0.833	0.826	0.820	0.814	0.807	0.801	0.794	0.788	0.781
50	0.775	0.768	0.762	0.755	0.748	0.742	0.735	0.729	0.722	0.715
60	0.709	0.702	0.695	0.689	0.682	0.676	0.669	0.662	0.656	0.649
70	0.643	0.636	0.629	0.623	0.616	0.610	0.604	0.597	0.591	0.584
80	0.578	0.572	0.566	0.559	0.553	0.547	0.541	0.535	0.529	0.523
90	0.517	0.511	0.505	0.500	0.494	0.488	0.483	0.477	0.472	0.467
100	0.463	0.458	0.454	0.449	0.445	0.441	0.436	0.432	0.428	0.423
110	0.419	0.415	0.411	0.407	0.403	0.399	0.395	0.391	0.387	0.383
120	0.379	0.375	0.371	0.367	0.364	0.360	0.356	0.353	0.349	0.436
130	0.342	0.339	0.335	0.332	0.328	0.325	0.322	0.319	0.315	0.312
140	0.309	0.306	0.303	0.300	0.297	0.294	0.291	0.288	0.285	0.282
150	0.280	0.277	0.274	0.271	0.269	0.266	0.264	0.261	0.258	0.256
160	0.254	0.251	0.249	0.246	0.244	0.242	0.239	0.237	0.235	0.233
170	0.230	0.228	0.226	0.224	0.222	0.220	0.218	0.216	0.214	0.212
180	0.210	0.208	0.206	0.205	0.203	0.201	0.199	0.197	0.196	0.194
190	0.192	0.190	0.189	0.187	0.186	0.184	0.182	0.181	0.179	0.178
200	0.176	0.175	0.173	0.172	0.170	0.169	0.168	0.166	0.165	0.163
210	0.162	0.161	0.159	0.158	0.157	0.156	0.154	0.153	0.152	0.151
220	0.150	0.148	0.147	0.146	0.145	0.144	0.143	0.142	0.140	0.139
230	0.138	0.137	0.136	0.135	0.134	0.133	0.132	0.131	0.130	0.129
240	0.128	0.127	0.126	0.125	0.124	0.124	0.123	0.122	0.121	0.120
250	0.119									
注:见附表 2-13 注										

附表 2－13　d 类截面轴心受压构件的稳定系数 φ

$\lambda\sqrt{\dfrac{f_y}{235}}$	0	1	2	3	4	5	6	7	8	9
0	1.000	1.000	0.999	0.999	0.998	0.996	0.994	0.992	0.990	0.987
10	0.984	0.981	0.978	0.974	0.969	0.965	0.960	0.955	0.949	0.944
20	0.937	0.927	0.918	0.909	0.900	0.891	0.883	0.874	0.865	0.857
30	0.848	0.840	0.831	0.823	0.815	0.807	0.799	0.790	0.782	0.774
40	0.766	0.759	0.751	0.743	0.735	0.728	0.720	0.712	0.705	0.697
50	0.690	0.683	0.675	0.668	0.661	0.654	0.646	0.639	0.632	0.625
60	0.618	0.612	0.605	0.598	0.591	0.585	0.578	0.572	0.565	0.559
70	0.552	0.546	0.540	0.534	0.528	0.522	0.516	0.510	0.504	0.498
80	0.493	0.487	0.481	0.476	0.470	0.465	0.460	0.454	0.449	0.444
90	0.439	0.434	0.429	0.424	0.419	0.414	0.410	0.405	0.401	0.397
100	0.394	0.390	0.387	0.383	0.380	0.376	0.373	0.370	0.366	0.363
110	0.359	0.356	0.353	0.350	0.346	0.343	0.340	0.337	0.334	0.331
120	0.328	0.325	0.322	0.319	0.316	0.313	0.310	0.307	0.304	0.301
130	0.229	0.296	0.293	0.290	0.288	0.285	0.282	0.280	0.277	0.275
140	0.272	0.270	0.267	0.265	0.262	0.260	0.258	0.255	0.253	0.251
150	0.248	0.246	0.244	0.242	0.240	0.237	0.235	0.233	0.231	0.229
160	0.227	0.225	0.223	0.221	0.219	0.217	0.215	0.213	0.212	0.210
170	0.208	0.206	0.204	0.203	0.201	0.199	0.197	0.196	0.194	0.192
180	0.191	0.189	0.188	0.186	0.184	0.183	0.181	0.180	0.178	0.177
190	0.176	0.174	0.173	0.171	0.170	0.168	0.167	0.166	0.164	0.163
200	0.162									

注:(1)附表 2－10~附表 2－13 中的 φ 值系按下列公式算得:

当 $\lambda_n = \dfrac{\lambda}{\pi}\sqrt{f_y/E} \leqslant 0.215$ 时:

$$\varphi = 1 - \alpha_1\lambda_n^2$$

当 $\lambda_n > 0.215$ 时:

$$\varphi = \frac{1}{2\lambda_n^2}\left[\alpha_2 + \alpha_3\lambda_n + \lambda_n^2 - \sqrt{(\alpha_2 + \alpha_3\lambda_n + \lambda_n^2)^2 - 4\lambda_n^2}\right]$$

式中　α_1、α_2、α_3——系数,根据附表 2－5、附表 2－6 的截面分类,按附表 2－14 采用。

(2)当构件的 $\lambda\sqrt{f_y/235}$ 值超出附表 2－10~附表 2－13 的范围时,则 φ 值按注(1)所列的公式计算

附表 2-14　系数 α_1、α_2、α_3

截面类别		α_1	α_2	α_3
a 类		0.41	0.986	0.152
b 类		0.65	0.965	0.300
c 类	$\lambda_n \leqslant 1.05$	0.73	0.906	0.595
	$\lambda_n > 1.05$		1.216	0.302
d 类	$\lambda_n \leqslant 1.05$	1.35	0.868	0.915
	$\lambda_n > 1.05$		1.375	0.432

附表 2-15　无侧移框架柱的计算长度系数 μ

K_2 \ K_1	0	0.05	0.1	0.2	0.3	0.4	0.5	1	2	3	4	5	≥10
0	1.000	0.990	0.981	0.964	0.949	0.935	0.922	0.875	0.820	0.791	0.773	0.760	0.732
0.05	0.990	0.981	0.971	0.955	0.940	0.926	0.914	0.867	0.814	0.784	0.766	0.754	0.726
0.1	0.981	0.971	0.962	0.946	0.931	0.918	0.906	0.860	0.807	0.778	0.760	0.748	0.721
0.2	0.964	0.955	0.946	0.930	0.916	0.903	0.891	0.846	0.795	0.767	0.749	0.737	0.711
0.3	0.949	0.940	0.931	0.916	0.902	0.889	0.878	0.834	0.784	0.756	0.739	0.728	0.701
0.4	0.935	0.926	0.918	0.903	0.889	0.877	0.866	0.823	0.774	0.747	0.730	0.719	0.693
0.5	0.922	0.914	0.906	0.891	0.878	0.866	0.855	0.813	0.765	0.738	0.721	0.710	0.685
1	0.875	0.867	0.860	0.846	0.834	0.823	0.813	0.774	0.729	0.704	0.688	0.677	0.654
2	0.820	0.814	0.807	0.795	0.784	0.774	0.765	0.729	0.686	0.663	0.648	0.638	0.615
3	0.791	0.784	0.778	0.767	0.756	0.747	0.738	0.704	0.663	0.640	0.625	0.616	0.593
4	0.773	0.766	0.760	0.749	0.739	0.730	0.721	0.688	0.648	0.625	0.611	0.601	0.580
5	0.760	0.754	0.748	0.737	0.728	0.719	0.710	0.677	0.638	0.616	0.601	0.592	0.570
≥10	0.732	0.726	0.721	0.711	0.701	0.693	0.685	0.654	0.615	0.593	0.580	0.570	0.549

注:(1)表中的计算长度系数 μ 值系按下式算得:

$$\left[\left(\frac{\pi}{\mu} \right)^2 + 2(K_1 + K_2) - 4K_1 K_2 \right] \frac{\pi}{\mu} \cdot \sin \frac{\pi}{\mu} - 2 \left[(K_1 + K_2) \left(\frac{\pi}{\mu} \right)^2 + 4K_1 K_2 \right] \cos \frac{\pi}{\mu} + 8K_1 K_2 = 0$$

式中　K_1、K_2——相交于柱上端、柱下端的横梁线刚度之和与柱线刚度之和的比值。

当梁远端为铰接时,应将横梁线刚度乘以 1.5;当横梁远端为嵌固时,则将横梁线刚度乘以 2。

(2)当横梁与柱铰接时,取横梁线刚度为零。

(3)对底层框架柱:当柱与基础铰接时,取 $K_2 = 0$(对平板支座可取 $K_2 = 0.1$);当柱与基础刚接时,取 $K_2 = 10$。

(4)当与柱刚性连接的横梁所受轴心压力 N_h 较大时,横梁线刚度应乘以折减系数 α_N:

横梁远端与柱刚接和横梁远端铰支:$\alpha_N = 1 - N_b / N_{Eb}$

横梁远端嵌固:$\alpha_N = 1 - N_b(2N_{Eb})$

式中　$N_{Eb} = \pi^2 E I_b / l^2$,

I_b——横梁截面惯性矩,

l——横梁长度。

附表 2 - 16　有侧移框架柱的计算长度系数 μ

K_1 \ K_2	0	0.05	0.1	0.2	0.3	0.4	0.5	1	2	3	4	5	≥10
0	∞	6.02	4.46	3.42	3.01	2.78	2.64	2.33	2.17	2.11	2.08	2.07	2.03
0.05	6.02	4.16	3.47	2.86	2.58	2.42	2.31	2.07	1.94	1.90	1.87	1.86	1.83
0.1	4.46	3.47	3.01	2.56	2.33	2.20	2.11	1.90	1.79	1.75	1.73	1.72	1.70
0.2	3.42	2.86	2.56	2.23	2.05	1.94	1.87	1.70	1.60	1.57	1.55	1.54	1.52
0.3	3.01	2.58	2.33	2.05	1.90	1.80	1.74	1.58	1.49	1.46	1.45	1.44	1.42
0.4	2.78	2.42	2.20	1.94	1.80	1.71	1.65	1.50	1.42	1.39	1.37	1.37	1.35
0.5	2.64	2.31	2.11	1.87	1.74	1.65	1.59	1.45	1.37	1.34	1.32	1.32	1.30
1	2.33	2.07	1.90	1.70	1.58	1.50	1.45	1.32	1.24	1.21	1.20	1.19	1.17
2	2.17	1.94	1.79	1.60	1.49	1.42	1.37	1.24	1.16	1.14	1.12	1.12	1.10
3	2.11	1.90	1.75	1.57	1.46	1.39	1.34	1.21	1.14	1.11	1.10	1.09	1.07
4	2.08	1.87	1.73	1.55	1.45	1.37	1.32	1.20	1.12	1.10	1.08	1.08	1.06
5	2.07	1.86	1.72	1.54	1.44	1.37	1.32	1.19	1.12	1.09	1.08	1.07	1.05
≥10	2.03	1.83	1.70	1.52	1.42	1.35	1.30	1.17	1.10	1.07	1.06	1.05	1.03

注：(1)表中的计算长度系数 μ 值系按下式算得：

$$\left[36K_1K_2 - \left(\frac{\pi}{\mu}\right)^2\right]\sin\frac{\pi}{\mu} + 6(K_1 + K_2)\frac{\pi}{\mu}\cdot\cos\frac{\pi}{\mu} = 0$$

式中　K_1、K_2——相交于柱上端、柱下端的横梁线刚度之和与柱线刚度之和的比值。

当横梁远端为铰接时，应将横梁线刚度乘以 0.5；当横梁远端为嵌固时，则应乘以 2/3。

(2)当横梁与柱铰接时，取横梁线刚度为零。

(3)对底层框架柱：当柱与基础铰接时，取 $K_2 = 0$（对平板支座可取 $K_2 = 0.1$）；当柱与基础刚接时，取 $K_2 = 10$。

(4)当与柱刚性连接的横梁所受轴心压力 N_b 较大时，横梁线刚度应乘以折减系数 α_N：

横梁远端与柱刚接时：$\alpha_N = 1 - N_b/(4N_{Eb})$

横梁远端铰支时：$\alpha_N = 1 - N_b/N_{Eb}$

横梁远端嵌固时：$\alpha_N = 1 - N_b/(2N_{Eb})$

N_{Eb} 的计算式见附表 2 - 15 注(4)

附录3 截面塑性发展系数、截面回转半径近似值及疲劳计算的构件和连接分类

附表 3-1 截面塑性发展系数 γ_x、γ_y

项次	截面形式	γ_x	γ_y
1			1.2
2		1.05	1.05
3		$\gamma_{x1} = 1.05$ $\gamma_{y2} = 1.2$	1.2
4			1.05
5		1.2	1.2
6		1.15	1.15
7		1.0	1.05
8			1.0

附表 3-2 各种截面回转半径的近似值

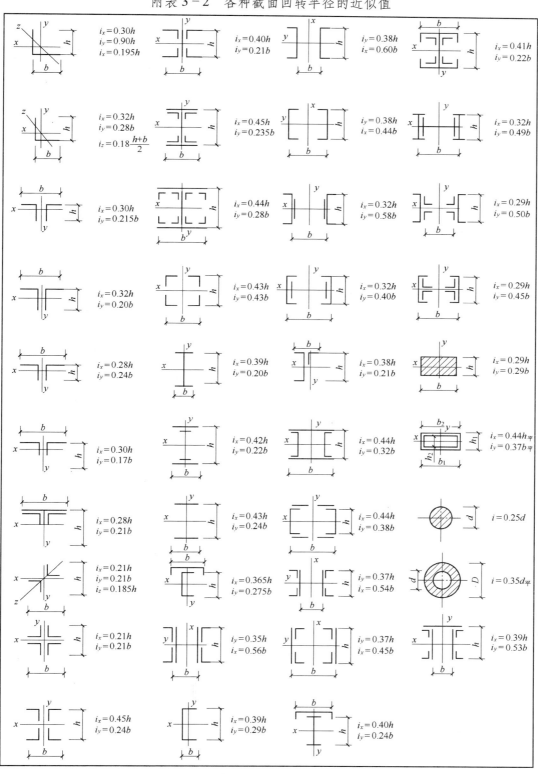

$i_x = 0.30h$
$i_y = 0.90h$
$i_x = 0.195h$

$i_x = 0.40h$
$i_y = 0.21b$

$i_y = 0.38h$
$i_x = 0.60b$

$i_x = 0.41h$
$i_y = 0.22b$

$i_x = 0.32h$
$i_y = 0.28b$
$i_z = 0.18\dfrac{h+b}{2}$

$i_x = 0.45h$
$i_y = 0.235b$

$i_y = 0.38h$
$i_x = 0.44b$

$i_x = 0.32h$
$i_y = 0.49b$

$i_x = 0.30h$
$i_y = 0.215b$

$i_x = 0.44h$
$i_y = 0.28b$

$i_x = 0.32h$
$i_y = 0.58b$

$i_x = 0.29h$
$i_y = 0.50b$

$i_x = 0.32h$
$i_y = 0.20b$

$i_x = 0.43h$
$i_y = 0.43b$

$i_x = 0.32h$
$i_y = 0.40b$

$i_x = 0.29h$
$i_y = 0.45b$

$i_x = 0.28h$
$i_y = 0.24b$

$i_x = 0.39h$
$i_y = 0.20b$

$i_x = 0.38h$
$i_y = 0.21b$

$i_x = 0.29h$
$i_y = 0.29b$

$i_x = 0.30h$
$i_y = 0.17b$

$i_x = 0.42h$
$i_y = 0.22b$

$i_x = 0.44h$
$i_y = 0.32b$

$i_x = 0.44h_1$
$i_y = 0.37b_1$

$i_x = 0.28h$
$i_y = 0.21b$

$i_x = 0.43h$
$i_y = 0.24b$

$i_x = 0.44h$
$i_y = 0.38b$

$i = 0.25d$

$i_x = 0.21h$
$i_y = 0.21b$
$i_z = 0.185h$

$i_x = 0.365h$
$i_y = 0.275b$

$i_y = 0.37h$
$i_x = 0.54b$

$i = 0.35d_1$

$i_x = 0.21h$
$i_y = 0.21b$

$i_y = 0.35h$
$i_x = 0.56b$

$i_y = 0.37h$
$i_x = 0.45b$

$i_x = 0.39h$
$i_y = 0.53b$

$i_x = 0.45h$
$i_y = 0.24b$

$i_x = 0.39h$
$i_y = 0.29b$

$i_x = 0.40h$
$i_y = 0.24b$

附表 3-3 疲劳计算的构件和连接分类

项次	简 图	说 明	类别
1		无连接处的主体金属 (1)轧制型钢。 (2)钢板。 ①两边为轧制边或刨边。 ②两侧为自动、半自动切割边(切割质量标准应符合现行国家标准《钢结构工程施工质量验收规范》GB 50205)	1 1 2
2		横向对接焊缝附近的主体金属 (1)符合现行国家标准《钢结构工程施工质量验收规范》GB 50205 的一级焊缝。 (2)经加工、磨平的一级焊缝	3 2
3		不同厚度(或宽度)横向对接焊缝附近的主体金属,焊缝加工成平滑过渡并符合一级焊缝标准	2
4		纵向对接焊缝附近的主体金属,焊缝符合二级焊缝标准	2
5		翼缘连接焊缝附近的主体金属: (1)翼缘板与腹板的连接焊缝。 ①自动焊,二级 T 形对接和角接组合焊缝。 ②自动焊,角焊缝,外观质量标准符合二级。 ③手工焊,角焊缝,外观质量标准符合二级。 (2)双层翼缘板之间的连接焊缝。 ①自动焊,角焊缝,外观质量标准符合二级。 ②手工焊,角焊缝,外观质量标准符合二级	2 3 4 3 4
6		横向加劲肋端部附近的主体金属 (1)肋端不断弧(采用回焊)。 (2)肋端断弧	4 5
7		梯形节点板用对接焊缝焊于梁翼缘、腹板以及桁架构件处的主体金属,过渡处在焊后铲平、磨光、圆滑过渡,不得有焊接起弧、灭弧缺陷	5
8		矩形节点板焊接于构件翼缘或腹板处的主体金属,$l > 150\text{mm}$	7

项次	简　图	说　明	类别
9		翼缘板中断处的主体金属（板端有正面焊缝）	7
10		向正面角焊缝过渡处的主体金属	6
11		两侧面角焊缝连接端部的主体金属	8
12		三面围焊的角焊缝端部主体金属	7
13		三面围焊或两侧面角焊缝连接的节点板主体金属（节点板计算宽度按应力扩散角 $\theta=30°$ 考虑）	7
14		K 形坡口 T 形对接与角接组合焊缝处的主体金属，两板轴线偏离小于 $0.15t$，焊缝为二级，焊趾角 $\alpha \leqslant 45°$	5
15		十字接头角焊缝处的主体金属，两板轴线偏离小于 $0.15t$	7
16	角焊缝	按有效截面确定的剪应力幅计算	8
17		铆钉连接处的主体金属	3
18		连系螺栓和虚孔处的主体金属	3
19		高强度螺栓摩擦型连接处的主体金属	2

注：(1)所有对接焊缝及 T 形对接和角接组合焊缝均需焊透。所有焊缝的外形尺寸均应符合现行标准《钢结构焊缝外形尺寸》JB 7949 的规定。

(2)角焊缝应符合 GB 50017 第 8.2.7 条和 8.2.8 条的要求。

(3)项次 16 中的剪应力幅 $\Delta_\tau = \tau_{max} - \tau_{min}$，其中 τ_{min} 的正负值为：与 τ_{max} 同方向时，取正值；与 τ_{max} 反方向时，取负值。

(4)项次 17、18 中的应力应以净截面面积计算，项次 19 应以毛截面面积计算

附录4　基本构件计算

附表4-1　受弯构件强度计算

项次	计算内容		计算公式	说　明
1	正应力	单向受弯	$\dfrac{M_x}{\gamma_x W_{nx}} \le f$　　（附4-1）	M_x、M_y——绕 x 轴和 y 轴的弯矩； W_{nx}、W_{ny}——对 x 轴和 y 轴的净截面模量； γ_x、γ_y——截面塑性发展系数，见附表3.1； V——计算截面沿腹板平面作用的剪力； S——计算剪应力点以上毛截面对中和轴的面积矩； I——毛截面惯性矩； t_w——腹板厚度； F——集中荷载，对动力荷载应考虑动力系数； Ψ——集中荷载增大系数，重级工作制吊车梁取 1.3，其他梁取 1.0； l_z——集中荷载在腹板计算高度 h_0 上边缘的假定分布长度，$l_z = a + 5h_y + 2h_R$； a——集中荷载沿梁长度方向支承长度，钢轨上轮压可取为 50mm； h_y——自梁顶面至腹板计算高度上边缘的距离； h_R——轨道高度，对梁顶无轨道的梁 $h_R = 0$； β_1——计算折算应力的强度设计增大系数，当 σ 和 σ_c 异号时，取 $\beta_1 = 1.2$，当 σ 和 σ_c 同号或当 $\sigma_c = 0$ 时，取 $\beta_1 = 1.1$
		双向受弯	$\dfrac{M_x}{\gamma_x W_{nx}} + \dfrac{M_y}{\gamma_y W_{ny}} \le f$ （附4-2）	
2	剪应力		$\tau = \dfrac{VS}{It_w} \le f_v$　　（附4-3）	
3	局部压应力		$\sigma_c = \dfrac{\Psi F}{t_w l_z} \le f$　　（附4-4）	
4	折算应力		$\sqrt{\sigma^2 + \sigma_c^2 - \sigma\sigma_c + 3\tau^2} \le \beta_1 f$ （附4-5）	

注：（1）项次 1 为考虑正截面局部塑性发展的强度计算。
　　（2）当上翼缘受有沿腹板平面作用的集中荷载，且该荷载又未设置支承加劲时，才做此项计算；支座处当不设置支在加劲肋时，应做局部压应力计算。
　　（3）在组合梁的腹板计算高度边缘 h_0 处，若同时受有较大的正应力 σ、剪应力 τ 和局部压应力 σ_c 或同时受有较大的 σ、τ 时，应做折算应力计算

附表4-2　受弯构件整体稳定计算公式

项次	受力情况	计算公式	说　明
1	仅在最大刚度主平面内受弯	$\dfrac{M_x}{\varphi_b W_x} \le f$　　（附4-6）	在支座处应采取构造措施以防止端部截面发生扭转
2	两个主平面受弯的 H 型钢或工字形截面	$\dfrac{M_x}{\varphi_b W_x} + \dfrac{M_y}{\gamma_y W_y} \le f$　（附4-7）	

附表4-3　受弯构件塑性整体稳定系数 φ_b 计算

项次	受弯构件情况		计算公式	说　明
1	简支	焊接工字形截面	$\varphi_b = \beta_b \cdot \dfrac{4320}{\lambda_y^2} \cdot \dfrac{Ah}{W_x}\left[\sqrt{1 + \left(\dfrac{\lambda_y t_1}{4.4h}\right)} + \eta_b\right]\dfrac{235}{f_y}$ （附4-8）	当算得的 $\varphi_b > 0.6$ 时，应按下式计算出相应的 φ_b' 代替 φ_b 值： $\varphi_b' = 1.07 - \dfrac{0.282}{\varphi_b}$ H 形钢截面可按式（附4-8）计算但取 $\eta_b = 0$
2		轧制普通工字钢截面	φ_b 按附表2-3采用	
3		轧制槽钢截面	$\varphi_b = \dfrac{570bt}{l_1 h} \cdot \dfrac{235}{f_y}$　　（附4-9）	
4	悬臂	双轴对称工字形截面（含 H 型钢）	可按式（附4-8）计算，但式中 β_b 应按附表2-2查得，计算 λ_y 时，l_1 为悬臂梁的悬伸长度	

附表 4-4 腹板配置加劲肋的规定

项次	加劲肋配置规定		说　明
1	$h_0/t_w \leq 80\sqrt{235/f_y}$ 时	型钢梁及 $\sigma_c = 0$ 的组合梁,可不配置加劲肋	
2		$\sigma_c \neq 0$ 的组合梁,宜按构造配置横向加劲肋	见附表 4-6 项次 1
3	$80\sqrt{235/f_y} \leq h_0/t_w \leq 170\sqrt{235/f_y}$ 时	应配置横向加劲肋	设加劲肋间距后应按附表 4-5 的公式计算
4	$h_0/t_w > 170\sqrt{235/f_y}$(受压翼缘扭转受约束),$h_0/t_w > 150\sqrt{235/f_y}$(受压翼缘扭转未受约束)	应配置: (1)横向加劲肋。 (2)弯曲应力较大区格的受压区设纵向加劲肋。 (3)局部压应力很大的梁,宜在受压区配置短加劲肋	设加劲肋间距后应按附表 4-6 的公式计算
5	支座处和上翼缘受有较大固定集中荷载处,宜设置支承加劲肋		

附表 4-5 仅配置横向加劲肋的腹板局部稳定计算

项次	公　式		说　明
1	$\left(\dfrac{\sigma}{\sigma_{cr}}\right)^2 + \left(\dfrac{\tau}{\tau_{cr}}\right)^2 + \dfrac{\sigma_c}{\sigma_{c,cr}} \leq 1$ $\sigma = \dfrac{Mh_c}{I}, \tau = V/(h_w t_w), \sigma_c = F/(t_w l_z)$	(附 4-10)	σ——所计算腹板区格内由平均弯矩产生的腹板计算高度边缘的弯曲压应力;
2	$\lambda_b \leq 0.85$ 时:$\quad \sigma_{cr} = f$ $0.85 < \lambda_b \leq 1.25 : \sigma_{cr} = [1 - 0.75(\lambda_b - 0.85)]f$ $\lambda_b > 1.25$ 时:$\quad \sigma_{cr} = 1.1f/\lambda_b^2$ 受压翼缘扭转受约束 $\quad \lambda_b = \dfrac{2h_c/t_w}{177}\sqrt{\dfrac{f_y}{235}}$ 受压翼缘扭转不受约束 $\quad \lambda_b = \dfrac{2h_c/t_w}{153}\sqrt{\dfrac{f_y}{235}}$	(附 4-11a) (附 4-11b) (附 4-11c) (附 4-11d) (附 4-11e)	l_z——见附表 4-1; τ——所计算腹板区格内,由平均剪力产生的腹板平均剪应力; σ_c——腹板计算高度边缘的局部压应力;
3	$\lambda_s \leq 0.85$ 时:$\quad \tau_{cr} = f_v$ $0.80 < \lambda_s \leq 1.2$ 时:$\tau_{cr} = [1 - 0.59(\lambda_s - 0.8)]f_v$ $\lambda_s > 1.2$ 时:$\quad \tau_{cr} = 1.1f/\lambda_s^2$ $a/h_0 \leq 1.0$ 时:$\lambda_s = \dfrac{h_0/t_w}{41\sqrt{4 + 5.34(h_0/a)^2}}\sqrt{\dfrac{f_y}{235}}$ $a/h_0 > 1.0$ 时:$\lambda_s = \dfrac{h_0/t_w}{41\sqrt{5.34 + 4(h_0/a)^2}}\sqrt{\dfrac{f_y}{235}}$	(附 4-12a) (附 4-12b) (附 4-12c) (附 4-12d) (附 4-12e)	$\sigma_{cr}、\tau_{cr}、\sigma_{c,cr}$——腹板受弯、受剪和局部受压应力单独作用下的临界应力; $\lambda_b、\lambda_s、\lambda_c$——腹板受弯、受剪和局部压力计算时的通用高厚比;
4	$\lambda_c \leq 0.9$ 时:$\quad \sigma_{c,cr} = f$ $0.9 < \lambda_c \leq 1.2$ 时:$\sigma_{c,cr} = [1 - 0.79(\lambda_c - 0.9)]f$ $\lambda_c > 1.2$ 时:$\quad \sigma_{c,cr} = 1.1f/\lambda_c^2$ $0.5 \leq a/h_0 \leq 1.5$ 时:$\lambda_c = \dfrac{h_0/t_w}{28\sqrt{10.9 + 13.4(1.83 - a/h_0)^3}}\sqrt{\dfrac{f_y}{235}}$ $1.5 < a/h_0 \leq 2.0$ 时:$\lambda_c = \dfrac{h_0/t_w}{28\sqrt{18.9 - 5a/h_0}}\sqrt{\dfrac{f_y}{235}}$	(附 4-13a) (附 4-13b) (附 4-13c) (附 4-13d) (附 4-13e)	h_c——梁腹板弯曲时受压区高度,对于双轴对称截面 $h_0 = 2h_c$; a——横向加劲肋间距

附表 4-6 同时配置横向和纵向加劲肋的腹板局部稳定计算

项次	公　式	说　明
1	受压翼缘于纵向加劲肋区格 $\dfrac{\sigma}{\sigma_{cr1}}+\left(\dfrac{\sigma_c}{\sigma_{c,cr}}\right)^2+\left(\dfrac{\tau}{\tau_{cr1}}\right)^2\leqslant 1$　　　　　（附4-14）	σ_z——所计算区格内腹板在纵向加劲肋处压应力平均值;
2	σ_{cr1} 按式（附4-11）计算,但式中 λ_b 改为 λ_{b1} 受压翼缘扭转受约束　　$\lambda_{b1}=\dfrac{h_1/t_w}{75}\sqrt{f_y/235}$　（附4-15a） 受压翼缘扭转不受约束　$\lambda_{b1}=\dfrac{h_1/t_w}{64}\sqrt{f_y/235}$　（附4-15b）	σ_{c2}——腹板在纵向加劲肋处的横向压应力,取为 $0.3\sigma_c$;
3	τ_{cr1} 按式（附4-12）计算,式中 h_0 改为 h_1	h_1——为纵向加劲肋至腹板计算高度受压边缘的距离;
4	$\sigma_{c,cr1}$ 按式（附4-11）计算,但式中 λ_b 改为 λ_{c1} 受压翼缘扭转受约束　　$\lambda_{c1}=\dfrac{h_1/t_w}{56}\sqrt{f_y/235}$　（附4-16a） 受压翼缘扭转不受约束　$\lambda_{c1}=\dfrac{h_1/t_w}{40}\sqrt{f_y/235}$　（附4-16b）	其余符号同附表4-5
5	受拉翼缘于纵向加劲肋区格 $\left(\dfrac{\sigma}{\sigma_{cr2}}\right)^2+\left(\dfrac{\tau}{\tau_{cr2}}\right)^2+\dfrac{\sigma_{c2}}{\sigma_{c,cr2}}\leqslant 1$　　（附4-17）	
6	σ_{cr2} 按式（附4-11）计算,但式中 λ_b 改为 λ_{b2} $\lambda_{b2}=\dfrac{h_2/t_w}{194}\sqrt{f_y/235}$　　　　（附4-18）	
7	τ_{cr2} 按式（附4-12）计算,式中 h_0 改为 h_2 （$h_2=h_0-h_1$）	
8	$\sigma_{c,cr2}$ 按式（附4-13）计算,式中 h_0 改为 h_2,当 $a/h_2>2$ 时取 $a/h_2=2$	

附表 4-7 加劲肋的截面尺寸和间距

项次	加劲肋情况		截 面 尺 寸	说　明
1	横向加劲肋	无纵向加劲肋 在腹板两侧成对配置时	外伸宽度:$b_s\geqslant\dfrac{h_0}{30}+40$(mm)　（附4-19a） 厚度:$t_s\geqslant\dfrac{b_s}{15}$　　　　　（附4-20a） 间距:$a=(0.5\sim 2.0)h_0$　（附4-21a） $\sigma_c=0,\dfrac{h_0}{t_w}\leqslant 100$ 时:$a=2.5h_0$（附4-21b）	I_z——横向加劲肋截面惯性矩; I_y——纵向加劲肋截面惯性矩; h_1——纵向加劲肋至受压翼缘的距离,$h_1\approx\left(\dfrac{1}{5}\sim\dfrac{1}{4}\right)h_0$
		在腹板一侧配置时(重级工作制吊车梁不允许)	外伸宽度:$b_s\geqslant\dfrac{h_0}{25}+48$(mm)　（附4-19b） t_s 按式（附4-20a）计算	
		有纵向加劲肋	b_s、t_s 按式（附4-19a）、（附4-20a）计算,且 $I_z\geqslant 3h_0t_w^3$　　　　　　　（附4-22）	
2	纵向加劲肋		当 $\dfrac{a}{h_0}\leqslant 0.85$ 时:$I_y\geqslant 1.5h_0t_w^3$（附4-23a） 当 $\dfrac{a}{h_0}>0.85$ 时: $I_y\geqslant\left(2.5-0.45\dfrac{a}{h_0}\right)\left(\dfrac{a}{h_0}\right)^2h_0t_w^2$（附4-23b）	

注:(1)用型钢(H型钢、工字钢、槽钢、肢尖焊于腹板的角钢)做成的加劲肋,其截面惯性矩不得小于相应钢板劲肋的惯性矩。
　　(2)在腹板两侧成对配置加劲肋,其截面惯性矩应按梁腹板中心线为轴线进行计算;而在腹板一侧配置的加劲肋,其截面惯性矩应按与加劲肋相连的腹板边缘为轴线进行计算

项次	构件名称	计算内容			计算公式	说明
1	轴心受拉构件	强度（摩擦型高强度螺栓连接处除外）			$\sigma = \dfrac{N}{A_n} \leqslant f$ （附 4-24）	N——轴心拉力或轴心压力；
		摩擦型高强度螺栓连接处的强度			$\sigma = \left(1 - 0.5\dfrac{n_1}{n}\right)\dfrac{N}{A_n} \leqslant f$ （附 4-25）　 $\sigma = \dfrac{N}{A_n} \leqslant f$ （附 4-26）	n——在节点或拼接处，构件一端连接的高强度螺栓数目；
2	实腹式轴心受压构件	强度			按式（附 4-24）~式（附 4-26）计算	n_1——所计算截面（最外列螺栓处）上高强度螺栓数目；
		整体稳定			$\dfrac{N}{\varphi A} \leqslant f$ （附 4-27）	A_n——构件净截面面积；
		局部稳定	翼缘	工字形截面及 H 型钢	$\dfrac{b}{t} \leqslant (10 + 0.1\lambda)\sqrt{\dfrac{235}{f_y}}$ （附 4-28） λ 为构件两方向的长细比较大值，当 $\lambda < 30$ 时，$\lambda = 30$；当 $\lambda > 100$ 时，取 $\lambda = 100$。 f_y 按钢材牌号取用	A——构件毛截面面积； λ——构件长细比，并满足附表2-8； φ——轴心受压构件的稳定系数，根据截面分类及构件最大长细比由附表 2-10 ~ 附表 2-13 查得；
				箱形截面	$\dfrac{b}{t} \leqslant 15\sqrt{235/f_y}$ （附 4-29） $\dfrac{b_0}{t} \leqslant 40\sqrt{235/f_y}$ （附 4-30）	
			腹板	工字形截面及 H 型钢	$\dfrac{h_0}{t_w} \leqslant (25 + 0.5\lambda)\sqrt{235/f_y}$ λ 和 f_y 同上 （附 4-31）	b，t——翼缘板外伸宽度和厚度； h_0，h_w——腹板计算高度及厚度；
				箱形截面	h_0/t_w 按式（附 4-31）计算 b_0/t 按式（附 4-30）计算	b_0——箱形截面两腹板间净距

305

附录5　规则框架反弯点的高度比

附表 5-1　承受均布水平力作用时标准反弯点的高度比 y_0 值

n	K / j	0.1	0.2	0.3	0.4	0.5	0.6	0.7	0.8	0.9	1.0	2.0	3.0	4.0	5.0
1	1	0.80	0.75	0.70	0.65	0.65	0.60	0.60	0.60	0.60	0.55	0.55	0.55	0.55	0.55
2	2	0.45	0.40	0.35	0.35	0.35	0.35	0.40	0.40	0.40	0.40	0.45	0.45	0.45	0.45
	1	0.95	0.80	0.75	0.70	0.65	0.65	0.65	0.60	0.60	0.60	0.55	0.55	0.55	0.50
3	3	0.15	0.20	0.20	0.25	0.30	0.30	0.30	0.35	0.35	0.35	0.40	0.45	0.45	0.45
	2	0.55	0.50	0.45	0.45	0.45	0.45	0.45	0.45	0.45	0.45	0.45	0.50	0.50	0.50
	1	1.00	0.85	0.80	0.75	0.70	0.70	0.65	0.65	0.65	0.60	0.55	0.55	0.55	0.55
4	4	-0.05	0.05	0.15	0.20	0.25	0.30	0.30	0.35	0.35	0.35	0.40	0.45	0.45	0.45
	3	0.25	0.30	0.30	0.35	0.35	0.40	0.40	0.40	0.40	0.45	0.45	0.50	0.50	0.50
	2	0.65	0.55	0.50	0.50	0.45	0.45	0.45	0.45	0.45	0.45	0.50	0.50	0.50	0.50
	1	1.10	0.90	0.80	0.75	0.70	0.70	0.65	0.65	0.65	0.60	0.55	0.55	0.55	0.55
5	5	-0.20	0.00	0.15	0.20	0.25	0.30	0.30	0.30	0.35	0.35	0.40	0.45	0.45	0.45
	4	0.10	0.20	0.25	0.30	0.35	0.35	0.40	0.40	0.40	0.40	0.45	0.45	0.50	0.50
	3	0.40	0.40	0.40	0.40	0.40	0.45	0.45	0.45	0.45	0.45	0.50	0.50	0.50	0.50
	2	0.65	0.55	0.50	0.50	0.50	0.50	0.50	0.50	0.50	0.50	0.50	0.50	0.50	0.50
	1	1.20	0.95	0.80	0.75	0.75	0.70	0.70	0.65	0.65	0.65	0.55	0.55	0.55	0.55
6	6	-0.30	0.00	0.10	0.20	0.25	0.25	0.30	0.30	0.35	0.35	0.40	0.45	0.45	0.45
	5	0.00	0.20	0.25	0.30	0.35	0.35	0.40	0.40	0.40	0.40	0.45	0.45	0.50	0.50
	4	0.20	0.30	0.35	0.35	0.40	0.40	0.40	0.45	0.45	0.45	0.45	0.50	0.50	0.50
	3	0.40	0.40	0.40	0.45	0.45	0.45	0.45	0.45	0.45	0.45	0.50	0.50	0.50	0.50
	2	0.70	0.60	0.55	0.50	0.50	0.50	0.50	0.50	0.50	0.50	0.50	0.50	0.50	0.50
	1	1.20	0.95	0.85	0.80	0.75	0.70	0.70	0.65	0.65	0.65	0.55	0.55	0.55	0.55
7	7	-0.35	-0.05	0.10	0.20	0.20	0.25	0.30	0.30	0.35	0.35	0.40	0.45	0.45	0.45
	6	-0.10	0.15	0.25	0.30	0.35	0.35	0.35	0.40	0.40	0.40	0.45	0.45	0.50	0.50
	5	0.10	0.25	0.30	0.35	0.40	0.40	0.40	0.45	0.45	0.45	0.50	0.50	0.50	0.50
	4	0.30	0.35	0.40	0.40	0.40	0.45	0.45	0.45	0.45	0.45	0.50	0.50	0.50	0.50
	3	0.50	0.45	0.45	0.45	0.45	0.45	0.45	0.45	0.45	0.50	0.50	0.50	0.50	0.50
	2	0.75	0.60	0.55	0.50	0.50	0.50	0.50	0.50	0.50	0.50	0.50	0.50	0.50	0.50
	1	1.20	0.95	0.85	0.80	0.75	0.70	0.70	0.65	0.65	0.65	0.55	0.55	0.55	0.55
8	8	-0.35	-0.15	0.10	0.15	0.25	0.25	0.30	0.30	0.35	0.35	0.40	0.45	0.45	0.45
	7	-0.10	0.15	0.25	0.30	0.35	0.35	0.40	0.40	0.40	0.40	0.45	0.50	0.50	0.50
	6	0.05	0.25	0.30	0.35	0.40	0.40	0.40	0.45	0.45	0.45	0.50	0.50	0.50	0.50
	5	0.20	0.30	0.35	0.40	0.40	0.45	0.45	0.45	0.45	0.45	0.50	0.50	0.50	0.50
	4	0.35	0.40	0.40	0.45	0.45	0.45	0.45	0.45	0.45	0.45	0.50	0.50	0.50	0.50

n	j \ K	0.1	0.2	0.3	0.4	0.5	0.6	0.7	0.8	0.9	1.0	2.0	3.0	4.0	5.0
8	3	0.50	0.45	0.45	0.45	0.45	0.45	0.45	0.45	0.50	0.50	0.50	0.50	0.50	0.50
	2	0.75	0.60	0.55	0.55	0.50	0.50	0.50	0.50	0.50	0.50	0.50	0.50	0.50	0.50
	1	1.20	1.00	0.85	0.80	0.75	0.70	0.70	0.65	0.65	0.65	0.55	0.55	0.55	0.55
9	9	-0.40	-0.05	0.10	0.20	0.25	0.25	0.30	0.30	0.35	0.35	0.45	0.45	0.45	0.45
	8	-0.15	0.15	0.25	0.30	0.35	0.35	0.35	0.40	0.40	0.40	0.45	0.45	0.50	0.50
	7	0.05	0.25	0.30	0.35	0.40	0.40	0.40	0.45	0.45	0.45	0.45	0.50	0.50	0.50
	6	0.15	0.30	0.35	0.40	0.40	0.45	0.45	0.45	0.45	0.45	0.50	0.50	0.50	0.50
	5	0.25	0.35	0.40	0.40	0.45	0.45	0.45	0.45	0.45	0.45	0.50	0.50	0.50	0.50
	4	0.40	0.40	0.40	0.45	0.45	0.45	0.45	0.45	0.45	0.45	0.50	0.50	0.50	0.50
	3	0.55	0.45	0.45	0.45	0.45	0.45	0.45	0.45	0.50	0.50	0.50	0.50	0.50	0.50
	2	0.80	0.65	0.55	0.55	0.50	0.50	0.50	0.50	0.50	0.50	0.50	0.50	0.50	0.50
	1	1.20	1.00	0.85	0.80	0.75	0.70	0.70	0.65	0.65	0.65	0.55	0.55	0.55	0.55
10	10	-0.40	-0.05	0.10	0.20	0.25	0.30	0.30	0.30	0.35	0.35	0.40	0.45	0.45	0.45
	9	-0.15	0.15	0.25	0.30	0.35	0.35	0.40	0.40	0.40	0.40	0.45	0.45	0.50	0.50
	8	0.00	0.25	0.30	0.35	0.40	0.40	0.40	0.45	0.45	0.45	0.45	0.50	0.50	0.50
	7	0.10	0.30	0.35	0.40	0.40	0.45	0.45	0.45	0.45	0.45	0.50	0.50	0.50	0.50
	6	0.20	0.35	0.40	0.40	0.45	0.45	0.45	0.45	0.45	0.45	0.50	0.50	0.50	0.50
	5	0.30	0.40	0.40	0.45	0.45	0.45	0.45	0.45	0.45	0.50	0.50	0.50	0.50	0.50
	4	0.40	0.40	0.45	0.45	0.45	0.45	0.45	0.45	0.45	0.50	0.50	0.50	0.50	0.50
	3	0.55	0.50	0.45	0.45	0.45	0.50	0.50	0.50	0.50	0.50	0.50	0.50	0.50	0.50
	2	0.80	0.65	0.55	0.55	0.55	0.50	0.50	0.50	0.50	0.50	0.50	0.50	0.50	0.50
	1	1.30	1.00	0.85	0.80	0.75	0.70	0.70	0.65	0.65	0.65	0.60	0.55	0.55	0.55
11	11	-0.40	0.05	0.10	0.20	0.25	0.30	0.30	0.30	0.35	0.35	0.40	0.45	0.45	0.45
	10	-0.15	0.15	0.25	0.30	0.35	0.35	0.40	0.40	0.40	0.40	0.45	0.45	0.50	0.50
	9	0.00	0.25	0.30	0.35	0.40	0.40	0.40	0.45	0.45	0.45	0.45	0.50	0.50	0.50
	8	0.10	0.30	0.35	0.40	0.40	0.45	0.45	0.45	0.45	0.45	0.50	0.50	0.50	0.50
	7	0.20	0.35	0.40	0.45	0.45	0.45	0.45	0.45	0.45	0.45	0.50	0.50	0.50	0.50
	6	0.25	0.35	0.40	0.45	0.45	0.45	0.45	0.45	0.45	0.45	0.50	0.50	0.50	0.50
	5	0.35	0.40	0.40	0.45	0.45	0.45	0.45	0.45	0.45	0.50	0.50	0.50	0.50	0.50
	4	0.40	0.45	0.45	0.45	0.45	0.45	0.45	0.50	0.50	0.50	0.50	0.50	0.50	0.50
	3	0.55	0.50	0.50	0.50	0.50	0.50	0.50	0.50	0.50	0.50	0.50	0.50	0.50	0.50
	2	0.80	0.65	0.60	0.55	0.55	0.50	0.50	0.50	0.50	0.50	0.50	0.50	0.50	0.50
	1	1.30	1.00	0.85	0.80	0.75	0.70	0.70	0.65	0.65	0.65	0.60	0.55	0.55	0.55
12 以上	↓1	-0.40	-0.05	0.10	0.20	0.25	0.30	0.30	0.30	0.35	0.35	0.40	0.45	0.45	0.45
	2	-0.15	0.15	0.25	0.30	0.35	0.35	0.40	0.40	0.40	0.40	0.45	0.45	0.50	0.50

n	j \ K	0.1	0.2	0.3	0.4	0.5	0.6	0.7	0.8	0.9	1.0	2.0	3.0	4.0	5.0
12 以 上	3	0.00	0.25	0.30	0.35	0.40	0.40	0.40	0.45	0.45	0.45	0.50	0.50	0.50	0.50
	4	0.10	0.30	0.35	0.40	0.40	0.45	0.45	0.45	0.45	0.45	0.50	0.50	0.50	0.50
	5	0.20	0.35	0.40	0.40	0.45	0.45	0.45	0.45	0.45	0.45	0.50	0.50	0.50	0.50
	6	0.25	0.35	0.40	0.45	0.45	0.45	0.45	0.45	0.45	0.45	0.50	0.50	0.50	0.50
	7	0.30	0.40	0.40	0.45	0.45	0.45	0.45	0.45	0.50	0.50	0.50	0.50	0.50	0.50
	8	0.35	0.40	0.45	0.45	0.45	0.45	0.45	0.45	0.50	0.50	0.50	0.50	0.50	0.50
	中间	0.40	0.40	0.45	0.45	0.45	0.45	0.50	0.50	0.50	0.50	0.50	0.50	0.50	0.50
	4	0.45	0.45	0.45	0.45	0.50	0.50	0.50	0.50	0.50	0.50	0.50	0.50	0.50	0.50
	3	0.60	0.50	0.50	0.50	0.50	0.50	0.50	0.50	0.50	0.50	0.50	0.50	0.50	0.50
	2	0.80	0.65	0.60	0.55	0.55	0.50	0.50	0.50	0.50	0.50	0.50	0.50	0.50	0.50
	↑1	1.30	1.00	0.85	0.80	0.75	0.70	0.70	0.65	0.65	0.65	0.50	0.50	0.50	0.50

注：

i_1	i_2
i_3	i i_4

$$K = \frac{i_1 + i_2 + i_3 + i_4}{2i}$$

附表 5－2　规则框架承受倒三角形分布水平力作用时标准反弯点的高度比 y_0 值

n	j \ K	0.1	0.2	0.3	0.4	0.5	0.6	0.7	0.8	0.9	1.0	2.0	3.0	4.0	5.0
1	1	0.80	0.75	0.70	0.65	0.65	0.60	0.60	0.60	0.60	0.55	0.55	0.55	0.55	0.55
2	2	0.50	0.45	0.40	0.40	0.40	0.40	0.40	0.40	0.40	0.45	0.45	0.45	0.45	0.50
	1	1.00	0.85	0.75	0.70	0.70	0.65	0.65	0.65	0.60	0.60	0.55	0.55	0.55	0.55
3	3	0.25	0.25	0.25	0.30	0.30	0.35	0.35	0.35	0.40	0.40	0.45	0.45	0.45	0.50
	2	0.60	0.50	0.50	0.50	0.50	0.45	0.45	0.45	0.45	0.45	0.50	0.50	0.50	0.50
	1	1.15	0.90	0.80	0.75	0.75	0.70	0.70	0.65	0.65	0.65	0.60	0.55	0.55	0.55
4	4	0.10	0.15	0.20	0.25	0.30	0.30	0.35	0.35	0.35	0.40	0.45	0.45	0.45	0.45
	3	0.35	0.35	0.35	0.40	0.40	0.40	0.40	0.45	0.45	0.45	0.45	0.50	0.50	0.50
	2	0.70	0.60	0.55	0.50	0.50	0.50	0.50	0.50	0.50	0.50	0.50	0.50	0.50	0.50
	1	1.20	0.95	0.85	0.80	0.75	0.70	0.70	0.70	0.65	0.65	0.55	0.55	0.55	0.55
5	5	-0.05	0.10	0.20	0.25	0.30	0.30	0.35	0.35	0.35	0.35	0.40	0.45	0.45	0.45
	4	0.20	0.25	0.35	0.35	0.40	0.40	0.40	0.40	0.40	0.45	0.45	0.50	0.50	0.50
	3	0.45	0.40	0.45	0.45	0.45	0.45	0.45	0.45	0.45	0.45	050	0.50	0.50	0.50
	2	0.75	0.60	0.55	0.55	0.50	0.50	0.50	0.50	0.50	0.50	0.50	0.50	0.50	0.50
	1	1.30	1.00	0.85	0.80	0.75	0.70	0.70	0.65	0.65	0.65	0.65	0.55	0.55	0.55
6	6	-0.15	0.05	0.15	0.20	0.25	0.30	0.30	0.35	0.35	0.35	0.40	0.45	0.45	0.45

n	K / j	0.1	0.2	0.3	0.4	0.5	0.6	0.7	0.8	0.9	1.0	2.0	3.0	4.0	5.0
	5	0.10	0.25	0.30	0.35	0.35	0.40	0.40	0.40	0.45	0.45	0.45	0.50	0.50	0.50
	4	0.30	0.35	0.40	0.40	0.45	0.45	0.45	0.45	0.45	0.45	0.50	0.50	0.50	0.50
	3	0.50	0.45	0.45	0.45	0.45	0.45	0.45	0.45	0.45	0.50	0.50	0.50	0.50	0.50
	2	0.80	0.65	0.55	0.55	0.55	0.55	0.50	0.50	0.50	0.50	0.50	0.50	0.50	0.50
	1	1.30	1.00	0.85	0.80	0.75	0.70	0.70	0.65	0.65	0.65	0.60	0.55	0.55	0.55
7	7	−0.20	0.05	0.15	0.20	0.25	0.30	0.30	0.35	0.35	0.35	0.45	0.45	0.45	0.45
	6	0.05	0.20	0.30	0.35	0.35	0.40	0.40	0.40	0.40	0.45	0.45	0.50	0.50	0.50
	5	0.20	0.30	0.35	0.40	0.40	0.45	0.45	0.45	0.45	0.45	0.50	0.50	0.50	0.50
	4	0.35	0.40	0.40	0.45	0.45	0.45	0.45	0.45	0.45	0.45	0.50	0.50	0.50	0.50
	3	0.55	0.50	0.50	0.50	0.50	0.50	0.50	0.50	0.50	0.50	0.50	0.50	0.50	0.50
7	2	0.80	0.65	0.60	0.55	0.55	0.55	0.50	0.50	0.50	0.50	0.50	0.50	0.50	0.50
	1	1.30	1.00	0.90	0.80	0.75	0.70	0.70	0.70	0.65	0.65	0.60	0.55	0.55	0.55
8	8	−0.20	0.05	0.15	0.20	0.25	0.30	0.30	0.35	0.35	0.35	0.45	0.45	0.45	0.45
	7	0.00	0.20	0.30	0.35	0.35	0.40	0.40	0.40	0.40	0.45	0.45	0.50	0.50	0.50
	6	0.15	0.30	0.35	0.40	0.40	0.45	0.45	0.45	0.45	0.45	0.50	0.50	0.50	0.50
	5	0.30	0.45	0.40	0.45	0.45	0.45	0.45	0.45	0.45	0.45	0.50	0.50	0.50	0.50
	4	0.40	0.45	0.45	0.45	0.45	0.45	0.45	0.50	0.50	0.50	0.50	0.50	0.50	0.50
	3	0.60	0.50	0.50	0.50	0.50	0.50	0.50	0.50	0.50	0.50	0.50	0.50	0.50	0.50
	2	0.85	0.65	0.60	0.55	0.55	0.55	0.50	0.50	0.50	0.50	0.50	0.50	0.50	0.50
	1	1.30	1.00	0.90	0.80	0.75	0.70	0.70	0.70	0.65	0.65	0.60	0.55	0.55	0.55
9	9	−0.25	0.00	0.15	0.20	0.25	0.30	0.30	0.35	0.35	0.40	0.45	0.45	0.45	0.45
	8	−0.00	0.20	0.30	0.35	0.35	0.40	0.40	0.40	0.40	0.45	0.45	0.50	0.50	0.50
	7	0.15	0.30	0.35	0.40	0.40	0.45	0.45	0.45	0.45	0.45	0.50	0.50	0.50	0.50
	6	0.25	0.35	0.40	0.40	0.45	0.45	0.45	0.45	0.45	0.50	0.50	0.50	0.50	0.50
	5	0.35	0.40	0.45	0.45	0.45	0.45	0.45	0.45	0.50	0.50	0.50	0.50	0.50	0.50
	4	0.45	0.45	0.45	0.45	0.45	0.50	0.50	0.50	0.50	0.50	0.50	0.50	0.50	0.50
	3	0.60	0.50	0.50	0.50	0.50	0.50	0.50	0.50	0.50	0.50	0.50	0.50	0.50	0.50
	2	0.85	0.65	0.60	0.55	0.55	0.55	0.55	0.50	0.50	0.50	0.50	0.50	0.50	0.50
	1	1.35	1.00	0.90	0.80	0.75	0.75	0.70	0.70	0.65	0.65	0.60	0.55	0.55	0.55
10	10	−0.25	0.00	0.15	0.20	0.25	0.30	0.30	0.35	0.35	0.40	0.45	0.45	0.45	0.45
	9	−0.05	0.20	0.30	0.35	0.35	0.40	0.40	0.40	0.40	0.45	0.45	0.50	0.50	0.50
	8	0.10	0.30	0.35	0.40	0.40	0.40	0.45	0.45	0.45	0.45	0.50	0.50	0.50	0.50
	7	0.20	0.35	0.40	0.40	0.45	0.45	0.45	0.45	0.45	0.50	0.50	0.50	0.50	0.50
	6	0.30	0.40	0.40	0.45	0.45	0.45	0.45	0.45	0.50	0.50	0.50	0.50	0.50	0.50
	5	0.40	0.45	0.45	0.45	0.45	0.45	0.45	0.50	0.50	0.50	0.50	0.50	0.50	0.50

n	K / j	0.1	0.2	0.3	0.4	0.5	0.6	0.7	0.8	0.9	1.0	2.0	3.0	4.0	5.0
	4	0.50	0.45	0.45	0.45	0.50	0.50	0.50	0.50	0.50	0.50	0.50	0.50	0.50	0.50
	3	0.60	0.55	0.50	0.50	0.50	0.50	0.50	0.50	0.50	0.50	0.50	0.50	0.50	0.50
	2	0.85	0.65	0.60	0.55	0.55	0.55	0.55	0.50	0.50	0.50	0.50	0.50	0.50	0.50
	1	1.35	1.00	0.90	0.80	0.75	0.75	0.70	0.70	0.65	0.65	0.60	0.55	0.55	0.55
11	11	−0.25	0.00	0.15	0.20	0.25	0.30	0.30	0.30	0.35	0.35	0.45	0.45	0.45	0.45
	10	−0.05	0.20	0.25	0.30	0.35	0.40	0.40	0.40	0.40	0.45	0.45	0.50	0.50	0.50
	9	0.10	0.30	0.35	0.40	0.40	0.40	0.45	0.45	0.45	0.45	0.50	0.50	0.50	0.50
	8	0.20	0.35	0.40	0.40	0.45	0.45	0.45	0.45	0.45	0.45	0.50	0.50	0.50	0.50
	7	0.25	0.40	0.40	0.45	0.45	0.45	0.45	0.45	0.45	0.50	0.50	0.50	0.50	0.50
	6	0.35	0.40	0.45	0.45	0.45	0.45	0.45	0.50	0.50	0.50	0.50	0.50	0.50	0.50
	5	0.40	0.45	0.45	0.45	0.45	0.50	0.50	0.50	0.50	0.50	0.50	0.50	0.50	0.50
	4	0.50	0.50	0.50	0.50	0.50	0.50	0.50	0.50	0.50	0.50	0.50	0.50	0.50	0.50
	3	0.65	0.55	0.50	0.50	0.50	0.50	0.50	0.50	0.50	0.50	0.50	0.50	0.50	0.50
	2	0.85	0.65	0.60	0.55	0.55	0.55	0.55	0.50	0.50	0.50	0.50	0.50	0.50	0.50
	1	1.35	1.05	0.90	0.80	0.75	0.75	0.70	0.70	0.65	0.65	0.60	0.55	0.55	0.55
12 以 上	↓1	−0.30	0.00	0.15	0.20	0.25	0.30	0.30	0.30	0.35	0.35	0.40	0.45	0.45	0.45
	2	−0.10	0.20	0.25	0.30	0.35	0.40	0.40	0.40	0.40	0.40	0.45	0.45	0.45	0.50
	3	0.05	0.25	0.35	0.40	0.40	0.40	0.45	0.45	0.45	0.45	0.45	0.50	0.50	0.50
	4	0.15	0.30	0.40	0.40	0.45	0.45	0.45	0.45	0.45	0.45	0.45	0.50	0.50	0.50
	5	0.25	0.35	0.50	0.45	0.45	0.45	0.45	0.45	0.45	0.50	0.50	0.50	0.50	0.50
	6	0.30	0.40	0.50	0.45	0.45	0.45	0.45	0.50	0.50	0.50	0.50	0.50	0.50	0.50
	7	0.35	0.40	0.55	0.45	0.45	0.45	0.50	0.50	0.50	0.50	0.50	0.50	0.50	0.50
	8	0.35	0.45	0.55	0.45	0.50	0.50	0.50	0.50	0.50	0.50	0.50	0.50	0.50	0.50
	中间	0.45	0.45	0.55	0.45	0.50	0.50	0.50	0.50	0.50	0.50	0.50	0.50	0.50	0.50
	4	0.55	0.50	0.50	0.50	0.50	0.50	0.50	0.50	0.50	0.50	0.50	0.50	0.50	0.50
	3	0.65	0.55	0.50	0.50	0.50	0.50	0.50	0.50	0.50	0.50	0.50	0.50	0.50	0.50
	2	0.70	0.70	0.60	0.55	0.55	0.55	0.55	0.50	0.50	0.50	0.50	0.50	0.50	0.50
	↑1	1.35	1.05	0.90	0.80	0.75	0.70	0.70	0.70	0.65	0.65	0.60	0.55	0.55	0.55

附表 5−3　上下层横梁线刚度比对 y_0 的修正值 y_1

K / I	0.1	0.2	0.3	0.4	0.5	0.6	0.7	0.8	0.9	1.0	2.0	3.0	4.0	5.0
0.4	0.55	0.40	0.30	0.25	0.20	0.20	0.20	0.15	0.15	0.15	0.05	0.05	0.05	0.05
0.5	0.45	0.30	0.20	0.20	0.15	0.15	0.15	0.10	0.10	0.10	0.05	0.05	0.05	0.05
0.6	0.30	0.20	0.15	0.15	0.10	0.10	0.10	0.10	0.05	0.05	0.05	0.05	0	0
0.7	0.20	0.15	0.10	0.10	0.10	0.10	0.05	0.05	0.05	0.05	0.05	0	0	0

（续）

$\dfrac{K}{I}$	0.1	0.2	0.3	0.4	0.5	0.6	0.7	0.8	0.9	1.0	2.0	3.0	4.0	5.0
0.8	0.15	0.10	0.05	0.05	0.05	0.05	0.05	0.05	0.05	0	0	0	0	0
0.9	0.05	0.05	0.05	0.05	0	0	0	0	0	0	0	0	0	0

注：

i_1	i_2
i_3	i_4

中间 i

$I=\dfrac{i_1+i_2}{i_3+i_4}$，当 $i_1+i_2>i_3+i_4$ 时，取 $I=\dfrac{i_3+i_4}{i_1+i_2}$，同时在查得的 y_1 值前加负号"$-$"。

$K=\dfrac{i_1+i_2+i_3+i_4}{2i_c}$

附表 5－4　上下层高变化对 y_0 的修正值 y_2 和 y_3

α_2	$\dfrac{K}{\alpha_3}$	0.1	0.2	0.3	0.4	0.5	0.6	0.7
2.0		0.25	0.15	0.15	0.10	0.10	0.10	0.10
1.8		0.20	0.15	0.10	0.10	0.10	0.05	0.05
1.6	0.4	0.15	0.10	0.10	0.05	0.05	0.05	0.05
1.4	0.6	0.10	0.05	0.05	0.05	0.05	0.05	0.05
1.2	0.8	0.05	0.05	0.05	0.0	0.0	0.0	0.0
1.0	1.0	0.0	0.0	0.0	0.0	0.0	0.0	0.0
0.8	1.2	-0.05	-0.05	-0.05	0.0	0.0	0.0	0.0
0.6	1.4	-0.10	-0.05	-0.05	-0.05	-0.05	-0.05	-0.05
0.4	1.6	-0.15	-0.10	-0.10	-0.05	-0.05	-0.05	-0.05
	1.8	-0.20	-0.15	-0.10	-0.10	-0.10	-0.05	-0.05
	2.0	-0.25	-0.15	-0.15	-0.10	-0.10	-0.10	-0.10
2.0		0.10	0.05	0.05	0.05	0.05	0.0	0.0
1.8		0.05	0.05	0.05	0.05	0.0	0.0	0.0
1.6	0.4	0.05	0.05	0.05	0.0	0.0	0.0	0.0
1.4	0.6	0.05	0.05	0.0	0.0	0.0	0.0	0.0
1.2	0.8	0.0	0.0	0.0	0.0	0.0	0.0	0.0
1.0	1.0	0.0	0.0	0.0	0.0	0.0	0.0	0.0
0.8	1.2	0.0	0.0	0.0	0.0	0.0	0.0	0.0
0.6	1.4	-0.05	0.05	0.0	0.0	0.0	0.0	0.0
0.4	1.6	-0.05	-0.05	-0.05	0.0	0.0	0.0	0.0
	1.8	-0.05	-0.05	-0.05	-0.05	0.0	0.0	0.0
	2.0	-0.10	-0.05	-0.05	-0.05	-0.05	0.0	0.0

注：

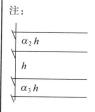

y_2——按照 K 及 α_2 求得，上层较高时为正值；

y_3——按照 K 及 α_3 求得

附录6 螺栓及锚栓规格

螺栓直径 d /mm	螺距 p /mm	螺栓有效直径 d_e /mm	螺栓有效面积 A_e /mm²
16	2	14.1236	156.7
18	2.5	15.6545	192.5
20	2.5	17.6545	244.8
22	2.5	19.6545	303.4
24	3	21.1854	352.5
27	3	24.1854	459.4
30	3.5	26.7163	560.6
33	3.5	19.7163	693.6
36	4	32.2472	816.7
39	4	35.2472	975.8
42	4.5	37.7781	1121
45	4.5	40.7781	1306
48	5	43.3090	1473
52	5	47.3090	1758
56	5.5	50.8399	2030
60	5.5	54.8399	2362
64	6	58.3708	2676
68	6	62.3708	3055
72	6	66.3708	3460
76	6	70.3708	3889
80	6	74.3708	4344
85	6	79.3708	4948
90	6	84.3078	5591
95	6	89.3078	6273
100	6	94.3078	6995

注:表中的螺栓有效面积值系按下式算得:

$$A_e = \frac{\pi}{4}\left(d - \frac{13}{24}\sqrt{3}p\right)^2$$

附表 6-2 锚栓规格

形 式	I				II				III		
锚栓直径 d/mm	20	24	30	36	42	48	56	64	72	80	90
计算净截面积/cm²	2.45	3.53	5.61	8.17	11.20	14.70	20.30	26.80	34.60	44.44	55.91
III型锚栓　锚板宽度 c/mm					140	200	200	240	280	350	400
锚板厚度 δ/mm					20	20	20	25	30	40	40

参 考 文 献

［1］钢结构设计规范 GB 50017—2003.北京：中国计划出版社,2003.

［2］冷弯薄壁型钢结构技术 GB 50018—2002.北京：中国计划出版社,2002.

［3］建筑结构荷载规范 GB 50009—2001(2006 年版).北京：中国建筑工业出版社,2006.

［4］建筑抗震设计规范 GB 50011—2010.北京：中国建筑工业出版社,2010.

［5］门式刚架轻型房屋钢结构技术规程 CECS 102:2002(2012 年版).北京：中国计划出版社,2012.

［6］高层民用建筑钢结构技术规程 JGJ 99—98.北京：中国建筑工业出版社,1998.

［7］钢结构工程施工质量验收规范 GB 50205—2001.北京：中国计划出版社,2001.

［8］空间网格结构技术规程 JGJ 7—2010.北京：中国建筑工业出版社,2010.

［9］建筑结构可靠度设计统一标准 GB 50068—2001.北京：中国建筑工业出版社,2001.

［10］陈绍蕃,顾强.钢结构(上册)——钢结构基础.2 版.北京：中国建筑工业出版社,2007.

［11］陈绍蕃.钢结构(下册)——房屋建筑钢结构设计.2 版.北京：中国建筑工业出版社,2007.

［12］王燕,李军,刁延松.钢结构设计.北京：中国建筑工业出版社,2009.

［13］郭昌生.钢结构设计.杭州：浙江大学出版社,2007.

［14］《钢结构设计手册》编辑委员会.钢结构设计手册(上册).3 版.北京：中国建筑工业出版社,2004.

［15］《钢结构设计手册》编辑委员会.钢结构设计手册(下册).3 版.北京：中国建筑工业出版社,2004.

［16］王肇民.建筑钢结构设计.上海：同济大学出版社,2005.

［17］黄呈伟.钢结构设计.北京：科学出版社,2011.

［18］王志骞.钢结构设计.北京：科学出版社,2009.

［19］黄炳生,刘正保,徐钧.钢结构设计.北京：人民交通出版社,2009.

［20］张耀春.钢结构设计.北京：高等教育出版社,2007.

［21］姚谏,赵滇生.钢结构设计及工程应用.北京：中国建筑工业出版社,2008.

［22］陈树华.钢结构设计.武汉：华中科技大学出版社,2008.

［23］赵风华.钢结构设计.北京：高等教育出版社,2006.

［24］崔佳.建筑钢结构设计.北京：中国建筑工业出版社,2010.

［25］张毅刚,薛素铎,杨庆山,等.大跨空间结构.北京：机械工业出版社,2005.